Wi-Fi/Bluetooth/ZigBee無線用

# Raspberry Pi プログラム全集

Complete collection of Raspberry Pi software programs for Wi-Fi/Bluetooth/ZigBee

国野 亘 著

インターネットと電子回路を
ワイヤレスで直結！

CQ出版社

# はじめに

　本書は，Raspberry Pi の 2 と 3 を使って，ワイヤレス通信(ZigBee，Wi-Fi，Bluetooth)を活用するためのサンプル・プログラム集です．照度センサや測距センサ等による測定値をワイヤレスで収集し，測定結果に応じた制御などの処理を行い，IoT 技術の基礎となるプログラムの作成方法について学びます．

　研究開発の現場でワイヤレス・センサ・システムを構築したい人から，趣味で家電の連携制御を行いたい方まで，幅広い用途や方々に役立てていただけるように，以下の配慮をいたしました．

- 学習用のコンピュータ Raspberry Pi を使用します(第 1 章)
- Linux システムの基本的な使い方を学習します(第 2 章)
- C 言語プログラミングの基礎を学びます(第 3 章)
- ZigBee，Wi-Fi，Bluetooth の各モジュールを用います(第 4 章)
- 豊富なサンプルを通してプログラミング手法を学びます(第 5 章～)

　Raspberry Pi は，マウス，キーボードやテレビなどに接続することで，パソコンとして使用することができるマイコン・ボードです．クレジット・カードと同じサイズの小さな基板なので，試作したシステムをそのまま機器に組み込み，実用的に運用することも可能です．

　開発環境には，Linux ベースの OS(Raspbian)を用いました．クラウド・サーバ側，IoT 機器側のどちらにも Linux ベースの OS が広く用いられているからです．またプログラミング言語には，IoT 機器側で多く使われている C 言語を使用します．本書で学んだプログラミング手法は，さまざまなソフトウェア開発現場で活用することができるでしょう．

　ところで，インターネット上に紹介されているワイヤレス通信用プログラムを基にシステムを作成しようとしても，うまく動作しないという経験はないでしょうか．通信の手続きには，多くの手法や手順が存在し，それらをうまく使い分けることが難しいからです．自力で経験を積んで手法を学ぼうとしても，多くの時間を費やしてしまいます．

　そこで本書では，ワイヤレス通信を活用する際に手軽に取り扱える複数のワイヤレス通信モジュールを用い，豊富なサンプル・プログラムを用意しました．とくにサンプル・プログラムの多さは，短期間にさまざまな手法を経験できるので重要です．

　本書のサンプル・プログラムを通して，通信用プログラムの開発手法を体験することで，さまざまなワイヤレス通信プログラムを手早く設計することができるようになることでしょう．本書の活用によって，新たな価値の創造や技術の進歩に役立てていただくことを願っています．

2017 年 1 月　国野　亘

# CONTENTS

はじめに ……………………………………………………………………………………… 3

## [第1章] Raspberry Pi の使い方 ……………………………………… 11

第1節　Raspberry Pi と Linux について ……………………………………………… 12
第2節　Raspberry Pi を始めるのに必要なもの ……………………………………… 13
第3節　推奨の micro SD カード ………………………………………………………… 14
第4節　micro SD カードへ NOOBS を書き込む ……………………………………… 15
第5節　Raspbian をインストールしよう ……………………………………………… 17
第6節　Raspbian Jessie の初期設定を行おう ………………………………………… 20
第7節　Raspberry Pi の電源の入れ方と切り方 ……………………………………… 23
第8節　オフィス・ソフトを使ってみよう …………………………………………… 23
第9節　ネットワーク接続を確認しよう ……………………………………………… 25
第10節　パソコンからリモート・デスクトップ接続しよう ………………………… 27
第11節　パソコンから SSH で Raspberry Pi に接続しよう ………………………… 29
第12節　パソコンから Raspberry Pi 内のフォルダを閲覧する ……………………… 30
**Column**…**1-1**　コンポジット出力を使用する方法 ………………………………… 19
**Column**…**1-2**　フォルダとディレクトリとパスについて ………………………… 25
**Column**…**1-3**　Raspbian のセキュリティ対策 ……………………………………… 28
**Column**…**1-4**　Raspberry Pi 3 内蔵の無線 LAN を使用する ……………………… 31

## [第2章] Linux 用コマンド・ライン・シェル：bash の使い方 ……… 33

第1節　覚えておかなければならない Linux コマンド① ls …………………………… 34
第2節　覚えておかなければならない Linux コマンド② cd …………………………… 35
第3節　名前を知っておこう vi エディタと Leaf Pad ………………………………… 36
第4節　Linux コマンドの便利な入力方法①補完入力機能 …………………………… 38
第5節　Linux コマンドの便利な入力方法②履歴情報 ………………………………… 39

第6節　Linuxコマンドの便利な入力方法③コピー＆ペースト機能 ……………………… 39
第7節　Linuxコマンドのマニュアル・ヘルプ機能 ……………………………………… 40
第8節　Linuxのマルチタスクとパイプ処理 …………………………………………… 41
第9節　ネットワーク・サーバとして必要な機能 ………………………………………… 43
第10節　Linuxコマンドは覚えなくても大丈夫 ………………………………………… 43
**Column**…2-1　Linuxコマンドsudoとは？ ……………………………………… 37
**Column**…2-2　「vi」や「vim」の文字を見かけたら ……………………………… 38

# [第3章] Linux上でのC言語プログラミング演習 ……………… 45

第1節　コマンドUIの定番プログラム「Hello, World!」を表示しよう ………………… 46
第2節　プログラミング最大の難関：変数の使い方とprintf ………………………… 48
第3節　コンピュータは計算機：良く使う演算子 ……………………………………… 51
第4節　プログラムの入出力とユーザ・インターフェース …………………………… 52
第5節　データを保存するファイル出力 ………………………………………………… 54
第6節　保存したデータを読み込むファイル入力 ……………………………………… 56
第7節　組み込みプログラミングの定番「Lチカ」を実行してみよう ………………… 57
第8節　Raspberry Piの温度を測定する ……………………………………………… 60
**Column**…3-1　「return 0」と「return(0)」，「exit (0)」の違い ……………… 48
**Column**…3-2　int型にはshort型の場合とlong型の場合がある ……………… 51
**Column**…3-3　popenやsystem命令は便利だけど危険 ………………………… 60
**Column**…3-4　コンパイル時のエラーについて …………………………………… 62

# [第4章] XBee ZigBee/XBee Wi-Fi/Bluetoothモジュールの概要 … 63

第1節　プロトコル・スタック搭載ワイヤレス通信モジュール ……………………… 64
第2節　技適や認証の取得済みモジュールでしか送信してはならない ……………… 64
第3節　XBee ZigBeeとXBee Wi-Fi，Bluetoothモジュールの違い ………………… 65

# [第5章] XBee ZBモジュールの種類とZigBeeネットワーク仕様 …… 67

第1節　ZigBeeの歴史とその特長を知っておこう …………………………………… 68
第2節　ZigBeeに対応したXBee ZB RFモジュールの概要 ………………………… 69
第3節　XBee ZBモジュールの種類① XBee Series 2とS2，S2B …………………… 69

第 4 節　XBee ZB モジュールの種類② XBee PRO とは ……………………………………… 70
第 5 節　XBee ZB モジュールの種類③アンテナ・タイプ ………………………………………… 71
第 6 節　ZigBee の三つのデバイス・タイプを使い分ける ……………………………………… 72
第 7 節　XBee ZB の API モードと AT/Transparent モードの違い ……………………………… 74
第 8 節　（技術解説）ZigBee Coordinator によるネットワーク形成 ………………………… 75
第 9 節　（技術解説）ZigBee Router によるネットワーク参加手続き ……………………… 76
第10節　（技術解説）ZigBee End Device の超低消費電力動作 ……………………………… 77

## [第 6 章] XBee ZB モジュールを準備して通信を行ってみよう ……… 79

第 1 節　市販の XBee USB エクスプローラの機能比較 ………………………………………… 80
第 2 節　Raspberry Pi 基板上の拡張用 GPIO 端子に接続する方法 …………………………… 82
第 3 節　XBee ZB モジュールをパソコンに接続してみよう …………………………………… 84
第 4 節　XBee 専用ソフト XCTU をパソコンへインストールしよう ………………………… 85
第 5 節　XBee ZB モジュールへファームウェアを書き込む …………………………………… 86
第 6 節　ブレッドボードに XBee ZB モジュールを接続する方法 …………………………… 90
第 7 節　Raspberry Pi を使って XBee ZB モジュールの動作確認を行う ……………………… 93
第 8 節　コミッショニング・ボタンとテスト・ツールの使用方法 …………………………… 96
**Column…6-1**　新しい XBee ZB シリーズ S2C について ……………………………………… 89

## [第 7 章] XBee ZB を使ったプログラム練習用サンプル集 ………… 101

第 1 節　サンプル 1　XBee の LED を点滅させる ……………………………………………… 102
第 2 節　サンプル 2　LED をリモート制御する①リモート AT コマンド …………………… 105
第 3 節　サンプル 3　LED をリモート制御する②ライブラリ関数使用 …………………… 110
第 4 節　サンプル 4　LED をリモート制御する③さまざまなポートに出力 ……………… 113
第 5 節　サンプル 5　スイッチ状態をリモート取得する①同期取得 ……………………… 117
第 6 節　サンプル 6　スイッチ状態をリモート取得する②変化通知 ……………………… 121
第 7 節　サンプル 7　スイッチ状態をリモート取得する③取得指示 ……………………… 125
第 8 節　サンプル 8　アナログ電圧をリモート取得する①同期取得 ……………………… 128
第 9 節　サンプル 9　アナログ電圧をリモート取得する②取得指示 ……………………… 132
第10節　サンプル 10　子機 XBee のバッテリ電圧をリモートで取得する ………………… 135

| 第11節 | サンプル 11 | 親機 XBee と子機 XBee とのペアリング | 138 |
| 第12節 | サンプル 12 | スイッチ状態を取得する④特定子機の変化通知 | 143 |
| 第13節 | サンプル 13 | スイッチ状態を取得する⑤特定子機の取得指示 | 147 |
| 第14節 | サンプル 14 | アナログ電圧を取得する③特定子機の同期取得 | 151 |
| 第15節 | サンプル 15 | アナログ電圧を取得する④特定子機の取得指示 | 154 |
| 第16節 | サンプル 16 | UART を使ってシリアル情報を送信する | 157 |
| 第17節 | サンプル 17 | UART を使ってシリアル情報を受信する | 162 |
| 第18節 | サンプル 18 | UART を使ってシリアル情報を送受信する①平文 | 165 |
| 第19節 | サンプル 19 | LED をリモート制御する④通信の暗号化 | 168 |
| 第20節 | サンプル 20 | UART を使ってシリアル情報を送受信する②暗号化 | 172 |
| Column…7-1 | | その他のコンパイル方法① make を使用する | 104 |
| Column…7-2 | | その他のコンパイル方法②ヘッダ・ファイルを使用する | 109 |
| Column…7-3 | | xbee_init 関数の引き数について | 112 |
| Column…7-4 | | H レベル出力時に L レベルが出力される理由と対策方法 | 116 |
| Column…7-5 | | アナログ入力時の注意点①電圧範囲と乾電池の電圧 | 131 |
| Column…7-6 | | アナログ入力時の注意点②インピーダンス | 131 |
| Column…7-7 | | アナログ値とディジタル値の両方を xbee_force で取得する | 134 |
| Column…7-8 | | ジョイン許可の制御命令 xbee_atnj( ) の引き数 | 142 |
| Column…7-9 | | XBee 管理用ライブラリが動作するプラットフォーム | 146 |
| Column…7-10 | | Raspbian と XCTU，Windows における改行コードの違い | 161 |
| Column…7-11 | | 「\」マークと「￥」マーク | 167 |
| Column…7-12 | | 文字コード UTF-8 | 175 |

## [第8章] XBee ZB を使った実験用サンプル集 …… 177

| 第1節 | サンプル 21 | XBee Wall Router で照度を測定する | 178 |
| 第2節 | サンプル 22 | XBee Sensor で照度と温度を測定する | 183 |
| 第3節 | サンプル 23 | XBee Smart Plug で消費電流を測定する | 186 |
| 第4節 | サンプル 24 | 自作ブレッドボード・センサで照度測定を行う | 189 |
| 第5節 | サンプル 25 | 自作ブレッドボード・センサの測定値を自動送信する | 193 |
| 第6節 | サンプル 26 | 取得した情報をファイルに保存するロガーの製作 | 196 |

第 7 節　サンプル 27　暗くなったら Smart Plug を OFF にする ……………………… 200
第 8 節　サンプル 28　玄関が明るくなったらリビングの家電を ON にする …………… 204
第 9 節　サンプル 29　自作ブレッドボードを使ったリモート・ブザーの製作 …………… 208
第 10 節　サンプル 30　ワイヤレス・スイッチとブザーで玄関呼鈴を製作 ………………… 212
Column…8-1　その他のコンパイル方法③ gcc の -Wall オプション ………………… 203
Column…8-2　Arduino を使った XBee ZB モジュールの活用方法について ………… 216

## [第 9 章] 1 台から接続できる XBee Wi-Fi を設定してみよう …… 217

第 1 節　XBee Wi-Fi モジュールの特長 ……………………………………………… 218
第 2 節　XBee Wi-Fi モジュールの無線 LAN 設定方法 ……………………………… 218
第 3 節　XBee Wi-Fi モジュールの通信実験（UDP による UART 信号）………… 221
第 4 節　ブレッドボードに XBee Wi-Fi モジュールを接続する …………………… 223
第 5 節　Raspberry Pi に Wi-Fi USB アダプタを接続する（参考情報）…………… 224

## [第 10 章] XBee Wi-Fi 実験用サンプル集 ………………………………… 227

第 1 節　サンプル 31　XBee Wi-Fi の LED を制御する①リモート AT コマンド ……… 228
第 2 節　サンプル 32　XBee Wi-Fi のスイッチ変化通知をリモート受信する ………… 233
第 3 節　サンプル 33　スイッチ状態を取得指示と変化通知の両方で取得する ………… 237
第 4 節　サンプル 34　照度センサのアナログ値を XBee Wi-Fi で取得する …………… 240
第 5 節　サンプル 35　XBee Wi-Fi の UART シリアル情報を送受信する ……………… 244
Column…10-1　XBee Wi-Fi の UART シリアル用 API モード ……………………… 235
Column…10-2　コマンド応答値と I/O データの通知情報の違い ……………………… 239
Column…10-3　XBee Wi-Fi のスリープ・モード①概要 ……………………………… 239
Column…10-4　XBee Wi-Fi のスリープ・モード②動作時間 ………………………… 243

## [第 11 章] Bluetooth モジュール RN-42XVP でワイヤレス・シリアル通信
……………………………………… 249

第 1 節　入手しやすい Bluetooth モジュール RN-42XVP …………………………… 250
第 2 節　Raspberry Pi に接続する Bluetooth USB アダプタ ……………………… 250
第 3 節　Raspberry Pi に Bluetooth USB アダプタを接続する …………………… 251
第 4 節　Raspberry Pi と RN-42XVP とを Bluetooth で接続する ………………… 251

第 5 節　Raspberry Pi と RN-42XVP との Bluetooth 通信 ………………………………… 252
Column…11-1　RN-42XVP の消費電力 ……………………………………………………… 253

## [第 12 章] こどもパソコン IchigoJam との連携サンプル集 ……… 255

第 1 節　サンプル 36　IchigoJam を Raspberry Pi から制御する ……………………… 256
第 2 節　サンプル 37　IchigoJam を Bluetooth で制御する ……………………………… 261
第 3 節　サンプル 38　IchigoJam 用 LED を Bluetooth で制御する …………………… 264
第 4 節　サンプル 39　IchigoJam 用センサから Bluetooth で情報を取得する ……… 268
第 5 節　サンプル 40　IchigoJam 用モータ車を Bluetooth で制御する ……………… 272
第 6 節　サンプル 41　IchigoJam 用センサから XBee ZB で情報を取得する ……… 275
Column…12-1　標準入出力のファイル・ディスクリプタ ………………………………… 260
Column…12-2　MAC アドレスをパラメータ入力する ……………………………………… 267
Column…12-3　1 行リターンですぐ動く！BASIC I/O コンピュータ IchigoJam 入門 … 271

## [第 13 章] Bluetooth 4.0 対応 BLE タグを使用する ………………… 279

第 1 節　BLE（Bluetooth Low Energy）について ………………………………………… 280
第 2 節　サンプル 42　Bluetooth 4.0 対応 BLE タグのビーコンを受信する ………… 283
第 3 節　サンプル 43　Bluetooth 4.0 対応 BLE タグ内の情報を読み取る …………… 286
第 4 節　サンプル 44　Bluetooth 4.0 対応 BLE タグの LED などを制御する ………… 289
第 5 節　サンプル 45　Bluetooth 4.0 対応 BLE タグによる盗難防止システム ……… 292

## [第 14 章] Bluetooth モジュール RN-42 用コマンド・モード …… 295

第 1 節　Bluetooth モジュール RN-42XVP のローカル接続コマンド・モード ……… 296
第 2 節　Bluetooth モジュール RN-42XVP のリモート接続コマンド・モード ……… 297
第 3 節　Bluetooth モジュールの GPIO ポートへディジタル値を出力する …………… 297
第 4 節　Bluetooth モジュールの GPIO ポートからディジタル値を入力する ………… 298
第 5 節　Bluetooth モジュールの ADC ポートからアナログ値を入力する …………… 299
第 6 節　（技術解説）Bluetooth の Master 機器と Slave 機器 …………………………… 300
第 7 節　（参考情報）Bluetooth モジュールのみを使った場合の通信方法 …………… 301
第 8 節　Bluetooth モジュール RN-42 コマンド・リファレンス ………………………… 304
Column…14-1　RN-42XVP の 16 進数の引き数について ………………………………… 299

## ［第15章］Bluetooth モジュール RN-42 実験用サンプル集 ········ 305
### 第1節　サンプル46　Bluetooth モジュール RN-42XVP の LED 制御 ················· 306
### 第2節　サンプル47　スイッチ状態を Bluetooth でリモート取得する ················ 311
### 第3節　サンプル48　Bluetooth 照度センサの測定値をリモート取得する ············ 314
### 第4節　サンプル49　Bluetooth HID プロファイル搭載 Keypad 子機 ················ 318
### 第5節　Bluetooth モジュール RN-42XVP 制御用ライブラリ ························· 325

## ［第16章］IoT 機器のインターネット連携方法 ······················ 329
### 第1節　インターネット上のデータを curl や wget で取得する ······················· 330
### 第2節　取得したメッセージや天気情報を解析する ································· 331
### 第3節　SSH サーバにファイルを転送する ········································· 332
### 第4節　FTPS/FTP サーバにファイルを転送する ··································· 332
### 第5節　Raspberry Pi 上で HTTP サーバを動作させる ····························· 333
### 第6節　サンプル50　インターネット連携による気温・室温表示付き時計 ··········· 335
### 第7節　さまざまなセンサを接続してみよう ······································· 340
### **Column…16-1**　クラウド・サーバ用のソフトには C 言語を使わない ················ 339

## Appendix　クラウドサービス Ambient にセンサ情報を送信する ·············· 343

付属 CD-ROM の使い方 ···························································· 346
索　　引 ········································································· 348
参考文献 ········································································· 350
おわりに ········································································· 351

# [第1章]

# Raspberry Piの使い方

　本章では，Raspberry Piをパソコンと同じように使えるようにセットアップします．Raspberry Piをこれから購入しようと思っている人や，買ったばかりの人を対象に，設定方法や使い方を解説します．また，使い慣れた通常のパソコンと連携する方法についても説明します．

# 第1節　Raspberry Pi と Linux について

Raspberry Pi(ラズベリー・パイ)は，英国 Raspberry Pi Foundation(ラズベリー・パイ財団)が開発した安価なマイコン・ボード・コンピュータです．クレジット・カードとほぼ同じサイズの基板にも関わらず，USB キーボードと USB マウス，そしてテレビもしくは PC 用モニタ(ディスプレイ)等に接続することで，学習用パソコンとして使用することができます．

小型の学習用パソコンといっても，インターネット閲覧やビデオ再生，ワープロ，表計算，ゲームといったパソコン並みの能力をもっています(**図 1-1**)．

2015 年 2 月に発売された Raspberry Pi 2 Model B には，スマートフォンなどで使用されている ARM Cortex-A シリーズのアプリケーション・プロセッサ Cortex-A7 Quad Core 900MHz が搭載されました．さらに Raspberry Pi 3 では 64 ビットの Cortex-A53 が採用され，処理能力が上がりました．

一般的なパソコンでは，Microsoft Windows や Mac OS X といった OS が動作しており，その上でアプリケーション・ソフトが動作します．Raspberry Pi には，複数の Linux ベースのディストリビューションがリリースされており，それらの中からインストールする OS を選択し，その上でアプリケーション・ソフトを動作させることができます．

本書では，Raspberry Pi でよく使われている Raspbian と呼ばれる Linux ベースの OS を使用します．Raspbian は，Raspberry Pi ユーザの有志達が Linux ベースの Debian を Raspberry Pi のハードウェア向けにカスタマイズした OS です．もちろん，無料で利用することができます．Raspberry Pi Foundation が公式にサポートを行っており，Raspberry Pi 標準 OS と呼んでも良いでしょう．

さて，Linux ベースの OS と聞いても馴染みのない人もいると思います．Linux は，スマートフォンの Android のカーネル部[1] に採用されているなど，とても身近に存在する OS です．古くはスマートフォンの基となった PDA(**写真 1-2**)でも使われてきました．これから，モバイル機器の IT 化にもっとも寄与した OS と言えるでしょう．

また，クラウド・サーバやスーパーコンピュータなどにも用いられています．かつてミニコンやワークステーションといったサーバ機器には，UNIX が使われていました．その後，UNIX 技術を多くの人が利用できるように開発された Linux が普及し，現在では，Linux が IT インフラを支えるサーバ用の OS として

**写真 1-1**
Raspberry Pi 2 Model B

---

[1] カーネル：OS の中核となるハードウェア・リソースを管理するソフトウェア部．

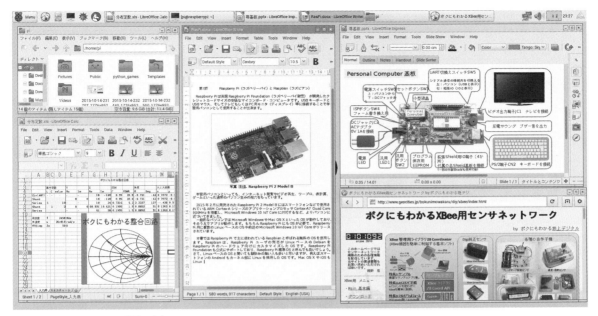

**図 1-1** Raspbian の画面の例

使われるようになりました．

さらに，Mac OS X や iOS にも UNIX の派生 OS が使われています．多くのネットワーク対応のテレビや AV 機器にも Linux が使われています．

これらの機器数を合計すると，パソコンでしか使われていない Microsoft Windows とは比べ物にならないほどの高い普及率と，幅広い分野で使われていることが理解できると思います．パソコンのアプリケーション・ソフトを使うだけなら Windows のほうが一般的ですが，プログラムを学習するのであれば，Windows よりも遥かに多くの開発ターゲットが存在する Linux で学ぶほうが効果的だと思います．

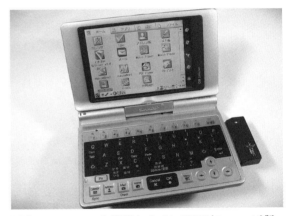

**写真 1-2** Linux を搭載した SL-C700（シャープ製・2002 年）

## 第 2 節　Raspberry Pi を始めるのに必要なもの

Raspberry Pi 本体は複数の種類が売られています．本書では，Raspberry Pi 2 Model B を使って説明します．廉価版の Raspberry Pi 1 や，$5 で登場した格安の Raspberry Pi Zero でも学習することは可能ですが，高速に動作する Raspberry Pi 2 のほうが効率的に学習することができます．また，本体以外にも購入するものが多くあり，合計額の上昇率は本体価格ほどではありません．2 台目以降の追加時に廉価版の Raspberry Pi 1 や Raspberry Pi Zero を検討すれば良いでしょう．

表 1-1 Raspberry Pi を動かすのに必要な機器

| ✓ | 品　名 | 販売店の一例 | 参考価格 | 備　考 |
|---|---|---|---|---|
| ☐ | Raspberry Pi 2 Model B | RS コンポーネンツ，秋月電子通商 | 5,292 円 | より安価な廉価品もある |
| ☐ | Raspberry Pi 2 B 用ケース | RS コンポーネンツ，秋月電子通商 | 1,058 円 | RS 品番 819-3658 が好評 |
| ☐ | NOOBS 1.4 micro SD カード | RS コンポーネンツ | 1,683 円 | 一般の micro SD でも可 |
| ☐ | PC 用モニタ（ディスプレイ） | 保有のテレビ※等を使用可能 | − | ※HDMI 入力端子付き |
| ☐ | USB キーボード | 市販品 | 1,000 円 | 一般の USB キーボード |
| ☐ | USB マウス | 市販品 | 1,000 円 | 一般の USB マウス |
| ☐ | AC アダプタ USB 5V 2A 出力 | 秋月電子通商 | 580 円 | AD-B50P200 |
| ☐ | HDMI ケーブル | 市販品 | 500 円 | モニタ接続用 |
| ☐ | LAN ケーブル | 市販品 | 500 円 | ネットワーク接続用 |
| ☐ | USB ケーブル | 市販品 | 200 円 | USB A-micro B タイプ・電源用 |

　Raspberry Pi をパソコンとして使うには，Raspberry Pi 本体以外に周辺機器が必要です．とくに PC 用モニタは，本体よりも高くなるかもしれません．PC 用モニタの代わりに，HDMI 入力端子付きのテレビを使用することも可能です．HDMI 端子のない古いテレビのビデオ端子に接続することも可能ですが，情報量が少なく，画質も悪いので，お奨めしません．Linux を使い慣れている人であれば，一般的なパソコン上で X 端末や CLI 端末を動かして，Raspberry Pi にリモート・ログインしても良いでしょう（詳細は本章第 10 節を参照）．

　表 1-1 に Raspberry Pi を動かすのに必要な機器や物品を示します．AC アダプタやケーブル類を買い忘れないように気を付けましょう．AC アダプタを選ぶときは，USB 出力が 5V 1A 以上，可能であれば 2A のタイプが良いでしょう．一般的な 500mA 出力だと，USB 機器の接続時やワイヤレス通信の開始時に，システムが停止するといった不安定な動作になる場合があります．

　Raspberry Pi には HDD が搭載されていません．micro SD カードを HDD の代わりとして使用します．表中の micro SD カードは，Raspberry Pi 用インストーラ NOOBS が書き込まれた 8GB（仕様：NOOBS 1.4，SanDisk 製 Class 4）です．NOOBS は，Raspberry Pi Foundation の公式サイトからダウンロードすることもできるので，通常の micro SD カードに，必要なファイルを書き込んで使用してもかまいません（次節で詳細）．

　この他にも，Raspberry Pi をインターネットに接続して使用するためのインターネット回線や，インターネットへの接続機器が必要です．

# 第 3 節　推奨の micro SD カード

　表 1-2 に，推奨の micro SD カードを示します．Raspberry Pi で micro SD カードを使用する場合，デジカメやスマートフォンでの利用に比べて，micro SD カードへのアクセス頻度や書き換え頻度が高くなります．このため，長寿命で高書き換え回数に対応した micro SD カードを使うことが重要です．

　micro SD カードの速度を示す Class については，Class 4 以上を推奨します．執筆時点の Raspberry Pi は，高速転送規格 UHS-I に対応していないので，UHS-I 対応品である必要はありません．また，Class 4 と Class 10 との Raspberry Pi での速度差は 1.1 〜 1.2 倍程度で，価格差は 1.5 倍くらいです（SanDisk 8GB の Class 4 が 1500 円前後，Class 10 が 2200 円前後）．速度よりも信頼性を重視したほうが良いでしょう．

　micro SD カードに必要な容量は，最低で 4GB です．なるべく，8GB 以上，可能であれば 16GB のものを使用しましょう（価格は概ね容量に比例）．使わない残容

表 1-2　推奨の micro SD カード
（Raspberry Pi 2 Model B）

| 項目 | 仕　様 | 優先度 |
|---|---|---|
| 規格 | micro SDHC | 必須 |
| 容量 | 8GB 以上 | 推奨 |
| Class | Class 4 以上 | 推奨 |
| UHS-I | 非対応 | 不要 |
| その他 | 長寿命品を推奨 | 重要 |

写真 1-3
推奨品の micro SD カードの一例

量の領域を十分に確保しておくことで，書き換え回数が減り，寿命が長くなるからです．ただし，64GB 以上の micro SD カードは SDXC 規格となり，32GB までの SDHC 規格とはフォーマットが異なります．SDXC 規格の micro SD カードを Raspberry Pi で使うには，32GB 以下の FAT32 のパーティション領域を作成しなければなりません．残りのパーティションも使用することもできるので無駄にはなりませんが，手間や効果を考えると，初心者にはお奨めしません．32GB 以上の容量が必要な場合は，USB メモリを併用するほうが手軽です．

なお製造中止となっている旧製品の Raspberry Pi 1 Model A と Model B の場合は，標準サイズの SDHC カードを使用します．

## 第 4 節　micro SD カードへ NOOBS を書き込む

あらかじめ NOOBS が書き込まれた micro SD カードを購入した場合を除き，Raspberry Pi のセットアップを行う前に，micro SD カードへ NOOBS を書き込んでおく必要があります．ここでは Windows を使った書き込み方法を説明します．

書き込み前に micro SD カードのフォーマット（初期化）を行います．フォーマットを行うには，SD カードの規格化団体 SD Association のウェブサイトで配布されている SD フォーマッタを使用します．Windows が認識することのできないパーティションを含めてフォーマットすることができるからです．

**SD フォーマッタ**
`https://www.sdcard.org/jp/downloads/`

micro SD カードをフォーマットすると，カード内の全データが失われます．必要なデータは，あらかじめ別のカード等に保存しておきましょう．また，フォーマットの実行時に「復元される可能性があります」と表示されます．これは micro SD カードが盗まれたり他人の手に渡ったりした場合に，データ復元ソフトなどで情報が復元できる懸念を示すメッセージです．「一度でも秘密情報を保存した micro SD は，他の用途に使用しないようにしましょう」という趣旨です．

フォーマット・ボタンを押す前に，対象ドライブがフォーマットする micro SD のドライブであるかを良く確認してください．また，オプション設定の論理サイズ調整を ON に設定しておきます．

フォーマットが完了したら，Raspberry Pi に OS をインストールするためのソフトウェア NOOBS を以下に示す方法でダウンロードし，micro SD カードに書き込みます．

Web ブラウザで下記にアクセスすると，図 1-3 のような「NOOBS」と「NOOBS LITE」との違いが書かれたページが開きます．

**NOOBS**
`https://www.raspberrypi.org/`
`　　　　　　　　downloads/NOOBS/`

NOOBS は，NOOBS 本体と OS の Raspbian を含んだインストーラで，約 1GB 程度の容量があります．NOOBS LITE は，OS を含まない NOOBS 単体のインストーラで，容量は 25MB くらいですが，インストールするときに，Raspberry Pi が自動的に必要な

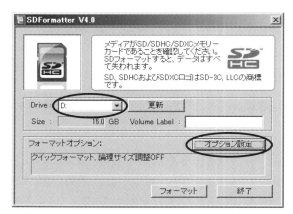 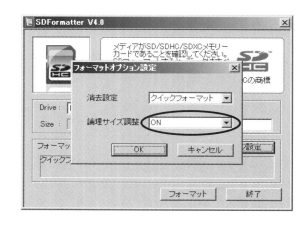

**図 1-2　SDFormatter を使ってフォーマットする**

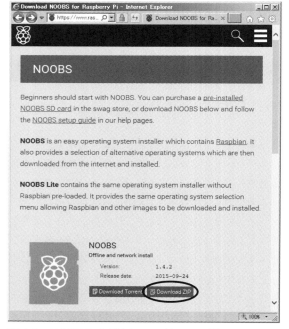

**図 1-3　NOOBS のダウンロード・ページ**

ファイルをダウンロードします．つまり，NOOBS のファイルのうち，97％程度が OS の容量であることがわかります．なお，容量は一例であり，バージョンによって異なります．

　NOOBS と NOOBS LITE のどちらをダウンロードしてもかまいません．NOOBS は，Windows でダウンロードする時間や micro SD カードへの転送時間が長くなります．一方，NOOBS LITE だと，Windows 上での作業はすぐに完了しますが，Raspberry Pi で必要なファイルをダウンロードするので，そこで時間を要します．作業の手順はどちらも変わりません．

　また，同じ NOOBS の中にも，2 種類のインストーラの選択肢があります．通常は，Download ZIP を選択して ZIP ファイルをダウンロードします．Bit Torrent ソフトウェアを利用している人は，Download Torrent でダウンロードしても良いでしょう．

　ダウンロードした ZIP ファイルは，Windows 上で ZIP フォルダとなります．ダウンロード後に表示される「ファイルを開く」を選択するか，ZIP ファイルをダブル・クリックして，**図 1-4** のようなフォルダやファイルが入っていることを確認してください．環境によってはフォルダが一つだけ表示され，さらにダブル・クリックしなければインストール用のフォルダやファイルが表示されない場合があります．また，バージョンによって，内容が若干変わるかもしれません．この図のフォルダやファイルと概ね同じようであれば，次の手順に進んで micro SD へ書き込みます．

　まず，ZIP フォルダのウィンドウをマウスでクリックし，キーボードの「Ctrl」キーを押しながら「A」キーを押して，NOOBS に含まれる全フォルダと全ファイルを選択します．その後，「Ctrl」＋「C」を押してクリップボードにコピーしてから，micro SD カードのドライブを開き，「Ctrl」＋「V」を押下して NOOBS を micro

図 1-4
ダウンロードした
ZIP の中身を確認
する

SD カードのドライブの直下（ルートフォルダ）に書き込みます．

以上のキーボードによる操作を行うことで，コピー漏れやファイル順序が変わるといった操作ミスを防ぐことができます．NOOBS に限らず有効な方法ですが，Windows でのキーボードでの操作に慣れていないようであれば，かえって失敗するかもしれません．慣れた方法で ZIP フォルダ内の全フォルダと全ファイルを確実にコピーしてください．

ところで，この ZIP フォルダの中に INSTRUCTIONS-README.txt というファイルがあります．本節と次節では，このファイルに基づいて具体的な手順を補足し，説明します．2 回目以降は，当ファイルを見ながらインストールを行っても良いでしょう．

## 第 5 節　Raspbian をインストールしよう

いよいよ Raspberry Pi を起動し，OS の Raspbian をインストールします．購入，または，前節の方法で作成した NOOBS 入りの micro SD カードを Raspberry Pi に挿入します．そして，図 1-5 のように，LAN ケーブル，USB キーボード，マウス，HDMI 入力端子付き PC 用モニタまたはテレビを接続します．AC アダプタはまだ接続しません．LAN ケーブルの反対側はインターネット接続用のホーム・ゲートウェイやブロードバンド・ルータに接続します．もしゲートウェイやルータ等の DHCP[2] サーバ機能を無効にしている場合は，有効にしておきます．通常は有効に設定されているので，意図的に無効にしていなければ気にしなくても大丈夫です．

モニタまたはテレビの電源を入れ，その映像入力を Raspberry Pi を接続した端子に切り替えてから，最後に Raspberry Pi の Micro USB コネクタに電源用 USB ケーブルを接続し，USB ケーブルを AC アダプタの USB 端子に接続します．

AC アダプタから電源が Raspberry Pi に供給されると，基板上の赤の LED が点灯し，NOOBS が動作しはじめます．緑の LED は micro SD カードへのアクセスです．この LED が点灯または点滅していると

---

[2] DHCP：IP アドレスを自動的に割り当てるためのプロトコル．

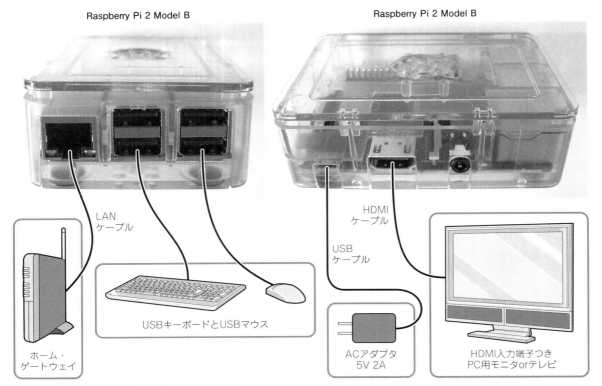

図1-5　Paspberry Piに周辺機器を接続する

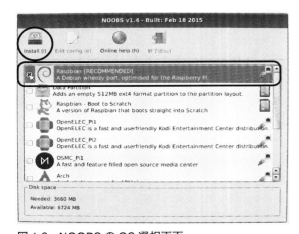

図1-6　NOOBSのOS選択画面

図1-7　NOOBSの言語選択

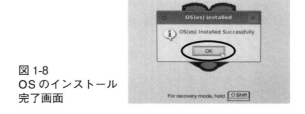

図1-8
OSのインストール
完了画面

きにACアダプタを抜いて電源を切ったりmicro SDカードを取り外したりすると，システムが壊れてしまう恐れが高まります．かつてのUNIXワークステーションでは，緑色が電源，黄色がネットワーク，赤色がディスク・アクセスを示す場合が多く，このような色分けは交通信号にも似ていて，直感的でした．Raspberry PiのLEDの緑色と赤色が逆になっているのは，表示の意図が変化してきたことを感じさせられ

ます．

　モニタに何も表示されない場合は，HDMIの相互通信に失敗している可能性があります．念のためにモニタやテレビの入力切り替えが正しいかどうかを確認します．正しいようであれば，映像が出ない状態で（電源を切らずに）キーボードの数字キーの「2」を押すと強制的にHDMIに映像を出力することができます．テレビのコンポジット・ビデオ入力を使うこともできます．詳しくはコラム1-1（p.19）を参照してください．

　正常に動作した場合，OSの選択画面が表示されます（図1-6）．この中からRaspbianを選択し，また画面下部の言語選択メニュー（図1-7）から「日本語」を選択してから，ウィンドウ左上のインストール（Install）ボタンをクリックします．

　インストール中は，Raspberry Pi基板上の緑色のLEDが点滅します．インストールが完了すると，完了画面（図1-8）が表示され，緑色のLEDが消灯します．「OK」をクリックすると，インストールしたOS

---

### Column…1-1　コンポジット出力を使用する方法

　Raspberry Piの画面を，テレビのコンポジット・ビデオ入力（黄色の端子）に出力することもできます．ただし，あまり画質が良くないので推奨はしません．

　すでに生産中止となった旧製品のRaspberry Pi 1 Model Aと，Model Bにはビデオ出力端子が付いているので，テレビへ簡単に接続することができます．Raspberry Pi 2 Model Bの場合は，オーディオ端子（ミニ・ジャック）にRaspberry Pi専用の映像・音声ケーブルを接続することで，ビデオ出力を取り出すことができます．HDMI端子のすぐ右側にある端子です．

　専用ケーブルの代わりに，古いビデオ・カメラや簡易カラオケ用のケーブル等で使われていたケーブルを流用できる場合もあります．少なくとも，映像用の黄色のRCAピン・プラグと，ステレオ音声用の白色と赤色のRCAピン・プラグがあることを確認してください（赤色のプラグがないケーブルは使えない）．また，映像・音声用のミニプラグが4極になっていることも確認します．

　Raspberry Pi側の端子は，一般的なオーディオ機器との互換性を優先して設計されており，4極のうちの一番根元が映像を出力する端子となっています．一方，ビデオ機器は映像出力がおもなので，プラグの根元の端子は赤色の音声（右）となっています．そうしないと映像＋モノラル音声の3極プラグに対応できないからです．したがって，ビデオ機器用のケーブルをRaspberryで使用する場合は，赤色（右）の出力プラグをテレビの映像入力（黄色）に接続する必要があります．

　HDMI端子のないテレビに接続した場合は，電源を入れてから，緑色のLEDが消えるのを確認し，数字キーの「4」を押してコンポジット出力に切り換えてください．

　以降のインストール方法は，HDMIを使用したときと同じです．無事にインストールが完了すれば，古いテレビや車載用の小型モニタなどにRaspberry Piの画面を表示することができます．

表1-3　ビデオ出力モードの切り替え

| キー | モード | 内容 |
| --- | --- | --- |
| 1 | HDMI モード | HDMI 出力（通常） |
| 2 | HDMI セーフ・モード | HDMI 出力に失敗するときに使用する |
| 3 | PAL ビデオ・モード | 国内のテレビでは使用しません |
| 4 | NTSC ビデオ・モード | テレビ用コンポジット・ビデオ出力モード |

写真1-4
車載用小型モニタにRaspberry Piを接続したようす

第5節　Raspbianをインストールしよう

の起動を開始します．なお，インストールには時間がかかるので，緑色のLEDを頼りにすればモニタやテレビの電源を切っておくこともできます．

## 第6節　Raspbian Jessieの初期設定を行おう

　Raspbianをインストールした直後は，OSの起動には少し時間がかかります．バージョンや構成にもよりますが，3分以上かかることもあります．同じ画面のまま何分も変化が場合は，基板上の緑色のLEDが消えていることを確認の上，電源を抜き，5秒ほどしてから電源を再投入してください．

　起動したら初期設定を行います．**表1-4**の重要度が必須の項目については，特別な理由や環境に相違がない限り，かならず設定してください．以下に，執筆時点で最新版のRaspbian Jessieを使った場合の設定方法を説明します．

　まず初期設定を行うための設定画面を開きます．**図1-9**のようにRaspbianの画面左上の「Menu」から「Preferences」を選択し，「Raspberry Pi Configuration」を選択してください．バージョンによってはメニューや設定画面が日本語になっているかもしれません．

　パスワードはかならず設定してください．初期状態のまま使用すると，インターネットからRaspberry Piへの侵入を許してしまい，本機を踏み台に同じネットワークに接続されているパソコンなどの情報を盗まれたり，改ざんされたりする危険性が高まります．例え，一時的な利用であっても，かならず本機専用のパスワードを設定しておきましょう．

　設定画面上のタブ「System」をクリックし，「Change Password」ボタンをクリックすると，パスワード設定ウィンドウが開くので，同じパスワードを2カ所に入力し，「OK」ボタンを押します．なお，アルファベットと数字以外の記号や特殊文字は，すべての初期設定を行ったあとでないと正しく入力できないので，初期設定時は使わないでください．

　次は，SSHの設定です．SSHは，ネットワークか

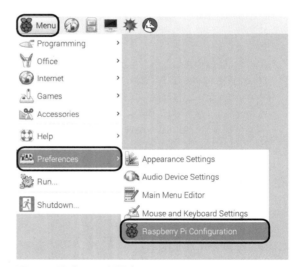

図1-9　設定画面を開く

表1-4　初回の起動時に行う初期設定

| 重要度 | タブ | 項目 | CLI※ | 内容 |
|---|---|---|---|---|
| 必須 | System | Password | 2 | パスワードを設定する |
| 確認 | Interfaces | SSH | 8-A4 | ネットワークからのコマンド実行可否の設定．使用しない場合は「Disable」に設定する |
| 確認 | Interfaces | Serial | 8-A8 | 「Disable」を選択する（アプリケーションからのシリアル利用が可能になる） |
| 確認 | Localisation | Locale | 4-I1 | 「Language」を「ja(Japanese)」に，「Country」を「JP(Japan)」に，「Character Set」を「UTF-8」に設定する |
| 必須 | Localisation | Timezone | 4-I2 | 「Area」を「Asia」に，「Location」を「Tokyo」に設定する |
| 必須 | Localisation | Keyboard | 4-I3 | 「Country」を「Japan」に，「Variant」を「OADG 109A」に設定する |

※sudo raspi-configで設定する場合のメニュー番号

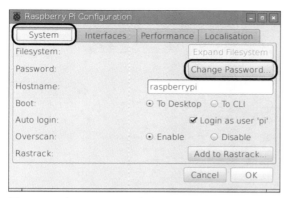

図 1-10　パスワードを設定する

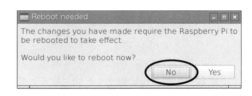

図 1-11　インターフェースを設定する

ら本機のシェル[3]にアクセスする（リモート・ログインする）ときに使用する機能です．データ暗号化などによって，一定のセキュリティが確保されます．公開鍵認証を使用すると，さらにセキュリティが高まります．

SSH を有効するには，タブ「Interfaces」をクリックし，図 1-11 の項目「SSH」を確認してください．初期値はバージョンによって異なります．「Enable（有効）」であれば，外部からのアクセスが許可された状態です．ネットワーク上の他のパソコンから Raspberry Pi を操作する場合は，「Enable」にします．

次に同じタブ「Interfaces」内の項目「Serial」を確認してください．これは基板上の拡張用 GPIO 端子の UART シリアルにパソコンなどを接続することで，外部から Raspbian のシェルにアクセス（ログイン）するための設定項目です．「Enable」は，UART シリアルからのアクセスが許可された状態です．この状態では，拡張用 GPIO 端子の UART シリアルがシェルに接続されているので，他のアプリケーションから使用することができません．アプリケーションからシリアルを利用できるように「Disable」に切り換えてください．

設定画面の「OK」は，まだクリックしないでください．誤ってクリックしてしまうと再起動が促されます．その場合は「NO」を選択し，再度，設定画面を開いてください．

---

[3] シェル：Linux カーネルに CIL または GUI でアクセスするための UI ソフトウェア．

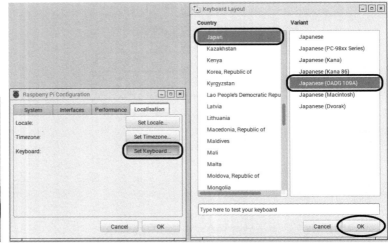

図 1-12　地域を設定する

図 1-13　LXTerminal を起動する

　最後は，タブ「Localisation」の設定です．この中の項目「Locale」は，OS インストール時に設定されているはずですが，念のために表 1-4 と同じになっているかどうかを確認してください．「Timezone」と「Keyboard」は設定されないので，表 1-4 にしたがって設定してください（図 1-12）．

　すべての設定が完了したら，設定画面の「OK」をクリックします．OS の再起動が促されるので，「YES」を選びます．誤って設定画面を閉じてしまった場合は，画面左上の「MENU」から「Shutdown」を選択し，「Reboot」を選択してから「OK」ボタンをクリックします．

　再起動後にメニューなどの文字が適切に表示されない場合があります．その場合は，日本語フォントをインストールします．画面上部に PC 用モニタのようなアイコンがあるのでクリックします（図 1-13）．するとコマンド入力用のアプリケーション「LXTerminal」が起動します．LXTerminal は，Terminal ソフトの

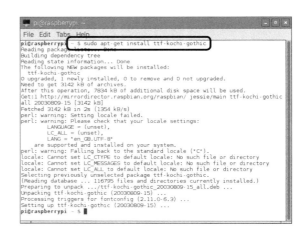

図 1-14　日本語フォントをインストールしたときのようす

一つで「仮想端末」や「コンソール」と呼ぶこともあります．この LXTerminal に表示された「pi@raspberrypi ~ $」のプロンプト[4] 表示に続けて，下記のどちらかのコマンドを入力すると日本語フォントのインストールを開始します（先頭の $ は入力しない・すべて小文字で入力）．

```
$ sudo apt-get install ttf-kochi-gothic⏎
```

---

[4] プロンプト：コマンドの入力準備ができたことを示す表示.

または，

```
$ sudo apt-get install fonts-takao
```

インストールが完了すると「pi@raspberrypi」のプロンプト待ちになります(図1-14).「error」などの文字が出ていないことを確認してから，もう一度，OSを再起動してください．

以上で，基本的な初期設定は完了しました．プリインストールされているソフトウェアを起動して，パソコンとして使用できることを確認しましょう．

## 第7節　Raspberry Piの電源の入れ方と切り方

Raspberry Piには電源ボタンがありません．電源を入れるときは，Micro USBコネクタにUSBケーブルを挿し込んで電源を投入します．切るときは，Raspbianの画面左上の「Menu」から「Shutdown」を選び，「OK」ボタンをクリックします(図1-15)．緑のLEDが完全に消灯するまで待ち，消灯したらMicro USBコネクタに接続していた電源用USBケーブルを抜きます．

またLXTerminalで，「sudo shutdown now」を実行してシャットダウンする方法もあります．この場合も，緑のLEDが消灯してから電源用USBケーブルを抜きます．

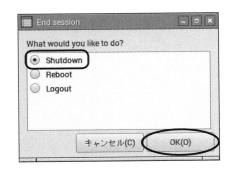

**図1-15**
Raspbianのシャットダウンを行う

## 第8節　オフィス・ソフトを使ってみよう

Raspberry Piがパソコンらしくなったところで，RaspbianとともにインストールされるオフィスソフトLibreOfficeを使ってみましょう．

LibreOfficeは，かつてUNIXワークステーションの開発を行っていた旧Sun Microsystems社が，OpenOffice.orgの名称で開発したオフィス・ソフトの後継です．同社は買収され，OpenOffice.orgの名称が使えなくなったため，LibreOfficeに改名されました．

Raspbianの画面左上の「Menu」から「オフィス」もしくは「Office」を選択すると，インストール済みのオ

図 1-16 オフィス・ソフトの一覧

フィス・ソフト LibreOffice のアプリケーション一覧が表示されます（図 1-16）．もし，「オフィス」が入っていない場合は，LXTerminal で以下のコマンドを入力して LibreOffice をインストールしてください．

$ sudo␣apt-get␣install␣libreoffice⏎

LibreOffice には，Microsoft Office で作成したファ

表 1-5　Microsoft Office ファイル等の相互利用性

| LibreOffice | Microsoft Office |
|---|---|
| LibreOffice Writer | Microsoft Word |
| LibreOffice Calc | Microsoft Excel |
| LibreOffice Impress | Microsoft PowerPoint |
| LibreOffice Draw | Microsoft Publisher |
| LibreOffice Base | Microsoft Access |
| LibreOffice Math | Microsoft Equation |

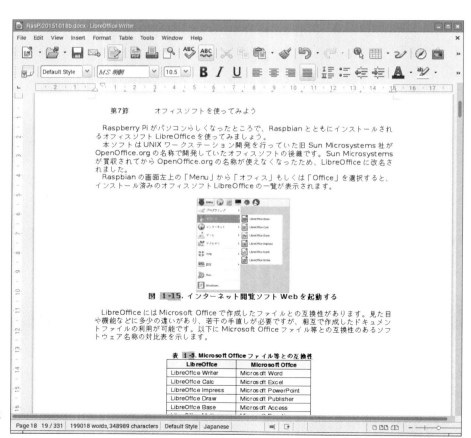

図 1-17　執筆中の本書原稿のようす

> **Column…1-2** フォルダとディレクトリとパスについて
>
> 　本書ではファイル・システム上の「ディレクトリ」のことを「フォルダ」と呼んでいますが，「ディレクトリ」と「フォルダ」を使い分ける場合もあります．おもにCLI（コマンド・ライン・インターフェース）で表示する場合や，ファイル・システム上の呼び名は「ディレクトリ」，File Manager 上の表示については「フォルダ」と呼ぶことが多いです．
>
> 　「ディレクトリ」は個々のフォルダを意味するだけでなく，ファイルやフォルダの位置（場所）を示すこともあります．フォルダは単にファイル・システム上にある一つのディレクトリを示すだけです．また，行き先を示すディレクトリのことを「パス」と呼ぶこともあります．

イル等に互換性があり，ドキュメント・ファイルの相互利用が可能です（図1-17）．ただし，ファイルを開いたときの見た目や機能などに，多少の違いがあるので，若干の手直しが必要な場合もあります．それぞれのソフトウェア名称の対比を**表1-5**に示します．

　残念ながら課題もあります．Raspbian 上で LibreOffice を使った場合，Raspberry Pi の処理速度が低下することやメモリ容量が不足気味になることです．例えば，10ページ程度の書類であれば問題なくても，100ページにおよぶような原稿の場合は，書類を開くだけでも時間がかかってしまいます．処理速度や容量については，安価なパソコンであると割り切る必要があります．

## 第9節　ネットワーク接続を確認しよう

　Raspberry Pi に Rasbian をインストールするときに，すでにインターネットを利用しているので，インターネットに問題なく接続されているはずです．念のために，画面左上の Web ブラウザ「Web」（epiphany-browse）のアイコンをクリックして，インターネットが使えることを確認してみてください．

　次に，Raspberry Pi に割り当てられた IP アドレスを確認します．LXTerminal から以下のコマンドを入力すると，**図1-19**のような確認結果が得られます．

```
$ ifconfig
```

　本機のIPアドレスはこの中の「eth0」の「inet addr」に記載されている番号です．この例では，192.168.0.3が割り当てられています．

　ここからは，うまくネットワークに接続できなかった場合のネットワーク設定方法について説明します．無線 LAN を使用する場合は，第9章第5節を参照してください．

　eth0 のアダプタに IP アドレスが割り当てられていない場合は，インターネット接続用の機器（ゲートウェイやルータ）の DHCP サーバ機能が無効になっている可能性や，Raspberry Pi 内の DHCP クライアント機能が無効になっている可能性があります．インターネット機器に関しては，それぞれの機器のマニュアルなどにしたがって設定してください．ここでは，Raspberry Pi の DHCP 機能を有効にする方法について説明します．

　下記のコマンドを入力し，ネットワークのインターフェースの設定を開きます（**図1-20**）．

```
$ sudo leafpad /etc/network/interfaces &
```

　有線 LAN の場合は，iface eth0 inet 〜，無線 LAN の場合は，iface wlan0 inet 〜の部分が dhcp になっ

図1-18　インターネット閲覧ソフトを起動する

```
pi@raspberrypi ~ $ ifconfig↵
eth0      Link encap:Ethernet  HWaddr XX:XX:XX:XX:XX:XX
          inet addr:192.168.0.3  Bcast:192.168.0.255  Mask:255.255.255.0
          UP BROADCAST RUNNING MULTICAST  MTU:1500  Metric:1
          RX packets:11505 errors:0 dropped:10 overruns:0 frame:0
          TX packets:9548 errors:0 dropped:0 overruns:0 carrier:0
          collisions:0 txqueuelen:1000
          RX bytes:6669624 (6.3 MiB)  TX bytes:7568438 (7.2 MiB)

lo        Link encap:Local Loopback
          inet addr:127.0.0.1  Mask:255.0.0.0
          UP LOOPBACK RUNNING  MTU:65536  Metric:1
          RX packets:120 errors:0 dropped:0 overruns:0 frame:0
          TX packets:120 errors:0 dropped:0 overruns:0 carrier:0
          collisions:0 txqueuelen:0
          RX bytes:9168 (8.9 KiB)  TX bytes:9168 (8.9 KiB)

pi@raspberrypi ~ $
```

図 1-19　IPアドレス確認結果

```
# Please note that this file is written to be used with dhcpcd.
# For static IP, consult /etc/dhcpcd.conf and 'man dhcpcd.conf'.

auto lo
iface lo inet loopback

auto eth0
allow-hotplug eth0
iface eth0 inet dhcp

auto wlan0
allow-hotplug wlan0
iface wlan0 inet manual
wpa-conf /etc/wpa_supplicant/wpa_supplicant.conf

auto wlan1
allow-hotplug wlan1
iface wlan1 inet manual
wpa-conf /etc/wpa_supplicant/wpa_supplicant.conf
```

図 1-20　ネットワーク・インターフェースの設定ファイル

ているかどうかを確認してください．manualやstaticになっていた場合は，dhcpに書き換えて，上書き保存します．また，保存後に下記のコマンドでネットワーク・サービスを再起動してください．

$ sudo service networking restart↵

IPアドレスが割り当てられているにも関わらず，インターネットへのアクセスができない場合は，ネットワーク内に複数のDHCPサーバが存在している可能性があります．不必要なDHCPサーバを無効にするか，設定ファイル「/etc/dhcpcd.conf」に，DHCPサーバのIPアドレスを登録してください．

ネットワーク内の各機器と通信することが可能かど

表1-6 ネットワーク設定時に良く使うコマンドとファイル

| 種別 | コマンド(先頭に $)またはファイル | 説 明 |
| --- | --- | --- |
| 確認 | $ ifconfig | 各ネットワーク・アダプタの状態を表示する |
| 設定 | /etc/network/interfaces | 各ネットワーク・アダプタの設定ファイル |
| 設定 | /etc/dhcpcd.conf | IPアドレスの自動設定を行うDHCP機能の設定ファイル |
| 確認 | $ iwconfig | 無線LANアダプタの状態を確認する |
| 確認 | $ iwlist scan | 無線LANアクセス・ポイントを探す |
| 設定 | /etc/wpa_supplicant/wpa_supplicant.conf | 無線LAN用アクセス・ポイントの暗号化設定ファイル |
| 命令 | $ sudo service wpa_supplicant restart | 変更した無線LAN用アクセス・ポイント設定の実行 |
| 命令 | $ sudo service networking restart | 変更したネットワーク設定の実行 |
| 確認 | $ ping 192.168.XX.XX | 指定したIPアドレスとの通信可否を確認する |
| 確認 | $ ping -b 255.255.255.255 | ネットワーク内の全機器へ通信可否を問い合わせる |
| 確認 | $ arp | ネットワーク上の各機器のMACアドレスを確認する |
| 確認 | $ lsusb | 接続中のUSB機器リストを表示する |
| 確認 | $ dmesg\|tail | Linuxカーネルのメッセージを表示する(最新10件) |
| 確認 | $ traceroute 192.168.XX.XX | 指定したアドレスまでの接続経路を探索し表示する |
| 確認 | $ netstat | ネットワークに関する各種情報表示用コマンド |
| 確認 | $ netstat -h | 上記netstatで使用可能なオプションを表示する |

うかを調べるために，pingコマンドを用います．例えば，以下のようなコマンドを入力すると，ネットワーク内の機器から次々に応答が返ってきます(アドレスは255.255.255.255でも可)．

```
$ ping -b 192.168.0.255↵
```

このコマンドを停止するには，「Ctrl」キーを押しながら「C」キーを押します．特定の機器との通信可否を確認したい場合は，-bオプションを外し，IPアドレスを指定します．

```
$ ping 192.168.0.1↵
```

ネットワーク設定時に良く使うコマンドやファイルを，**表1-6**にまとめました．ネットワークに不具合が生じたときなどに参照してください．

## 第10節　パソコンからリモート・デスクトップ接続しよう

　この節では，同じネットワークに接続されたWindows搭載パソコンの画面上にRaspbianの画面を表示し，WindowsからRaspberry Piをリモート操作する方法について説明します．Windowsに標準でインストールされているリモート・デスクトップ接続機能と，Linux用のサーバ・ソフトウェアxrdpを使用します．Raspberry Piにテレビやマウス，キーボードを接続して使用する場合や次節のSSHで利用する場合は，読み飛ばしてもかまいません．

　Raspbianへxrdpをインストールするには，LXTerminalから下記のコマンドを入力します．「Do you want to continue? [Y/n]」と問われた場合は「Y」を入力します．

```
$ sudo apt-get install xrdp↵
```

　Windowsからリモート接続を開始するには，「スタート」メニューから「アクセサリ」内の「リモート・デスクトップ接続」を起動します．また，**図1-21**のコン

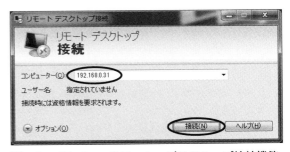

図1-21　Windowsリモート・デスクトップ接続機能

図 1-22 Raspberry Pi へログイン

図 1-23 Windows から Raspberry Pi を操作可能に

ピュータ名の入力欄に Raspberry Pi の IP アドレスを入力して，「接続」ボタンをクリックします．

接続に成功すると，Windows 画面に図 1-22 のようなウィンドウが表示されます．ユーザ名(pi) と Raspbian に設定済みのログイン・パスワードを入力

すると，図 1-23 のように，Windows から Raspberry Pi をリモート操作することができるようになります．接続に失敗した場合は，リモート・デスクトップ接続を終了し，再度，接続してみてください．

リモート・デスクトップ接続を使った場合は，ネッ

---

### Column…1-3　Raspbian のセキュリティ対策

重要な情報を保存しなければセキュリティ対策は不要だと考えてはいないでしょうか．お手持ちの Windows パソコンやスマートフォン，タブレットなどのセキュリティ対策や無線 LAN の暗号化などはすでに講じられていたとしても，Raspberry Pi の対策を怠ると危険です．

Raspberry Pi が踏み台にされ，家庭内の他の機器が攻撃される懸念が高まるからです．このようなリスクを下げるために，少なくともユーザ・パスワードの設定と定期的なアップデートを行う必要があります．アップデートを実施するには，LXTerminal から以下のコマンドを実行します（四つ目のコマンドは再起動）．

```
$ sudo apt-get update
$ sudo apt-get dist-upgrade
$ sudo rpi-update
$ sudo reboot
```

また，SSH のポート変更も有効な対策です．変更する場合は，LXTerminal で以下のコマンドを実行し，sshd_config の 5 行目にある「Port」の番号 22 を，49152〜65535 の値に修正し，再起動します．以降，Tera Term などの SSH によるアクセス時には，修正後の TCP ポート番号を指定する必要があります．

```
$ sudo leafpad /etc/ssh/sshd_
                      config &
```

場合によっては root のパスワードの設定も必要です．設定を行うには以下のコマンドを使用します．通常の pi ユーザには，sudo の実行権限があるので，このパスワードを使用することは滅多にないでしょう．デタラメな長いパスワードを設定しておき，必要なときに，同コマンドで再設定する方法もあります．

```
$ sudo passwd root
```

さらに，意図的にインターネットに公開するサーバとして動作させる場合は，より高いセキュリティを確保しなければなりません．少なくとも，ファイヤウォールを設定し，アクセス可能なポートを最小限度に抑えます．また，SSH のパスワード認証を停止し，公開鍵認証方式に変更することで，セキュリティを高めることができます．

トワークを経由して操作を行うので，応答速度が低下します．したがって一時的な利用手段になるでしょう．とくにプログラミング作業に関しては，次節のSSHによる接続を行ったほうが効率的だと思います．

また，この apt-get を用いる方法では，古いバージョンの xrdp がインストールされる場合があります．使い続けたい場合は，より新しいバージョンの xrdp を探したほうが良いでしょう．

## 第 11 節　パソコンから SSH で Raspberry Pi に接続しよう

この節では，同じネットワークに接続された Windows 搭載パソコンから，Raspberry Pi のコマンド・ライン・シェル[5]にログインする方法について説明します．パソコンから Raspberry Pi へ，Tera Term などの SSH 接続機能を使って接続します．この機能を使用するには，本章第 6 節「Raspbian Jessie の初期設定を行おう」で説明した SSH を「enable」にしておく必要があります．

接続前に Tera Term の設定を行います．Tera Term の「設定」メニューの「端末」を開き，改行コードを「LF」，ローカル・エコーを OFF（チェックを外す），漢字 - 受信と漢字 - 送信を「UTF-8」に設定します（図 1-24）．改行コードの設定は受信・送信ともに「LF」が適切ですが，送信に「LF」が選択できない場合があります．その場合は「CR」を選択します．

設定が完了したら「ファイル」メニューの「新しい接続」を開き，Raspberry Pi の IP アドレスと，TCP ポート番号 22，SSH2 を選択して「OK」をクリックします．IP アドレスの確認方法は前節を参照してください．なお，SSH のポート番号をコラム 1-3（p.28）にしたがって変更することで，セキュリティを高めることができます．

初めて接続しようとしたときに，セキュリティの警告が表示される場合があります．接続先の IP アドレス等が正しいかどうかを確認してから，「続行」をクリックします．正しく接続ができれば，図 1-25 のように表示され，LXTerminal と同じようにリモートでコマンド・ライン・シェルを扱えるようになります．

本節では，Rasbian の Linux コマンド・ライン・シェル（bash[6]）へのリモート・ログイン方法を説明しまし

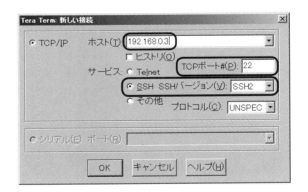

図 1-24　パソコンから Raspberry Pi に接続する

---

[5] コマンド・ライン・シェル：テキスト形式（CLI）のシェル．Raspbian では bash を使用．
[6] bash：Raspbian で採用されている Linux カーネルにアクセスするためのコマンド・シェル．

```
The programs included with the Debian GNU/Linux system are free software;
the exact distribution terms for each program are described in the
individual files in /usr/share/doc/*/copyright.

Debian GNU/Linux comes with ABSOLUTELY NO WARRANTY, to the extent
permitted by applicable law.
Last login: Sun Oct 18 20:31:29 2015 from 192.168.0.2
pi@raspberrypi ~ $
```

図1-25　Tera TermからRaspberry Piに接続したときのようす

た．この方法で利用できるのは，文字入出力によるテキスト・ベースのインターフェース[7]（CLI[8]）です．SSH接続コマンドの「ssh」や「slogin」に-Y，または-Xオプションを付与すると，GUIを使用することも可能です．Tera Termの場合には，「設定」の「転送」を選択し，「Xクライアントの転送」にチェックし，「設定の保存」で「TERATERM.INI」を上書きします．また，Windows側にはCygwin XなどのXサーバ・ソフトウェアをインストールしておく必要があります．

## 第12節　パソコンからRaspberry Pi内のフォルダを閲覧する

　ここでは同じネットワークに接続されたWindowsなどのパソコンから，Rasbian上のフォルダを閲覧する方法について説明します．

　Rasbianの画面の左上の「File Manager」を開いてください（図1-26）．Windowsなどで見慣れたフォルダやファイルの一覧が表示されます（図1-27）．フォルダをダブル・クリック[9]すると，フォルダ内のファイルやフォルダ内のフォルダを表示することができます．

　このRaspbian上のフォルダやファイルをWindowsから閲覧するには，Sambaというソフトウェアを利用します．SambaをインストールするにはLXTerminalから以下のコマンドを入力します．実行後，インストールの可否を聞かれるので「Y」と「Enter」を入力します．

```
$ sudo apt-get install samba
```

インストールが完了したら，以下のコマンドを

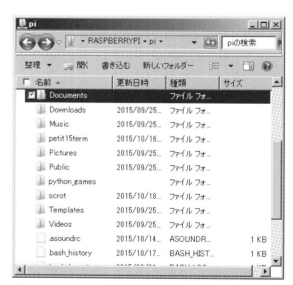

図1-27　WindowsからRaspberry Pi内のフォルダを閲覧する

図1-26　File Managerを起動する

---

[7] インターフェース：人とモノやモノ同士を相互に接続するためのソフトウェアや通信機器．
[8] CLI：テキスト文字で入出力を行うコマンド・ライン・インターフェース．
[9] ダブル・クリック：マウスボタンを短時間に2回連続で押下すること．

## Column…1-4　Raspberry Pi 3 内蔵の無線 LAN を使用する

Raspberry Pi 3 は，無線 LAN を内蔵しており，これも同様に使うことができます．

ただし，ZigBee や Bluetooth との電波干渉が発生する懸念が高まるので，その点は注意してください．

XBee Wi-Fi との通信については，動作確認済みです．Raspberry Pi と XBee Wi-Fi を同じ無線 LAN アクセス・ポイントに接続して，実験を行うことができます．

Raspberry Pi 3 内蔵の無線 LAN を使用する場合は，有線 LAN ケーブルを抜いてください．すると，図 A のようにパソコンのアイコンに「×」マークが表示されます．

このアイコンをクリックすると，周囲の無線 LAN アクセスポイントの一覧が表示されます．その中から，使用する無線 LAN のアクセス・ポイントを選択し，接続用のパスワードを入力します．アイコンが図 B のようになれば接続完了です．有線 LAN で接続していたときと同じように，LAN 内の機器との通信やインターネットへのアクセスができるようになるでしょう．

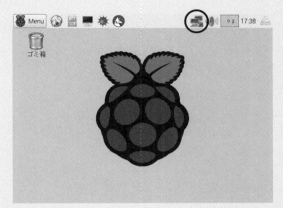

図 A　無線 LAN に接続するためのアイコン

図 B　無線 LAN への接続状態

---

Raspbian の LXTerminal から入力して，テキスト・エディタ「Leaf Pad」を起動してください（Tera Term の場合は，Cygwin X などがインストールされていないと Leaf Pad が起動しない）．

```
$ sudo leafpad /etc/samba/smb.
                          conf &
```

入力すると Leaf Pad が起動し，Samba の設定ファイルが開きます．この内容を詳細に理解する必要はありません．「[homes]」と書かれているラベルを探し，「read only = yes」の yes を「no」に書き換えて保存し終了してください．これは，ネットワーク上の他のパソコンから，Rasbian 上のファイル編集や作成することを許可する設定です．他のパソコンから閲覧を行うだけであれば，書き換える必要はありません．

次に，以下を実行して，アクセス可能なユーザを追加します．新しいパスワードを聞かれるので，リモート・ログイン用のパスワードを入力します．また，「retype new password」で同じパスワードをもう一度入力します．

```
$ sudo pdbedit -a pi
```

パスワードを設定後，以下のコマンドを使って Samba の再起動を行います．

```
$ sudo /etc/init.d/samba restart
```

以上の設定を完了すると，Windows の「ネットワーク」内に「RASPBERRYPI」と書かれたコンピュータが表示されます．ダブル・クリックすると，共有フォルダ「pi」が表示され，さらにダブル・クリックしてユーザ名「pi」と先ほど設定したパスワードを入力すると，Rasbian 上の pi ユーザのフォルダやファイルにアクセスすることができます．

コンピュータ名「RASPBERRYPI」が見つからないときは，マウスの右ボタンのメニューから「最新の情

報に更新」を実行します．それでも見つからない場合は，エクスプローラのパス表示部（現在のフォルダが表示されているエリア）にIPアドレスとユーザ名を，例えば「￥￥192.168.0.31￥pi」のように直接入力します．

　ここで設定したSambaのファイル共有の範囲は，通常であれば，LAN内に止まります．しかし，何らかの脆弱性や特殊な方法によって，外部から侵入される懸念もあります．RaspbianやSambaの定期的なアップデートや，ホーム・ゲートウェイのファイヤウォール，同じネットワーク内のPC機器のセキュリティ・アップデートなどによる対策が必要です．

　SSHを利用したSFTPなど，より高度なセキュリティ対策が可能なファイル共有方法もあります．しかし，Windows側にSFTPに対応した専用のクライアント・ソフトが必要になるので使い勝手が良くありません．

# [第2章]

# Linux用
# コマンド・ライン・シェル：
# bashの使い方

　本章では Raspberry Pi を使って，Raspbian/Linux 用のコマンド・ライン・シェルである bash の基本的な使い方について説明します．ここで説明する内容は，かつて Mac OS X や UNIX などで使用されていた tcsh や C shell との違いはありません．こういったシェルの使い方を知っている方や，CentOS などで bash を使ったことのある方は，本章を読み飛ばしてもかまいません．

# 第1節 覚えておかなければならないLinuxコマンド① ls

Raspbianは，Raspberry Pi上で動作するLinuxをベースとしたOSです．LXTerminalからLinuxコマンド(bashコマンド)を入力することで，Raspbian内のLinuxカーネルにアクセスすることができます．本節以降，このLinuxコマンドについて説明します．

多くのLinuxの専門書では，すべての作業をLinuxコマンドで行えるほどの詳細な説明が書かれています．これはCLIと初期のGUI[10]とを比べたときに，CLIのほうがOS上の操作を効率的に行うことができたからです．しかし，現在はグラフィックならではの表現力によって，操作を判断するまでの時間や操作ミスの防止が可能であり，開発者のGUI環境への移行も進んでいます．ここではGUI操作と併用することを前提として，必要最小限度のLinuxコマンドを学習します．

フォルダ内のファイル等を確認するには「ls」(List Segment)コマンドを使用します．図1-13(p.22)のアイコンをクリックしてLXTerminalを起動し，「L」キーと「S」キーで小文字の「ls」を入力し，「Enter」キーを押下すると，図2-1のようにフォルダ内のファイルやサブフォルダ[11]が表示されます．

```
$ ls↵
```

「ls」に続けて「スペース」キー，「-(マイナス)」キー，「L」キーを順に押下し，「ls -l」と表示されるのを確認

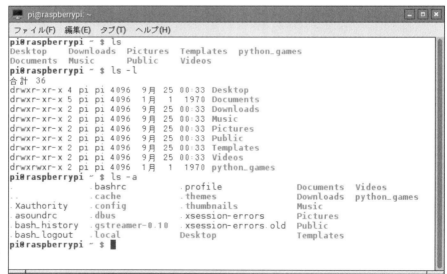

図2-1
Linuxコマンド「ls」の実行結果の一例

表2-1 Linuxコマンド「ls」のおもな機能

| コマンド | 機能 |
| --- | --- |
| ls | フォルダ内のファイルやサブフォルダを表示する |
| ls -l | フォルダ内のファイルやサブフォルダを一覧表示する |
| ls -a | フォルダ内を隠しファイルを含めて表示する |
| ls -la | 隠しファイルを含めて一覧表示する(「ls -l -a」でも可) |

[10] GUI：グラフィカル・ユーザ・インターフェース＝グラフィックとマウス等によるUI．
[11] サブフォルダ：フォルダ内にあるフォルダ．

し，「Enter」キーを押下すると，各ファイルの属性情報などとともに一覧表が表示されます．「-」はオプションを示す記号です．また，「-l」は一覧表示を行うためのオプションです．

$ ls␣-l⏎

また，「ls -a」とすると，「.」(ピリオド)から始まるファイルやフォルダを含めた一覧表が表示されます．普段は使用しない設定ファイルや，内部処理用データ用フォルダの名前の先頭に「.」を付与することで，このように他の通常のファイルと区別することができます．

$ ls␣-a⏎

複数のオプションを使用する場合は，「ls -l -a」のようにスペースで区切って並べます．あるいはオプション名が1文字の場合は，「ls -la」のように指定することもできます．

## 第2節　覚えておかなければならないLinuxコマンド② cd

次に，フォルダを移動するcd命令について説明します．このcdは「Change Directory」の略，すなわちフォルダ(ディレクトリ)変更を意味します．「cd Documents」と入力すると，~Documents~フォルダに移動します．

$ cd␣Documents⏎

新しいプロンプト部には「~/Documents」の文字が表示されます．これは現在のフォルダ位置を示しています．チルダ・マーク「~」は，LXTerminalなどでログインしたときのホーム・フォルダ(ホーム・ディレクトリ)を意味します．したがって，現在，ホーム・フォルダ内のDocumentsフォルダ内にいることがわかります．

前のフォルダに戻るには，cdとスペースに続き「.(ピリオド)」を2個入力します．「..」は上位，すなわちフォルダに入る前のフォルダを指します．もしくは「cd」と入力すると，どのフォルダにいた場合であっても，ホーム・フォルダ「~」に戻ることができます．

$ cd␣..⏎
$ cd␣~⏎

このcdコマンドについて，以上を理解できれば十分ですが，もう少し理解を深めるための話もしておきます．もっとも上位のフォルダをrootフォルダと呼び，「/」で表します．このフォルダには，コラム2-1

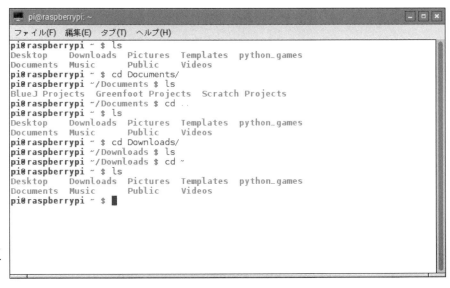

図2-2
Linuxコマンド「cd」および「pwd」の実行結果の一例

表 2-2　Linux コマンド「cd」と「pwd」のおもな機能

| コマンド | 機能 |
|---|---|
| cd␣(フォルダ名) | 指定したサブフォルダへ移動する |
| cd | ホームへ移動する |
| pwd | フォルダの位置(絶対パス)を表示する |

(p.37)に説明したsudoコマンドを用いなければファイルを書き込むことができません．Rasbianにおける通常ユーザpiのホーム「~」フォルダは，rootフォルダ内のサブフォルダ「home」の中のフォルダ「pi」に位置します．つまり，「~」は「/home/pi」を省略した記号なのです．

例えば，「~/Documents」と表記したフォルダの場合，実際のファイル・システム上のフォルダは「/home/pi/Documents」に位置します．このようなrootフォルダ「/」から始まるフォルダやファイル位置の表記方法を，「絶対パス表記」と呼びます．一方，「/」以外から始まる場合を「相対パス表記」と呼びます．また，これらのパス表記には現在のフォルダを示す「.」(ピリオド)や，前のフォルダ「..」(ピリオド二つ)を含めることも可能です．

前述のとおりプロンプト部には「~」から始まる現在のフォルダ位置が表示されますが，このフォルダの絶対パスを知るには「pwd」(Print Work Directory)コマンドを実行します．使用するソフトウェアによって表示方法やファイルの受け渡し方法が，絶対パス表記であったり，ホームや実行位置からの相対パス表記であったりと異なるので，両方の表記方法を知っておくと良いでしょう．

## 第3節　名前を知っておこう vi エディタと Leaf Pad

viエディタはLinuxに標準搭載されているテキスト・エディタです．ユーザとの対話をCLIによる行単位でしか行っていなかった時代には，全スクリーンに表示されたドキュメントを直接編集することができる点で画期的なエディタでした．しかし，エディット・モードとコマンド・モードを切り換える手間や，コマンドを覚えなければならない点などの課題があり，後にそれらを改良したより使いやすいテキスト・エディタが登場しました．

現在は，GUI上で動作するテキスト・エディタや，より高機能なエディタが一般的で，Rasbianに搭載されているLeaf Padも，その一つです．マウスでコマンドを選ぶことができるので使い慣れるまでにあまり時間を要しません．誤操作も減るでしょう．したがって，本書では，Leaf Padを使います．

Leaf Padを起動するには，Raspbianの画面左上の「MENU」から「アクセサリ」を選び，「Text Editor」を選択します(バージョンによっては日本語の「テキスト・エディタ」になる可能性もある)．注意点としては，ここには，「Leaf Pad」の名称が出てきません．

File Managerを使ってテキスト・ファイルをLeaf Padで開くこともできます．目的のファイルを右クリックし，「アプリケーションで開く」を選択し，図2-4のように「アクセサリ」内の「Text Editor」を選択し，「OK」をクリックます．「選択した~アクションとする」にチェックを入れておくと，次回からはファイルのダブル・クリック操作でLeaf Padを起動することができるようになります．

システムに関わるファイルの場合，編集したファイルを保存することができないことがあります．root権限が必要だからです．この場合は，LXTerminalから以下のコマンドを入力してLeaf Padを起動することで，ファイルの編集・保存することができるようになります．

$ sudo␣leafpad␣システム用ファイル名　&⏎

通常のファイルであれば，使い慣れたWindows用の

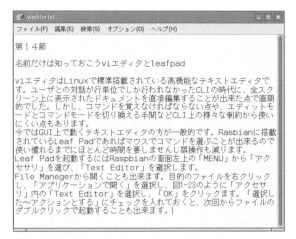

図2-3　Leaf Pad エディタ（Text Editor）

図2-4　ファイルを Leaf Pad で開く方法

秀丸エディタなどのテキスト・エディタを使用することもできます．Sambaで共有したファイルをWindows搭載パソコンから編集する方法です．Sambaのインストール方法については第1章第12節を参照してください．

なお，RaspbianのバージョンによってはLeaf Pad

---

### Column···2·1　Linux コマンド sudo とは？

Linuxコマンドの「sudo」は，システム機能を追加したり設定したりするときに使用します．このsudoは，「Super User DO」の略です．root権限と呼ばれるもっとも高い権限で，sudoに続くコマンドを実行します．

例えば，「sudo apt-get ～」と入力した場合，apt-getコマンドをroot権限で実行します．ただし，root権限を用いると，システムのすべてのファイルにアクセスすることができるので，むやみに使うのは避けましょう．

また，古くから「Switch User」を意味する「su」コマンドがあります．この「su」コマンドに続けてスペース＋ユーザ名を入力して実行すると，以降，指定したユーザ権限でフォルダやファイルにアクセスすることができます．元ユーザのアクセス権に戻るには「Ctrl」キーを押しながら「D」を押下します．ユーザ名を省略してsuコマンドを実行すると，root権限を得ることも可能です．

このsuコマンドは，root権限を得るために使わ れることがほとんどでした．しかし，このsu命令を実行後，元のユーザに戻すのを忘れて，root権限のまま作業を継続してしまうという課題がありました．このような課題を解決するために，コマンドの都度にroot権限が得られる「sudo」命令が登場しました．

なお，「sudo」の「su」は「Super User」が由来と言われていますが，「su」コマンドは「Switch User」であることから，「sudo」が「Switch User DO」の省略形であると考えることもできます．このようなSwitch User DO コマンドとして他のユーザ権限でコマンドを実行するには，sudo命令に「-u」オプションに続けてユーザ名を指定します．反対に，suコマンドに「-s」オプションを付与するとsudo命令のように実行することもできます（ただし新しい別のシェルで実行される）．これらsu命令とsudo命令のそれぞれを似せるためのオプションが，「-s」と「-u」であることも興味深いところでしょう．

## Column…2-2 「vi」や「vim」の文字を見かけたら

インストール・マニュアルなどに，「vi」や「vim」がコマンドとして掲載されていることがあります．その際に，テキスト・エディタを指しているということを理解する必要があるので，名前だけは覚えておきましょう（vimはviの高機能版）．

とはいえ，実際にviエディタを使用する必要はありません．「vi」または「vim」の文字を見つけたら，それらを「leafpad」に置き換え，最後に「&」を付ければLeaf Padで編集することができます．

筆者はかつて「viの使い方を覚えるのは必須だ」と考えていました．その理由は，vi以外がない環境で設定ファイルを編集できないのが致命的だったからです．それも嘘ではありませんが，そういった環境に出会ったことはほとんどありません．安心して，vi以外でも自分が使いやすいと思うテキスト・エディタを使ってください．

以外のエディタが使われる可能性もあります．「`sudo apt-get install leafpad`」でインストールすることもできますが，標準搭載されている別のエディタを使っても良いでしょう．

# 第4節 Linuxコマンドの便利な入力方法①補完入力機能

Linuxコマンド名（bashコマンド名）は，少ない文字数で名付けられる傾向があります．しかし，アプリケーション・コマンドやファイル名は文字数が増大する傾向があり，それらをすべてキーボードから入力するのは非効率です．

Linuxのシェルには，そういった入力の手間を支援する補完入力機能が備わっています．例えばテキスト・エディタ「leafpad」の文字を入力するには，先頭3文字「lea」だけをLXTerminalに入力して「Tab」キーを押します．すると「leafpad」の全文字が表示され，手作業による入力を省略することができます．

```
$ lea[Tab] → $ leafpad⏎
```

もし，入力ミス等によって意図どおりでない結果が出てしまった場合は，「Back Space」キーで1文字ずつ消去することや，「Ctrl」キーを押しながら「W」を押してワード単位で文字を消去すること，「Ctrl」キーを押しながら「C」キーを押して入力中の全コマンド文字の入力を取り消すことなどを行います．

```
$ leafpad[Ctrl]+[C] →
        $ （入力した文字の取り消し）
```

とくにフォルダ名やファイル名を入力するときに，補完機能を活用します．cdコマンドでフォルダ名を入力するには「cd Doc」までを入力してから「Tab」キーを押すと「cd Documents/」までの文字が補完されて表示されます．

```
$ cd Doc[Tab] → $ cd Documents/
```

しかし，「cd Do」までの文字を入力して「Tab」キーを押下した場合は補完されません．ホームにはDocumentsフォルダのほかにDownloadsフォルダがあり，これらの区別がつかないからです．こんな場合

**表 2-3 基本的な入力補完機能と補助機能**

| コマンド | 機 能 |
|---|---|
| [Tab]キー | 補完文字を表示する（補完できない場合や複数の候補がある場合は補完できる部分までを表示する） |
| [Tab]キー 2回目 | 補完候補が複数あるときに候補一覧を表示する |
| [Ctrl]を押しながら[W] | 入力した文字や候補をワード単位で消去する |
| [Ctrl]を押しながら[C] | 入力を中断する（すべての入力文字を無効にする） |

は，もう一度「Tab」キーを押下すると候補の一覧を表示することができます．不足していた続く文字を入力し，さらに「Tab」を押すと補完入力を進めることができます．この機能を利用すれば，cd と ls コマンドを繰り返して使用することなく目的のフォルダやファイルにアクセスすることが可能です．

# 第5節 Linux コマンドの便利な入力方法②履歴情報

ここでは，過去に入力した履歴情報を使って，コマンド入力を支援する history 機能について説明します．試しに，LXTerminal を開いて「history」と入力し，「Enter」キーを押下してみてください．過去に入力したコマンド行の履歴が表示されると思います．この履歴情報をもとに，コマンド入力の手間を減らすことができます．

もっとも頻繁に使用するのは，コマンドの入力誤りを修正するときです．カーソル・キーの「上」を押下すると，直前のコマンド行が表示されます．この状態で左右キーを使って修正個所にカーソルを移動してから修正し，「Enter」キーで修正後のコマンドを実行することができます．修正時に「Ctrl」を押しながら「A」キーを押すと，カーソルをコマンド行の先頭に移動できます．「Ctrl」を押しながら「E」キーを押すと末尾に移動させることもできます．

また，過去と全く同じコマンド行を実行することもあります．例えば，プログラムの作成時や作成したアプリケーションなどの実行時です．直前のコマンド行であれば「!!（エクスクラメーションを2回）」と「Enter」で再実行することができます．また，「!leaf」や「!l」といった具合に，再実行したいコマンドの先頭文字を含めると，history の中で該当するコマンド行の中からもっとも新しいコマンド行を実行します．

表 2-4 基本的な history 機能と補助機能

| コマンド | 機　　能 |
| --- | --- |
| history | 履歴情報を一覧表示する |
| カーソル[上]キー | 履歴の新しいものから順に呼び出す |
| [Ctrl]を押しながら[A] | コマンド行の先頭へカーソルを移動する |
| [Ctrl]を押しながら[E] | コマンド行の末尾へカーソルを移動する |
| !! | 直前のコマンドを実行する |
| !文字列 | 指定文字から始まる最新のコマンドを実行する |

# 第6節 Linux コマンドの便利な入力方法③コピー＆ペースト機能

コピー＆ペースト機能は，UNIX 上の X Window や Macintosh などの GUI で画期的な機能として普及が広まりました．一方，その Macintosh を開発した米 Apple 社が，マルチウィンドウ[12]を備えない iPhone 用の OS（現在の iOS）に対して，コピー＆ペースト機能を見送っていた点[13]も興味深い歴史でしょう．

現在は，さまざまな情報機器においてコピー＆ペースト機能が標準搭載となりました．もちろん Rasbian にも，コピー＆ペースト機能が実装されています．

Rasbian には，およそ二つのコピー＆ペースト機能があります．一つ目は編集メニューやマウスの右ク

---

[12] マルチウィンドウ：複数のアプリケーション・ウィンドウを表示すること．
[13] iPhone（2007年）発売時は，コピー＆ペースト機能を実装しなかった．

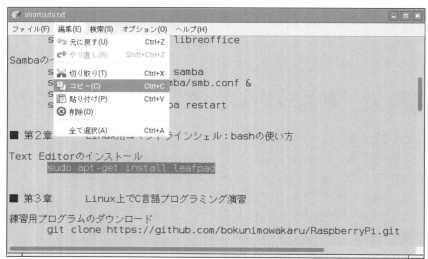

**図 2-5**
コピー＆ペースト機能の一例

リックで表示されるメニューから選択する方式です（**図 2-5**）．もはや，この方式の使い方を説明する必要はないでしょう．

もう一つは古くからUNIX上のX Windowで採用されていた方式です．マウスの左ボタンを押しながら選択した文字列を，マウスの中央ボタンでペーストします．一般的なマウスだと中央ボタンが見当たらないかもしれません．マウスの中央にあるダイヤルが中央ボタンです．このダイヤルを押し込むと，ペーストを実行することができます．

これら2種類のコピー＆ペースト機能は，独立した機能として動作します．例えば，先に編集メニューで一つ目のテキストをコピーしておき，その後にマウス左ボタンで二つ目のテキストを選択すれば，二つのテキストをコピー保持することができます．ペースト時は編集メニューで一つめのテキストを，中央ボタンで二つ目のテキストを張り付けます．

なおアプリケーションによって対応状況が異なるので，両方のコピー＆ペースト方法を理解しておきましょう．

## 第7節　Linux コマンドのマニュアル・ヘルプ機能

Linuxコマンドには多くのオプションがあり，コマンドに引き続いて入力するパラメータもさまざまです．こういったコマンドの使い方や，オプションについて調べたいときに便利なのがマニュアル機能・ヘルプ機能です．たとえば，lsコマンドを調べたいときは，コマンド「ls」に続けて「--help」を付与すると，要約マニュアルが表示されます．

```
$ ls␣--help⏎
```

スクロールにより表示できなかった部分は，マウスのスクロール・ダイヤル，またはウィンドウ右端のスクロール・バーを操作して表示します．

より詳細なマニュアルを閲覧したい場合は，manコマンドを使用します．「man」に続けて，調べたいコマンドを以下のように入力してください．

```
$ man␣ls⏎
```

マニュアルが表示されたら，カーソルの上下方向キーやマウスのダイヤルでスクロールすることができ，「Page Down」キーまたは，スペース・キーでページ送りをすることができます．終了は「Q」キーです．

さらに，「/」キーで検索を行うこともできます．例えば，「-a」オプションについて調べたい場合は，「/-a⏎」と入力します．このとき，「N」キーで次の検

索結果へ，「Shift」キーを押しながら「N」キーで前の検索結果への移動を行うことも可能です．操作がわかりにくいかもしれません．操作方法を調べたいときは，man コマンド実行中に「H」キーを押下します．

「--help」オプションをつけた要約マニュアルについても，man コマンドと同じように操作することができます．以下のように，調べたいコマンドと，「--help」オプションに続いて，末尾に「|less」を付与します．

```
$ ls --help | less⏎
```

この less コマンドは man コマンドの画面操作に使われている機能です．したがって，操作方法も man コマンドと同じです．

なお，Raspbian のバージョンによっては英語で書かれたマニュアルが多い場合があります．下記のコマンドを使って日本語マニュアルをインストールすると，より多くのマニュアルが日本語表示になるかもしれません．

```
$ sudo apt-get install manpages-ja manpages-ja-dev⏎
```

# 第8節　Linux のマルチタスクとパイプ処理

ここでは，Linux の特長であるマルチタスクとパイプ処理について説明します．少し，難しい話になります．本節と次節を読まずに，次の章に進み，先にプログラムを作っても良いでしょう．

マルチタスクとは，複数のプロセス（アプリケーション・ソフトウェアなど）を同時に実行する処理のことです．例えば，メインのプロセスが，次々に子プロセスを起動し，業務を分担することができます．しかし，他人に仕事を振っているわけではありません．同時に実行しているように見せるために，短時間で仕事を頻繁に切り換えながら処理を行っています（図2-6）．

ネットワーク機能を実現するには，発生したさまざまな重要度や，さまざまな処理量のプロセスに対応する必要があります．そこで，各プロセスを時分割し，優先度に応じて，順次，プロセスを切り換えながら実行する方法が用いられるようになりました．

たとえば，一つのプロセッサでプロセスを切り換えながら仕事を行う場合，切り替えのための処理時間を費やしてしまいます．これをオーバーヘッドと言います．オーバーヘッドによって，総処理時間が長くなるように思いがちですが，実際にはそうでもありません．多くの場合，プロセッサが何もしていない間（待ち時間）の処理が多く，マルチタスクによって効率的に他の業務に割り当てることができるからです．

例えば，Linux では小さなプロセスが，多数，動作しています．待機中のプロセスを含めると，数十個から百個くらいのプロセスに至る場合もあります．すべてのプロセスを表示するには，以下の ps コマンドを使用します．たくさんのプロセスが動作していることが確認できるでしょう．

```
$ ps aux⏎
```

これらは，見かけ上，同時に動作しています．したがって仮に一つのプロセスに 30 秒間の仕事を割り当てられたとしても，他の処理が 30 秒間，止まってしまうようなことはありません．

LXTerminal や LeafPad も，それぞれ一つのプロセスです．これらを起動した直後に ps コマンドで確認

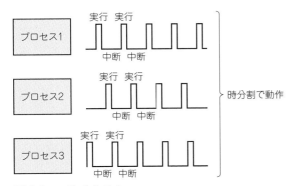

図 2-6　マルチタスク

```
pi@raspberrypi ~ $ ps aux          ←（コマンド）
USER       PID %CPU %MEM    VSZ   RSS TTY      STAT START   TIME COMMAND
root         1  0.0  0.4  23832  3956 ?        Ss   17:46   0:04 /sbin/init
root         2  0.0  0.0      0     0 ?        S    17:46   0:00 [kthreadd]
root         3  0.0  0.0      0     0 ?        S    17:46   0:00 [ksoftirqd/0]
root         5  0.0  0.0      0     0 ?        S<   17:46   0:00 [kworker/0:0H]
root         6  0.0  0.0      0     0 ?        S    17:46   0:01 [kworker/u8:0]
root         7  0.0  0.0      0     0 ?        S    17:46   0:01 [rcu_sched]
root         8  0.0  0.0      0     0 ?        S    17:46   0:00 [rcu_bh]
                    ←（プロセスID）             ...
pi        3155  1.8  1.9  53368 18924 ?        Sl   21:47   0:00 lxterminal
pi        3156  0.1  0.1   2328  1424 ?        S    21:47   0:00 gnome-pty-helper
pi        3157  0.7  0.4   5888  4248 pts/2    Ss+  21:47   0:00 /bin/bash
pi        3168  2.6  2.0  42592 19712 ?        Sl   21:47   0:00 leafpad
pi        3173  0.0  0.2   4204  2144 pts/0    R+   21:47   0:00 ps aux
```

**図 2-7** 「ps aux」の実行例

**図 2-8 パイプ処理**

すると，最後のほうに，lxterminalやleafpadのプロセスが表示されます．これらがマルチタスクで動作しているため，複数のアプリを同時に使用することができます．

これまで，LeafPadをLXTerminalから起動するときに，「&」を付与していました．この「&」はプロセスを起動後に，（プロセスの終了を待たずに）次のコマンド入力待ちにするための記号です．このように「&」を付与することで，一つのLXTerminalから複数のプログラムを同時に動かすことができます．

「ps aux」を実行したときに2列目に表示されるPIDは，プロセスIDと呼ばれる各プロセスを特定するために付与された番号です（**図 2-7**）．LeafPadのプロセスIDを調べるには，一覧表の中から探すよりも，下記のコマンドを使ったほうが簡単です．複数のLeafPadを起動していた場合は，複数のプロセスIDが表示されます．

```
$ pidof leafpad↵
```

このようにたくさんのプロセスを動かしたときに重要になるのは，プロセス間の連携です．それを実現するのがパイプ処理です．たとえば，入力データの末尾だけを表示するコマンド「tail」を使って以下のように入力してみてください．

```
$ ps aux|tail↵
```

実行すると，psコマンドの末尾10行だけが表示されます．また，その中に「ps aux」や「tail」のプロセスを見つけることができるでしょう．

「|」はパイプ記号と呼ばれ，処理の結果の出力を次の別の処理に入力するパイプ接続を表します．この場合，ps auxの結果をtailに入力し，画面にはtailの結果が表示されます．以上のように，パイプ処理は，同時に動作する複数のプロセスの入出力を接続する働きをします（**図 2-8**）．

このパイプによる入力や出力を，プログラムからpopen命令を使って利用することもできます．例えば，psコマンドの結果をプログラムに取り込んだり，プログラムの出力をtailコマンドに渡したりすることが可能です（使い方は第3章第7節で説明）．

## 第9節　ネットワーク・サーバとして必要な機能

OSには，おもに三つの基本機能があります．それは図2-9のような通信機能，記憶機能，演算機能です．このうちアプリケーション上，OSの違いによってもっとも差が生じる機能が通信機能です．通信機能には，簡単な入出力や機器との接続機能からネットワーク・サーバ機能まで幅広い用途があるからです．

LinuxベースのOSは，もともとサーバとして使われてきたUNIXライクなOSです．このため，強力なネットワーク機能が実装されてきました．ネットワーク・サーバとして使用するには，複数人数で使用可能なマルチユーザ・アカウント機能が必要です．そのアクセス権限が設定可能なファイル・システムも必要です．また，これらを同時に利用するためにマルチタスク機能が，そして多くのプロセスを連携するためにパイプ処理機能が必要となりました．

こういったネットワーク・サーバとして必要な機能が，インターネットが普及する前の時代から組み込まれていたことが，現在のITや，IoT技術にかかせないOSとなった理由の一つだと思います．

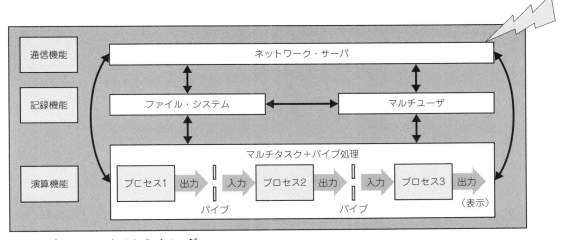

図2-9　ネットワークOSのイメージ

## 第10節　Linuxコマンドは覚えなくても大丈夫

本章では，Linuxのコマンド・ライン・シェルの基本的な使い方であるフォルダの閲覧方法と，コマンドの入力方法，マニュアル・ヘルプ機能の使い方，マルチタスクやパイプ処理の概念について学びました．一般的な解説書に比べると極めて少ない内容ですが，これ以外のほとんどのコマンドや操作については，暗記しておく必要はありません．

例えば，File Manager等のGUIを使って補うことが可能です．インストール作業については，本書などの解説書などを見ながら作業を行えば良いでしょう．

また，次章からはLinux上でのC言語によるプログラム開発方法について説明しますが，その際にはプログラムの変換（コンパイル）など，さまざまなコマンドが登場します．とはいっても，一度，実行した後は，同じ命令を繰り返し入力する，もしくはパラメータだけを変更して再実行するだけです．したがって，history機能などを活用すれば良いでしょう．

コマンドを覚えたり，同じ操作を繰り返し入力した

りするのは，コンピュータが得意とすることです．Linux や Bash には，そういった観点でプログラマを支援する機能が多く組み込まれています．このため，意識的に覚えておかなければならないコマンドはほとんどありません．

もう「私は Linux が使える」と言ってしまって良いでしょう．たいてい「道具が使える」といえば，このレベルであり，また，プログラマは Linux を学ぶのが目的ではなく，プログラムの創作に専念するほうが主体である筈だからです．

# [第3章]

# Linux上での
# C言語
# プログラミング演習

　本章では，Raspberry Pi を使った Linux 上での C 言語プログラミングの基礎を学びます．初めて C 言語を学ぶ方を対象にしているので，Raspberry Pi に限らず一般的なパソコン用の C 言語を学んだことのある方は，本章を読み飛ばしても問題ありません．ただし，Arduino や PIC マイコンなどの組み込み用の言語とは少し異なる部分があります．

## 第1節　コマンドUIの定番プログラム「Hello, World!」を表示しよう

パソコンのプログラム演習において，一番初めに学ぶ定番のプログラムが「Hello, World!」です．本節では，プログラムの作成方法やコンパイルの方法，実行方法について説明します．

まずは，練習用プログラムをダウンロードしてください．キーボードに慣れていない人は本書に書かれているプログラムを自分で入力してみても良いですが，ダウンロードしたものを基にして，処理の流れをつかむことも重要です．

ダウンロードするには，LXTerminalを起動し，下記のコマンドを入力します．大文字と小文字も間違えないようにしてください．付属のCR-ROMや，筆者のサポート・ページ[14]からダウンロードすることもできますが，gitコマンドによるダウンロードを奨めます．

```
$ git clone https://github.com/
  bokunimowakaru/RaspberryPi.git ⏎
```

| 練習用プログラムのダウンロード(GitHub) |
| --- |
| https://github.com/bokunimowakaru/RaspberryPi.git |

上記のgitコマンドを使ってダウンロードすると，「RaspberryPi」フォルダが作成されます．また，その中の「practice」フォルダ内に練習用のプログラムが格納されます．拡張子に「.c」が付与されているファイルがC言語のプログラムです．

それでは，練習用の**プログラム 3-1**「practice01.c」を，テキスト・エディタ「Leaf Pad」で開いてみましょう．File Managerを使う場合は，「practice」フォルダ内の「practice01.c」を右クリックし，「アプリケーションで開く」を選択し，**図 2-4**(P.38)の画面で「Text Editor」を選択します．

ダウンロードしたプログラムをLeaf Padで開いたときの画面の一例を，**図 3-1** に示します．このプログラムを編集することもできますが，まずはコンパイル[15]方法から説明します．

ダウンロード時に開いたLXTerminalに以下のコマンドを入力して，practiceフォルダへ移動します．補完機能を利用する場合，「C」キー，「D」キー，「スペース」キーを順に押して小文字の「cd␣」まで入力し，「Shift」キーを押しながら「R」キーを押して大文字の「R」を入力，「Tab」キーを押して「RaspberryPi」に補完します．この段階では「Enter」を押さずに，「P」キー，「R」キーを押して小文字の「pr」と入力してから「Tab」キーを押し「practice」に補完し，「Enter」を押します．

```
  $ cd R[Tab]
→ $ cd RaspberryPi/
→ $ cd RaspberryPi/pr[Tab]
→ $ cd RaspberryPi/practice/ ⏎
```

「practice」フォルダに移動したら，念のために「ls」コマンドを使ってプログラム「practice01.c」などが入っていることを確認します．そして，下記のコンパイル・コマンドを実行します．

```
$ gcc practice01.c ⏎
```

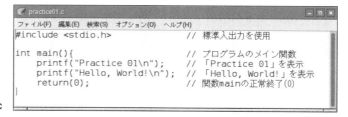

図 3-1
練習用プログラム practice01.c

---

[14] 筆者のサポート・ページ：http://www.geocities.jp/bokunimowakaru/cq/raspi/．
[15] コンパイル：プログラムを実行可能な形式に変換すること．

コンパイルが終了してから ls コマンドを実行すると，新たに「a.out」という実行ファイル（アプリケーション）が作成されます．これを実行するには，以下のように入力します．

```
$ ./a.out⏎
```

「.」はフォルダの現在の位置を表す記号です．したがって，上記のコマンドによって，現在のフォルダ「practice」内のアプリケーション「a.out」が実行されます．正しく実行されれば，LXTerminal に「Practice 01」と「Hello, World!」が表示されます．

本章で紹介する他のサンプル・プログラムも practice フォルダに含まれています．すべてのプログラムをコンパイルするときに，「make」コマンドを使用します．practice フォルダ内で「make」を実行すると同じフォルダ内にある「Makefile[16]」内に書かれた内容にしたがってプログラムをコンパイルし，アプリケーション・ファイル等を作成します．

```
$ make⏎
```

この make コマンドを使うメリットには，コンパイル時のオプションやコンパイル元のファイル名の都度入力が不要な点，変更したファイルのみをコンパイルしてくれる点，インストール用コマンドを記述できる点などがあります．デメリットは，Makefile に手間がかかることです．

「practice」フォルダ内の Makefile を使ってコンパイルすると，アプリケーション・ファイル practice01 ～ 07 等が作成されます．実行する際は先頭に「./」を付与して以下のように入力します．

```
$ ./practice01⏎
```

LXTerminal を起動し，make を使ってコンパイルし，practice01 を実行したときのようすを，**図 3-2** に示します．実際に実行し，正しく「Hello, World!」が表示されることを確認してください．

次に，この練習用プログラム 3-1 practice01.c の内容①～④について説明します．

① 最初の行の「#include <stdio.h>」は，テキスト文字の入出力を行うプログラム「stdio.h」を本プログラムに組み込む処理です．この stdio のようなプログ

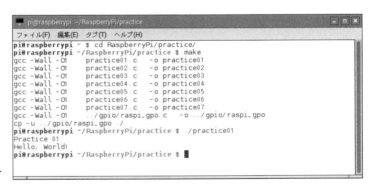

図 3-2
practice01 を実行したようす

プログラム 3-1　practice01.c

```
#include <stdio.h>      ←①    // 標準入出力を使用
                                   ③
int main(){  ←②                 // プログラムのメイン関数
    printf("Practice 01\n");    // 「Practice 01」を表示
    printf("Hello, World!\n");  // 「Hello, World!」を表示
    return 0;  ←④               // 関数 main の正常終了(0)
}
```

---

[16] Makefile：アプリケーションを作成する時のコンパイル手順が書かれたファイル．

### Column…3-1 「return 0」と「return(0)」,「exit (0)」の違い

プログラム 3-1 では，関数の終了部に「return 0;」と書きましたが，「return(0);」や「exit(0);」でも似たような働きをします．

C 言語などで使われている関数に続く括弧は，その命令が関数であることを示しています．また，括弧内には関数に渡すための引き数を記述します．一方，return は関数を抜ける命令であり，関数ではありません．その後に続く「0」は，引き数ではなく戻り値です．こういった原理的な意味合いを考慮し，「return 0;」と書く場合が増えてきました．

「return(0);」のような記述方法もあります．関数と引き数のように見えるので全体的に統一感が得られます．また，括弧内に式が入ったときに見やすいな

ど，ソフトウェアのバグを減らす効果も得られます．実際には「(0)」の演算結果「0」が戻り値になります．

一方，「exit(0);」を使う場合もあります．exit 命令は，標準ライブラリの stdlib で定義された関数です．関数なのでかならず括弧が必要です．exit 命令の場合は，main 関数以外で使ってもプログラムを終了させることができます．return は関数を抜ける命令だったのに対し，exit はプログラムの終了を実行する命令なのです．なお，main 関数で使用する return 命令の戻り値の「0」と，exit 命令の引き数の「0」のどちらも正常終了を示します．

main 関数の戻り値は省略することができます．この場合，戻り値は「0」となります．

---

ラムを，ライブラリと呼びます．

② 「int main()」は，関数 main の定義です．main 関数は，プログラムを実行したときに最初に実行される特別な関数です．この関数の処理内容は，「{」と「}」で囲まれた区間に書かれた以下の③と④の命令です．

③ 「printf」は画面表示用の命令です．ここでは「"」で囲まれた文字列を画面に表示します．文字列の語尾の「\n」は改行を示します．Windows など，システムによっては記号「\」の代わりに「¥」が表示されます．printf は①で組み込んだライブラリ stdio.h に含まれる関数の一つです．

④ 「return」は関数内の処理を終え，処理結果を戻り値として返す命令です．main 関数内の return 命令はプログラムの終了を行います．また main 関数内の戻り値 0 は正常終了を示します．

C 言語の命令の語尾には，かならず「;(セミコロン)」を付与し，一つの命令の区切りを明示する必要があります．慣れないうちは付け忘れることが多く，コンパイル時にエラーが出ても見つけにくい場合があります．慣れれば，付け忘れを見つけるのは早くなります．付け忘れの頻度も下がります．しかし，付け忘れをなくすことはできないかもしれません．

## 第 2 節　プログラミング最大の難関：変数の使い方と printf

ここでは変数の使い方について学びます．C 言語プログラムを理解する上でもっとも重要な概念ですが，挫折しやすい部分でもあります．

変数とは，数値や文字を代入（収容）することができる容器のようなものです．プログラムの中では複数の容器を扱うことができますが，それらを区別するために名前をつける必要があります．その変数の名前を

「変数名」と呼びます．

また，変数には「型」と呼ばれる種類があります．整数のみを代入することができる整数型，文字を代入することが可能な文字型，小数を扱える浮動小数点数型などです．文字型には 1 文字しか代入することができませんが，配列変数を用いることで文字列（複数の文字）を扱うことができます．本書では文字列変数と呼

表3-1 良く使う変数の型とpintf命令の修飾子

| 変数の型 | 型名 | サイズ | 修飾子 | 備　考 |
|---|---|---|---|---|
| 整数型 | int | 2 or 4 バイト | %d | サイズはCPU等によって異なる |
| 文字型 | char | 1バイト | %c | 複数の文字は扱えない |
| 文字列型 | char * | 文字長+1バイト | %s | 配列変数やポインタで表す |
| 浮動小数点数型 | float | 4バイト | %f | 指数表示で表される |

プログラム3-2　practice02.c

```c
#include <stdio.h>            // 標準入出力を使用

int main(){                   // プログラムのメイン関数
    int a = 12345;       ←①  // 整数型の変数aを定義
    char c = 'R';        ←②  // 文字変数cを定義
    char s[] = "Hello, World!"; // 文字列変数sを定義
    float v = 1.2345;    ←④ ←③ // 浮動小数点数型変数v
    int size;            ←⑤  // 変数sizeを定義

    printf("Practice 02\n");  // 「Practice 02」を表示

    printf("a=%d",a);    ←⑥  // 整数値変数aの値を表示
    size = sizeof(a);    ←⑦  // aのサイズをsizeに代入
    printf("\tsize=%d\n",size); // sizeの値を表示して改行
                      ⑧

    printf("c=%c",c);    ←⑨  // 文字変数cの値を表示
    size = sizeof(c);         // cのサイズをsizeに代入
    printf("\tsize=%d\n",size); // sizeの値を表示して改行

    printf("s=%s",s);    ←⑩  // 文字列変数sの値を表示
    size = sizeof(s);         // sのサイズをsizeに代入
    printf("\tsize=%d\n",size); // sizeの値を表示して改行

    printf("v=%f",v);    ←⑪  // 数値変数vの値を表示
    size = sizeof(v);         // vのサイズをsizeに代入
    printf("\tsize=%d\n",size); // sizeの値を表示して改行

    return 0;                 // 関数mainの正常終了(0)
}
```

びます．それぞれの型の違いを，**表3-1**に示します．

それでは，練習用**プログラム3-2** practice02.cを用いて変数の使い方を説明します．

① 「int」は，整数の変数を定義する命令です．ここでは変数aを定義します．このような整数の変数を，整数型変数もしくはint型変数と呼びます．変数a（容器）の中には整数の数値を代入することができます．ここでは「12345」を代入します．扱える数値の範囲はCPU等によって異なり，Raspberry Piの場合は約±21億の範囲です．

② 「char」型は，文字変数を定義する命令です．ここで定義した変数cには，半角文字を1字だけ代入することができます．ここでは文字「R」を代入します．文字変数に代入するときは，「"（ダブル・クォーテーション）」ではなく「'（シングル・クォーテーション）」を使用します．

③ 変数の後ろに「[」と「]」を付与することで，文字列変数を定義することができます．文字列は「"（ダブ

```
pi@raspberrypi ~/RaspberryPi/practice $ ./practice02⏎
Practice 02
a=12345 size=4
c=R      size=1
s=Hello, World! size=14
v=1.234500      size=4
pi@raspberrypi ~/RaspberryPi/practice $
```

**図 3-3　practice02 を実行したようす**

ル・クォーテーション）」で括ります．この変数 s に代入することができる文字数は，「Hello, World!」の文字数と同じ 13 文字です．より多くの文字数を扱いたい場合は，「char s[21]」のように，変数の大きさを指定します．ただし，この値は最大文字数よりも 1 だけ大きくします．文字列の最後に文字の終わりを示す Null 文字と呼ばれるコードを入れるためです．Null 文字は「\0」で表し，文字コードは 0 です．

④「float」型は，浮動小数点数型つまり小数を扱うことができる変数を定義する命令です．精度は電卓よりも劣ります．正確な計算が必要な場合は「double」型を使用します．

⑤ この行では，整数型（int 型）の変数 size を定義します．このように初期値の代入を行わずに変数を定義した場合，変数の中の値は不定です．このプログラムのように，後の⑦の行で sizeof 関数の戻り値を代入してから，⑧の部分で変数の中身を利用します．また，変数名にはアルファベットから始まる文字列を使用することもできます．また，この size のように変数名にわかりやすい名前をつけることで，プログラムのミスを減らすことができます．ただし，C 言語で定義されている命令（予約語）や，使用する関数と同じ名前の変数を定義することはできません．

⑥ printf 命令は「"」で囲まれた文字を表示するコマンドでした．ここでは「"」の中に「%d」という文字が見られます．この書式を実行すると，「"」の終わりに続く変数 a の値が「%d」の部分に置き換えられます．したがって，「a=%d」の「%d」の部分が整数型変数 a に代入されている値「12345」に置き換えられ，「a=12345」のように表示されます．この「%d」を修飾子と呼び，この修飾子は整数値を文字列に変換して置き換えられます．

⑦ sizeof は変数のメモリ・サイズ（単位＝バイト）を得る演算子です．ここでは，整数型の変数 a が占有するメモリのサイズを変数 size に代入します．Raspberry Pi の整数型は 4 バイトなので，整数値 4 が代入されます．

⑧ 変数 size の値を表示します．「\t」は Tab（タブ）を示します．いくつかの空白をあけてから「size=4」を表示します．

⑨ printf 内の「%c」は文字を示す修飾子です．ここでは変数 c に代入された文字「R」を表示します．

⑩「%s」は文字列を示す修飾子です．ここでは「Hello, World!」を表示します．

⑪「%f」は浮動小数点数を示す修飾子です．ここでは小数を含む 1.2345 を表示します．

「./practice02」と入力して，このプログラムを実行すると，**図 3-3** のように，変数内の値とメモリのサイズが表示されます．整数型，浮動小数点数型は 4 バイト，文字型は 1 バイト，またこの 13 文字の文字列型は 14 バイトでした．

以上の説明を 1 回読んだだけで理解するのは難しいかもしれません．また，さまざまな型や修飾子が登場し，混乱しているかもしれません．プログラムの内容とプログラムの実行結果を比較する，または**表 3-1** を確認しながら読み返すなど，整理しながら学習しましょう．

### Column···3-2 int 型には short 型の場合と long 型の場合がある

Raspberry Pi で使用する int 型の変数(容器)のメモリ・サイズ(大きさ)は，4 バイト(= 32 ビット)です．これを long 型とも言います．21 億までの整数が使えるので，ほとんどの用途で十分な範囲です．

一方，CPU が 8 ビットの場合，int 変数型のメモリ・サイズが 2 バイト(= 16 ビット)であることが多いです．これを short 型と呼びます．short 型の場合は，−32768 〜 32767 までしか扱えません．

両方の CPU に対応した記述を行うなら，long か short を使ったほうが良さそうに感じられるかもしれません．ところが，例えば 32 ビット CPU において，16 ビットの short 型を使っても，32 ビットの long 型を使っても，処理速度は変わりません．むしろ型変換の時間を要する場合もあります．このような場合に int 型で定義しておけば，CPU の処理能力に合わせて都合よいサイズになります．したがって，範囲を限定する意図がない場合は，int で変数を定義するのが良いでしょう．

## 第 3 節　コンピュータは計算機：良く使う演算子

コンピュータは電子計算機とも呼ばれます．すなわち計算機です．ここでは変数に代入した値を計算し，計算結果を表示するプログラムについて説明します．

プログラム 3-3 の practice03.c では，整数型の変数 a と浮動小数点数型の変数 v を定義し，引き算や割り算を行います．

**プログラム 3-3　practice03.c**

```
#include <stdio.h>              // 標準入出力を使用

int main(){                     // プログラムのメイン関数
    int a = 12345;              // 整数型の変数 a を定義
    flcat v = 1.2345;           // 浮動小数点数型変数 v

    printf("Practice 03\n");    // 「Practice 03」を表示

    printf("%d ",a);            // 整数値変数 a の値を表示
    a = a - 345;         ←①    // a-345 を計算して a に代入
    printf("- 345 = %d\n",a);   // a の値を表示

    printf("%d ",a);            // 整数値変数 a の値を表示
    a = a / 1000;        ←②    // a÷1000 を a に代入
    printf("/ 1000 = %d\n",a);  // a の値を表示

    v = (float) a;       ←③    // 浮動小数変数 v に a を代入
    printf("(int) %d ",a);      // 整数値変数 a の値を表示
    a = a / 10;          ←④    // a÷10 を a に代入
    printf("/ 10 = %d\n",a);    // a の値を表示
    printf("(float) %f ",v);    // 浮動小数変数 v の値を表示
    v = v / 10;          ←⑤    // v÷10 を v に代入
    printf("/ 10 = %f\n",v);    // 浮動小数変数 v の値を表示

    return 0;                   // 関数 main の正常終了(0)
}
```

```
pi@raspberrypi ~/RaspberryPi/practice $ ./practice03
Practice 03
12345 - 345 = 12000
12000 / 1000 = 12
(int) 12 / 10 = 1
(float) 12.000000 / 10 = 1.200000
pi@raspberrypi ~/RaspberryPi/practice $
```

**図3-4  practice03 を実行したようす**

① 「a = a - 345」は引き算の一例です．多くのプログラム言語において「=」は代入を示します．この行では，a-345 を計算し，その結果を変数 a に代入します．プログラムの最初のほうで，変数 a に 12345 を代入しているので，12345-345 を計算し，変数 a には 12000 が代入されます．足し算の場合は「+」にします．

② 「a=a / 1000」は割り算の一例です．「÷」の代わりに「/」を使用します．掛け算の場合は「×」の代わりに「*」を用います．ここでは，12000÷1000 を計算し，変数 a には 12 が代入されます．

③ 括弧付きの float は変数の型変換を表します．整数型変数 a を浮動小数点数型に変換してから，float 型の変数 v に代入します．異なる型の変数に代入するときは，このような型変換を行います．型変換なしに代入できる場合もありますが，バグや不具合の原因となる場合があります．変数 a には，整数の 12 が入っていたので，変数 v には浮動小数点数の 12.000000 が代入されます．

④ 整数型の変数 a を 10 で除算します．整数の 12 を 10 で割ると 1.2 ですが，変数 a は整数しか扱えないので a=1 となります．

⑤ 浮動小数点数型の変数 v を 10 で除算すると，変数 v には 1.200000 が代入されます．整数型と同じ計算ですが，結果が異なります．

## 第4節　プログラムの入出力とユーザ・インターフェース

　プログラムの基本動作を要約すると，何らかの入力に対して何らかの計算を行い，何らかの結果を出力することです．

　これまでに簡単な「出力」や「計算」のプログラムについて説明してきましたが，「入力」がありませんでした．入出力の対象には，人だけではありません．コンピュータ内の記憶装置や通信機器となるインターフェースもあり，本書を読み進めることによって，徐々に通信インターフェースの話に繋がっていくことがわかると思います．

　UI（ユーザ・インターフェース）とは，対象が人である場合の入出力手段です．ここではコンピュータへの入出力の基本である「ユーザ・インターフェース」のプログラム例を紹介します．

　**プログラム 3-4** practice04.c は，キーボードから入力した数値をオウム返しのように表示出力するプログラムです．まずは実行してみましょう．**図 3-5** のように，「15」を入力すると「in=15」を出力し，「1」を入力すると「in=1」を，そして 0 を入力するとプログラムが終了します．プログラムの主要部分について，以下で説明します．

① 標準ライブラリの stdlib.h をこのプログラムに組み込みます．stdlib は C 言語の拡張コマンドのようなライブラリです．ここでは後述の⑥に示す atoi 関数を利用するために組み込みます．

② 文字列変数 s を定義します．括弧内の 5 は，定義する変数のメモリ・サイズです．ここでは，5 バイト，すなわち 4 字までの文字を代入することが

プログラム3-4　practice04.c

```
#include <stdio.h>              // 標準入出力を使用
#include <stdlib.h>    ←―①     // 型変換(atoi)を使用

int main(){                     // プログラムのメイン関数
    int in = 0;                 // 数値変数 in を定義
    char s[5];    ←―②          // 文字列変数 s を定義

    printf("Practice 04\n");    // 「Practice 04」を表示
                        ④
    do{    ←―――――――③          // do〜while 間を繰り返す
        fputs("in > ",stdout);  // 「in > 」を標準出力へ
        fgets(s, 5, stdin);     // 標準入力から取得
        in = atoi(s);   ←―⑥    // 数値に変換して in に代入
        printf("in=%d\n",in);   // in の値を表示
    }while( in > 0 );           // 0 より大のときに繰り返す

    return 0;                   // 関数 main の正常終了(0)
}
```

```
pi@raspberrypi ~/RaspberryPi/practice $ ./practice04⏎
Practice 04
in > 15
in=15
in > 1
in=1
in > 0
in=0
pi@raspberrypi ~/RaspberryPi/practice $
```

図3-5　practice04を実行したようす

できます．

③「do」は，「while」までの「{」と「}」で囲まれた区間を繰り返し実行するための命令です．while 内の条件「in > 0」を満たしているときに繰り返します．in に 0 が代入されていた場合は，このプログラムの最後に書かれた命令 return 0 を実行して，プログラムを終了します．

④ fputs は出力を実行する命令です．「"」で囲まれた文字列を，指定した出力「stdout」に出力します．stdout は標準出力を示し，ここでは LXTerminal のコンソール画面へ出力します．printf と似た命令ですが，修飾子を使用することができません．

⑤ fgets は，fputs の反対の入力命令です．LXTerminal を選択しているときに，キーボードから入力した文字が，標準入力「stdin」を通して文字列変数 s に代入されます．fgets の最初の引き数[17]は，文字列変数です．次の引き数は，文字列変数 s のメモリ・サイズです．ここでは 5 バイトを渡します．5 バイトのうち，改行コード 1 バイトと Null 文字 1 バイトを要するため，実際に入力可能な文字数は 3 バイト(3 文字)以内です．

⑥ atoi は，文字列変数内の文字列を整数型の数値に変換する関数です．ここでは，文字列 s に書かれた数字を，整数値に変換し，変数 in へ代入します．

---

[17] 引き数：C 言語の命令は関数になっており，その関数に渡すデータや値．

代入した値は，この次の行の printf 関数で表示されます．

ところで，コンピュータの利用目的は処理部分にあるので，主要部は処理部分です．しかし，実際にプログラムを作成すると，大部分をユーザ・インターフェースなどの入出力インターフェース機能が占め，主要な処理部分を上回ります．つまり，プログラムを具現化するには，こういったインターフェース部分を十分に理解しておく必要があります．

## 第5節　データを保存するファイル出力

次に，データをファイルに出力して保存するインターフェースについて学習します．前節のプログラム practice04.c にファイル出力機能を追加し，キーボードから入力した値をファイルに保存します．

以下に**プログラム 3-5** practice05.c の動作について説明します．

① ファイルを扱うためのファイル・ポインタ（FILE 型のポインタ変数）を定義します．「*fp」の「*」マークはポインタを意味する記号です．ポインタ変数 fp には，メモリのアドレスを格納することができます．実データはポインタが示すアドレスに記録されています．本書では，ポインタについては詳しく説明をしませんが，用語は知っておいてください．たいていの場合，サンプルを流用すればプログラムを書くことができます．また，C 言語以外でポインタを使う機会はほとんどありません．ポインタには，プログラマのミスによるセキュリティの脆弱性があるので，今後，ポインタを使う

**プログラム 3-5**　practice05.c

```
#include <stdio.h>              // 標準入出力を使用
#include <stdlib.h>             // 型変換(atoi)を使用

int main(){                     // プログラムのメイン関数
    FILE *fp;           ←①     // ファイル出力用の変数 fp
    char fname[]="data.csv";    // ファイル名
    int in = 0;              ←② // 数値変数 in を定義
    char s[5];                  // 文字列変数 s を定義

    printf("Practice 05\n");    // 「Practice 05」を表示

    do{                         // do～while 間を繰り返す
   ┌   fputs("in > ",stdout);   // 「in > 」を標準出力へ
   │   fgets(s, 5, stdin);      // 標準入力から取得
  ③│   in = atoi(s);            // 数値に変換して in に代入
   └   printf("in=%d\n",in);    // in の値を表示
  ④→ fp = fopen(fname, "a");    // ファイル作成(追記)
   ┌   if( fp == NULL ){        // 作成失敗時
  ⑤│       printf("ERROR\n");   // エラー表示
   │       return -1;           // 異常終了
   └   }
  ⑥→ fprintf(fp,"%d\n",in);    // in の値を書き込み
       fclose(fp);      ←⑦     // ファイルを閉じる
    }while( in > 0 );           // 0 より大のときに繰り返す
    return 0;                   // 関数 main の正常終了(0)
}
```

```
pi@raspberrypi ~/RaspberryPi/practice $ ./practice05
Practice 05
in > 15
in=15
in > 1
in=1
in > 0
in=0
pi@raspberrypi ~/RaspberryPi/practice $ cat data.csv
15
1
0
pi@raspberrypi ~/RaspberryPi/practice $
```

**図 3-6** practice05 を実行したようす

機会は減ってゆくでしょう．
② 文字列変数 fname にファイル名「data.csv」を代入します．実はこの fname もポインタ変数です．メモリ内のどこかに，文字列「data.csv」の 8 文字と終端の NULL 文字の計 9 バイトのデータを書き込み，そのメモリの先頭アドレス（「d」が格納されているアドレス）が fname に代入されます．もし理解できなくても，まねて使えれば大丈夫です．
③ **プログラム 3-4** practice04.c のプログラムと同じです．キーボードからの入力処理を行います．
④ 「fopen」は，ファイルへのアクセス準備を行う命令です．一つ目の引き数は，ファイル名です．文字列変数 fname のファイルを開きます．二つ目の引き数はアクセス方法です．「"a"」は，既存ファイルがあれば追記書き込み，既存ファイルがなければ新規ファイルへの書き込みを行います．ファイルへのアクセス開始に成功すれば，ファイル・ポインタにアドレスが代入されます．失敗したときは NULL（0 値）が代入されます．
⑤ 「if」は「(」と「)」の中に書かれた条件を満たしたときに続く「{」と「}」の中を実行する命令です．ここではファイル・ポインタ fp が NULL（0 値）のときにエラー表示を行い，異常終了する処理を行います．
⑥ 「fprintf」は，fopen で開いたファイルに対して出力を行う命令です．一つ目の引き数はファイル・ポインタです．ここではアドレスを渡すので「*」は不

要です．二つ目以降の引き数は printf 命令と同じ書式です．
⑦ 「fclose」はファイルを閉じる命令です．これを忘れるとファイル・ポインタが示す先のメモリを確保したままになります．かならず fopen との対で fclose を記述しましょう．

プログラムを実行して，数値をいくつか入力し，「0」を入力して終了してみましょう．File Manager や ls コマンドなどで確認すると，ファイル「data.csv」が作成されていることがわかります．これを，Leaf Pad で開いて確認するか，UNIX コマンド「cat」を使って内容を確認してみましょう．**図 3-6** に実行のようすを示します．なお，この cat コマンドは，本来，複数のファイルを結合（CATenate）して表示出力する命令です．実際には，本例のように単一のファイルを指定して，ファイルを表示する命令として使用されることが多く，コマンド名称と実際の使い方が異なる命令の一つです．

以上のとおり，画面に表示する場合とファイルに出力する場合との違いは，fopen によるファイルへのアクセス開始と，fclose による終了の部分にあります．また，実際の出力部分は画面に出力する printf と似たような fprint コマンドで記述します．

ところで，前節では fputs を使って stdout を指定すると画面表示が可能なことも学びました．この「stdout」は標準出力用のポインタ変数です．使い方は

ファイル出力で使用したファイル・ポインタfpと同様です．例えば，「fprintf(stdout,"~")」のように記述すれば（ファイルではなく）画面に対して出力することができます．このようにfputsやfprintf，そしてfgetsなどのコマンドを用いることで，さまざまな入出力デバイスにデータを渡したり受け取ったりすることができます．

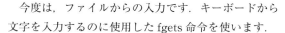
## 第6節　保存したデータを読み込むファイル入力

今度は，ファイルからの入力です．キーボードから文字を入力するのに使用したfgets命令を使います．

**プログラム 3-6** practice06.c を実行すると，前節の**プログラム 3-5** practice05.c で入力したデータが表示されます．また，practice05を再実行してデータを追加し，practice06を再実行するとデータが追記されていることもわかります．

① fopen命令を使用してファイルを開きます．アクセス方法の「"r"」は読み取り用です．
② 「feof」はファイルのデータが続いているかどうかを確認する関数です．引き数はファイル・ポインタです．ファイルのデータが継続しているときは0，ファイルの最後まで読み取っていた場合は0以外の戻り値を得ます．この例ではデータが継続している場合にwhile命令の「{」から「}」の区間を繰り返し実行します．
③ fgets命令を使用して開いたファイルの1行文のデータを読み取り，文字列変数sに代入します．2番目の引き数の16は最大入力サイズです．1行につき14文字（改行とNull文字を含まない）まで入力することができます．
④ 「for」は繰り返し処理を行う命令です．ここでは変数inの回数だけ「{」と「}」の中の処理を繰り返します．変数inと同じ数の「#」文字を表示し，棒グラ

```
pi@raspberrypi ~/RaspberryPi/practice $ ./practice06
Practice 06
############### in=15
#        in=1
         in=0
pi@raspberrypi ~/RaspberryPi/practice $ ./practice05
Practice 05
in > 12
in=12
in > 10
in=10
in > 0
in=0
pi@raspberrypi ~/RaspberryPi/practice $ ./practice06
Practice 06
############### in=15
#        in=1
         in=0
############    in=12
##########      in=10
         in=0
pi@raspberrypi ~/RaspberryPi/practice $
```

図3-7　practice05と06を実行したようす

プログラム 3-6　practice06.c

```c
#include <stdio.h>              // 標準入出力を使用
#include <stdlib.h>             // 型変換(atoi)を使用

int main(){                     // プログラムのメイン関数
    FILE *fp;                   // ファイル出力用の変数 fp
    char fname[]="data.csv";    // ファイル名
    int in = 0;                 // 数値変数 in を定義
    int i;                      // 数値変数 i を定義
    char s[16];                 // 文字列変数 s を定義

    printf("Practice 06\n");    // 「Practice 06」を表示

    fp = fopen(fname, "r");  ←① // ファイル作成(読み取り)
    if( fp == NULL ){           // 作成失敗時
        printf("ERROR\n");      // エラー表示
        return -1;              // 異常終了
    }
    while( feof(fp) == 0 ){  ←② // データ終了まで繰り返す
        fgets(s, 16, fp);    ←③ // ファイルからデータ取得
        in = atoi(s);           // 数値に変換して in に代入
        for(i=0; i < in; i++){  // in の値の回数だけ繰り返す
   ④ {       printf("#");       // 「#」を表示
        }
        printf("\tin=%d\n",in); // in の値を表示
    }
    fclose(fp);                 // ファイルを閉じる
    return 0;                   // 関数 main の正常終了(0)
}
```

フを作成します．for の「(」と「)」の中には三つの構文が必要です．ここでは，変数 i に初期値 0 を代入し，i が in よりも小さいときに，i を 1 ずつ増大し，繰り返し実行を行います．この書き方をそのまま応用し，「変数 in の回数だけ繰り返す命令」と考えれば良いでしょう．

## 第 7 節　組み込みプログラミングの定番「L チカ」を実行してみよう

次は，LED を制御するプログラムです．本章の最初に，「Hello, World!」がパソコン用の練習用プログラミングの定番と書きましたが，組み込み向けの場合は LED 制御プログラムが定番です．点灯 / 消灯を経過時間に応じて繰り返すプログラムや，CPU 内の温度センサの値に応じるなど，何らかの条件で点灯と消灯を繰り返します．Raspberry Pi の場合，キーボードがあるので，キーボードからの入力に応じた制御を行ってみましょう．

電源を切った状態で，図 3-8 にしたがって，Raspberry Pi 2 Model B へ LED と抵抗器を接続します．LED は高輝度タイプが使いやすいです．抵抗は 330Ω 程度にします．ジャンパ線にはブレッドボード用のオス～メス・タイプを使用し，メス側を Raspberry Pi の基板上の拡張用 GPIO コネクタに接続します．

ハードウェアの製作が完了したら，Raspberry Pi の電源を入れ，LXTerminal を使って practice フォルダ内の raspi_gpo を使って動作確認を行いましょう．

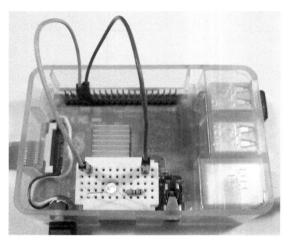

**写真 3-1　Raspberry Pi に LED を接続する**

力値です．「1」でH レベル（約 3.3V）を出力し，「0」で L レベル（約 0.0V）を出力します．また「-1」で当該ポートの利用を終了します．

この raspi_gpo コマンドもプログラムです．GitHub からダウンロードした RaspberryPi フォルダ内の「gpio」フォルダに，プログラムのソース・リスト「raspi_gpo.c」が入っています．ディジタル入力を行う「raspi_gpi」も収録しました．

それでは**プログラム 3-7** practice07.c を使って，プログラムからこの raspi_gpo コマンドを実行し，LED を制御してみましょう．

①Linux（シェル）コマンドの出力を，本プログラムに入力するためのデータ用ファイル・ポインタを定義します．ここでは fp と区別するために，ファイル・ポインタの名前を pp（パイプ用ポインタ）としました．これらはポインタ変数の名前にすぎないので，pp や fp である必要はありません．しかし，逸脱した名前をつけるのは混乱のもとです．

「./raspi_gpo」に続いて「スペース」「4」「スペース」「1」「Enter」と入力すると LED が点灯します．

```
$ cd RaspeberryPi/practice/⏎
$ make⏎
$ ./raspi_gpo 4 1⏎
```

「raspi_gpo」に続く一つ目の引き数[18]の4は，Raspberry Pi のポート番号です．ここではポート 4 を使用します．その次の引き数の1は，ディジタル出

②Linux 上で実行する「raspi_gpo」命令と1番目の引き数の「4」を，文字列変数 gpo に代入します．

③文字列変数 gpo よりも少し（3 文字分）多い文字列変数 cmd を定義します．変数 gpo には，raspi_

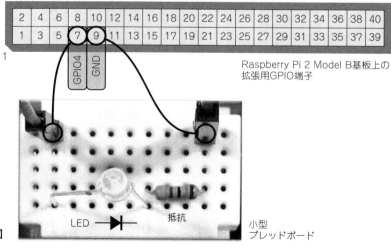

**図 3-8　LED 接続用の配線図**

---

[18] 引き数：ここでは Linux 上でコマンドを実行する時に main 関数に渡される値．

gpo命令とポート番号の第1引き数を代入しますが，ここではディジタル出力値の第2引き数が含まれていません．第2引き数を含めたコマンド全体の文字列変数をcmdとして，⑦の部分でコマンドを生成します．このため，第2引き数用に3文字分だけ大きな文字列変数を定義しました．

④ while(1)は，繰り返し条件に定数1が渡された繰り返し命令です．条件は常に真なので，「{」から「}」の処理を，永久に繰り返します．ただし，途中で⑥の「break」命令が実行されるとループを抜けます．

⑤ practice04と同様に，キーボードから入力した数値を変数inへ代入する処理です．

⑥ 「break」はwhileループやforループなどの処理を抜ける処理を行う命令です．

⑦ 「sprintf」はprintfと同じ書式の出力を文字列変数に代入する命令です．「"」で囲まれたフォーマットにしたがって，文字列変数cmdに文字列を代入します．ここでは，文字列変数gpoに「スペース」とin値を追加し，変数cmdに代入します．

⑧ 「popen」はプログラムからLinuxシステムへコマ

**プログラム3-7　practice07.c**

```
#include <stdio.h>                       // 標準入出力を使用
#include <stdlib.h>                      // 型変換(atoi)を使用

int main(){                              // プログラムのメイン関数
    FILE *pp;                  ①         // コマンド出力用の変数pp
    char gpo[]="./raspi_gpo 4";  ②       // raspi_gpoコマンド
    char cmd[sizeof(gpo)+3];   ③         // コマンド保存用
    int in = 0;                          // 数値変数inを定義
    char s[5];                           // 文字列変数sを定義

    printf("Practice 07\n");             // 「Practice 07」を表示

    while(1){                  ④         // 繰り返す
        fputs("in > ",stdout);           // 「in > 」を標準出力へ
        fgets(s, 5, stdin);              // 標準入力から取得
        in = atoi(s);                    // 数値に変換してinに代入
        printf("in=%d ",in);             // inの値を表示
        if(in<0 || in>1){                // 0～1以外のときに
            break;             ⑥         // whileループを抜ける
        }
⑦→     sprintf(cmd, "%s %d", gpo, in);  // コマンド作成
⑧→     pp = popen(cmd, "r");            // GPIO用ファイルを開く
        if( pp == NULL ){                // 失敗時
            printf("ERROR\n");           // エラー表示
            return -1;                   // 異常終了
        }
        fgets(s, 5, pp);       ⑨         // コマンドの戻り値を取得
        in = atoi(s);                    // 数値に変換してinに代入
        printf("ret=%d\n",in);           // 戻り値を表示
        pclose(pp);            ⑩         // コマンド出力を閉じる
    }
    sprintf(cmd, "%s -1", gpo);  ⑪       // GPIO解放コマンドの作成
    system(cmd);               ⑫         // GPIO解放コマンドの実行
    return 0;                            // 関数mainの正常終了(0)
}
```

> **Column…3-3** popen や system 命令は便利だけど危険
>
> これらの命令により，プログラムからLinuxコマンドや他のプログラムを実行することができます．便利な命令ですが，プログラムに欠陥があると，悪意ある人がLinuxコマンドを実行できるようになる危険性もあります．
>
> とくに，プログラム3-7の⑧や⑫のように，コマンドを文字列変数に代入して使用する際には，注意が必要です．例えば，この文字列変数cmdが外部プログラムの実行結果によって変化するとしたら，どうなるでしょう．その結果を偽って，自由にコマンドを実行することができてしまいます．
>
> これらの対策として，関数部にコマンドを直接記述する方法や，当該変数の内容をチェックする方法などがあります．例えば，⑫のsystem命令の場合，
>
> 　対策前：`system(cmd);`
> 　対策後：`system("./raspi_gpo 4 -1");`
>
> のようにコマンドの内容を記述することで，安全性を高めることができます．しかし，コマンドの内容が固定であることは少ないです．
>
> このプログラムの⑤では，外部から受けた文字列sを，一度，数値変数inに変換して代入し，⑦の部分で数値変数を文字列変数cmdに組み込んでいます．文字列のままcmdに組み込むよりも安全にコマンドを生成する方法の一つです．

ンドを発行し，その入出力のパイプ処理を開始する命令です．書式はfopenと同じです．1番目の引き数にはファイル名ではなくコマンドを与えます．第2引き数の「r」は入力を示します．この場合，raspi_gpoコマンドの出力を本プログラムに入力します．

⑨ キーボードやファイルからの入力時に使用したfgets命令です．ここでは，raspi_gpoコマンドの実行結果を得ます．

⑩ 「pclose」はシステム・コマンドとの入出力を切断する命令です．この命令を入れ忘れるとfcloseと同様に使用済みのメモリの解放ができません．popenを使った後は，かならずpcloseで閉じてください．

⑪ 変数gpoに「-1」を付与したGPIO解放コマンドを，文字列変数cmdに代入します．

⑫ 「system」はLinuxシステム上でコマンドを実行するための命令です．popenとの違いはプログラム側に実行結果が得られない点です．ここでは変数cmdに代入された命令を実行します．

LEDを制御することそのものには，何の新しさもありません．それでも，このプログラムを動かしてみて，「Hello, World!」以上に面白いと感じた人は，その先にできることが，具体的ではなくとも，頭の中をよぎったはずです．次章のワイヤレス通信では，もっと興味が出てくるでしょう．

## 第8節　Raspberry Piの温度を測定する

最後の練習は，Raspberry PiのCPUの温度を測定し，表示するプログラムの作成です．これまでの練習用のプログラムに比べると，少しだけ実用的です．温度を取得するには下記のコマンドを実行します．LXTerminalから実行して確認してみましょう．得られた値を1/1000倍すると，温度に換算できます．

```
$ cat /sys/devices/virtual/thermal/
            thermal_zone0/temp
```

この流れでピンときたかもしれません．前節の**プログラム3-7**のpractice07.cと同様に，popen命令を使ってコマンドを発行し，fgetsで結果を受け取れば動作するはずです．入出力の処理が，少し変わるだけだと気付けば，自分でプログラムを修正することも可能でしょう．時間はかかるかもしれませんし，動かないかもしれません．それでも，自分でプログラムを作成してみることは重要です．ぜひ，チャレンジしてみてく

**プログラム 3-8　practice08.c**

```c
#include <stdio.h>                              // 標準入出力を使用
#include <stdlib.h>                             // 型変換(atoi)を使用

int main(){                                     // プログラムのメイン関数
    FILE *pp;                                   // コマンド出力用の変数 pp
    char cmd[]=                            ──①
    "cat /sys/devices/virtual/thermal/thermal_zone0/temp";
    int in = 0;                                 // 数値変数 in を定義
    float temp;                                 // 温度保存用の変数
    float prev = -99.9;                         // 前回の温度の保存用
    int count=0;                                // 温度低下回数カウント用
    char s[8];                                  // 文字列変数 s を定義

    printf("Practice 08\n");                    // 「Practice 08」を表示

    do{                                         // 繰り返す
        pp = popen(cmd, "r");                   // GPIO 用ファイルを開く
        if( pp == NULL ){                       // 失敗時
            printf("ERROR\n");                  // エラー表示
            return -1;                          // 異常終了
        }
        fgets(s, 8, pp);                        // コマンドの戻り値を取得
        in = atoi(s);                           // 数値に変換して in に代入
        temp = (float)in/1000.;                 // 変数 temp に in の 1/1000 を
②→     printf("Temp=%.1f[C]\n",temp);          // 温度を表示
        pclose(pp);                             // コマンド出力を閉じる
③→     if( temp < prev ){                      // 温度が低下したとき
            count++;                      ──④  // count の値を増やす
        }else{                            ──⑤
            count=0;                            // count を 0 にリセット
        }
        prev = temp;                            // 測定値を前回値へ代入
        system("sleep 1");                ──⑥  // 1 秒待ち
    }while( count < 2 );                        // count 2 回未満で繰り返し
    return 0;                                   // 関数 main の正常終了(0)
}
```

ださい．どうしても動かなかった場合は，筆者が作成した**プログラム 3-8** の practice08.c を参考にしながら，自分のプログラムの問題点を見つけ出してください．

本プログラムを LXTerminal で実行すると，約 1 秒ごとに測定した温度が表示されます．また，測定結果が 2 回連続で下がるとプログラムが終了します．CPU の温度を下げるには，Raspberry Pi をうちわであおぎ続けたり，CPU を手で触ったりして温度を 3 秒間以上，下げ続けます．

プログラムの全体の流れについては，以上の説明とプログラムに記載したコメントで理解することができると思うので省略します．以下に，新しい命令や使い方のみを抜粋して説明します．

① 文字列変数 cmd に，温度測定を行うための cat コマンドの一文を代入します．「=」の後で改行していますが，ここは続いているものと思ってください．C 言語ではスペースや改行を，おおむね自由に挿入することができます．ここでは，コマンドが長

いので右端で折り返るのを防ぐために改行を挿入しました．
② printfの「%.1f」は，浮動小数点数を出力する「%f」に「.1」を挟み，小数点以下の桁数を1桁に指定した修飾子です．表示する文字と修飾子との区別がつきにくいかもしれません．「%」からアルファベットまでの間に入る数字や記号が，修飾子であると考えれば理解しやすいでしょう．
③ 測定した値と前回の値を比較し，測定値のほうが小さいときに「{」と「}」で囲まれた処理を実行します．
④ 数値変数に「++」を付与すると，変数の値を1だけ増加させることができます．「--」にすると，1だけ減少します．
⑤ 「else」は，ifと合わせて用いる構文の一部です．ifの条件に合わなかった場合，elseの後の「{」と「}」で囲まれた処理を実行します．
⑥ 「system」命令は，Linux上でコマンドを実行するためのコマンドです．この中の「sleep」は，Linux上のコマンドです．引き数の秒数の期間，何もしないで待機します．ここでは，system命令の一例として紹介しました．通常は，C言語のライブラリunistd.h内のsleepコマンドを使用し，「sleep(1);」のように記述します．

以上でC言語のプログラミング演習は終了です．これら八つのプログラムの動作原理がおよそ理解でき，少しでも自分で改造することができるようになっていれば十分です．C言語の基本コマンドは他にもありますが，本書に収録した数多くのサンプルを通して学んでゆくことができるでしょう．

## Column…3-4　コンパイル時のエラーについて

　コンパイルを実行後に，「エラー」もしくは「ERROR」の文字が表示されることがあります．エラーが発生すると，コンパイルは中断され，実行ファイル(a.outなど)が作成されません．もし，フォルダにa.outがあったとしても，それは前回，コンパイルしたプログラムの実行ファイルです．
　プログラム内に何らかの誤りがあるので，修正してからコンパイルしなおしてください．
　プログラムが適切にも関わらず，エラーが発生する場合は，文字コードの問題である可能性があります．UTF-8を使用するようにしてください．あるいは，全角文字が使われている場合も，以下のようにエラーが発生します．とくに，空白のスペースが全角文字になっていると，一見しただけでは気が付きにくいので，気を付けてチェックしてみてください．

```
pi@raspberrypi ~ $ gcc test.c
test.c: 関数 'main' 内:
test.c:4:1: エラー:
    プログラム内に逸脱した '\343' があります
   int i ;
   ^
test.c:4:1: エラー:
    プログラム内に逸脱した '\200' があります
test.c:4:1: エラー:
    プログラム内に逸脱した '\200' があります
```

全角文字は，「/*」と「*/」で囲まれたコメント部，「//」から改行までのコメント部，「"」(ダブルコーテーション)で囲まれた文字列でしか使うことができません．その他のプログラム部を記述するときは，かならず，半角文字を使用してください．

# [第4章]

# XBee ZigBee/ XBee Wi-Fi/ Bluetooth モジュールの概要

　本章では,ZigBee,Wi-Fi,Bluetoothのそれぞれの通信方式に対応した通信モジュールの概要について説明します.それぞれの特長について理解し,活用方法に適切なワイヤレス通信方式を選びましょう.

# 第1節 プロトコル・スタック搭載ワイヤレス通信モジュール

ワイヤレス通信の実験やワイヤレス通信を応用したアプリケーションを作る場合，高周波回路の設計や通信プロトコル・スタック[19]の実装が必要です．ワイヤレス通信用ICの中には，これらの機能をワンチップ化してソフトウェアとともにICに搭載しているものがあります．

それでも，アンテナとICを接続する回路には高周波回路設計が必要ですし，電波を送信する場合は，後述の技適を受ける必要もあります．また，通信プロトコル・スタックが実装されていたとしても，そのAPIが使いやすくなければ，簡単にアプリケーションを開発することはできません．

そこで本書では，簡単にワイヤレス通信の基礎実験や応用・活用できるように，これら必要なすべての要素が含まれた通信モジュール(図4-1)を使用します．また，これらの活用に必要な技術内容と豊富なサンプル・プログラムを紹介します．

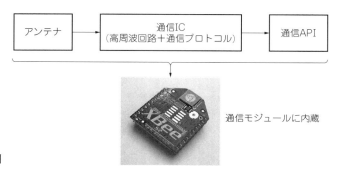

図 4-1
プロトコル搭載 XBee モジュールの例

# 第2節 技適や認証の取得済みモジュールでしか送信してはならない

日本国内で電波を送信する場合は，少なくとも，技適[20]または工事設計認証などを受け，電波法令で定められている技術基準に適合した機器を使用する必要があります．これらの機器には，郵便局を表す〒のシンボルが入った技適マーク(図4-2)が表示されています．

ワイヤレス通信モジュールのうち，技適や認証を受けていない製品は，日本国内で電波を送信することができません．また，通信モジュールのアンテナを指定外のものに交換した場合や，モジュール内の回路を改変した場合は，技適を受け直す必要があります．例えば，XBeeモジュールの中にはアンテナが交換できるタイプ(RPSMAタイプやU.FLタイプ)がありますが，指定外のアンテナを使用する場合は，技適の再受検が必要です．

また，2012年8月以前は，はんだ付けを前提としたモジュールの技適や認証が認められていなかったため，基板との接続用コネクタのない通信モジュールの認証が得られませんでした．

本書で使用する通信モジュールは，通信モジュール単体で認証を得ているので，技適の手間や費用をかけずにすぐに実験を行うことができます(表4-1)．

---

[19] プロトコル・スタック：複数の階層に分かれた通信プロトコルを実装したソフトウェア．
[20] 技適：技術基準適合証明．

図 4-2 技適マークの例

写真 4-1 XBee ZB の技適マークの位置

表 4-1 本書でおもに使用する通信モジュールの認証番号

| メーカ | 型番 | 認証日 | 認証番号 | 型式 | アンテナ |
|---|---|---|---|---|---|
| Digi International | XBee ZB(S2) | 平成 19 年 9 月 19 日 | 201WW07215215 | XBEE2 | 7 種類 |
| Digi International | XBee PRO ZB(S2) | 平成 20 年 5 月 22 日 | 201WW08215142 | XBEEPRO2 | 7 種類 |
| Digi International | XBee PRO ZB(S2B) | 平成 22 年 2 月 19 日 | 201WW10215062 | XBEE-PRO S2B | 8 種類 |
| Digi International | XBee Wi-Fi | 平成 23 年 11 月 11 日 | 210WW1005 | XBEE S6 | 8 種類 |
| Microchip | RN-42XVP | 平成 24 年 11 月 2 日 | 201-125709 | RN-42 | 1 種類 |

　認証済みの通信モジュールを組み込んだ機器を販売する場合は，技適マークや認証番号を機器の銘板などに記載するなどして，購入者に特定無線設備であることを表示する必要があります．

　なお，技適の取得・再取得には，技術的な知識と設計情報が必要です．しかも，認証の場合はすべての量産品が技術基準に適合するように管理・製造されていることを示す必要があります．

　技適や認証は法令や規制緩和などで変化します．実際に技適マークを取得したい場合は，TELEC（財団法人テレコムエンジニアリングセンター）や認証機関に問い合わせてください．

## 第 3 節　XBee ZigBee と XBee Wi-Fi，Bluetooth モジュールの違い

　ここでは，本書で紹介する各ワイヤレス通信モジュールの違いについて説明します．それぞれのモジュールに長所と短所があるので，目的に合わせた通信方式を選択する必要があります（表 4-2）．

　表中の項目「リンク・バジェット」は，最大出力と最小受信感度の差を示しており，数値が大きいほど遠くまで通信ができます．XBee PRO ZB と XBee Wi-Fi とは，ほぼ同等の距離までの通信が行えますが，RN-42XVP は劣っていることがわかります．例えば 6dB の差は，自由空間距離にして 2 倍の違いがあります．20dB では 10 倍になります．XBee PRO ZB と RN-42XVP の 28dB の差は，自由空間距離で約 25 倍の違いがあります．厳密にはアンテナの利得などの違いが通信可能距離に影響しますが，アンテナの利得の差は数 dB なので，ここでは考慮していません．

　項目「伝送速度」は，ワイヤレス区間の速度です．高いほど同じ情報を短時間で伝えることが可能です．またデータによっては伝送速度が足りないと伝送が困難となる場合もあります．映像や音声といったリアルタイム性が要求されるような場合です．なお実際の情報の「伝送速度」は，表中の速度よりも低下します．

　どの方式が省電力かどうかを判定するのは難しいので，本表の項目「省電力」の判定結果は目安です．乾電池で長期間動作させることが API を含めて容易であ

表 4-2 XBee ZB, XBee Wi-Fi, Bluetooth モジュールの比較表

| 方式名 | 型番 | 最大出力 | リンク・バジェット | 伝送速度 | 省電力 | IP | 普及 | 参考価格 |
|---|---|---|---|---|---|---|---|---|
| ZigBee | XBee ZB | 3dBm | 99dB | 250Kbps | ○ | × | × | 2,200 円 |
| ZigBee | XBee PRO ZB | 10dBm | 112dB | 250Kbps | △ | × | × | 3,780 円 |
| Wi-Fi | XBee Wi-Fi | 16dBm | 109dB | 72Mbps | × | ○ | ○ | 3,500 円 |
| Bluetooth | RN-42XVP | 4dBm | 84dB | 3Mbps | △ | × | ○ | 2,600 円 |
| Bluetooth | AE-RN-42-XB | 4dBm | 84dB | 3Mbps | △ | × | ○ | 2,000 円 |

写真 4-2
左から XBee ZB, XBee Wi-Fi, Bluetooth モジュール

　る XBee ZB に対し，その他の方式の場合は，同等の長期間動作させるための工夫が必要です．

　項目「普及」は，それぞれの方式に関する普及状況の目安です．表中の型番のモジュールの普及状況ではなく，各方式の全機器の普及状況です．また，すべての市場を調査したものではありません．Wi-Fi および Bluetooth は，携帯電話やスマートフォン用として普及しています．

　とくに Bluetooth は，一人で複数台の機器を保有する可能性もあり，すでに非常に大きな規模で普及が進んでいます．他の方式に比べ，圧倒的な生産量があり，大量生産用に発注する場合は低価格で入手しやすい一方，少量で使用する場合は，入手や継続的な確保が難しかったり割高になってしまったりします．

　なお，Bluetooth には，RN-42 などが対応する従来のクラシック Bluetooth と，Bluetooth 4.0 で採用された新方式 BLE（Bluetooth Low Energy）があります．

BLE には Bluetooth Smart の呼称がつけられました．詳しくは第 13 章を参照してください．

　ZigBee 方式は，手軽に入手可能なワイヤレス通信モジュールの中ではもっとも低消費電力で動作させることができます．手軽に乾電池駆動の IoT 機器を製作し，それぞれの機器を ZigBee ネットワーク上で相互通信することができます．しかし，普及状況に関しては，電力メータなど，特定の用途で広まり始めたばかりです．このため，Wi-Fi や Bluetooth に比べて普及数が少数です．さらに後継の類似規格も次々に登場しています．とくに，省電力性能については，後発の BLE が脅威になります．

　したがって，ZigBee 方式は，家庭内や実験室，研究室などで多くの IoT 機器，センサ機器，制御機器によるワイヤレス・ネットワークを構築するような場合に適しています．製品として大量生産するような場合は，向いていないでしょう．

# [第5章]

# XBee ZBモジュールの種類とZigBeeネットワーク仕様

　XBee ZB は ZigBee と呼ばれる規格で通信を行う Digi International 社のワイヤレス通信モジュールです．詳細な ZigBee 規格を知らなくても，内蔵のプロトコル・スタックを活用できるように Digi International 社の独自アプリケーション・プログラム・インターフェース（API）が組み込まれています．

　本章では，XBee ZB モジュールの種類や，ZigBee ネットワークの仕様について解説します．

# 第1節　ZigBee の歴史とその特長を知っておこう

ZigBee は，ZigBee アライアンスが定めた無線通信方式の規格です．1998 年に Intel 社や IBM 社などが設立した HomeRF ワーキング・グループによって策定された HomeRF Lite 規格が基となっています．当時，Ericsson 社も Bluetooth SIG を設立して Bluetooth の規格化を進めており，さらに無線 LAN についても CCK 方式と呼ばれる 22Mbps の規格化が進められていた時代です．規格化競争の中，HomeRF と Bluetooth，無線 LAN の 3 方式の比較が盛んでした．

このような規格のデファクト化の競争の中で，HomeRF から派生し，ZigBee の原型である HomeRF Lite の検討が始まりました．ZigBee 方式では，パソコンをターゲットとした無線 LAN や，携帯電話をターゲットとした Bluetooth との競争を避け，通信速度を控える一方，**表 5-1** に示すような IoT[21] デバイスとしての特長を目標とすることになりました．

一戸建ての住宅内くらいをカバーする通信可能距離や，65535 台もの最大接続可能端末数，乾電池で 2 年間は動作する超省電力，さらにチップ単価 $2 といった特長から，家庭内のすべてのモノをワイヤレス接続するようなアプリケーションを想定しました．家電，充電池や乾電池で動作する小型機器だけでなく，電気を使わなかったような物品など幅広い機器によるネットワーク構築が考えられ，また ZigBee 用のインターネット・ゲートウェイを経由し，クラウド上で機器の情報を共有したり，機器を制御したりすることが可能になりました．

実用的な応用例としては，家電機器に組み込んでホーム・オートメーション・システムを実現したり，センサや警報器などによるホーム・セキュリティ・システムを構築したりすることが得意な規格です．

ZigBee 規格は，2004 年 12 月に ZigBee 2004（Ver. 1.0）仕様が策定され，2006 年 12 月に ZigBee 2006，そして 2007 年 10 月に通信の信頼性や効率性，秘匿性などを向上させた ZigBee PRO 2007 が策定されました．さらにエナジー・ハーベスト（環境発電）とよばれる自然エネルギーや，ドアノブの回転による発電などの極めて小さな消費電力で動作する Green Power 対応の ZigBee PRO 2012 や，インターネット標準の規格化団体 IETF が策定した 6LoWPAN を用いた ZigBee IP も規格化されています．

ZigBee が注目され始めたのは，ホーム・オートメーション機能を応用した家庭内の機器のネットワーク技術の実用化が始まったからです．また，2008 年 6 月には，ZigBee PRO 2007 上に，ZigBee Smart Energy プロファイルと呼ばれるアプリケーションが定義され，電力メータを中心にした ZigBee ネットワークも展開されました．

一方，前章に記載したとおり，Bluetooth SIG が規格化した BLE が，ZigBee と似たような用途を展開しようとしています．従来の Bluetooth との互換性はなく，現実としてはあまり使われていないものの，デュアル・モードとして通常の Bluetooth 用 IC に搭載され，搭載品の普及が進みつつあります．かつての HomeRF の時代から，再び ZigBee の脅威となりました．

**表 5-1　ZigBee 方式の概要**

| 仕様 | 特長 |
|---|---|
| 通信可能距離 | 約 40m（Digi International 社 XBee ZB の屋内通信距離） |
| 最大端末数 | 65535 台 |
| 低消費電力 | 乾電池 2 本で最大 2 年間の動作（ZigBee SIG 目標値） |
| 低コスト | LSI 単価で $2（ZigBee SIG 目標値） |

---

[21] IoT（Internet of Things）：インターネットで情報共有したり制御することが可能な機器．

なお，ZigBee 規格に準拠した製品を開発・設計して販売するには，ZigBee アライアンスへの加入と，ZigBee 認証を取得する必要があります．認証取得済みの機器を販売したり，認証済みの機器を使ったサービスを実施したりするのは自由です．

本書で使用する XBee ZB は，ZigBee PRO 2007 に対応しています．古い規格ですが，従来の ZigBee の中でもっとも広まっている方式です．XBee ZB 同士の通信だけでなく，ZigBee PRO 2007 の機器との接続も可能ですが，市販の機器の中には独自のペアリング方式が用いられている場合や，暗号化セキュリティの解除方法が非公開となっている場合があります．

## 第 2 節　ZigBee に対応した XBee ZB RF モジュールの概要

ここでは，Digi International 社の ZigBee モジュール XBee ZB モジュールについて説明します．

XBee モジュールは，米国の MaxStream 社が 1999 年に開発した電子機器向けのワイヤレス通信モジュールです．同社は XBee モジュールおよび各種の XBee 製品などで成長している中，2006 年に米 Digi International 社に買収されました．

XBee ZB モジュールは，Digi International 社が XBee Series 2 として 2007 年に発売したワイヤレス通信モジュールです．モジュール内の ZigBee 用チップには，Ember 社（2012 年に Silicon Labs 社が買収）の EM250 を使用し，ZigBee 通信プロトコル・スタックに同社の Ember ZNet が搭載されました．

XBee ZB モジュールにはさまざまな種類があり，XBee ZigBee や XBee Series 2，XBee S2，XBee S2B と表記されています．また XBee に続いて「PRO」の文字が入ることがあります．種類の違いについては次節以降で説明します．

XBee ZB および XBee PRO ZB は，国内の電波法令で定められている技術基準に適合した認証済みの通信モジュールなので，XBee ZB モジュールの裏側に技適マークと認証番号が表示されています．また，ZigBee アライアンスの ZigBee 認証についても，世界で初めて取得しています．

XBee ZB も XBee PRO ZB のどちらも，ZigBee PRO 2007 規格に準拠しており，相互に通信を行うことが可能です．

写真 5-1
XBee Series 2 Rev A（2007 年）の内部

## 第 3 節　XBee ZB モジュールの種類① XBee Series 2 と S2，S2B

ここでは，市販されている XBee モジュールのうち，ZigBee に対応している XBee ZB（Series 2，S2，S2B，および S2C）モジュールについて説明します．なお，XBee Series 1 や 802.15.4/DigiMesh と呼ばれる製品

写真 5-2
XBee ZB シリーズ

は ZigBee に対応していません．プロトコルだけでなく内部のハードウェアも異なり，本書で使用する XBee ZB と接続することはできません．

XBee モジュールのうち，ZigBee に対応しているのは XBee Series 2，XBee S2，XBee S2B といった製品です．本書では，ZigBee 対応の XBee 製品を総じて「XBee ZB」と呼びます．

古い XBee Series 2 モジュールの中には，「ZNet 2.5」と呼ばれる古いファームウェアが書き込まれている場合があります．ZNet 2.5 も ZigBee に準拠したプロトコル・スタックですが，現在の XBee ZB とは異なります．モジュールのハードウェアは同じなので，XCTU を使用して最新の XBee ZB ファームウェアに書き換えることで，最新版にバージョンアップすることができます．

本書で使用する XBee ZB モジュールを購入する際は，XBee ZB や，XBee Series 2，S2，S2B，S2C といった表示を確認してください（SC2 については p.87 の Column 6-1 を参照）．

XBee S2B の中には，Programmable XBee S2B と呼ばれるアプリケーション実行用のマイコン（Freescale 製 MC9S08）が内蔵されたタイプのものがあります．アプリケーション・プログラムを Programmable XBee 用に作成することで，外付けマイコンをなくすことができます．ただし，本書ではアプリケーション実行に Raspberry Pi を使用するので，Programmable XBee の機能は使用しません．

Programmable XBee については，CQ 出版「超お手軽無線モジュール XBee」の Appendix 4（p.102～p.117）に，使用方法や小型 XBee ゲートウェイの製作例などが解説されているので，参考にしてみてください．

## 第4節　XBee ZB モジュールの種類② XBee PRO とは

XBee ZB モジュールの中には，無線性能の高い XBee PRO ZB モジュールがあります．モジュールの形状は，XBee PRO ZB モジュールのほうが若干大きめで，10番ピン 11番ピン側（写真 5-3 の手前側）の基板が延長されています．モジュールを接続するためのコネクタやアンテナ用のコネクタなどの位置は同じです．

XBee PRO ZB と PRO でない XBee ZB のどちらも，ZigBee PRO に対応しています．XBee PRO よりも ZigBee PRO のほうが後で策定されたために，混乱しやすい名称になってしまいました．

XBee PRO ZB は，PRO ではない XBee ZB に比べ

写真5-3 PROでないXBee(左)とXBee PRO(右)の表面

写真5-4 PROでないXBee(左)とXBee PRO(右)の裏面

表5-2 XBee ZBとXBee PROモジュールの違い

| 型番 | 最大出力 | リンク・バジェット | 電源電圧 | 電流TX | 待機電流 |
|---|---|---|---|---|---|
| XBee ZB | 3dBm | 99dB | 2.1〜3.6V | 40mA | <1μA |
| XBee PRO ZB S2 | 10dBm | 112dB | 3.0〜3.4V | 170mA | 3.5μA |
| XBee PRO ZB S2B | 10dBm | 112dB | 2.7〜3.6V | 117mA | 3.5μA |

てリンク・バジェットで13dB,自由空間の電波伝搬距離で約4.5倍の高性能なモジュールです(表5-2).しかし,出力の違いから電源電圧の仕様や消費電流が異なり,かならずしもPROが良いというわけではありません.

　目安として,ACアダプタやUSB給電で動作する親機(Coordinator),中継器(Router)には,XBee PRO ZBを使用します.XBee PRO ZB用の電源電圧は,3.3V固定で供給する必要があるからです.例えば,5VのACアダプタやUSB 5Vなどの3.6V以上の直流電源から3.3VのLDO[22]を用いて3.3Vに降圧してからXBee PRO ZBモジュールへ供給します.

　一方,乾電池で駆動する子機(End Device)には,PROではないXBee ZBモジュールを用います.消費電流が少ないだけでなく,最低電圧2.1Vから動作する点も乾電池駆動に適しているからです.一般の1.5Vの乾電池(単1型,単2型,単3型電池など)の場合は,直列2本でちょうどXBee ZBの電源電圧範囲に収まります.乾電池1本の場合は,DC-DCコンバータによる3.3Vへの昇圧変換が必要になります.この場合も,DC-DCコンバータ出力の低下が2.1Vまで許容できるので,内部抵抗の高い乾電池による駆動の可能性が高まります.直列3本の場合や,リチウムイオン電池を使用する場合は,3.3VのLDOを用います.

## 第5節　XBee ZBモジュールの種類③アンテナ・タイプ

　XBee ZBモジュールには,アンテナの種類の違いで,パターン・アンテナ,ワイヤ・アンテナ,RPSMAコネクタ,UFLコネクタなどの異なるタイプがあります.また,以前はチップ・アンテナもありましたが,同等性能のパターン・アンテナに置き換わりました.

　技適マークはこれらのアンテナ込みのモジュールと

---

[22] LDO：少ない電圧降下で電源の安定化が可能な低ドロップ・アウト・レギュレータ.

表 5-3 XBee ZB モジュール用アンテナの違い

| 型番 | 利得※ | 特長 |
|---|---|---|
| パターン・アンテナ | −0.5dBi | 小型化を優先したタイプです．アンテナ周辺に金属が接近しないように留意する必要がある． |
| チップ・アンテナ | −1.5dBi | |
| ワイヤ・アンテナ | 1.5dBi | 性能と使い勝手のバランスのとれたタイプ． |
| RPSMA 用アンテナ | 2.1dBi | 性能重視のタイプです．RMSMA 端子をケースに固定して使用する． |
| UFL 用アンテナ | 2.1dBi | 性能重視タイプで，アンテナ本体をケースに固定して使用する． |

※ アンテナ単体の利得．アンテナまでの配線損失は考慮されていない．

写真 5-5　アンテナの違い

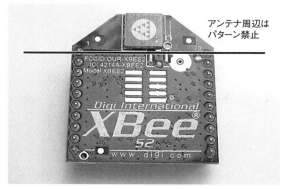

写真 5-6　パターン・アンテナとチップ・アンテナの周辺はパターン禁止

して取得されているので，アンテナを交換したり，指定外のアンテナを取り付けたりすることはできません（変更した場合は技適を受け直す必要がある）．

パターン・アンテナとチップ・アンテナのタイプの場合，XBee モジュールの台形部分（**写真 5-6** の境界線より上側）に金属が接近するとアンテナの性能が劣化する特性があります．プラスチックが接触した場合も性能が低下してしまいます．ケースなどに入れる際は，XBee モジュール上のアンテナから約 3mm 以上の間隔をあけます．

他のアンテナの場合も，なるべくアンテナ周辺に配線や金属が近づかないようにします．

なお，XBee モジュールとメイン基板とはコネクタで接続する構造になっているので，落下時などにケース内で XBee モジュールが外れてしまう恐れがあります．ケースに組み込む場合はアンテナ周辺以外の部分で XBee モジュールを固定・保持する必要があります．RPSMA 用アンテナの場合は，専用アンテナの根元でケースに固定します．

## 第 6 節　ZigBee の三つのデバイス・タイプを使い分ける

XBee ZB を使用するにあたり，ZigBee のデバイス・タイプを使い分ける必要があります．ここでは ZigBee 規格で定められている，それぞれのデバイス・タイプの役割を説明します．

ZigBee には **表 5-4** に示すような Coordinator，Router，End Device の三つのデバイス・タイプがあります．

ZigBee Coordinator は，ネットワーク親機として

表5-4 ZigBeeのデバイス・タイプ

| デバイス・タイプ | 和名 | おもな役割 | PAN形成 | ルータ | 子機管理 |
|---|---|---|---|---|---|
| ZigBee Coordinator | PANコーディネータ | ネットワーク親機 | ○ | ○ | ○ |
| ZigBee Router | フル機能デバイス | フル機能子機 | × | ○ | ○ |
| ZigBee End Device | サブデバイス | 省電力子機 | × | × | × |

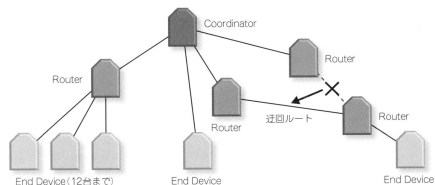

図5-1
ZigBeeのデバイス・タイプ

動作するZigBeeデバイスです．Coordinatorは，ZigBeeネットワーク（PAN）を形成することができるデバイスで，一つのZigBeeネットワーク中に1台しか存在することができません．一般的に，Raspberry Piのような高性能な管理機器があるような場合は，Raspberry Piに接続するZigBeeモジュールをCoordinatorに設定します．センサ・ネットワークの場合は，データを保存するロガー機能を持ったデバイスをCoordinatorに設定します．ただし，センサ数が大規模な場合は，Routerにロガー機能を分散させる場合もあります．なお，形成したZigBeeネットワークを維持するためには，電源が途切れないようにACアダプタやUSBで給電します．

親機となるCoordinatorに対し，子機となるデバイスには，ZigBee RouterとZigBee End Deviceの2種類があります．どちらもZigBeeの特長機能を実現するうえで欠かせないデバイスです．

ZigBee Routerのデバイスは，Coordinatorの電波が届かない子機デバイスとの間に入って通信を中継することができます．通常，ACアダプタやUSB給電で動作するデバイスを，このRouterに設定します．

Routerの数が多いほど，情報を中継しあうことで幅広い範囲の通信が可能になります．また，中継する経路は自動的に調整されるので，電波状況が変化したときや，あるRouterが停止したときなどに迂回して情報を届けることも可能です．家中に多くのZigBeeデバイスを設置する場合は，適度にRouterのデバイスを設置して，各デバイスの中継を行います．

ZigBee End Deviceのデバイスは，乾電池などで長期間の動作を行うことができます．おもにACアダプタなどが接続しにくい，スイッチやセンサなどの子機として使用します．しかし，Routerのような中継機能を持っていません．例えば，ガス・センサなどのセンサ部品そのものの消費電力が大きくて，乾電池での動作が困難な場合は，Routerデバイスに設定して，ACアダプタで駆動すると良いでしょう．

子機End Deviceの近くには，かならず親機となるCoordinatorかRouterが存在する必要があります．子機End Deviceは，省電力動作のために普段は動作しないスリープ状態になっています．そして通信を行うときだけスリープを解除して動作します．親機CoordinatorやRouterは，その子機End Device宛て

の情報を中継する際に，一時的に情報を保存します．保存した情報は，子機 End Device が通信可能な状態になってから子機に送信します．この仕組みにより，子機 End Device のスリープ中は送信だけでなく受信も停止することができ，乾電池による長期間の駆動を可能にしています．

XBee ZB では，Coordinator は End Device を 10 台まで管理することができ，Router は End Device を 12 台まで管理することができます．Router の設置可能台数は気にしなくても良いでしょう．規格上，65534 台の Router の参加が可能であるからです．

XBee ZB の ZigBee デバイス・タイプを変更するには，XCTU というソフトを用いてファームウェアを書き換えます．ファームウェアは，ZigBee Coordinator 用，ZigBee Router 用，ZigBee End Device 用のそれぞれが用意されています．書き換え方法は，第 6 章で説明します．

## 第 7 節　XBee ZB の API モードと AT/Transparent モードの違い

XBee ZB モジュールには，API モードと AT/Transparent モードの 2 種類の動作モードがあります．通称で API モードと AT モードと呼んでいますが，AT モードのほうは，Transparent モード，もしくは，AT/Transparent モードと呼ぶほうが正しいようです．**表 5-5** にそれぞれの動作モードの違いを示します．

API モードは，XBee ZB の ZigBee ワイヤレス・ネットワーク機能を活用するための動作モードです．XBee ZB とのデータおよびコマンドを API フレームと呼ばれるデータ形式で転送したり実行したりすることができます．

AT/Transparent モードは，簡単にシリアル通信をワイヤレス化することが可能な動作モードです．XBee ZB の UART シリアル端子にシリアル・データを入出力するだけで，複数の XBee ZB とのワイヤレス・シリアル・データ通信が行えます．

どちらのモードを使用しても，AT コマンドを実行することができますが，実行方法が異なります．AT/Transparent モードでは，UART シリアルから「+」を 3 回連続で入力し，1 秒間，シリアルから何のデータも入れない状態にすると AT コマンド・モードに移行します．この状態で，UART シリアルで接続した XBee ZB モジュールとのローカルな AT コマンドを実行することができます．ただし，ワイヤレス経由で他の XBee ZB モジュールに対して AT コマンドを実行する「リモート AT コマンド」は，API モードでしか実行することができません．

API モードと AT/Transparent モードの切り替えは，ファームウェアの書き換えによって行います．ZigBee Coordinator 用，ZigBee Router 用，ZigBee End Device 用のファームウェアのそれぞれに，API モード用と AT/Transparent モード用が用意されています．

**表 5-5　XBee ZB の 2 種類の動作モード**

| 項　目 | API モード | | AT/Transparent モード | |
|---|---|---|---|---|
| おもな用途 | ワイヤレス・ネットワーク通信 | | ワイヤレス・シリアル通信 | |
| データ転送方法 | API フレームで転送 | △ | UART シリアル | ○ |
| AT コマンド | API フレームで転送 | ○ | AT コマンド・モードへ切り換え | △ |
| リモート AT コマンド | API フレームで転送 | ○ | サポートしていない | × |
| 複数の機器との通信 | API フレームに宛て先指定 | ○ | 転送モードを切り換えて設定 | △ |
| データの送信元 | API フレームで受け取り可能 | ○ | 送信元はわからない | × |
| ZigBee サポート | ZDO サポート | ○ | サポートしていない | × |

## 第8節 （技術解説）ZigBee Coordinator によるネットワーク形成

本章の以降の説明は，ZigBee プロトコルの動作に関する内容です．理解していなくても XBee ZB を使用することができるので，早く動かしてみたいという方は，次の章に進んでください．

ここではデバイス・タイプ Coordinator の動作に関して，物理チャネルの決定，64 ビットの PAN ID と，16 ビット PAN ID の生成，ネットワークへのジョイン（参加）許可について説明します．

ZigBee Coordinator は，ZigBee ネットワークを形成できる唯一のデバイス・タイプです．Coordinator は最初に起動したときに，動作周波数（チャネル）とネットワーク番号（PAN ID）を決定します．複数の Coordinator を設置した場合は，複数の異なる ZigBee ネットワークが構築されます．**表 5-6** に，ZigBee Coordinator の機能表を示します．

ZigBee が使用する周波数は，2405MHz がチャネル 11ch に相当し，2410MHz が 12ch と，5MHz ごとに 1ch ずつ増加します．周波数範囲は，2405MHz から 2480MHz までで，使用可能なチャネル数は 11ch ～ 26ch までの全 16 チャネルです．Coordinator は，この中から自動的に空きチャネルを探して決定します．使用したくない周波数がある場合は，あらかじめ AT コマンド ATSC で設定しておくことが可能です（ATSC 値は 16 ビットで，11ch が 0 ビット目，26ch が 16 ビット目，使用チャネルを 1 にセットする）．

決定したチャネルは，ATCH コマンドでチャネル番号 11ch(0x0B) ～ 26ch(0x1A) を得ることができます．ただし，XBee PRO ZB が使用できるチャネル範囲は，11ch ～ 24ch までの計 14 チャネルです．

Coordinator を起動すると，前述の ATSC の値に応じて空きチャネルの探索を始めます．探索時に Coordinator は，ビーコン・リクエストを送信し，それを受信した他のネットワークの Coordinator や Router は，ZigBee のネットワーク番号である PAN ID を含めたビーコンで応答します．ネットワークを形成しようとしている Coordinator は，他のネットワークの ZigBee デバイスのビーコンを見て空きチャネルを探し，また，PAN ID の重複を避けるようにして新しい ZigBee ネットワークを形成します．

PAN ID には，64 ビット PAN ID と 16 ビット PAN ID の 2 種類があります．同じ ZigBee ネットワークにジョイン（参加）中のデバイスは，これら両方の PAN ID が Coordinator と一致した状態となっています．

普段の ZigBee 通信には，16 ビットの PAN ID が用いられ，各 ZigBee デバイスは，同じ PAN ID のパケットを同じネットワーク内の情報として取り扱います．16 ビット PAN ID は，ATOI コマンドで得ることができます．

ところが，16 ビットだと偶然に（約 6 万 5 千分の一の確率で）同じ PAN ID が存在してしまう可能性があります．そのような場合を想定し，64 ビットの PAN ID を前述のビーコンに埋め込み，異なるネットワークであることを検出できるようにしています．Router や End Device がネットワークへのジョインを行う場合は，64 ビット PAN ID を確認します．

**表 5-6 ZigBee Coordinator の機能**

| 機能 | 有無 | ZigBee Coordinator の機能 |
|---|---|---|
| PAN 形成 | ○ | 動作する周波数（チャネル）とネットワーク番号（PAN ID）を決めてネットワークを形成する |
| PAN 参加 | ○ | 本 Coordinator が形成したネットワークに本デバイス自身がジョイン（参加）する |
| Join 許可 | ○ | 子機 Router や子機 End Device のネットワークへのジョイン（参加）を許可する |
| ルート管理 | ○ | ネットワーク上の各デバイスへの経路情報の調整を行う |
| 子機管理 | ○ | スリープ中の子機 End Device 宛の情報を一時保存する |
| スリープ | × | Coordinator はスリープできない |

64ビットPAN IDは，ATコマンドのATIDでCoordinatorに設定することができます．初期値は0で，この場合はPAN IDは乱数で決められます．乱数で決められた64ビットPAN IDを知るにはATOPコマンドを用います．

なお，ZigBee通信に暗号化によるセキュリティをかける場合は，セキュリティ設定を行ってからCoordinatorを(再)起動して，新しいZigBeeネットワークを形成します．セキュリティ設定を行った通信については，第7章第19節のサンプル19に具体例を示しているので，そちらを参照ください．

以上のネットワーク形成は，Coordinatorにしかできませんが，Coordinatorには次節のRouterが持つ機能も含まれています．

## 第9節　（技術解説）ZigBee Routerによるネットワーク参加手続き

Routerは，ジョイン可能なZigBeeネットワークを発見し，ネットワークにジョイン(参加)することで通信を行うことができるようになります．また，ネットワーク参加後は，他の子機をネットワークに参加させたり，伝達経路を調整したり，子機End Deviceの管理を行ったりすることができます．表5-7にZigBee Routerの機能表を示します．

ネットワークに参加していない新しいRouterの電源を入れると，そのRouterはビーコン・リクエストを送信します．ビーコン・リクエストを受けたCoordinatorや他のRouterは，PAN IDとジョインの可否情報を含むビーコンを応答し，新Routerはそれを受信することで既存のZigBeeネットワークを発見します．

子機RouterをZigBeeネットワークに参加させるには，親機Coordinatorのビーコンにジョイン許可の情報が含まれている必要があります．親機Coordinatorに対してATコマンドのATNJで0xFFを設定すると，常にジョイン許可の状態になります．また，0x01～0xFEまでの値を設定すると，その値の秒数だけジョイン許可になります．

ネットワークに参加していない子機Routerは，親機Coordinatorからのビーコン応答にジョイン許可情報が含まれていることを発見すると，同じビーコンに含まれるPAN IDのネットワークに参加するためのアソシエート要求を送信します．それを受け取った親機Coordinatorは，子機Routerのショート・アドレスを割り当てます．

ショート・アドレスは，ZigBeeネットワーク内で相互のZigBeeデバイスを識別するための16ビットのアドレスです(本書のサンプルでは，ショート・アドレスを使用せずに，64ビットのIEEEアドレスで識別)．

ネットワークに参加した子機Routerは，親機

**表5-7　ZigBee Routerの機能**

| 機能 | 有無 | ZigBee Routerの機能 |
|---|---|---|
| PAN 形成 | × | Routerにはネットワーク形成機能はない |
| PAN 参加 | ○ | Coordinatorが形成したネットワークへジョイン(参加)する |
| Join 許可 | ○ | 子機Routerや子機End Deviceのネットワークへのジョイン(参加)を許可する |
| ルート管理 | ○ | ネットワーク上の各デバイスへの経路情報の調整を行う |
| 子機管理 | ○ | スリープ中の子機End Device宛の情報を一時保存する(Routerはスリープできない) |
| スリープ | × | Routerはスリープできない |

Coordinator と同じように，他の子機をネットワークに参加させることが可能な親機 Router として動作するようになります．この場合，新子機 Router が送信したビーコン・リクエストに親機 Router が応答し，新子機 Router のアソシエート要求に対して親機 Router が新子機 Router のショート・アドレスを割り当てます．

ネットワーク参加後は，AT コマンドで PAN ID を確認することができます．64 ビットの PAN ID は ATOP で，16 ビット PAN ID は ATOI で確認します．同じ ZigBee ネットワークに参加していれば，64 ビット，16 ビットの両方の PAN ID が同じになります．

## 第10節　（技術解説）ZigBee End Device の超低消費電力動作

ここでは超低消費電力で動作することが可能な，End Device の動作について説明します．

ZigBee ネットワークへの参加方法は Router と同じですが，End Device の場合は，参加後に低消費電力なスリープ動作を行います．スリープ中の End Device は，情報の送信だけでなく受信も行いません．一定の間隔や割り込み等でスリープが解除されると，通信が行える状態になります．

ZigBee 機器が情報を送信する際は宛て先アドレスを指定します．もし，宛て先の ZigBee デバイスに電波が届かなくても，Coordinator もしくは Router を中継して情報パケットが届けられます．

しかし，スリープ中の End Device は，情報パケットを受信することができないので，当該 End Device の親である Coordinator または Router が，情報パケットを一時的に保持します．この中継を行うには，子機 End Device が通信可能な範囲内に，親機 Coordinator または Router が存在し，動作している必要があります．

親機が管理可能な子機の数には制限があます．親機の XBee ZB モジュールに対して ATNC コマンドを使用することで，残りの管理可能な子機 End Device の数を知ることができます．

以上のように，子機 End Device にはかならず親機が必要であり，規格上の親子関係が定められています．しかし，Coordinator と Router または Router 同士の間には，規格上の親子関係はせず，ZigBee ネットワーク上では対等な関係です．本書で親機 Router や子機 Router といった表現を用いていますが，これらは利用上の区別です．

**表 5-8** に ZigBee End Device の機能表を示します．他のデバイス・タイプと比較すると，ネットワーク管理機能を保有していません．その代わりに，ZigBee 方式の大きな特長である超低消費電力で動作することができます．

表 5-8　ZigBee End Device の機能

| 機能 | 有無 | ZigBee End Device の機能 |
|---|---|---|
| PAN 形成 | × | End Device にはネットワーク形成機能はない |
| PAN 参加 | ○ | Coordinator が形成したネットワークへジョイン(参加)する |
| Join 許可 | × | End Device には子機をネットワークにジョイン(参加)させる機能はない |
| ルート管理 | × | End Device には経路情報の調整を行う機能はない |
| 子機管理 | × | End Device には子機を管理する機能はない |
| スリープ | ○ | Coordinator または Router の管理下で乾電池駆動可能な低消費電力動作が可能 |

# [第6章]

# XBee ZBモジュールを準備して通信を行ってみよう

　本章では，Digi International社 XBee ZBモジュールをパソコンやRaspberry Piへ接続する方法，必要なソフトウェアのインストール方法，試験通信の方法などについて説明し，XBee ZBモジュールを使用する準備を行います．

## 第1節 市販のXBee USBエクスプローラの機能比較

XBee ZBモジュールをパソコンやRaspberry Piで使用するには，図6-1のようにXBee USBエクスプローラ(写真6-1)，またはDigi International社のXBIB-U-DEVボード(写真6-2)を使用して，パソコンのUSB端子に接続します．ここでは，市販のXBee USBエクスプローラの機能について説明します．なお，XBee ZBモジュールのファームウェアを書き換えるために，XBee ZBモジュールをパソコンに接続する必要があります．したがって，かならず1台以上のXBeeUSBエクスプローラが必要です．

市販のXBee USBエクスプローラの比較表を，表6-1に示します．それぞれ機能に違いがあるので，欲しい機能に合わせて購入すると良いでしょう．親機に使用するのであればLEDやSWは不要のように思われるかもしれませんが，開発時のデバッグ用と考えるとなるべく多くの機能がついているほうが良いでしょう．

以下に，表6-1中の各機能について説明します．

表中の項目「RSSI LED」は，他のXBee ZBからのパケットを受信したことを示すLEDです．受信強度が高いほど明るく点灯します．デバッグ時の動作確認などに役立ちます．

項目「アソシエートLED」のLEDは，XBee ZBのネットワークのジョイン(参加)状態や動作状態を示します．また，同じZigBeeネットワーク内にあるXBee ZB機器のコミッショニング・ボタンが押されたときに高速に点滅します．うまく動かないときやデバッグ時，運用時に便利なので，アソシエートLEDのついているものをお奨めします．

「リセットSW(ボタン)」は，XBee ZBモジュールの異常時などの復旧に使用するボタンです．電源OFFと電源ONによる再起動でも対応できます．しかし，後述のXCTUという設定ツールからEnd Deviceの設定を変更するときなどに頻繁に使用します．End Deviceを使った実験には，必須の機能と考えても良いでしょう．

「コミッショニングSW(ボタン)」は，XBee ZBネットワークへの接続開始時にスリープ中のXBee ZBモジュールを起動したり，新しいXBee ZB子機のZigBeeネットワークのジョイン許可やネットワーク情報の初期化を行ったりする際に使用します．ZigBeeネットワークそのものの実験や，複数のZigBeeネットワークを切り換えて使用する場合などに必要な機能です．

「FTDI Chip」は，USBシリアル変換用ICが推奨ICであるかどうかを示しています．XBee USBエクスプローラのメイン機能は，XBee ZBモジュールのシリアル信号をパソコン用のUSB信号に変換する機能です．このシリアルUSB変換用のICには，FTDI製のICを推奨します．他社のICの中にはXBee ZBモジュールとの相性の良くないものもあり，機能に制約が生じたりXCTUからの設定にエラーが発生しやすくなったりする場合があるからです．とはいえ，FTDI製のICを使えば，かならず安定して動作するとまでは言えません．他のICに比べて安心できるといった程度です．

「ブート・ローダ書き換え」は，XBeeのファームウェアの書き換えを失敗したときなどにXBee ZBモジュールのソフトウェア修復に必要な機能です．XBee ZBモジュールが全く起動できなくなり，ファー

**表6-1 市販XBee USBエクスプローラの比較表**

| XBee USBエクスプローラ | 参考価格 | RSSI LED | アソシエートLED |
|---|---|---|---|
| 秋月電子通商 AE-XBEE-USB | 1,280円 | ○ | ○ |
| SWITCH SCIENCE XBee USBアダプタ | 1,890円 | ○ | × |
| Strawberry Linux XBeeエクスプローラUSB | 2,205円 | ○ | × |
| SparkFun WRL-08687 XBee Explorer USB | 2,500円 | ○ | × |
| Seeeed Studio UartSBee V4 | $19.50 | ○ | ○ |
| CQ出版社 XBee書込基板 XU-1 | 10,500円 | × | ○ |

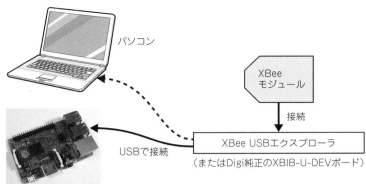

図 6-1
XBee USB エクスプローラを使って
XBee モジュールを接続する

写真 6-1　市販の XBee USB エクスプローラの一例

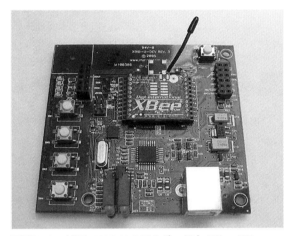

写真 6-2　純正 XBIB-U-DEV ボードと XBee ZB

| リセット SW | コミッショニング SW | FTDI Chip | ブート・ローダ書き換え | 電源容量 | パターンアンテナ対応基板 | DC 入力端子 | USB | 備　考 |
|---|---|---|---|---|---|---|---|---|
| ○ | ○ | ○ | ○ | 1000mA | ○ | ○ | micro USB | 短絡保護は USB 給電時のみ |
| ○ | × | ○ | ○ | 600mA | ○ | × | micro USB | 品番：SSCI-010313 |
| × | × | ○ | ○ | 800mA | × | × | mini USB | 品番：XBEE-BB |
| × | × | ○ | ○ | 500mA | × | × | mini USB | 旧製品 MIC5205 版は 150mA |
| ○ | × | ○ | ○ | 500mA | × | × | mini USB | Bitbang による ICSP 端子付き RPSMA タイプ XBee 非対応 |
| ○ | ○ | × | ○ | 800mA | × | × | mini USB | [XBee 2 個＋書込基板＋解説書]キット付き 超お手軽無線モジュール XBee |

第 1 節　市販の XBee USB エクスプローラの機能比較

ムウェアの書き換えもできなくなったときに，XCTUからブート・ローダの書き換えを行います．このときにXBee USB エクスプローラからXBee ZB モジュールへのDT信号およびDR信号の制御を行うことで，ブート・ローダ書き換えモードに設定する必要があります．

「電源容量」は，USB エクスプローラ基板上の電源レギュレータICの容量です．XBee PRO ZB を使用する場合は300mA以上の容量が必要です．ある程度までは高いほど電源が安定し，通信状態も安定します．ただし，電源容量が高いほど異常時の発熱や事故のリスクも高まります．常時動作を行うような場合は，ヒューズおよび過電流保護回路と過熱保護回路の両方が入ったレギュレータを使用します．過熱保護付きのレギュレータは，若干，価格が上がる場合があります．筆者の調査では，スイッチサイエンス社のSSCI-010313，Strawberry Linux 社の XBEE-BB，SparkFun 社のWRL-08687などに搭載されているようです．

「パターン・アンテナ対応」はXBeeのアンテナ・タイプがパターン・アンテナやチップ・アンテナの場合であっても感度が低下しないように考慮されているかどうかを示しています．非対応の場合は，ワイヤ・アンテナ・タイプやRPSMAタイプのXBeeモジュールを使用します．

なお，これらの仕様は変更される場合があります．最新の情報は，それぞれの販売元の情報をご確認ください．

## 第2節 Raspberry Pi 基板上の拡張用 GPIO 端子に接続する方法

USB経由でXBee ZB モジュールを接続する方法のほかに，Raspberry Pi 基板上の拡張用 GPIO 端子のUART シリアル・ポートに接続する方法もあります．ただし，XBee ZB モジュールのファームウェアを変更する場合は，前節のXBee USB エクスプローラが必要です．

使用するWireless Shield 基板とRaspberry Pi 用GPIOアダプタを，表6-2および写真6-3に示します．

Wireless Shield 基板は，参考文献(6)用のプリント基板に部品を実装し，シリアル切り替えスイッチSW31をIO側に設定して使用します（右側にスライド）．またはArduino純正のWireless Proto Shield（写真6-6）を使用することもできます．Arduino 純正品の場合は，シリアル切り替えスイッチをMICRO側にします（左側にスライド）．

Raspberry Pi 用 GPIO アダプタには，表中のどちらかのアダプタを使用します．実装時はRaspberry Pi 側に写真6-4のようなスペーサが必要です．

Raspberry Pi に装着するときは，接続するコネクタのピン位置に注意が必要です．Raspberry Pi の拡張用 GPIO 端子のピン数は，モデルによって40ピンのものと26ピンのものがあります．またピン配列もモデルやバージョン，リビジョンによって異なりますが，電源，GND，UART シリアル，I²C，SPI などは

表6-2 使用した Wireless Shield 基板とアダプタ

| 呼 名 | 参考価格 | 入手方法 |
|---|---|---|
| Wireless Shield 基板 | 17,280円（セット） | 参考文献6用『IchigoJam 用コンピュータ電子工作学習キット（IF ICH-KIT）・CQ 出版社』（Wireless Shield 基板用のパーツは別売り） |
| Raspberry Pi 用 GPIO アダプタ | $5.00 | 「ITEAD RPI Arduino Shield Add-on Shield」または「Raspberry Pi to Arduino Connector Shield Add-on V2.0」 |
| XBee ZB モジュール | 2,200円 | 各種 XBee ZB モジュールを使用可能 |
| M3 スペーサ 11mm 程度 | 35円 | 10mm のスペーサ＋ワッシャ，またはTP-11.2 |
| M3 ナット，M3 ビスなど | 10円 | スペーサに合わせてナットもしくはビス |

写真 6-3
Wireless Shield 基板と Raspberry Pi 用 GPIO アダプタ

写真 6-4　Raspberry Pi 用アダプタにはスペーサが必要

写真 6-5　XBee ZB モジュールを装着した Raspberry Pi

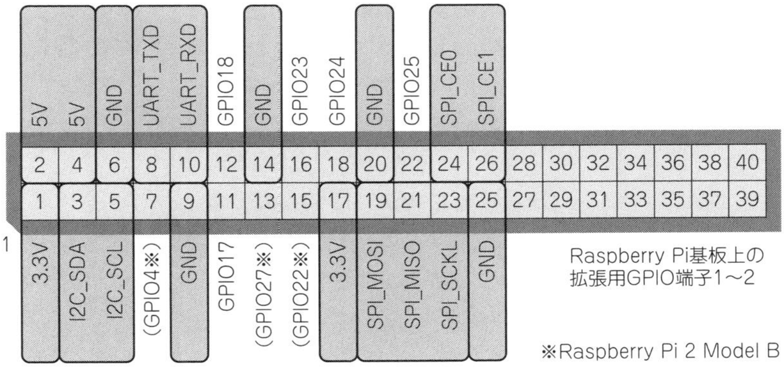

図 6-2
Raspberry Pi の拡張用 GPIO 端子の配列図

共通です（執筆時点）．図 6-2 に Raspberry Pi の拡張用 GPIO 端子の 1 〜 26 番ピンの配列図を示します．

26 ピンの Raspberry Pi 用 GPIO アダプタを 40 ピンの拡張用 GPIO 端子に接続する場合は，それぞれの 1 番ピン（図 6-2 の左下）を合せるように取り付けます．シールドでピン・ヘッダが見えにくいので，かならず電源を切った状態で装着し，接続ピンがずれていないかどうかを良く確認してください．装着後のようす

写真 6-6
Arduino 純正 Wireless Proto Shield

を，**写真 6-5** に示します．

Raspberry pi 3 や Zero W では，内蔵 Bluetooth が ttyAMA0 を使用するので，拡張用 GPIO 端子のシリアルの利用は推奨しません．USB シリアル変換アダプタや XBee USB エクスプローラを使用してください．詳しくは，p.351 の筆者のサポート・ページをご覧ください．

## 第3節　XBee ZB モジュールをパソコンに接続してみよう

ここでは，XBee ZB モジュールの動作確認や設定を行うために，XBee ZB モジュールを Windows 搭載のパソコンに接続する方法について説明します．

XBee USB エクスプローラをパソコンに接続すると，Windows Update によって自動的にドライバ[23]のインストールが実行されます．自動インストールが完了するまでには数分の時間を要する場合があります．自動的にインストールされなかった場合やインストールを急ぐ場合は，FTDI のホームページから仮想シリアル・ドライバ(VCP Driver)をダウンロードしてインストールします．

ところでパソコンには複数の USB ポートがあり，複数のシリアル接続を同時に使用する場合は，どのシリアル接続であるかを識別する必要があります．シリアル接続を識別するための番号を「シリアル COM ポート番号」と呼び，ドライバのインストール時に Windows が自動的に付与します．

付与された COM ポート番号を知るには，デバイスマネージャを使用します．Windows 7 では「スタート」メニュー内の「コンピュータ」を右クリックして「プロパティ」を開き，画面の左側の「デバイスマネージャ」を開きます．Windows 8 では「Windows」キー (Windows ロゴのキー) を押しながら「X」キーを押してデバイスマネージャを選択します．

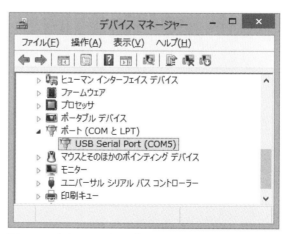

図 6-3　デバイスマネージャの表示例

---

[23] ドライバ：ここではパソコンで USB シリアル変換モジュールを動かすためのソフトを示す．

デバイスマネージャの一覧の中から「ポート（COMとLPT）」の「＋」をクリックします．「USB Serial Port」に「COM5」のCOMポート番号が付与された場合，図6-3のようになります．複数のCOMポートが表示された場合は，XBee USBエクスプローラをUSB端子から抜いてみて，デバイスマネージャから消えるCOMポート番号を確認します．

## 第4節　XBee専用ソフトXCTUをパソコンへインストールしよう

次にDigi International社のXCTUをパソコンへインストールします．インターネット・エクスプローラ等で同社のホームページ（http://www.digi.com/）にアクセスしてください（図6-4）．

ホームページ右上の「Support」メニューをクリックし「Download XCTU」を選択すると，図6-5のようなXCTUの説明画面が表示されます．ここで再度，「Download XCTU」をクリックします．

OSやXCTUのバージョンの違いでいくつかの選択肢が表示されます．ここでは「DOWNLOAD LEGACY XCUT3」の中の最新版「XCTU ver. 5.2.8.6 installer」（執筆時点）をクリックして，デスクトップなどにダウンロードします．Mac OS XやPCベースのLinuxで使用する場合は，LEGACYでない最新版（Next Generation版[24]・以下Next Gen版）を使用します．以降，Legacy版[25]を中心に解説しますが，Next Gen版と大きく異なる部分については両バージョンについて説明します．

ファイル名は「40003002_C.exe」のようなEXEファイルとなっています．ダウンロードしたインストーラをダブル・クリックして実行すると，図6-7のようなセットアップ・ウィザード画面が開きます．「Next」をクリックするとライセンス同意画面が開くので，同意できれば「I Agree」を選択します．以降，「Next」でウィザードを進むと図6-8のような「Question」ダイヤ

図6-4　米Digi International社のホームページ（http://www.digi.com/）

図6-5　XCTUを選択する

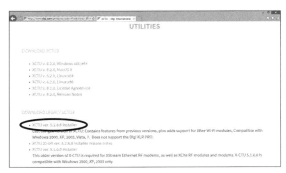

図6-6　LEGACY版を選択する

---

[24] Next Generation版XCTU：XCTU Ver 6以降を示す．
[25] Legacy版XCTU：X-CTU Ver 5以前を示す．Ver 6以降，X-CTUはXCTUに改名．

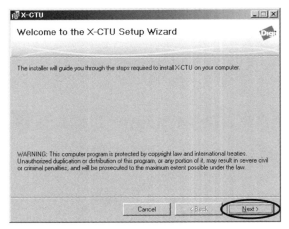

図6-7 XCTUのインストーラ画面

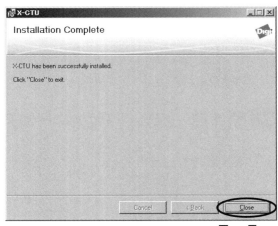

図6-9 XCTUのインストール完了画面とショートカット

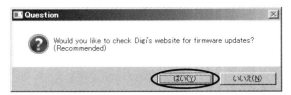

図6-8 XCTUインストール中の「Question」ダイアログで「はい」を選択

ログが開きます．

「Question」ダイアログでは，XBee用の新しいファームウェアのダウンロードを行うために，「はい」をク

リックします．セキュリティの警告が表示される場合は「アクセスを許可する」をクリックします．

インストールが完了すると，デスクトップにXCTUへのショートカットが作成されます．XBee USBエクスプローラにXBee ZBモジュールを取り付け，パソコンのUSB端子に接続した状態で，XCTUアイコンをダブル・クリックして開きます．

## 第5節 XBee ZBモジュールへファームウェアを書き込む

ここでは，Legacy版XCTUとNext Gen版XCTUによるZigBeeデバイス・タイプと動作モードの変更方法について説明します．XBee ZBモジュールのZigBeeデバイス・タイプと動作モードを変更するには，ファームウェアの書き換えが必要です（最新のS2Cを除く）．このファームウェアの種類のことをXCTUでは「Function Set」と呼んでおり，表6-3に示す6種類の中から切り換えて使用します．

Legacy版のXCTUを起動すると，図6-10のような画面が表示されます．ここで，XBee USBエクスプローラのシリアルCOMポート番号を選択し，「Modem

Configuration」タブを選択します．画面が切り替わったら，図6-11の「Read」ボタンを押してXBee ZBモジュール内のデータを読み込みます．読み込みが完了すると，図6-12のようにファームウェア名（Function Set名）や設定データが表示されます．なお，本書内のXCTUの画面は説明に不要な一部の表示項目を省略しています．

Next Gen版のXCTUの場合は，図6-14のような画面が表示されます．画面左上の「＋」マークのアイコンを選択すると，COMポート番号の選択画面（図6-15）が表示されるので，XBee USBエクスプローラ

表 6-3 XCTU で ZigBee デバイス・タイプと動作モードを設定する

| ZigBee デバイス・タイプ | 動作モード | ファームウェア (Function Set) |
|---|---|---|
| Coordinator | API モード | ZIGBEE COORDINATOR API |
| Coordinator | AT/Transparent モード | ZIGBEE COORDINATOR AT |
| Router | API モード | ZIGBEE ROUTER API |
| Router | AT/Transparent モード | ZIGBEE ROUTER AT |
| End Device | API モード | ZIGBEE END DEVICE API |
| End Device | AT/Transparent モード | ZIGBEE END DEVICE AT |

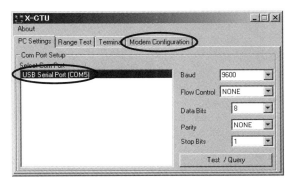

図 6-10 XCTU のシリアル COM ポート選択画面 (Legacy 版)

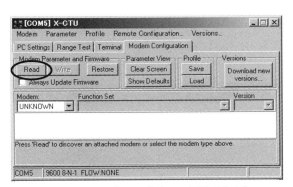

図 6-11 設定画面で「Read」ボタンを押下する (Legacy 版)

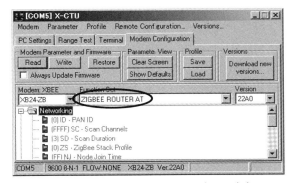

図 6-12 XCTU に表示されたファームウェア名 (Legacy 版)

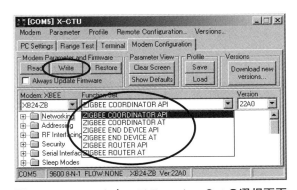

図 6-13 ファームウェア Function Set の選択画面 (Legacy 版)

のシリアル COM ポートを選択し，「Finish」をクリックします．シリアル通信が成功すれば，図 6-16 のようにファームウェア名（Function Set 名）が表示されます．この XBee ZB モジュールをマウスで選択すると，ウィンドウ右側の「Radio Configuration」の領域に操作ボタンや設定データが表示されます．

この例で表示されたファームウェア名は，XBee ZB モジュールを購入したときの初期状態と同じ「ZIGBEE ROUTER AT」です．ZigBee ネットワークには少なくとも 1 台の ZigBee Coordinator が必要なので，このファームウェアを「ZIGBEE COORDINATOR API」に書き換えてみましょう．

Legacy 版の XCTU の場合はファームウェア名をクリックし，プルダウン・メニューの中から書き込みた

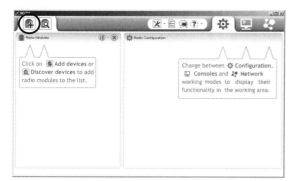

図 6-14　Next Gen 版 XCTU の起動画面

図 6-16　対象の XBee ZB モジュールを選択する（Next Gen 版）

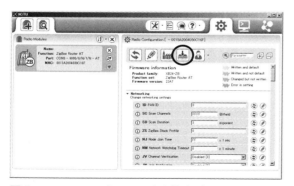

図 6-17　ファームウェアの書き換えボタン

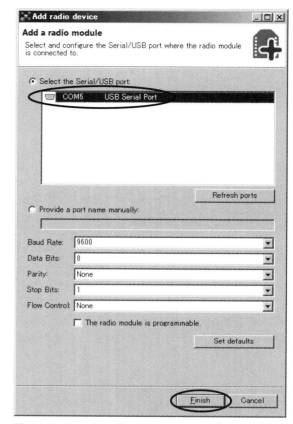

図 6-15　Next Gen 版シリアル COM ポート選択画面（Next Gen 版）

いファームウェア「ZIGBEE COORDINATOR API」を選択します（図 6-13）．その後に「Write」をクリックすると，選択したファームウェアが XBee ZB モジュールに書き込まれます．ファームウェアの変更後は，「Restore」を押して設定データを初期化しておいたほうが良いでしょう．ZigBee のデバイス・タイプやファームウェアのバージョンによっては，これまでの設定データをそのまま使用すると異常をきたす場合があるからです．「Always Update Firmware」のチェック・ボックスは普段は使わないので，チェック・ボックスは空欄にしておきます．XBee ZB モジュールへの書き込みを失敗し，リセットを行っても XBee ZB モジュールが動作しなくなってしまったときは，チェックを入れ，適切な「Modem」を選択し，「Write」をクリックすると修復することができます（ハードウェアが壊れた場合を除く）．

Next Gen 版 XCTU でファームウェアの書き換えを行う場合は，「Radio Configuration」内の「IC マーク」

## Column…6-1　新しい XBee ZB シリーズ S2C について

　最新の XBee ZB S2C シリーズでは，ファームウェアを書き換えることなく，ZigBee デバイス・タイプを変更することができるようになりました．デバイス・タイプを変更するには，XCTU から CE 値と SM 値のパラメータを修正します．もしくは，ツール「xbee_zb_mode」を使用して設定することもできます．

　これまでに startxbee を一度も実行したことがない場合は，RaspberryPi フォルダ内の「startxbee.sh」を実行して，「xbeeCoord」一式をダウンロードしてください（p.94 参照）．ツール「xbee_zb_mode」は，「xbeeCoord」フォルダ内の「tools」フォルダ内に作成されます．

　XBee ZB S2C モジュールを，Raspberry Pi の USB または拡張用 GPIC 端子へ接続して，以下のように実行すると，デバイス・タイプを変更できるようになります．

```
$ cd ~/xbeeCoord/tools⏎
$ ./xbee_zb_mode⏎
```

　実行すると，以下のようなメッセージが表示されます．変更先のデバイス・タイプの番号（2桁の数字）を入力すると，自動的に設定を開始します．途中でエラーが出たら自動で再実行するので，最後に「SUCCESS」が表示されれば変更完了です．

```
ZIGBEE Device Type Switcher for
                XBee ZB S2C Series
00:Coordinator AT,  01:Router AT,
             02:End Device AT
10:Coordinator API, 11:Router API,
             12:End Device API
mode = 10⏎
Coordinator API
```

　End Device に設定済みの XBee ZB S2C モジュールの設定に失敗する場合は，モジュールのリセット・ボタンを押下してから，実行すると成功しやすくなるでしょう．

　なお，本書の第 7 章以降で紹介するサンプル・プログラムは S2 シリーズ，S2B シリーズで動作確認しています．S2C シリーズでも，ほとんどのサンプル・プログラムが動作すると思いますが，何らかの違いが生じる場合があります．問題が発覚した場合は，サポート・ページなどで紹介予定です．

　執筆時点では，現行の S2 シリーズや S2B シリーズも販売されています．また，S2C シリーズは高性能な上位シリーズの位置付けになっています．これまでにワイヤレス・モジュールを使った開発経験が少ない方は，まずは S2B シリーズを試したほうが無難でしょう．

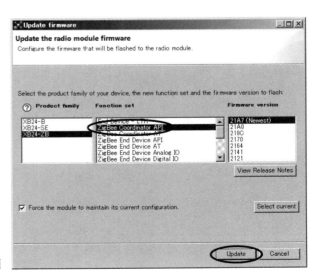

図 6-18
Next Gen 版のファームウェア選択画面

の操作ボタンをクリックします．ファームウェア選択画面(**図 6-18**)が表示されるので，「ZigBee Coordinator API」を選択し，「Update」ボタンをクリックします．

書き込み後に，工場マークのボタンを押すと設定データを初期化することができます．

## 第 6 節　ブレッドボードに XBee ZB モジュールを接続する方法

ここでは，XBee モジュールをブレッドボードに接続するために必要な XBee ピッチ変換アダプタの製作方法について説明します．

ブレッドボードは，はんだ付けなしに実験回路を製作することができる基板です．電子部品のリードをブレッドボードに差し込み，ブレッドボード・ワイヤで配線を行います(**写真 6-7**)．

ブレッドボードの内部配線は，**写真 6-8** のようになっています．両サイドの縦線(「＋」ラインと「－」ライン)は電源用です．左右に 2 本ずつ設けられていますが，それらが内部で互いに接続されていないので，両側を使用する場合は，ブレッドボード・ワイヤで相互接続する必要があります．

電源ライン以外の差込口は，それぞれ写真の横方向に内部接続されています．電源ラインを除く左半分については，1～30 行のそれぞれの行で a～e 列の 5 端子が接続されており，右半分についてもそれぞれの行で f～j 列の 5 端子が接続されています．

主要な部品は，ブレッドボード中央の縦の溝にまたがって挿入します．この溝の役割は，IC を挿入した後にピンセットや竹棒などを使うことで IC を取り外しやすくするために設けられています．ブレッドボード・ジャンパなどを使用して，各端子と相互に接続することで回路の配線を行うことができます．

より大きな回路を製作する場合は，同じメーカのブレッドボード同士を連結して使用することも可能です．ただし連結しても電源ラインなどの電気的な接続はありません．

ところで，ブレッドボード基板の差し込み穴は，一般的な IC のピッチと同じ 2.54mm 間隔です．ところ

**写真 6-7**　ブレッドボードを使った XBee の接続例

**写真 6-8**　ブレッドボード E-CALL 製 EIC-801 の内部配線

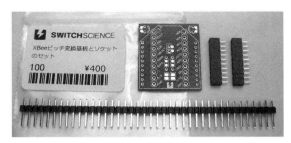

写真 6-9　XBee ピッチ変換基板の一例

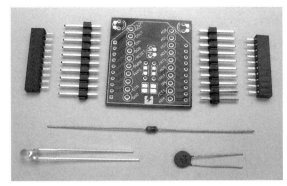

写真 6-10　XBee ピッチ変換基板にはんだ付けする部品

写真 6-11　XBee ピッチ変換基板にソケット以外の部品をはんだ付けしたようす

が，XBee ZB モジュールは 2mm 間隔になっていて，ブレッドボードに XBee ZB モジュールを直接取り付けることができません．そこで，写真 6-9 のような XBee ピッチ変換基板を使用します．

ピッチ変換基板を使用するには，ソケットやピン・ヘッダなどのはんだ付けが必要です．はんだ付けする箇所の間隔が 2mm や 2.54mm と狭いので，これまでにはんだ付けを行ったことのない方だと，練習が必要です．XBee ピッチ変換基板は高価なので通常の 2.54mm ピッチのユニバーサル基板やピン・ヘッダを購入して，はんだ付けの練習を行ってから進めたほうが良いでしょう．はんだ付けの難易度としては，初級から中級程度です．一般的な細かな手作業が行える方なら，事前練習を行えば，はんだ付けが可能なレベルですから，初心者の方も挑戦してみると良いでしょう．

この XBee ピッチ変換基板には，XBee 用のソケットとブレッドボード側に接続するピン・ヘッダが付属しています．その他に XBee 用コンデンサ（$0.1\mu F$），アソシエート LED 用の LED，LED 用抵抗（$1k\Omega$）を別途用意する必要があります（写真 6-10）．電源 LED を点灯させたい場合は LED と LED 用抵抗をそれぞれ 2 個ずつ用意します．これらの LED には，高輝度タイプのものを使用します．一般的に高輝度タイプのほうが少ない電流で点灯するからです．一般の LED を使用する場合は，LED 抵抗を $330\Omega$ くらいにします．

ここからは，はんだ付けの手順の説明です．まずは XBee 用ソケット以外の部品をはんだ付けします．先に XBee 用ソケットをはんだ付けすると他の部品をはんだ付けするときにソケットを溶かしてしまう恐れがあるからです．その場合に，代わりのソケットが他の部品に比べて入手しにくいのも理由の一つです．

また，写真 6-11 のように抵抗のすぐ下にあるパッドは，はんだを盛ってショートしておきます．

部品を取り付けるときは，基板面を間違えないように注意します．写真ではこの段階で LED を取り付けていますが，LED の高さが XBee 用ソケットのはんだ付けのときに邪魔になるので，はんだ付けに慣れていない方は LED のはんだ付けは最後にしましょう．LED の方向は写真の下側（リードの長いほう）がアノードです．

ピン・ヘッダは基板に対して垂直になるように注意してはんだ付けします．ピン・ヘッダの 1 番ピンまたは 11 番ピンの 1 カ所だけをはんだ付けし，はんだ付け箇所を少しだけ溶かしたり冷ましたりしながら角度

調整して，垂直に近づけてゆきます．次に9番ピンまたは20番ピンをはんだ付けします．10番ピンのGNDははんだが溶けにくいので，はんだごてのヒータ出力の高めに設定するか，パッドを良く温めてからはんだを流し込みます．

全ピンをはんだ付けしたら，次にXBee用ソケットのはんだ付けを行います．先に述べたように，ここではLEDの高さが邪魔になります．そこでLEDがある側の11～20番ピン側にソケットを2段重ねた状態で基板に挿し込んで裏返します．2段重ねのソケットはLEDよりも高くなるし，裏返すことで基板の重量でソケットを基板に密着させた状態を維持することができます．あるいはあらかじめ接着剤などでソケットを固定してからはんだ付けする方法もあります．ただし，接着剤が導電部品に付着しないようにしたり，失敗したときに部品が交換できるように接着剤を少量にしたりといった注意が必要です．なお，接着剤の種類によっては危険な場合があります．とくに瞬間接着剤ははんだの熱で勢いよく気化して目に入る場合があり，大変，危険ですので，絶対に使用しないでください．

XBee用ソケットは，ピン・ピッチが2mmと狭いので，基板とピンをはんだごてで温めてから素早く適量のはんだ量を流し込むようなコツが必要です．とはいえ，2.54mmピッチで綺麗にはんだ付けができれば，2mmピッチでもなんとかなるでしょう．

なお，2.54mmピッチのピン・ヘッダのはんだ付けときと同様に1番ピンまたは11番ピンを先にはんだ付けして，ソケットのリードを奥まで差し込んだ状態が保てるようになってから，9番ピンまたは20番ピンをはんだ付けしたほうが真っ直ぐに固定することができます．また，10番ピンは基板を良く温めてからはんだ付けします．

**写真 6-12** XBeeピッチ変換基板に部品をはんだ付けしたようす

**表 6-4 市販のXBeeピッチ変換基板の比較表**

| メーカ型番 | 参考価格 | XBee用コネクタ付属 | 電源LED | RSSI LED | TX/RX LED | アソシエートLED | 電源コンデンサ | 電源電圧変換 | 入力電圧 | パターンアンテナ対応基板 | 備考 |
|---|---|---|---|---|---|---|---|---|---|---|---|
| SWITCH SCIENCE XBeeピッチ変換基板 | ¥400 | ○ | △ | × | × | △ | △ | × | − | × | LED，抵抗，コンデンサは別売 |
| Strawberry Linux XBeeピッチ変換基板 | ¥315 | ○ | × | × | × | × | × | × | − | △ | BOB-08276＋XBee用コネクタのセット |
| SparkFun BOB-08276 Breakout Board | $2.95 | × | × | × | × | × | × | × | − | △ | 占有面積が最小の小型基板 |
| 秋月ピッチ変換基板 AE-XBee-REG-DIP | ¥300 | ○ | ○ | × | × | ○ | ○ | ○ | 4-9V | × | 3.3V LDOタイプの電源レギュレータ搭載 |
| SparkFun WRL-11373 XBee Explorer Regulated | ¥1,044 | ○ | ○ | ○ | ○ | × | ○ | ○ | 5V | × | シリアル TX/RX 信号の電圧変換機能付 |
| Strawberry Linux MB-X XBee変換モジュール | ¥1,260 | ○ | ○ | ○ | ○ | × | ○ | ○ | 0.9-6V | ○ | 3.3V DC-DCコンバータ搭載 |

以上はスイッチサイエンス社のXBeeピッチ変換基板を使用しました．筆者は，同社のXBeeピッチ基板がもっとも使いやすいと感じています．特にアソシエートLEDとXBeeの電源コンデンサは，ほとんどのXBeeデバイスに必要なので，これらのパターンが変換基板上に配線されているのが便利です．また，同XBeeピッチ変換基板は他社品に比べて長年の販売実績があり，その間に細かな改良がほどこされてきたところも推薦理由の一つです．

表6-4に，市販のXBeeピッチ変換基板の比較表を示します．特長的なのはDC-DCコンバータを搭載したStrawberry Linux製のMB-Xです．乾電池1本から動作させることが可能で，センサ側XBee子機用として使用したり，太陽電池と電気二重層コンデンサのような組み合わせで使用したり，乾電池から大電流を取り出したときの電圧降下を補うこともできるので，XBee PROやXBee Wi-Fi，Bluetoothモジュールなどにも使用することができます．

## 第7節　Raspberry Piを使ってXBee ZBモジュールの動作確認を行う

ここでは，Raspberry Piを使ってXBee ZBモジュールの動作確認を行います．動作確認に必要な機器構成を，表6-5に示します．XBee ZBモジュール2台のうち，1台は親機用，もう1台は子機用です．

あらかじめパソコンを使用して，親機用のXBee ZBモジュールのファームウェアを「ZIGBEE COORDINATOR API」に書き換えておきます．そして，親機用XBee ZBモジュールをXBee USBエクスプローラに装着し，Raspberry PiにUSBで接続します．Raspberry Pi用アダプタとWireless Shieldを使って拡張用GPIO端子に接続してもかまいません．

子機用のほうは，購入したときの状態「ZIGBEE ROUTER AT」でブレッドボードに実装し，XBee ZBモジュールの1番ピンと10番ピンにアルカリ乾電池（単3電池・直列2本・1番ピンがプラス）で電源を供給し，20番ピンにタクト・スイッチ（反対側はGND）を接続します．製作例・配線のようすを，図6-19および写真7-2に示します（LEDや抵抗はなくても良い）．Digi International社の開発ボードXBIB-U-DEVを用いることもできます．

ハードウェアの準備を終えたら，XBee管理ライブラリとサンプル・プログラム一式をダウンロードします．すでに本書に沿ってC言語プログラミング演習用のダウンロードを行っていた場合は，Raspberry PiのLXTerminalを起動し，以下のようにRaspberryPiフォルダ内の「startxbee.sh」を実行してください．

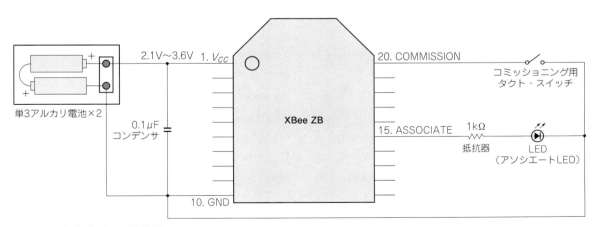

図6-19　動作確認用の配線図

表6-5 Raspberry Pi を使ったワイヤレス接続実験のための機器構成

| xbee_test | Raspberry Pi を使ったワイヤレス接続実験 | | |
|---|---|---|---|
| | 接続実験 | 通信方式：XBee ZB | 開発環境：Raspberry Pi |

Raspberry Pi に接続した親機 XBee から子機 XBee モジュールへの接続を確認します．

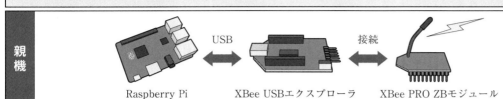

| 親機 | | | |
|---|---|---|---|
| ファームウェア：ZIGBEE COORDINATOR API | | Coordinator | API モード |
| 電源：USB 5V → 3.3V | シリアル：USB接続 | スリープ(9)： − | RSSI(6)：(LED) |
| DIO1(19)： − | DIO2(18)： − | DIO3(17)： − | Commissioning(20)：(SW) |
| DIO4(11)： − | DIO11(7)： − | DIO12(4)： − | Associate(15)：(LED) |
| その他：XBee PRO ZB モジュールは XBee ZB モジュールでも動作します（ただし，通信可能範囲が狭くなる）． | | | |

| 子機 | | | |
|---|---|---|---|
| ファームウェア：ZIGBEE ROUTER AT | | Router | Transparent モード |
| 電源：乾電池2本 3V | シリアル： − | スリープ(9)： − | RSSI(6)：(LED) |
| DIO1(19)： − | DIO2(18)： − | DIO3(17)： − | Commissioning(20)：SW |
| DIO4(11)： − | DIO11(7)： − | DIO12(4)： − | Associate(15)：(LED) |
| その他：XBee ZB モジュールの1番ピンと10番ピンに電池ボックスを接続します（1番ピンがプラス側）． | | | |

必要なハードウェア
- Raspberry Pi 2 Model B（本体，AC アダプタ，周辺機器など） 1式
- 各社 XBee USB エクスプローラ 1個
- Digi International 社 XBee PRO ZB モジュール 1個
- Digi International 社 XBee ZB モジュール 1個
- XBee ピッチ変換基板 1式
- ブレッドボード 1個
- タクト・スイッチ 1個（Commissioning 20 用）
- セラミック・コンデンサ 0.1μF 1個
  単3×2直列電池ボックス1個，単3電池2個，ブレッドボード・ワイヤ適量，USB ケーブルなど

```
$ cd↵
$ RaspberryPi/startxbee.sh↵
```

または，RaspberryPi フォルダ内の shortcuts.txt にダウンロード先の URL[26] が書かれているので，コピー&ペースト機能を使って下記を入力するか，下記をキーボードから手入力してダウンロードすることもできます．

### XBee 管理ライブラリ一式のダウンロード

```
$ cd↵
$ git clone -b raspi https://github.com/bokunimowakaru/xbeeCoord.git↵
```

これらのダウンロードには，GitHub のサービスを

---

[26] URL（Uniform Resource Locator）：インターネット上のアドレスなどを示す書式．

しています．もし，ダウンロードできなかった場合は，筆者のサポート・ページ[27]からダウンロードしてください．

ダウンロードが完了したら以下を実行し，tools フォルダ内の XBee 用テスト・ツールをコンパイルします．

```
$ cd xbeeCoord/tools↵
$ make↵
```

コンパイルが完了したら，下記のコマンドを入力して XBee 用テスト・ツール xbee_test を起動します．

```
$ ./xbee_test↵
```

起動すると，シリアル接続が可能なポートを自動的に探索し，XBee ZB モジュールとのシリアル接続を行います．Raspberry Pi へシリアル接続する XBee ZB モジュールのファームウェアには，「ZIGBEE COORDINATOR API」など，末尾に「API」が付与されているものを使用してください．

XBee ZB モジュール以外のシリアル機器が Raspberry Pi に接続されていると，失敗する場合があります．この場合は，シリアル・ポート番号を指定してください．USB0（ttyUSB0）に接続したい場合は

```
pi@raspberrypi ~/xbeeCoord/tools $ ./xbee_test B0↵    ← ツール起動
--------------------
Initializing
Serial port = USB0 (/dev/ttyUSB0,0xB0)
--------------------
ZB Coord 1.96    ← XBeeライブラリのバージョン
by Wataru KUNINO
--------------------
4030XXXX COORD.

Press 'h'+Enter to help, 'q!'+Enter to quit.
AT>
--------------------
recieved IDNT
--------------------
from   :0013A200 4030C16F 88E2 88E2
network:0013A200 2000FFFE
type   :23 ZB_TYPE_ROUTER
Node ID:2000
Parent :FFFE
Event  :01 Commissioning Pushbutton Event
status :02 Packet was a broadcast packet

AT>BAT↵    ← 子機の電池電圧情報を取得
--------------------
recieved RAT_BATT
--------------------
from   :0013A200 4030C16F
id     :27
status :00 OK
BATT   :11001100 00001010
battery:3000 mV    ← 取得結果
AT>
```

図 6-20
テスト・ツール xbee_test を実行したようす

---

[27] 筆者のサポート・ページ：http://www.geocities.jp/bokunimowakaru/cq/raspi/．

「B0」を，USB1なら「B1」，拡張用GPIO端子（ttyAMA0）に接続した場合は「A0」を付与します（xbee_testの後に「スペース」を空けてから付与する）．

```
$ ./xbee_test B0↵
```
　　　　または
```
$ ./xbee_test A0↵
```

接続に成功すると「AT>」が表示されます．この状態で，ブレッドボードで製作した子機のコミッショニング・ボタンを1回だけ押下すると，xbee_testに「received IDNT」のメッセージが表示され，ペアリングが完了します．

もし，うまく表示されない場合は，子機XBee ZBモジュールのコミッショニング・ボタンを4回連続で押下し，ネットワーク設定を初期化します．それでもうまく接続できない場合は，xbee_testで「ATCB04」を入力して「Enter」キーを押して親機のネットワーク設定を初期化してから，再度，子機のネットワーク設定を初期化します．

ペアリングが完了したら，XBeeテスト・ツールxbee_testへ「BAT」を入力してみてください．この命令は子機XBee ZBモジュールの電源電圧を取得する命令です．入力の際，カーソル・キーやバックスペース・キーなどの操作は受け付けません．打ち間違いは「Delete」キーを押して訂正することができます．

図6-20のように電圧が表示されたら動作確認の完了です．このxbee_testを終了するには「q」「!」「Enter」の順にキーを入力します．

## 第8節　コミッショニング・ボタンとテスト・ツールの使用方法

最後に，XBee ZBモジュールによるZigBeeネットワークの基本的な管理方法と，テスト・ツールxbee_testの使用方法について説明します．

コミッショニング・ボタンには，表6-6のような役割があります．コミッショニング・ボタンを1度押してすぐに離すと，同じZigBeeネットワークで動作中のXBee ZB機器のアソシエートLEDが高速に点滅します．ただし，スリープ中のEnd Deviceは受信できないので点滅しません．

ZigBeeデバイス・タイプがCoordinatorもしくはRouterのXBee ZB機器のコミッショニング・ボタンを2度，連続して押すと，1分間，他の新しいXBee ZB子機がネットワークに参加することを許可する「ジョイン許可状態」に移行します．ZigBeeネットワークに機器を追加するときに便利な機能です．

コミッショニング・ボタンを4度，連続で押すと，

表6-6　コミッショニング・ボタンの役割と対応するATコマンド

| 押下数 | ATコマンド | 処理内容 |
|---|---|---|
| 1 | ATCB01 | 同じネットワーク内の機器のアソシエートLEDを高速点滅させる |
| 2 | ATCB02 | 他の新しいXBee ZB子機のジョイン（参加）を許可する（押下後1分間） |
| 4 | ATCB04 | ネットワーク設定情報を初期化する |

表6-7　XBee用テスト・ツールxbee_testによるジョイン許可制御

| コマンド | 処理内容 |
|---|---|
| ATNJ00 | Raspberry Pi側の親機のジョイン設定を「拒否」に設定する |
| RATNJ00 | ワイヤレス子機のジョイン設定を「拒否」にリモート設定する |
| ATNJ1E | 親機のジョイン設定を30秒間だけ「許可」に設定する |
| RATNJ1E | ワイヤレス子機のジョイン設定を30秒間だけ「許可」に設定する |
| ATNJFF | 親機のジョイン設定を「常時許可」に設定する |
| RATNJFF | ワイヤレス子機のジョイン設定を「常時許可」に設定する |

ネットワーク情報の初期化を実行します．すでにZigBeeネットワークに接続しているXBee ZB機器を他のZigBeeネットワークに接続させたい場合や，ネットワークを再構築させたい場合などに使用します．Coordinatorを初期化した場合は，新たなZigBeeネットワークを開始するので，それまで参加していた全デバイスとの通信ができなくなります．新しいネットワークに参加させたいデバイスについては，ネットワーク設定を初期化し，再登録します．

これらのコミッショニング・ボタンの機能を，xbee_testからATコマンドを入力して実行することも可能です．ボタンの押下数に応じて「ATCB01」「ATCB02」「ATCB04」のいずれかの引き数を指定します．

デバイス・タイプがCoordinatorまたはRouterのXBee ZBモジュールは，初期状態やネットワーク設定を初期化した後，「ジョイン許可」の状態となっています．この状態で使用していると，近隣の他のZigBee機器がネットワークに参加してしまう場合があります．また，複数のZigBeeネットワークを構築したいときに，子機を希望のネットワークに参加させることができなくなります．

このような侵入や不都合を防ぐには，必要な機器を参加させた後にすべてのCoordinatorとRouterのジョイン許可設定を「拒否」に変更します．

XBee用テスト・ツールxbee_testを用いて，「ATNJ00」と入力すると，親機XBee ZBモジュールのジョイン許可設定を「拒否」にすることができます．しかし，子機XBee ZBモジュールの設定は「許可」のままです．親機側で実行中のxbee_testからリモート制御して，子機のジョイン許可設定を変更するには，子機のコミッショニング・ボタンを一度だけ押下し，親機から「RATNJ00」を実行します．先頭の「R」は，xbee_testならびにXBee管理ライブラリでは，「リモートATコマンド」を意味し，ZigBeeネットワークに接続されている遠隔のXBee ZBモジュールへのリモート操作を示します（図6-21）．

このxbee_testには，XBee ZBモジュールを使ったさまざまな通信テスト機能が含まれています．その一例を**表6-8**に示します．

リモート操作を行うには，子機のコミッショニング・ボタンを使って，ペアリングを行っておく必要があります．また，このテスト・ツールxbee_testにペアリングが可能な子機の台数は1台です．新たにペアリングが実行されると，その後は新しい子機に対してのみリモート機能を実行します．この場合であっても，古い子機とZigBeeネットワークとのジョイン状態は継続するので，例えば古い子機が送信したパケットの内容を，xbee_testの画面上に表示することが可能です．

以上のxbee_testを使用するには，Raspberry PiにAPIモードのファームウェアが書かれた親機のXBee ZBモジュールを接続する必要があります（第5章第7節を参照）．子機など，ファームウェアの末尾が「AT」のAT/TransparentモードのXBee ZBモジュールの設定を行うには，親機からリモート操作を行う必要があります．

AT/TransparentモードのモジュールをRaspberry

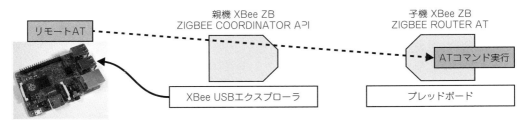

**図6-21　リモートATコマンドのイメージ図**
親機XBeeから送信したATコマンドを子機XBeeで実行する

表 6-8　XBee 用テスト・ツール xbee_test コマンド

| コマンド | 処理内容 |
| --- | --- |
| ID | 最後に受信した子機とのペアリングを行う |
| PING | ペアリング済の子機との通信が可能かどうかを確認する |
| BAT | ペアリング済の子機の電源電圧値を取得する |
| TX=aaaaaa | ペアリング済の子機へテキスト文字「aaaaaa」を送信する |
| GPO=pd | ペアリング済の子機の GPIO ポート「p」に「d」を出力する |
| GPIp | ペアリング済の子機の GPIO ポート「p」の値を取得する |
| ADp | ペアリング済の子機のアナログ・ポート「p」の値を取得する |
| IS | ペアリング済の子機の DIO ポートと AD ポート 1～3 の値を取得する |
| I | 親機(ローカル)の情報を表示する |
| VR | 親機(ローカル)の ZigBee デバイス・タイプを表示する |
| AI | 親機(ローカル)のネットワーク状態を表示する |
| NC | 親機と子機のそれぞれに登録可能な End Device 数を表示する |
| EE=aaaaaa | 親機(ローカル)の暗号キーをテキスト「aaaaaa」に設定する |
| EE=0 | 親機(ローカル)の暗号機能を解除する |
| ATxx | ローカル AT コマンド「xx」を実行する |
| ATxx=hh | ローカル AT コマンド「xx」に引き数「hh」を付与して実行する |
| RATxx | リモート AT コマンド「xx」を実行する |
| RATxx=hh | リモート AT コマンド「xx」に引き数「hh」を付与して実行する |

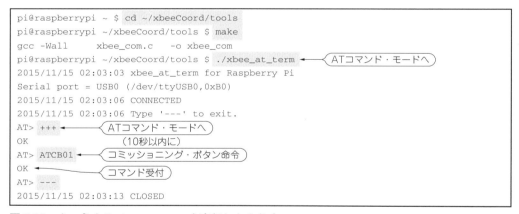

図 6-22　ターミナル xbee_at_term を実行したようす

Pi に接続して設定を行う場合は，同じ tools フォルダに入っている xbee_at_term，もしくは xbee_com コマンドを使用します．ただしリモート操作を行うことはできないので，おもに子機として使用する場合の機能です．

コマンドを連続して入力する場合は，xbee_at_term が便利です．図 6-22 のように起動して，「+」を 3 回押下します．このとき，「Enter」を押さないでください．約 1 秒後に「OK」が表示されます．その後，次々に AT コマンドを入力することが可能です．ただし，10 秒以内に次のコマンドを入力しないと命令を受け付けなくなります．その場合は「+++」を再入力します．終了は「-」を 3 回入力してください．

一方の xbee_com は，XBee へコマンドを一つずつ実行する場合に使用します．以下のように，シリアル USB0 に接続した場合は「B0」を付与し，その後に AT

```
pi@raspberrypi ~ $ cd ~/xbeeCoord/tools
pi@raspberrypi ~/xbeeCoord/tools $ make
gcc -Wall     xbee_com.c   -o xbee_com
pi@raspberrypi ~/xbeeCoord/tools $ ./xbee_com B0 +++      ←（ATコマンド・モードへ）
Serial port = USB0 (/dev/ttyUSB0,0xB0)
OK                                                        （10秒以内に）
pi@raspberrypi ~/xbeeCoord/tools $ ./xbee_com B0 ATCB01   ←（コミッショニング・ボタン命令）
Serial port = USB0 (/dev/ttyUSB0,0xB0)
OK   ←（コマンド受け付け）
pi@raspberrypi ~/xbeeCoord/tools $
```

**図6-23 コマンド・ツール xbee_com を実行したようす**

コマンドを入力します．XBee ZBモジュールをATコマンド入力モードに変更するために，「+++」命令を送信し，その後にコマンドを送信します．プログラムから実行するような場合にも便利です．

    $ cd ~/xbeeCoord/tools⏎
    $ make⏎
    $ ./xbee_com B0 ++-⏎
    $ ./xbee_com B0 ATCB01⏎

なお，ZigBeeネットワークに参加しなくても，ZigBeeの送受信データを傍受したり，なりすましによるデータ送信を行ったりすることが技術的に可能です．これらに対して対策を講じるには暗号化を利用します．暗号化されたZigBeeネットワークの場合，データが暗号化されるだけではありません．ジョイン許可状態に設定してあったとしても，同じ暗号キーをもったデバイスでなければネットワークに参加することができなくなります．

# [第7章]

# XBee ZBを使った
# プログラム練習用
# サンプル集

　本章では，XBee ZB モジュールを使ったプログラミングの練習を行います．実装する機能を最小限度にすることで，XBee ZB モジュールの使い方の理解を深めます．

# 第1節　サンプル1　XBeeのLEDを点滅させる

**SAMPLE 1** | 親機XBeeのRSSI表示用LEDを点滅させる | | |
---|---|---|---
 | 練習用サンプル | 通信方式：XBee ZB | 開発環境：Raspberry Pi

Raspberry Piに接続した親機XBeeのLEDを点滅させるサンプルです．市販されている多くのXBee用USBエクスプローラに搭載されているRSSI表示用LEDを点滅させてみます（ワイヤレス通信は行わない）．

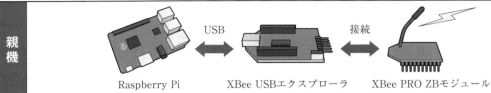

親機：Raspberry Pi ⇔ USB ⇔ XBee USBエクスプローラ ⇔ 接続 ⇔ XBee PRO ZBモジュール

| ファームウェア：ZIGBEE COORDINATOR API | | Coordinator | | APIモード | |
|---|---|---|---|---|---|
| 電源：USB 5V → 3.3V | シリアル：Raspberry Pi | スリープ(9)： | - | RSSI(6)：LED | |
| DIO1(19)： | - | DIO2(18)： | - | DIO3(17)： | - | Commissioning(20)：(SW) |
| DIO4(11)： | - | DIO11(7)： | - | DIO12(4)： | - | Associate(15)：(LED) |
| その他：Raspberry Piに接続した親機XBee ZBのみ（子機XBeeなし）の構成です． | | | | | |

**必要なハードウェア**
- Raspberry Pi 2 Model B（本体，ACアダプタ，周辺機器など）　1式
- 各社XBee USBエクスプローラ　1個
- Digi International社XBee (PRO) ZBモジュール　1個
- USBケーブルなど

　このサンプル1は，多くの市販USBエクスプローラに実装されているRSSI表示用のLEDを点滅させるプログラムです．

　RSSIは電波の受信強度を示す指標です．このLEDの明るさで，およその電波の強度を示す目的で実装されています．このため，通常は制御する対象のLEDではありません．

　ここでは，Raspberry PiとXBee ZBモジュールとの間のUARTシリアル通信が適切に動作しているかどうかを確認するために，RSSI用のLEDを使用します．Raspberry PiのハードウェアやOS，XBee USBエクスプローラ，XBee ZBモジュールのそれぞれに問題がなければ，RSSI表示のLEDが正しく点滅します．

　まず，親機用のXBee PRO ZBモジュールのファームウェアを「ZIGBEE COORDINATOR API」に変更します．PROでないXBee ZBモジュールでもかまいません．すでに，第6章第5節で行っていた場合は，そのまま使います．また，XBee管理用ライブラリのダウンロードも必要です．こちらも，第6章第7節でダウンロードしていれば，再実行する必要はありません．

　Raspberry Pi用のサンプル・プログラムはダウンロードした「xbeeCoord」フォルダ内の「cqpub_pi」フォルダに入っています．Leaf Padで**サンプル・プログラム1**「example01_rssi.c」を開いて確認してみましょう．

　ここからは，コンパイルと実行方法について説明します．

　Raspberry PiのRaspbianでLXTerminalを開き，以下のコマンドを入力してフォルダ（ディレクトリ）を移動します．

```
$ cd ~/xbeeCoord/cqpub_pi↵
```

「example01_rssi.c」をコンパイルするには以下のように入力します．

```
$ gcc example01_rssi.c↵
```

　エラーが表示されなければコンパイルが成功し，実行ファイル「a.out」が作成されます．実行するには下記を入力します（「./」は「このフォルダにある」を意味

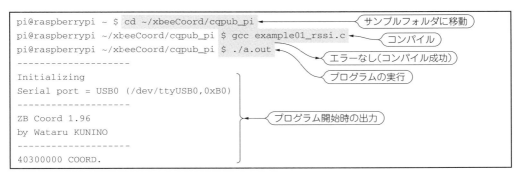

**図7-1　サンプル1の実行例**

する）．

```
$ ./aout⏎
```

ただし，USBシリアル・ポートがUSB0（ttyUSB0）以外のUSBポートの場合はポート番号を付与し，拡張用GPIO端子のUARTポートの場合は「-1」を付与します．前第6章第7節で使用したテスト・ツールxbee_testとは指定方法が異なる点に注意してください．

**USB1（ttyUSB1）の場合，**
```
$ ./a.out 1⏎
```
**拡張GPIOのUART（ttyAMA0）の場合，**
```
$ ./a.out -1⏎
```

親機XBee ZBモジュールのRSSI表示LEDが約1秒ごとに点滅し，**図7-1**のような表示になれば，正しい動作です．図中のアミがかかった部分は入力した文字を示します．プログラムを終了するにはキーボードの「Ctrl」キーを押しながら「C」を押します．

以下に，このサンプル「example01_rssi.c」のポイントとなる部分を示します．

① 「#include」でXBee管理ライブラリ「xbee.c」を組み込みます．
② 「int main」関数の「{」から「}」で囲まれた部分にプログラムの主要部が記述されています．
③ 8ビット1バイトの符号なし整数型byteの変数「com」を定義します．XBee管理ライブラリの入出力の多くは8ビットです．このため，本ライブラリで扱う変数の多くにbyte型を用います．C言語で16進数を表すときは「0x」を付与します．数値範

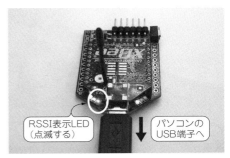

**写真7-1　親機XBeeのRSSI表示用LEDを点滅**

囲は0～255，16進数で0x00～0xFFです．なお，Cコンパイラ側にはbyte型は用意されていません．XBee管理ライブラリ用の独自の型です．

④ 「xbee_init」はXBee ZB用のUSBシリアル・ポート，またはUARTポートを初期化してXBee ZBへの接続を行う命令です．引き数（xbee_initに続く括弧内）は，ポート番号です．変数comの値が16進数の0xB0のときはUSB0ポートを，0xA0または0xAFのときは拡張GPIOのUARTポートAMA0を示します．
⑤ 「while(1)」は，「{」と「}」で囲まれた区間の処理を永久に繰り返す命令です．
⑥ 「xbee_at」はATコマンドをXBee ZBに指示する命令です．「"」で区切られたATコマンドをRaspberry Piとシリアル接続された親機XBee ZBモジュール上で実行します（ローカルATコマンド）．ATコマンドの「ATP0」に続く引き数が「05」の場合にRSSI表示LEDが点灯し，「04」だと消灯

サンプル・プログラム1　example01_rssi.c

```
/****************************************************************
XBee の LED を点滅させてみる：Raspberry Pi に接続した親機 XBee の RSSI LED を点滅
****************************************************************/

#include "../libs/xbee.c"          ← ①   // XBee ライブラリのインポート

int main(int argc,char **argv){    ← ②

    byte com=0xB0;                 ← ③   // シリアル(USB)，拡張 I/O コネクタの場合は 0xA0
    if(argc==2) com += atoi(argv[1]);     // 引き数があれば変数 com に値を加算する

    xbee_init( com );              ← ④   // XBee 用 COM ポートの初期化(引き数はポート番号)

    while(1){                      ← ⑤   // 繰り返し処理
        xbee_at("ATP005");         ← ⑥   // ローカル AT コマンド ATP0(DIO10 設定)=05(出力'H')
        delay( 1000 );             ← ⑦   // 約 1000ms(1 秒間)の待ち
        xbee_at("ATP004");                // ローカル AT コマンド ATP0(DIO10 設定)=04(出力'L')
        delay( 1000 );                    // 約 1000ms(1 秒間)の待ち
    }
}
```

します．AT コマンドを使った GPIO ポート制御については次のサンプル2で説明します．
⑦「xbee_delay」は待ち時間を費やすための命令です．括弧内の数字でミリ秒単位の待ち時間を指定することができます．ただし，あまり正確な時間ではありません．

## Column…7-1　その他のコンパイル方法① make を使用する

全サンプル・プログラムを一括でコンパイルするには「cqpub_pi」フォルダ内で make コマンドを使用します．ソース・リストと同じ名前の(拡張子がない)実行ファイルが作成されます．「./」につづいて実行ファイルを入力するとサンプル・プログラムを実行することができます．

```
$ cd ~/xbeeCoord/cqpub_pi/⏎
$ make⏎
$ ./example01_rssi⏎
```

# 第2節 サンプル2 LEDをリモート制御する①リモートATコマンド

**SAMPLE 2**

LEDをリモート制御する①リモートATコマンド
練習用サンプル　　　通信方式：XBee ZB　　　開発環境：Raspberry Pi

Raspberry Pi に接続した親機 XBee から子機 XBee モジュールの GPIO（DIO）ポートをリモート AT コマンドで制御するサンプルです。

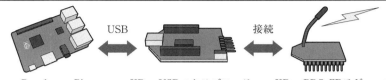

**親機**　Raspberry Pi ─USB─ XBee USBエクスプローラ ─接続─ XBee PRO ZBモジュール

| ファームウェア：ZIGBEE COORDINATOR API | | Coordinator | | APIモード | |
|---|---|---|---|---|---|
| 電源：USB 5V → 3.3V | シリアル：Raspberry Pi | スリープ(9)： | – | RSSI(6)：(LED) | |
| DIO1(19)： | – | DIO2(18)： | – | DIO3(17)： | Commissioning(20)：(SW) |
| DIO4(11)： | – | DIO11(7)： | – | DIO12(4)： | – | Associate(15)：(LED) |

その他：XBee ZB モジュールでも動作します（ただし通信可能範囲は狭くなる）。

**子機**　XBee ZB モジュール ─接続─ ピッチ変換 ─接続─ ブレッドボード ─接続─ LED，抵抗

| ファームウェア：ZIGBEE ROUTER AT | | Router | | Transparent モード | |
|---|---|---|---|---|---|
| 電源：乾電池2本 3V | シリアル： | – | スリープ(9)： | – | RSSI(6)：(LED) |
| DIO1(19)： | – | DIO2(18)： | – | DIO3(17)： | – | Commissioning(20)：SW |
| DIO4(11)：LED | DIO11(7)： | – | DIO12(4)： | – | Associate(15)：LED |

その他：Digi International 社の開発ボード XBIB-U-DEV でも動作します。

**必要なハードウェア**
- Raspberry Pi 2 Model B（本体，ACアダプタ，周辺機器など）　1式
- 各社 XBee USB エクスプローラ　1個
- Digi International 社 XBee PRO ZB モジュール　1個
- Digi International 社 XBee ZB モジュール　1個
- XBee ピッチ変換基板　1式
- ブレッドボード　1個
- 高輝度 LED 2個，抵抗1kΩ 2個，セラミック・コンデンサ0.1μF 1個，タクト・スイッチ1個，単3×2直列電池ボックス1個，単3アルカリ電池2個，ブレッドボード・ワイヤ適量，USBケーブルなど

　前節の命令「xbee_at」はRaspberry Pi に接続した親機 XBee ZB モジュール上で AT コマンドを実行する命令でした（ローカル AT コマンド）。ここではワイヤレスを経由した子機 XBee ZB 上に「リモート AT コマンド」を送信する命令「xbee_rat」について説明します。

ローカル AT コマンド　xbee_at
シリアル接続したモジュール上で実行

リモート AT コマンド　xbee_rat
ワイヤレス経由の他モジュール上で実行

　親機の機器構成はサンプル1と同じです。ファームウェア「ZIGBEE COORDINATOR API」が書き込まれた XBee PRO ZB モジュールを，XBee USB エクスプローラを使って，Raspberrry Pi へ接続します。
　子機のほうはブレッドボードを使って製作します。子機のファームウェアには「ZIGBEE ROUTER AT」

を使用します（購入時の状態と同じファームウェア）．ファームウェアの確認方法や書き換え方法は第6章第5節を参照してください．

子機の製作例を**写真 7-2**，回路図を**図 7-2**に示します．ブレッドボードの最上列にXBeeピッチ変換基板を接続し，その上にXBee ZBモジュールを接続します．

XBee ZBモジュールの電源端子は1番ピンと10番ピンです．写真の左上の1番ピンをブレッドボード上の赤の縦線（電源「＋」ライン）に接続し，左下の10番

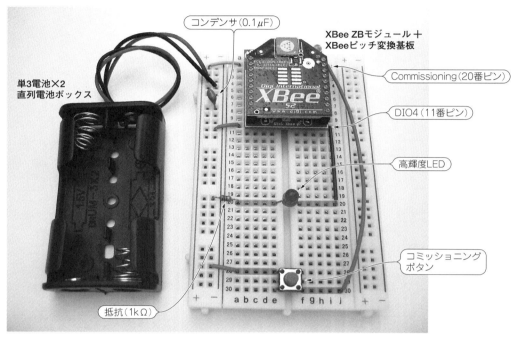

**写真 7-2　LEDを搭載したXBee子機の製作例**

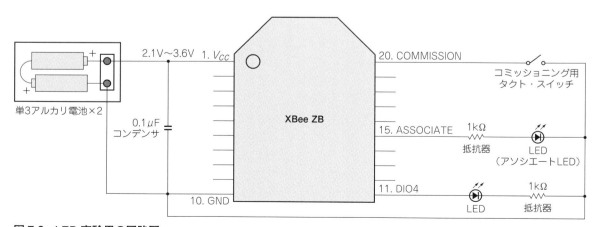

**図 7-2　LED 実験用の回路図**

ピンを青の縦線（電源「−」ライン）に接続します．

　本機には乾電池2本を直列に接続した約3Vの電源を使用します．電池の「＋」側をブレッドボードの赤の縦線に接続し，電池の「−」側を青の縦線に接続します．コンデンサ0.1μFは，電池の「＋」と「−」に接続します．電源用のコンデンサを搭載可能なXBeeピッチ変換基板の場合は，基板に実装します．

　この子機にはLEDを実装します．リード線の長いほうが写真の右側になるように高輝度LEDを挿し込み，XBee ZBモジュールの右側列の一番下のDIO4（11番ピン）に接続します．このピンはディジタル出力が可能なGPIOポートです．LEDの左側の端子のほうは，抵抗を経由してブレッドボード上の青の縦線（「−」ライン）に接続します．

　スイッチサイエンス社のXBeeピッチ変換基板の場合は第6章第6節の**写真6-12**のようにピッチ変換基板の右上にアソシエートLEDを実装します．

　写真のブレッドボードの下のほうにあるタクト・スイッチはコミッショニング・ボタンです．スイッチの片側をXBee ZBモジュールの20番ピンに，反対側をブレッドボードの青の縦線（「−」ライン）に接続します．4端子のタクト・スイッチは2端子ずつ内部で接続されています．写真のように対角の端子を使用するようにします．

　この実験では，手軽に電源を確保するために，アルカリ乾電池を使います．しかし，長期間動作が可能な設定を行っていないので，実験が終わったらすぐに乾電池を抜いておきましょう．後のサンプル24では，子機XBee ZBモジュールを省電力なEnd Deviceとして動作させる実験を行います．

　**サンプル・プログラム2**「example02_led_at.c」の動作概略は以下のとおりです（前節と重複する部分は省略）．

① 変数devに子機XBee ZBモジュールのIEEEアドレスを代入します．
②「xbee_atnj」は子機がネットワークへジョインする許可を親機に設定する命令です．常時ジョイン許可状態の0xFFに設定します．
③「xbee_rat」はリモートATコマンドを子機へ送信する命令です．「"」で区切られたATコマンドを変数devの子機XBee ZBに送信し，子機側でATコマンドを実行します．「ATD4」はポートDIO4（11番ピン）に対する制御です．「ATD4」に続く引き数が「05」の場合，Hレベル（約3V）を出力します．
④ ATコマンド「ATD4」に続く引き数が「04」の場合はLレベル（約0V）を出力します．

　プログラム中の①には，リモート操作を行う宛て先のIEEEアドレスを入力します．したがって，お手持ちの子機XBee ZBモジュールに合わせて変更する必要があります．間違って親機のアドレスを入力しないようにしてください．

　IEEEアドレスは，子機の裏側に2行にまたがって16桁の16進数で書かれています．これらを2桁ずつに区切り，数字の前に「0x」を付与し，カンマ「,」区切りの8バイトの値を入力します．プログラム中の①は「0013A200」「4030C16F」の場合の表記例です．

　プログラムを書き換えた後は，Leaf Padの「ファイル」メニューから「保存」を選択し，保存します．

　XBee ZBの各GPIO（DIO）ポートにディジタル出力を行う場合のATコマンドを**表7-1**に示します．この表のとおり，「ATD」の後に3桁の数字が続き，1桁目がポート番号，2桁目が0，3桁目が「4」のときにLレベル，「5」のときにHレベルを出力します．ポート11と12の場合は「ATP」を用い，ポート11の1桁目が1，ポート12は2です．RSSI用の出力（XBee 6番ピン）の1桁目は0になります．RSSI出力として使うときは，「ATP001」を実行します．

　それではプログラムを動かしてみましょう．プログラム中の①のIEEEアドレスを，お手持ちの子機XBee ZBモジュールのアドレスに変更し，LXTerminalから下記を実行します．

```
$ cd ~/xbeeCoord/cqpub_pi
$ gcc example02_led_at.c
$ ./a.out
```

　実行すると，ジョイン許可を警告する「CAUTION」が表示されますが，いまは気にしないでください．子

**表 7-1 各 GPIO(DIO)ポート制御用 AT コマンド**

| XBee ZB のポート(ピン番号) | ディジタル出力 | AT コマンド |
|---|---|---|
| DIO1(19 番ピン) | L レベル | ATD104 |
| | H レベル | ATD105 |
| DIO2(18 番ピン) | L レベル | ATD204 |
| | H レベル | ATD205 |
| DIO3(17 番ピン) | L レベル | ATD304 |
| | H レベル | ATD305 |
| DIO4(11 番ピン) | L レベル | ATD404 |
| | H レベル | ATD405 |
| DIO11(7 番ピン) | L レベル | ATP104 |
| | H レベル | ATP105 |
| DIO12(4 番ピン) | L レベル | ATP204 |
| | H レベル | ATP205 |
| RSSI(6 番ピン) | RSSI 出力 | ATP001 |
| | L レベル | ATP004 |
| | H レベル | ATP005 |

**サンプル・プログラム 2　example02_led_at.c**

```
/****************************************************************
LED をリモート制御する①リモート AT コマンド：リモート子機の DIO4(XBee pin 11)の LED を点滅.
****************************************************************/

#include "../libs/xbee.c"

// お手持ちの XBee モジュール子機の IEEE アドレスに変更する↓
byte dev[] = {0x00,0x13,0xA2,0x00,0x40,0x30,0xC1,0x6F};    ←①

int main(int argc,char **argv){

    byte com=0xB0;                      // シリアル(USB)，拡張 I/O コネクタの場合は 0xA0

    if(argc==2) com += atoi(argv[1]);   // 引き数があれば変数 com に値を加算する
    xbee_init( com );                   // XBee 用 COM ポートの初期化
    xbee_atnj( 0xFF );         ←②      // 親機 XBee を常にジョイン許可状態にする

    while(1){                           // 繰り返し処理
        xbee_rat(dev,"ATD405");   ←③   // リモート AT コマンド ATD4(DIO4 設定)=05(出力 'H')
        delay( 1000 );                  // 1000ms(1 秒間)の待ち
        xbee_rat(dev,"ATD404");   ←④   // リモート AT コマンド ATD4(DIO4 設定)=04(出力 'L')
        delay( 1000 );                  // 1000ms(1 秒間)の待ち
    }
}
```

機 XBee ZB のブレッドボードに実装した LED が約 1 秒ごとに点滅することが確認できれば実験は成功です．プログラムの終了は「Ctrl」+「C」です．

うまく動かない場合や「ERR:tx_rx at xbee_rat(01)」のようなエラーが表示された場合は，以下に説明する方法などで解決しておく必要があります．

まず，子機 XBee ZB のアソシエート LED を確認します．LED が点灯したままの状態の場合は，親機 XBee が見つからない状態です．親機 XBee ZB のファームウェアが Coordinator に，子機が Router になっているかどうかなどを確認します．

　アソシエート LED が点滅している場合は，プログラムの①の部分で dev に代入している子機 XBee の IEEE アドレスが正しいかどうかを再確認してください．

　もし，親機 XBee 側の XBee USB エクスプローラにアソシエート LED が搭載されている場合は，子機 XBee のコミッショニング・ボタンを 1 回だけ押してみてください．子機が ZigBee ネットワークに参加していれば，親機 XBee のアソシエートが高速に点滅します．

　ZigBee ネットワークに参加していない場合は，子機 XBee ZB モジュールがすでに他の ZigBee ネットワークに属していた可能性が疑われます．その場合，子機 XBee ZB のコミッショニング・ボタンを 4 回連続で押下し，子機 XBee ZB モジュールのネットワーク設定を初期化します．初期化や ZigBee ネットワークへの参加が完了するまで 10 秒くらいかかります．

---

**Column…7-2　その他のコンパイル方法②ヘッダ・ファイルを使用する**

　本書では，1 回の gcc 命令でコンパイルする方法を用いています．そのために XBee 管理用ライブラリ xbee.c のプログラムそのものを include で組み込んでいます．

　多くのライブラリを使用する場合やプログラムを分割したい場合などには，モジュール毎にコンパイルを行うのが一般的です．そのためのヘッダ・ファイル xbee.h も libs フォルダに収録しました．

　この xbee.h を使用するにはサンプル・プログラムの先頭にある include 命令の「xbee.c」を「xbee.h」に書き換えます．

　　修正前：`#include '../libs/xbee.c"`
　　修正後：`#include '../libs/xbee.h"`

　また事前に XBee 管理用ライブラリ xbee.c をコンパイルして，ライブラリのオブジェクト・ファイル xbee.o を作成しておきます．

　　`$ gcc -c ../libs/xbee.c`↵

　プログラムのコンパイル時は，C 言語のファイルとライブラリのオブジェクト・ファイルを指定することで，リンク処理（必要な部分をアプリケーションに合成する）が行われます．

　　`$ gcc example01_rssi.c xbee.o`↵

　このように Xbee 管理用ライブラリ部とアプリケーション部を分けてコンパイルすることで，コンパイル時間を短縮することができます．

# 第3節 サンプル3 LEDをリモート制御する②ライブラリ関数使用

| SAMPLE 3 | LEDをリモート制御する②ライブラリ関数使用 | | |
|---|---|---|---|
| | 練習用サンプル | 通信方式：XBee ZB | 開発環境：Raspberry Pi |

Raspberry Piに接続した親機XBeeから子機XBeeモジュールのGPIO(DIO)ポートをライブラリ関数xbee_gpoで制御するサンプルです．

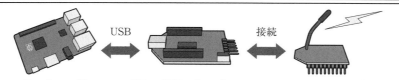

親機　Raspberry Pi ⇔ USB ⇔ XBee USBエクスプローラ ⇔ 接続 ⇔ XBee PRO ZBモジュール

| ファームウェア：ZIGBEE COORDINATOR API | | Coordinator | APIモード |
|---|---|---|---|
| 電源：USB 5V → 3.3V | シリアル：Raspberry Pi | スリープ(9)： － | RSSI(6)：(LED) |
| DIO1(19)： － | DIO2(18)： － | DIO3(17)： － | Commissioning(20)：(SW) |
| DIO4(11)： － | DIO11(7)： － | DIO12(4)： － | Associate(15)：(LED) |
| その他：XBee ZBモジュールでも動作します（ただし通信可能範囲は狭くなる）． | | | |

子機　XBee ZBモジュール ⇔ 接続 ⇔ ピッチ変換 ⇔ 接続 ⇔ ブレッドボード ⇔ 接続 ⇔ LED, 抵抗

| ファームウェア：ZIGBEE ROUTER AT | | Router | Transparentモード |
|---|---|---|---|
| 電源：乾電池2本3V | シリアル： － | スリープ(9)： － | RSSI(6)：(LED) |
| DIO1(19)： － | DIO2(18)： － | DIO3(17)： － | Commissioning(20)：SW |
| DIO4(11)：LED | DIO11(7)： － | DIO12(4)： － | Associate(15)：LED |
| その他：Digi International社の開発ボードXBIB-U-DEVでも動作します． | | | |

必要なハードウェア
- Raspberry Pi 2 Model B(本体，ACアダプタ，周辺機器など)　1式
- 各社XBee USBエクスプローラ　1個
- Digi International社 XBee PRO ZBモジュール　1個
- Digi International社 XBee ZBモジュール　1個
- XBeeピッチ変換基板　1式
- ブレッドボード　1個
- 高輝度LED 2個，抵抗1kΩ 2個，セラミック・コンデンサ0.1μF 1個，タクト・スイッチ1個，単3×2直列電池ボックス1個，単3アルカリ電池2本，ブレッドボード・ワイヤ適量，USBケーブルなど

　前節と同様，Raspberry Piに接続した親機XBee ZBモジュールから子機XBee ZBモジュールのGPIO(DIO)ポートをリモート制御するサンプルです．ハードウェアの構成はサンプル2と同じです．

　**サンプル・プログラム3**「example03_led_gpo.c」が前回の**サンプル・プログラム2**と異なる点は，リモート制御に，（ATコマンドではなく）XBee管理ライブラリの関数xbee_gpoを使用する点です．

① 「xbee_gpo」は，変数devの子機XBee ZBのGPIOポートに出力値を設定する命令です．第2引き数の4はポート4を，第3引き数の1はHレベル（約3V）出力を示しています．

② 同じくxbee_gpo命令です．第3引き数の0はLレベル（約0V）出力を示しています．

　このxbee_gpo命令を使用すれば，**表7-1**を参照することなくプログラムを作成することができます．ま

## サンプル・プログラム3　example03_led_gpo.c

```c
/********************************************************************
LED をリモート制御する②ライブラリ関数 xbee_gpo で簡単制御
********************************************************************/

#include "../libs/xbee.c"

// お手持ちの XBee モジュール子機の IEEE アドレスに変更する↓
byte dev[] = {0x00,0x13,0xA2,0x00,0x40,0x30,0xC1,0x6F};

int main(int argc,char **argv){

    byte com=0xB0;                          // シリアル(USB)，拡張 I/O コネクタの場合は 0xA0

    if(argc==2) com += atoi(argv[1]);       // 引き数があれば変数 com 値を加算する
    xbee_init( com );                       // XBee 用 COM ポートの初期化
    xbee_atnj( 0xFF );                      // 親機 XBee を常にジョイン許可状態にする

    while(1){                               // 繰り返し処理
        xbee_gpo(dev, 4, 1);    ←――①      // リモート XBee のポート 4 を出力'H'に設定する
        delay( 1000 );                      // 1000ms(1 秒間)の待ち
        xbee_gpo(dev, 4, 0);    ←――②      // リモート XBee のポート 4 を出力'L'に設定する
        delay( 1000 );                      // 1000ms(1 秒間)の待ち
    }
}
```

た，引き数も直感的でわかりやすく，バグを低減することもできます．

本節以降では，おもに XBee 管理ライブラリの命令を使用します．xbee_at 命令(親機のローカル AT コマンド)や xbee_rat 命令(子機へのリモート AT コマンド)は，XBee 管理ライブラリにはない命令を実行するときに使用します．

本サンプルのコンパイル方法や実行方法はサンプル 2 と同様です．プログラム中の IEEE アドレスをお手持ちの子機 XBee ZB モジュールの値に合わせて書き換え，LXTerminal 上でコンパイルを行ってから実行します．プログラムを終了するにはキーボードの「Ctrl」キーを押しながら「C」を押します．

## Column…7-3　xbee_init 関数の引き数について

　XBee 管理ライブラリを使ったサンプル・プログラムの引き数には，共通点があります．それは，main 関数の冒頭で，変数 com に 0xB0 を代入し，xbee_init にこの変数の値を渡して，シリアル・ポートを初期化する点です．

　この変数 com は，シリアル・ポート番号を 1 バイトの整数で示すためのものです．初期値の 0xB0 は USB ポート 0 を示します．これは 16 進数の数値ですが，ここでは「USB0」の最後の 2 文字の「B0」であると考えても良いです．

　このプログラムの実行時に引き数がなかった場合は「B0」，すなわち USB0 にアクセスします．引き数を入力した場合は，引き数が変数 com に加算されます．引き数に 1 を入力した場合は「B1」となり USB1 に，引き数が 2 なら「B2」で USB2 になります．

　マイナスを付与すると減算することもできます．－1 なら 0xAF になります．この場合は拡張用 GPIO 端子の UART にアクセスします．また，160 (0xA0) のときも拡張用 GPIO 端子の UART にアクセスします．GPIO の UART しか使わない場合は，main 関数の冒頭の com の定義を「com=0xA0;」に変更することで，プログラム実行時の引き数入力を省略することができます．

**(参考プログラム practice09.c)**

```c
#include "../libs/xbee.c"
int main(int argc,char **argv){
    byte com=0xB0;                          // シリアル(USB)，拡張 I/O コネクタの場合は 0xA0
    if(argc==2){                            // 引き数があれば
        printf("argc=%d, ",argc);           // argc には引き数の数 +1 が代入されている
        printf("argv[0]=%s, ",argv[0]);     // argv[0] には実行コマンド名が代入されている
        printf("argv[1]=%s\n ",argv[1]);    // argv[1] には引き数が代入されている
        com += atoi(argv[1]);               // 変数 com に引き数値を加算する
    }
    xbee_init( com );                       // XBee 用 COM ポートの初期化
    return 0;                               // 関数 main の正常終了(0)
}
```

```
pi@raspberrypi ~/xbeeCoord/cqpub_pi $ gcc practice09.c
pi@raspberrypi ~/xbeeCoord/examples_pi $ ./a.out
Serial port = USB0 (/dev/ttyUSB0,0xB0)

pi@raspberrypi ~/xbeeCoord/examples_pi $ ./a.out 0
argc=2, argv[0]=./a.out, argv[1]=0
Serial port = USB0 (/dev/ttyUSB0,0xB0)

pi@raspberrypi ~/xbeeCoord/examples_pi $ ./a.out -1
argc=2, argv[0]=./a.out, argv[1]=-1
Serial port = AMA0 (/dev/ttyAMA0,0xA0)
```

# 第4節　サンプル4　LEDをリモート制御する③さまざまなポートに出力

## SAMPLE 4

| LEDをリモート制御する③さまざまなポートに出力 | | |
|---|---|---|
| 練習用サンプル | 通信方式：XBee ZB | 開発環境：Raspberry Pi |

Raspberry Piのキーボードから入力した数字に応じた子機XBeeモジュールのGPIO(DIO)ポートを制御するサンプルです．xbee_gpo(dev,port,value)のようにポートと制御値を変数で指定します．

| 親機 | 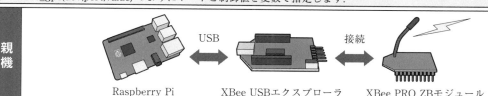 | | |
|---|---|---|---|
| | Raspberry Pi　　XBee USBエクスプローラ　　XBee PRO ZBモジュール | | |

| ファームウェア：ZIGBEE COORDINATOR API | | Coordinator | APIモード |
|---|---|---|---|
| 電源：USB 5V → 3.3V | シリアル：Raspberry Pi | スリープ(9)：　－ | RSSI(6)：(LED) |
| DIO1(19)：　－ | DIO2(18)：　－ | DIO3(17)：　－ | Commissioning(20)：(SW) |
| DIO4(11)：　－ | DIO11(7)：　－ | DIO12(4)：　－ | Associate(15)：(LED) |
| その他：XBee ZBモジュールでも動作します(ただし通信可能範囲は狭くなる)． | | | |

| 子機 | 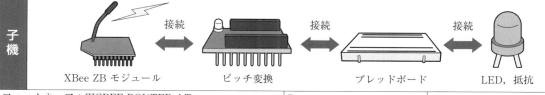 | | |
|---|---|---|---|
| | XBee ZBモジュール　　ピッチ変換　　ブレッドボード　　LED，抵抗 | | |

| ファームウェア：ZIGBEE ROUTER AT | | Router | Transparentモード |
|---|---|---|---|
| 電源：乾電池2本 3V | シリアル：　－ | スリープ(9)：　－ | RSSI(6)：(LED) |
| DIO1(19)：　－ | DIO2(18)：　－ | DIO3(17)：　－ | Commissioning(20)：SW |
| DIO4(11)：LED | DIO11(7)：(LED) | DIO12(4)：(LED) | Associate(15)：LED |
| その他：Digi International社の開発ボードXBIB-U-DEVでも動作します．(LEDの論理は反転します．) | | | |

必要なハードウェア
- Raspberry Pi 2 Model B(本体，ACアダプタ，周辺機器など)　1式
- 各社 XBee USBエクスプローラ　1個
- Digi International社 XBee PRO ZBモジュール　1個
- Digi International社 XBee ZBモジュール　1個
- XBee ピッチ変換基板　1式
- ブレッドボード　1個
- 高輝度LED 2〜5個，抵抗1kΩ 2〜5個，セラミック・コンデンサ0.1μF 1個，タクト・スイッチ1個，単3×2直列電池ボックス1個，単3電池2個，ブレッドボード・ワイヤ適量，USBケーブルなど

　XBeeには複数のGPIO(DIO)ポートがあります．本サンプルでは，Raspberry Piに接続した親機XBeeから，子機XBeeモジュールのGPIO(DIO)ポート番号を選択して出力します．GPIO(DIO)ポート番号の選択手段には，Raspberry Piのキーボードを利用します．

　ハードウェアの構成は**サンプル・プログラム3**と同じです．**サンプル・プログラム4**「example04_led_px.c」を使用します．

① キーボードから入力した文字列を保存するための文字列変数sを定義します．この文字列変数sはs[0]〜s[3]の4バイトの文字変数で構成されます．実際に入力可能な文字数は2文字までです．変数s[0]に1文字目，変数s[1]に2文字目，s[2]に改行コード，s[3]には文字列の終了を示すNull文字「\0」が代入されます．

## サンプル・プログラム4　example04_led_px.c

```
/****************************************************************************
LED をリモート制御する③さまざまなポートに出力
****************************************************************************/

#include "../libs/xbee.c"

// お手持ちの XBee モジュール子機の IEEE アドレスに変更する↓
byte dev[] = {0x00,0x13,0xA2,0x00,0x40,0x30,0xC1,0x6F};

int main(int argc,char **argv){
    byte com=0xB0;                              // シリアル(USB)，拡張 I/O コネクタの場合は 0xA0
    char s[4];          ←――――――――――①    // 入力用（3 文字まで）
    byte port;          ←――――――――――②    // リモート子機のポート番号
    byte value;         ←――――――――――③    // リモート子機への設定値

    if(argc==2) com += atoi(argv[1]);           // 引き数があれば変数 com に値を加算する
    xbee_init( com );                           // XBee 用 COM ポートの初期化
    xbee_atnj( 0xFF );                          // 親機 XBee を常にジョイン許可状態にする

    while(1){                                   // 繰り返し処理
        /* 子機のポート番号と制御値の入力 */
        printf("Port  =");                      // ポート番号入力のための表示
        fgets(s, 4, stdin);         ┐          // 標準入力から取得
        port = atoi( s );           ┘―④       // 入力文字を数字に変換して port に代入
        printf("Value =");                      // 値の入力のための表示
        fgets(s, 4, stdin);         ┐          // 標準入力から取得
        value = atoi( s );          ┘―⑤       // 入力文字を数字に変換して value に代入

        /* XBee 通信 */
        xbee_gpo(dev,port,value);   ←―⑥       // リモート子機ポート(port)に制御値(value)を設定
    }
}
```

② XBee 子機 GPIO の DIO ポート番号を代入するための変数を定義します．「byte」は 1 バイトの数値変数の型を示します．port は変数名です．

③ GPIO(DIO)ポート番号の設定値を代入する byte 型の変数です．

④ キーボードからポート番号を入力する処理部分です．C 言語プログラミング演習のプログラム 3-4 practice04.c で使用した fgets 命令と文字列を数値に変換する atoi 関数を使用します．キーボードから入力した 2 文字までの数値情報を，byte 型の数値変数 port に代入します．

⑤ 前記④と同じ命令を用いて GPIO ポートに設定する値 value をキーボードから入力する処理部です．

⑥ 子機 XBee ZB モジュールの GPIO(DIO)をリモート制御する xbee_gpo 命令を用い，ポート番号を変数 port，設定値を変数 value のそれぞれの値を子機へ送信します．

サンプル 4 のプログラムを起動する方法は，サンプル 2 や 3 と同様です．プログラム中の子機 XBee ZB モジュールの IEEE アドレスを変更し，LXTerminal を起動し，cqpub_pi フォルダ内でコンパイルしてから実行します．

起動するとポート番号の入力を促す「Port =」の表示が出ます．ここでは GPIO(DIO)ポート番号 4 の「4」

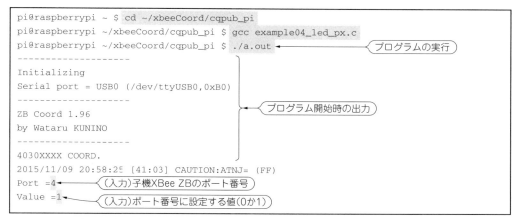

**図 7-3　サンプル・プログラム 4 の実行例**

**表 7-2　Digi International 社 XBIB-U-DEV（Rev 3, Rev 3A, SP）の LED 接続**

| XBIB-U-DEV リビジョン | | | XBee ZB の GPIO ポート（ピン番号） | ディジタル出力（value 値） | LED 状態 |
|---|---|---|---|---|---|
| Rev 3 | Rev 3A | SP | | | |
| LED1 | LED3 | DS2 | DIO12（4 番ピン） | L レベル（0） | ○点灯 |
| | | | | H レベル（1） | ×消灯 |
| LED2 | LED4 | DS3 | DIO11（7 番ピン） | L レベル（0） | ○点灯 |
| | | | | H レベル（1） | ×消灯 |
| LED3 | LED5 | DS4 | DIO 4（11 番ピン） | L レベル（0） | ○点灯 |
| | | | | H レベル（1） | ×消灯 |

を以下のように入力して改行（Enter）キーを押下します．

```
Port  =4
```

続いてディジタル出力値「Value =」の表示が出ます．子機 XBee ZB の LED を点灯させたい場合は「1」を，消灯させたい場合は「0」を入力して改行キーを押下します．

```
Value =1
```

　このプログラムの実行結果の一例を**図 7-3** に示します．指定可能な GPIO（DIO）ポートは 1〜4 と 11〜12 です．ディジタル出力値は 0 か 1 のどちらかを入力します．複数の LED と抵抗を準備して複数の GPIO ポートに接続して試すと理解が深まるでしょう．

　Digi International 社の開発ボード XBIB-U-DEV を子機に用いた場合，三つの LED を制御することができます．ただし，LED の論理は反転し，ディジタル出力値 0 のときに点灯し，1 で消灯します．**表 7-2** に開発ボード XBIB-U-DEV に搭載されている LED とポートの関係を示します．開発ボードのリビジョンによって LED 名が異なるので注意が必要です．

## Column…7-4　HレベルH出力時にLレベルが出力される理由と対策方法

　サンプル3では，1秒ごとにGPIO（DIO）ディジタル出力をHレベルとLレベルを繰り返してLEDを点滅させました．ところが，実際の動作タイミングはxbee_gpo(dev, 4, 1);でHレベルを設定したときにLEDが消灯し，xbee_gpo(dev, 4, 0);でLレベルを設定したときにLEDが点灯しています．もちろん論理が反転するようなバグが存在しているわけではありません．

　まずはサンプル3を動作させて親機XBeeのTXもしくはRXのLEDと子機XBeeのDIO4に接続したLEDを見比べてください．親機TX/RXのLEDの点滅と同時に子機LEDが点灯もしくは消灯しているように見えるはずです．そこで，whileの中を下記のように書き換えて点滅間隔を3秒にします．

```
xbee_gpo(dev, 4, 1);
delay( 3000 );
xbee_gpo(dev, 4, 0);
delay( 3000 );
```

　すると，親機TX/RXのLEDの点滅と子機LEDの点灯または消灯までに約1秒のずれが生じていることがわかります．つまり，プログラムでxbee_gpoを実行してからXBee ZBの子機がDIOを変更するまでに約1秒間の時間を要していたのです．また，元のサンプル3で親機TX/RXと子機LEDとが一致していたように見えたのは，たまたま点滅間隔も1秒であったからということもわかります．

　この現象は，トランジスタ技術2012年12月号のp.112～p.113にも説明されており，対策方法としてATCNコマンドを発行することが書かれています．ただし，この記事には少し補足説明が必要です．

　まず，ATCNコマンドは，親機からリモートATコマンドで子機へ送信する必要があります．また，本来のATCNコマンドは，AT/Transparentモードに切り替える命令です．設定した内容をすぐに実行するための命令としては，ATACコマンドが準備されているので，通常はATACコマンドを使用します．とはいえ，XBeeの仕様書には，ATACとATCNのどちらもが即実行する命令であると書かれているので，現在，ATCNを使っている方は，そのままATCNを使用しても良いでしょう．

　それではwhileの中を下記のように書き換えてみてください．親機TX/RXのLEDの点滅とほぼ同時に子機LEDが点滅するようになります．

```
xbee_gpo(dev, 4, 1);
xbee_rat(dev,"ATAC");
delay( 3000 );
xbee_gpo(dev, 4, 0);
xbee_rat(dev,"ATAC");
delay( 3000 );
```

　意外かもしれませんが，より良い方法は，同じxbee_gpoコマンドを2度，送ることです．通信パケットは消失したり順番が入れ替わったりします．同じ処理を2度行うのは下手そうに見えて効果的な方法です．

```
xbee_gpo(dev, 4, 1);
xbee_gpo(dev, 4, 1);
delay( 3000 );
xbee_gpo(dev, 4, 0);
xbee_gpo(dev, 4, 0);
delay( 3000 );
```

参考文献：トランジスタ技術2012年12月号
　　　　　CQ出版社

## 第5節　サンプル5　スイッチ状態をリモート取得する①同期取得

| SAMPLE 5 | スイッチ状態をリモート取得する①同期取得 | | |
|---|---|---|---|
| | 練習用サンプル | 通信方式：XBee ZB | 開発環境：Raspberry Pi |

Raspberry Piに接続した親XBeeから子機XBeeモジュールのGPIO（DIO）ポートの状態をリモート取得するサンプルです．ここではもっとも簡単な同期取得方法について説明します．

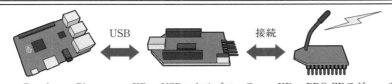

**親機**　Raspberry Pi ─ USB ─ XBee USBエクスプローラ ─ 接続 ─ XBee PRO ZBモジュール

| ファームウェア：ZIGBEE COORDINATOR API | | Coordinator | APIモード |
|---|---|---|---|
| 電源：USB 5V → 3.3V | シリアル：Raspberry Pi | スリープ(9)：－ | RSSI(6)：(LED) |
| DIO1(19)：－ | DIO2(18)：－ | DIO3(17)：－ | Commissioning(20)：(SW) |
| DIO4(11)：－ | DIO11(7)：－ | DIO12(4)：－ | Associate(15)：(LED) |
| その他：XBee ZBモジュールでも動作します（ただし通信可能範囲は狭くなる）． | | | |

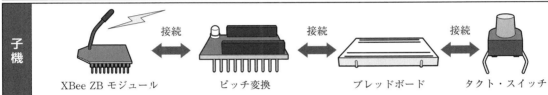

**子機**　XBee ZBモジュール ─ 接続 ─ ピッチ変換 ─ 接続 ─ ブレッドボード ─ 接続 ─ タクト・スイッチ

| ファームウェア：ZIGBEE ROUTER AT | | Router | Transparentモード |
|---|---|---|---|
| 電源：乾電池2本 3V | シリアル：－ | スリープ(9)：－ | RSSI(6)：(LED) |
| DIO1(19)：タクト・スイッチ | DIO2(18)：－ | DIO3(17)：－ | Commissioning(20)：SW |
| DIO4(11)：－ | DIO11(7)：－ | DIO12(4)：－ | Associate(15)：LED |
| その他：Digi International社の開発ボードXBIB-U-DEVでも動作します． | | | |

必要なハードウェア
- Raspberry Pi 2 Model B（本体，ACアダプタ，周辺機器など）　1式
- 各社 XBee USB エクスプローラ　1個
- Digi International 社 XBee PRO ZB モジュール　1個
- Digi International 社 XBee ZB モジュール　1個
- XBee ピッチ変換基板　1式
- ブレッドボード　1個
- タクト・スイッチ2個，高輝度LED 1個，抵抗1kΩ 1個，セラミック・コンデンサ0.1μF 1個　単3×2直列電池ボックス1個，単3電池2個，ブレッドボード・ワイヤ適量，USBケーブルなど

　サンプル・プログラム2～4では，GPIO（DIO）ポートへのディジタル出力の使い方の練習を行いました．以降のサンプル・プログラム5～7ではGPIOからのディジタル入力の練習を行います．

　ここではもっとも簡単なディジタル入力方法である「同期取得方法」について説明します．同期取得方法とは，Raspberry Piに接続した親機XBee ZBモジュールから，子機XBee ZBモジュールのGPIO入力のディジタル状態をリモート操作で取得する方法の一つです．親機でxbee_gpi命令を実行すると，親機は子機へ取得指示を送信し，応答を受信するまで待ち続けます．ただし，一定の時間が経過すると受信を断念します（タイムアウト）．

　親機のハードウェアはこれまでと同じです．子機のハードウェアは**写真7-3**および**図7-4**のようになります．ブレッドボードにタクト・スイッチを実装し，タ

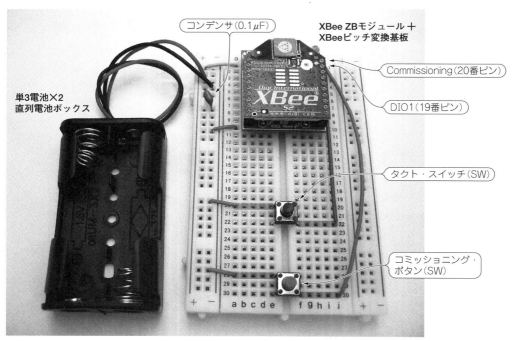

**写真7-3** タクト・スイッチを搭載した子機XBee搭載スイッチの製作例

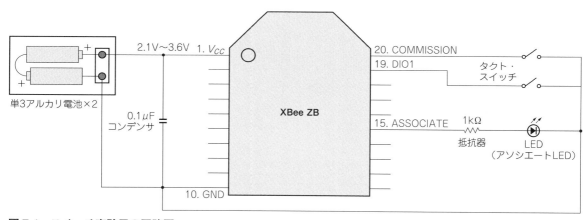

**図7-4** スイッチ実験用の回路図

クト・スイッチの対角にある二つの端子を使用します．右下の端子をXBee ZBのDIO1（19番ピン）に接続し，タクト・スイッチの左上の端子を電源「－」ラインに接続します．

もしくは，子機にDigi International社のXBee開発ボードXBIB-U-DEVを使用することもできます．ただし，開発ボードのリビジョンによって，タクト・スイッチの番号が異なります．**表7-3**の対応表のDIO1（19番ピン）に接続されているタクト・スイッチを使用します．

表 7-3　Digi International 社 XBIB-U-DEV(Rev 3, Rev 3A, SP)のスイッチ接続

| XBIB-U-DEV リビジョン | | | XBee ZB のポート<br>(ピン番号) | ディジタル出力<br>(value 値) | SW 状態 |
|---|---|---|---|---|---|
| Rev 3 | Rev 3A | SP | | | |
| SW2 | S4 | SW3 | DIO1(19 番ピン) | L レベル(0) | ○押下 |
| | | | | H レベル(1) | × 開放 |
| SW3 | S7 | SW4 | DIO2(18 番ピン) | L レベル(0) | ○押下 |
| | | | | H レベル(1) | × 開放 |
| SW4 | S5 | SW5 | DIO3(17 番ピン) | L レベル(0) | ○押下 |
| | | | | H レベル(1) | × 開放 |

### サンプル・プログラム 5　example05_sw_gpi.c

```
/*****************************************************************
スイッチ状態をリモート取得する①同期取得
*****************************************************************/

#include "../libs/xbee.c"

// お手持ちの XBee モジュール子機の IEEE アドレスに変更する↓
byte dev[] = {0x00,0x13,0xA2,0x00,0x40,0x30,0xC1,0x6F};

int main(int argc,char **argv){
    byte com=0xB0;                         // シリアル(USB),拡張 I/O コネクタの場合は 0xA0
    byte value;                            // リモート子機からの入力値

    if(argc==2) com += atoi(argv[1]);      // 引き数があれば変数 com に値を加算する
    xbee_init( com );                      // XBee 用 COM ポートの初期化
    xbee_atnj( 0xFF );                     // 親機 XBee を常にジョイン許可状態にする

    while(1){                              // 繰り返し処理
        /* XBee 通信 */
        value = xbee_gpi(dev,1);      ←①  // リモート子機のポート 1 からディジタル値を入力
        printf("Value =%d\n",value);       // 変数 value の値を表示する
        xbee_delay( 1000 );            ②  // 1000ms(1 秒間)の待ち
    }
}
```

次にサンプル・プログラム 5「example05_sw_gpi.c」の説明を行います.

①「xbee_gpi」は,親機から子機 XBee ZB モジュールの GPIO(DIO)のディジタル状態を取得する命令です.第 1 引き数の dev は子機 XBee ZB の IEEE アドレス,その次の第 2 引き数の 1 は子機 XBee ZB の GPIO(DIO)ポート番号 1 を指しています.

② printf 命令を使って,文字「Value =」に続いて変数 value の値を表示します.「%d」は整数を表示することを示し,「\n」は改行を表します.

サンプルの実行方法は,これまでと同様です.プログラム中の子機 XBee ZB の IEEE アドレスを変更し,Raspberry Pi の LXTerminal を起動し,cqpub_pi フォルダ内でコンパイルしてから実行します.図 7-5 に実行例を示します.「Value =」の値が約 1 秒ごとに表示されます.取得間隔が約 1 秒毎なので,「Value=0」を得るにはタクト・スイッチを 1 秒以上,押し続けます.

```
pi@raspberrypi ~ $ cd ~/xbeeCoord/cqpub_pi
pi@raspberrypi ~/xbeeCoord/cqpub_pi $ gcc example05_sw_gpi.c
pi@raspberrypi ~/xbeeCoord/cqpub_pi $ ./a.out     ←──( プログラムの実行 )
-------------------
Initializing
Serial port = USB0 (/dev/ttyUSB0,0xB0)
-------------------                                   ( プログラム開始時の出力 )
ZB Coord 1.96
by Wataru KUNINO
-------------------
11223344 COORD.
2015/11/09 20:58:25 [41:03] CAUTION:ATNJ= (FF)
Value =1
Value =1   ←──( タクト・スイッチが押されていない状態 )
Value =0
Value =0   ←──( タクト・スイッチが押されている状態 )
```

**図7-5 サンプル・プログラム5の実行例**

# 第6節 サンプル6 スイッチ状態をリモート取得する②変化通知

## SAMPLE 6

スイッチ状態をリモート取得する②変化通知
練習用サンプル　　通信方式：XBee ZB　　開発環境：Raspberry Pi

Raspberry Pi に接続した親機 XBee から子機 XBee モジュールの GPIO(DIO)ポートの状態をリモート受信するサンプルです．ここではスイッチが押されたときに XBee 子機が自動送信する変化通知を使用します．

| 親機 | | | |
|---|---|---|---|
| ファームウェア：ZIGBEE COORDINATOR API | | Coordinator | APIモード |
| 電源：USB 5V → 3.3V | シリアル：Raspberry Pi | スリープ(9)：　- | RSSI(6)：(LED) |
| DIO1(19)：　- | DIO2(18)：　- | DIO3(17)：　- | Commissioning(20)：(SW) |
| DIO4(11)：　- | DIO11(7)：　- | DIO12(4)：　- | Associate(15)：(LED) |
| その他：XBee ZB モジュールでも動作します(ただし通信可能範囲は狭くなる)． | | | |

| 子機 | | | |
|---|---|---|---|
| ファームウェア：ZIGBEE ROUTER AT | | Router | Transparent モード |
| 電源：乾電池2本 3V | シリアル：　- | スリープ(9)：　- | RSSI(6)：(LED) |
| DIO1(19)：タクト・スイッチ | DIO2(18)：(タクト・スイッチ) | DIO3(17)：(タクト・スイッチ) | Commissioning(20)：SW |
| DIO4(11)：　- | DIO11(7)：　- | DIO12(4)：　- | Associate(15)：LED |
| その他：Digi International 社の開発ボード XBIB-U-DEV でも動作します． | | | |

必要なハードウェア
- Raspberry Pi 2 Model B(本体，AC アダプタ，周辺機器など)　1式
- 各社 XBee USB エクスプローラ　1個
- Digi International 社 XBee PRO ZB モジュール　1個
- Digi International 社 XBee ZB モジュール　1個
- XBee ピッチ変換基板　1式
- ブレッドボード　1個
- タクト・スイッチ 2～4個，高輝度 LED 1個，抵抗 1kΩ 1個，セラミック・コンデンサ 0.1μF 1個　単3×2直列電池ボックス1個，単3電池2個，ブレッドボード・ワイヤ適量，USB ケーブルなど

サンプル・プログラム5では，親機 XBee ZB が子機 XBee ZB からデータを取得するためのコマンドを約1秒ごとに送信しました．このため子機 XBee ZB のタクト・スイッチを押してから親機が受信するまでに最大1秒の遅延が発生します．

今回の**サンプル・プログラム6**では，子機 XBee モジュールの GPIO(DIO)ポートの状態が変化したときに，子機 XBee モジュールの GPIO ポートの入力状態(I/O データ)を自動的に親機 XBee へ送信して通知します．

ボタンを押したり離したりする瞬間にデータを送信するので，ボタンが押されたことを即座に親機 XBee ZB に伝えることができるようになります．また，玄関の呼鈴などのようにボタンを頻繁に押さないような場合に，通信の頻度を下げることもできます．

ハードウェアの構成は**サンプル・プログラム5**と同

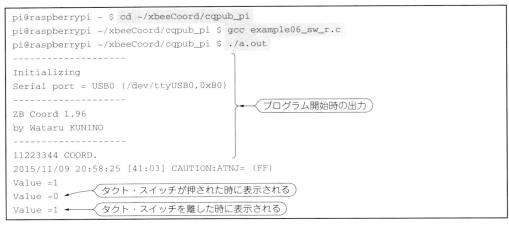

図7-6 サンプル・プログラム6の実行例

じです．サンプルの実行方法もこれまでと同様です．**サンプル・プログラム6**「example06_sw_r.c」中の子機XBee ZBのIEEEアドレスを変更し，LXTerminalを起動し，cqpub_piフォルダ内でコンパイルしてから実行します．**図7-6**に実行例を示します．

今回のプログラムでは，XBee ZBモジュールが受信した結果を得るための構造体変数と呼ばれるデータの集合体を用います．例えば，受信パケットの種類や送信者のIEEEアドレス，GPIOデータ（DIOの取得データ）等を一つの構造体変数xbee_resultに集約することができます．

それでは**サンプル・プログラム6**「example06_sw_r.c」の説明を行います．

① 「XBEE_RESULT xbee_result」は，子機XBee等からの受信データを保存する構造体変数xbee_resultの定義文です．大文字のXBEE_RESULTはXBeeの受信データ専用の型です．XBee ZBモジュールが受信したさまざまなデータを一つの変数xbee_resultに集約することができます．ここはXBee管理ライブラリを使うときのおまじないと解釈しても良いでしょう．

② 「xbee_gpio_init」は子機XBee ZBのGPIO（DIO）ポートの初期化を行いつつ，GPIO（DIO）ポート1～3をディジタル入力に設定し，これらのポートに自動変化通知を設定する命令です．本コマンドの実行後，子機XBee ZBのポート1～3の状態に変化があると，子機XBee ZBから親機XBee ZBへ自動で変化通知を送信するようになります．括弧内の引き数は子機のIEEEアドレスです．

③ 「xbee_rx_call」は，親機XBee ZBモジュールが受信した結果を構造体変数に代入する命令です．この命令を実行すると，受信データを確認し，受信があった場合は構造体変数xbee_resultに受信データを代入します．受信したデータの種別はxbee_result.MODEに代入されます．また，GPIO（DIO）ポートの変化通知を受けた場合は，xbee_result.GPI.PORT.D1～D3に値が代入されます．

④ 条件文「if」命令は，「（」と「）」の条件が一致した場合に，続く「{」と「}」で囲まれた処理を行います．「==」は左辺と右辺が等しいかどうかを比較する演算子です．xbee_result.MODEは受信したデータ種別です．また，MODE_GPINはデータ種別が状態変化通知であることを意味します．したがって，ここではデータ種別が状態変化通知だった場合に，続く次の行を実行します．

⑤ 子機XBee ZBのGPIO（DIO）ポート1の受信結果「xbee_result.GPI.PORT.D1」をvalueに代入します．

## サンプル・プログラム6　example06_sw_r.c

```c
/*******************************************************************************
スイッチ状態をリモート取得する②変化通知
*******************************************************************************/

#include "../libs/xbee.c"

// お持ちのXBeeモジュール子機のIEEEアドレスに変更する↓
byte dev[] = {0x00,0x13,0xA2,0x00,0x40,0x30,0xC1,0x6F};

int main(int argc,char **argv){

    byte com=0xB0;                              // 拡張I/Oコネクタの場合は0xA0
    byte value;                                 // 受信値
    XBEE_RESULT xbee_result;         ←――――――①    // 受信データ(詳細)

    if(argc==2) com += atoi(argv[1]);           // 引き数があれば変数comに値を加算する
    xbee_init( com );                           // XBee用COMポートの初期化
    xbee_atnj( 0xFF );                          // 親機XBeeを常にジョイン許可状態にする
    xbee_gpio_init( dev );           ←――――――②    // 子機のDIOにI/O設定を行う(送信)

    while(1){
        /* データ受信（待ち受けて受信する） */    ④
        xbee_rx_call( &xbee_result );    ←―③  // データを受信
        if( xbee_result.MODE == MODE_GPIN){    // 子機XBeeからのDIO入力のとき(条件文)
            value = xbee_result.GPI.PORT.D1;   // D1ポートの値を変数valueに代入
            printf("Value =%d\n",value);       // 変数valueの値を表示
        }                                ⑤
    }
}
```

　本サンプル・プログラム6での構造体変数xbee_resultの使い方について説明します．プログラム中の①と③では構造体変数の定義と受信結果の呼び出しを行います．xbee_rx_callを使用するときに，このように記述すれば問題ありません．

　受信結果には複数の情報が複合されています．それらのすべてが構造体変数xbee_resultに集約して代入されます．その要素（メンバ）を参照するには，変数名xbee_resultにピリオド「.」とMODEのような要素名を続けて「xbee_result.MODE」のように記述します．すると，この「xbee_result.MODE」を一つの変数のように扱うことができるようになります．

　同様にGPIO(DIO)ポート1の入力値を「xbee_result.GPI.PORT.D1」という一つの変数として扱うこ

とができます．さらにGPIO(DIO)ポート2だと「xbee_result.GPI.PORT.D2」になるのだろうと想像がつくと思います．他にも送信元のアドレスの「xbee_result.FROM」などさまざまな受信情報が一つの構造体変数に集約されています．

　もし，さらにタクト・スイッチ2個を保有しているようであれば，GPIO(DIO)ポート2(18番ピン)とGPIO(DIO)ポート3(17番ピン)にもタクト・スイッチを追加して，それぞれの値を得るプログラムに改造してみましょう．xbee_result.GPI.PORT.D2とxbee_result.GPI.PORT.D3を使えばポート2と3のそれぞれの値を得ることができます．

　さらに少し難しくなりますが，xbee_result.GPI.BYTE[0]を用いればポート0～7の値を1バイト8

ビットのデータとして得ることもできます．ビット演算に慣れている方であれば，プログラムを短く記述できるでしょう．

---

**(練習の解答例)**

プログラムの⑤の部分を以下のように変更する

```
value = xbee_result.GPI.PORT.D1;
printf("Value(1) =%d\n",value);
value = xbee_result.GPI.PORT.D2;
printf("Value(2) =%d\n",value);
value = xbee_result.GPI.PORT.D3;
printf("Value(3) =%d\n",value);
value = xbee_result.GPI.BYTE[0];
printf("Value = 0x%02X\n",value);
```

# 第7節　サンプル7　スイッチ状態をリモート取得する③取得指示

**SAMPLE 7**　スイッチ状態をリモート取得する③取得指示

| 練習用サンプル | 通信方式：XBee ZB | 開発環境：Raspberry Pi |
|---|---|---|

Raspberry Pi に接続した親機 XBee から子機 XBee モジュールの GPIO（DIO）ポートの状態をリモート取得するサンプルです．スイッチ状態を取得する指示を一定の周期で送信し，その応答を待ち受けます．

## 親機

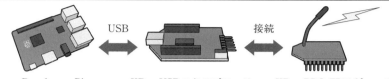

Raspberry Pi ── USB ── XBee USBエクスプローラ ── 接続 ── XBee PRO ZBモジュール

| ファームウェア：ZIGBEE COORDINATOR API | | Coordinator | | APIモード | |
|---|---|---|---|---|---|
| 電源：USB 5V → 3.3V | シリアル：Raspberry Pi | スリープ(9)： | − | RSSI(6)： | (LED) |
| DIO1(19)： | − | DIO2(18)： | − | DIO3(17)： | − | Commissioning(20)： | (SW) |
| DIO4(11)： | − | DIO11(7)： | − | DIO12(4)： | − | Associate(15)： | (LED) |
| その他：XBee ZB モジュールでも動作します（ただし通信可能範囲は狭くなる）． |||||||

## 子機

   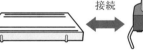

XBee ZB モジュール ── 接続 ── ピッチ変換 ── 接続 ── ブレッドボード ── 接続 ── タクト・スイッチ

| ファームウェア：ZIGBEE ROUTER AT | | Router | | Transparent モード | |
|---|---|---|---|---|---|
| 電源：乾電池2本 3V | シリアル： − | スリープ(9)： | − | RSSI(6)： | (LED) |
| DIO1(19)：タクト・スイッチ | DIO2(18)：(タクト・スイッチ) | DIO3(17)：(タクト・スイッチ) | | Commissioning(20)：SW |
| DIO4(11)： − | DIO11(7)： − | DIO12(4)： − | | Associate(15)：LED |
| その他：Digi International 社の開発ボード XBIB-U-DEV でも動作します． |||||

**必要なハードウェア**
- Raspberry Pi 2 Model B（本体，AC アダプタ，周辺機器など）　1式
- 各社 XBee USB エクスプローラ　1個
- Digi International 社 XBee PRO ZB モジュール　1個
- Digi International 社 XBee ZB モジュール　1個
- XBee ピッチ変換基板　1式
- ブレッドボード　1個
- タクト・スイッチ 2～4個，高輝度 LED 1個，抵抗 1kΩ 1個，セラミック・コンデンサ 0.1μF 1個 単3×2直列電池ボックス 1個，単3電池 2個，ブレッドボード・ワイヤ適量，USB ケーブルなど

---

前節の**サンプル・プログラム6**では，子機 XBee ZB モジュールが自動的に送信して親機に通知する方法について説明しました．通信の頻度の少ない呼鈴ボタンや防犯センサのようなアプリケーションに応用することができるでしょう．

また，その前の**サンプル・プログラム5**では，取得指示と取得動作を一つの xbee_gpi コマンドで同期取得する方法を紹介しました．ロガーのように一定間隔でデータを収集するアプリケーションに応用することができます．しかし，子機 XBee ZB がスリープ状態の場合や，複数の ZigBee Router を経由した場合は，応答を得るまでにタイムアウトしてしまうことがあります．

そこで，**サンプル・プログラム7**では一定の周期で取得指示を送信し，その応答を常に待ち受けた状態にして受信する方法について説明します．センサ・

表7-4 スイッチ状態を取得する3種類のサンプルの違い

| サンプル | コマンドHレベル(1) | | 特　長 |
| --- | --- | --- | --- |
| | 取得指示 | データ受信 | |
| Example 5 同期取得 | xbee_gpi | | 一つのコマンドでスイッチ状態を取得．簡易ロガー用． |
| Example 6 変化通知 | なし | xbee_rx_call | スイッチの変化を子機が自発的に送信．リアルタイム通知用． |
| Example 7 取得指示 | xbee_force | xbee_rx_call | 取得指示と受信を異なる命令で実施．本格的なロガー用． |

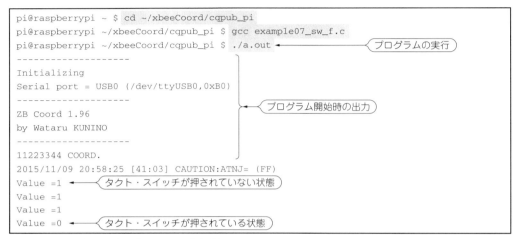

図7-7 サンプル・プログラム7の実行例

ネットワークでスイッチなどの状態の取得する際は，本サンプルの方法を用います．

ハードウェアの構成は**サンプル・プログラム5やサンプル・プログラム6**と同じです．サンプルの実行方法もこれまでと同様です．プログラム「example07_sw_f.c」中の子機XBee ZBのIEEEアドレスを変更し，LXTerminalを起動し，cqpub_piフォルダでプログラムをコンパイルしてから実行します．図7-7に実行例を示します．「Value =」が約1秒ごとに表示されます．

それでは**サンプル・プログラム6**「example07_sw_f.c」の説明を行います．

① 子機XBee ZBに取得指示を送信する間隔を指定します．

② 「xbee_gpio_config」は，子機XBeeのGPIO(DIO)ポートの設定を行う命令です．第1引き数は子機XBeeのIEEEアドレス，第2引き数はポート番号，第3引き数のDINはディジタル入力を示します．

③ 変数trigが0のときに「{」「}」で囲まれた部分を実行します．

④ 「xbee_force」は子機XBee ZBに取得指示を送信する命令です．

⑤ 変数trigに1000(約1秒)をセットします．

⑥ 「trig--」は変数trigの値を1だけ減算する処理を行います．⑤でtrigが1000になるので，1000回の「trig--」の処理でtrigの値が0になります．0になると，②の条件に合致し，④の取得指示送信と⑤trig値を1000に戻す処理を行います．

⑦ 子機からの応答を待ち受けるための受信処理です．受信データは構造体変数xbee_resultに代入されます．

⑧ xbee_forceからの応答(I/Oデータ)を受信するとxbee_result.MODEに「MODE_RESP」が代入されます．この条件に一致したときに続く「{」と「}」で囲まれた処理を行います．

サンプル・プログラム 7　example07_sw_f.c

```c
/*******************************************************************************
スイッチ状態をリモート取得する③取得指示
*******************************************************************************/

#include "../libs/xbee.c"
#define FORCE_INTERVAL   1000               ①    // データ要求間隔(およそ ms 単位)

// お手持ちの XBee モジュール子機の IEEE アドレスに変更する↓
byte dev[] = {0x00,0x13,0xA2,0x00,0x40,0x30,0xC1,0x6F};

int main(int argc,char **argv){

    byte com=0xB0;                          // 拡張 I/O コネクタの場合は 0xA0
    byte value;                             // 受信値
    int trig=0;                             // 子機へデータ要求するタイミング調整用
    XBEE_RESULT xbee_result;                // 受信データ(詳細)

    if(argc==2) com += atoi(argv[1]);       // 引き数があれば変数 com に値を加算する
    xbee_init( com );                       // XBee 用 COM ポートの初期化
    xbee_atnj( 0xFF );                      // 親機 XBee を常にジョイン許可状態にする
    xbee_gpio_config(dev,1,DIN);    ②      // 子機 XBee のポート 1 をディジタル入力に

    while(1){
        /* データ送信 */
        if( trig == 0){          ③
            xbee_force( dev );   ④          // 子機へデータ要求を送信
            trig = FORCE_INTERVAL;  ⑤
        }
        trig--;                  ⑥

        /* データ受信 ( 待ち受けて受信する ) */
        xbee_rx_call( &xbee_result );   ⑦   // データを受信
        if( xbee_result.MODE == MODE_RESP){  // xbee_force に対する応答のとき
            value = xbee_result.GPI.PORT.D1; ⑧ // D1 ポートの値を変数 value に代入
            printf("Value =%d\n",value);    // 変数 value の値を表示
        }
    }
}
```

# 第8節 サンプル8 アナログ電圧をリモート取得する①同期取得

## SAMPLE 8

| アナログ電圧をリモート取得する①同期取得 | | |
|---|---|---|
| 練習用サンプル | 通信方式：XBee ZB | 開発環境：Raspberry Pi |

Raspberry Piに接続した親機XBeeから子機XBeeモジュールのアナログ入力ポート（ADポート）の状態をリモート取得します．アナログのセンサの値を読み取るもっとも基本的なサンプルです．

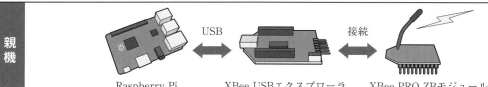

親機：Raspberry Pi ― USB ― XBee USBエクスプローラ ― 接続 ― XBee PRO ZBモジュール

| ファームウェア：ZIGBEE COORDINATOR API | | Coordinator | APIモード |
|---|---|---|---|
| 電源：USB 5V → 3.3V | シリアル：Raspberry Pi | スリープ(9)：－ | RSSI(6)：(LED) |
| DIO1(19)：－ | DIO2(18)：－ | DIO3(17)：－ | Commissioning(20)：(SW) |
| DIO4(11)：－ | DIO11(7)：－ | DIO12(4)：－ | Associate(15)：(LED) |
| その他：XBee ZBモジュールでも動作します（ただし通信可能範囲は狭くなる）． | | | |

子機：XBee ZBモジュール ― 接続 ― ピッチ変換 ― 接続 ― ブレッドボード ― 接続 ― 可変抵抗器

| ファームウェア：ZIGBEE ROUTER AT | | Router | Transparentモード |
|---|---|---|---|
| 電源：乾電池2本 3V | シリアル：－ | スリープ(9)：－ | RSSI(6)：(LED) |
| AD1(19)：可変抵抗器 | DIO2(18)：－ | DIO3(17)：－ | Commissioning(20)：SW |
| DIO4(11)：－ | DIO11(7)：－ | DIO12(4)：－ | Associate(15)：LED |
| その他：可変抵抗器の出力は0～1.2Vの範囲になるように設定します． | | | |

必要なハードウェア
- Raspberry Pi 2 Model B（本体，ACアダプタ，周辺機器など） 1式
- 各社 XBee USBエクスプローラ 1個
- Digi International社 XBee PRO ZBモジュール 1個
- Digi International社 XBee ZBモジュール 1個
- XBee ピッチ変換基板 1式
- ブレッドボード 1個
- 可変抵抗器 10kΩ
- 抵抗22kΩ 1個，高輝度LED 1個，抵抗1kΩ 1個，コンデンサ0.1μF 1個，タクト・スイッチ1個 単3×2直列電池ボックス1個，単3電池2個，ブレッドボード・ワイヤ適量，USBケーブルなど

Raspberry Piに接続した親機XBeeから，子機XBeeモジュールのADポートのアナログ値をリモート取得するサンプルです．ここではもっとも簡単なアナログ値の同期取得方法について説明します．

同期取得方法とは，一つの命令xbee_adcで取得指示と応答の待ち受けを行って，アナログ値をリモート取得する方法です．Raspberry Piに接続した親機XBee ZBでxbee_adcを実行すると，親機は子機XBee ZBモジュールのADポートのアナログ電圧値をリモート取得します．

ハードウェアの製作例を**写真7-4**と回路**図7-8**に示します．半固定ボリュームと呼ばれる安価な可変抵抗器をブレッドボードの中央付近に実装しました．部品には三つの端子があり，片側に2端子が隣接するほう

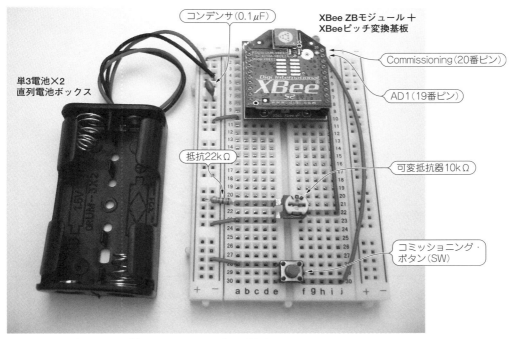

**写真 7-4　可変抵抗器を搭載した XBee 子機の製作例**

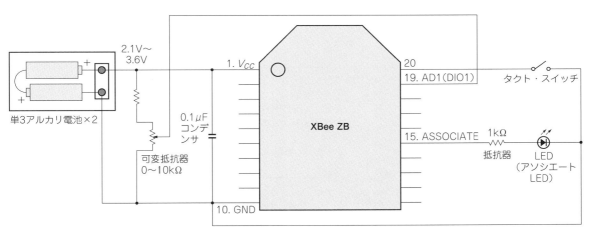

**図 7-8　アナログ実験用の回路図**

(写真の左側)に電圧をかけて，単独の端子が中央にあるほう(写真の右側)から電圧を取り出します．取り出した可変電圧は，XBee ZB モジュールの 19 番ピンの AD1 ポートに入力します．

サンプル 5～7 ではこの 19 番ピンをディジタル入力用 DIO1 ポートとして使用しましたが**サンプル 8** では，同じ端子をアナログ入力の AD1 ポートとして使用します．DIO2 と DIO3 ポートを，それぞれ AD2，AD3 ポートとして使用することもできます．

**サンプル・プログラム 8**「example08_adc.c」を用い

```
pi@raspberrypi ~ $ cd ~/xbeeCoord/cqpub_pi
pi@raspberrypi ~/xbeeCoord/cqpub_pi $ gcc example08_adc.c
pi@raspberrypi ~/xbeeCoord/cqpub_pi $ ./a.out      ← プログラムの実行
Serial port = USB0 (/dev/ttyUSB0,0xB0)
--------------------
ZB Coord 1.96
by Wataru KUNINO                    ← プログラム開始時の出力
--------------------
40550000 COORD.

Value =737   ← アナログ電圧に比例した値が得られる
Value =728
Value =721
Value =729
```

**図7-9　サンプル・プログラム8の実行例**

**サンプル・プログラム8　example08_adc.c**

```c
/*******************************************************************************
アナログ電圧をリモート取得する①同期取得
*******************************************************************************/

#include "../libs/xbee.c"

// お手持ちのXBeeモジュール子機のIEEEアドレスに変更する↓
byte dev[] = {0x00,0x13,0xA2,0x00,0x40,0x30,0xC1,0x6F};

int main(int argc,char **argv){
    byte com=0xB0;                      // シリアル(USB)，拡張 I/O コネクタの場合は 0xA0
    unsigned int   value;       ←①    // リモート子機からの入力値

    if(argc==2) com += atoi(argv[1]);   // 引き数があれば変数 com に値を加算する
    xbee_init( com );                   // XBee用COMポートの初期化
    xbee_atnj( 0xFF );                  // 親機XBeeを常にジョイン許可状態にする

    while(1){                           // 繰り返し処理
        /* XBee 通信 */
        value = xbee_adc(dev,1);   ←②  // リモート子機のポート1からアナログ値を入力
        printf("Value =%d\n",value);    // 変数 value の値を表示する
        delay( 1000 );                  // 1000ms(1秒間)の待ち
    }                              ←③
}
```

ます．プログラム中の子機XBee ZBのIEEEアドレスを使用する子機に合わせて書き換え，LXTerminalを起動し，cqpub_piフォルダ内でコンパイルし，プログラムを実行します．**図7-9**に実行例を示します．「Value =」に続いてアナログAD1ポートの入力値が約1秒ごとに表示されます．

AD1ポートの値は0～1023の1024段階です．値が1023のとき約1.2Vを示し，得られた値に1200/1023を乗算すると電圧[mV]が得られます．この基準となる電圧1.2Vは，電源電圧が下がっても，ほとん

ど変わりません．

それでは**サンプル・プログラム 8**「example08_adc.c」の要点を説明します．

① 子機 XBee ZB から取得したデータを格納する変数 value を定義します．アナコグ・ポートのデータの型は，符号なし整数の「unsigned int」型となります．

②「xbee_adc」は，子機 XBee ZB モジュールのアナログ・ポートからアナログ値のデータを取得する命令です．第1引き数の dev は，子機 ZBee ZB の IEEE アドレスです．第2引き数は，アナログ・ポートの番号です．子機からリモート取得して得られた値を変数 value に代入します．

③ 変数 value の値を表示します．

## Column…7-5　アナログ入力時の注意点①電圧範囲と乾電池の電圧

XBee ZB のアナログ入力は，0V～1.2V の範囲にする必要があります．ここでは，電圧を分圧するための 22kΩ の抵抗を電源「＋」ラインと可変抵抗器との間に挿入することで，0V～最大 1V 程度までを入力できるように配慮しました．

また，購入したばかり乾電池の電圧は 1.6V 以上あります．新品のアルカリ乾電池を直列 2 個で使用すると，およそ 3.3V～3.6V くらいになります．使用していると電圧が下がってゆき，2.1V くらいで XBee ZB モジュールの動作が停止します．

したがって，このように乾電池 2 本の電源を使ったアナログ回路を設計する場合は，電源電圧が 2.1V～3.6V の間で変動することを考慮しつつ，XBee ZB のアナログ入力が 0～1.2V になるように考慮する必要があります．

## Column…7-6　アナログ入力時の注意点②インピーダンス

XBee ZB モジュールのアナログ入力は，A-D 変換器で実現します．A-D 変換器に抵抗などで分圧した電圧を入力すると変換値が不安定になることがあります．このような場合を考慮し，一般的には OP アンプによるボルテージ・フォロワ回路やエミッタ・フォロワ回路などを挿入します．回路を追加したくない場合は，分圧する抵抗値を下げたり，XBee の入力端子にコンデンサを追加したり，複数回の読み取りを行って異常値を排除するなどの方法で対策します．

本書のサンプルでは実験を目的として動作する程度の考慮に止めています．しかし，さまざまな電圧や温度などの環境下で確実な安定動作が必要な場合や，製品向けなどの場合は十分に留意する必要があります．

一般的にアナログ回路の設計には多くのノウハウを必要とします．とはいっても，ほとんどのアナログ回路が XBee ZB モジュールや本モジュール内の ZigBee SOC（システム・オン・チップ）EM250 の中に集積化されており，アナログの回路の設計部分はわずかです．

## 第9節 サンプル9 アナログ電圧をリモート取得する②取得指示

**SAMPLE 9**

| アナログ電圧をリモート取得する②取得指示 | | | |
|---|---|---|---|
| 練習用サンプル | | 通信方式：XBee ZB | 開発環境：Raspberry Pi |

Raspberry Piに接続した親機XBeeから子機XBeeモジュールのアナログ入力ポート（ADポート）の状態をリモート取得します．取得する指示を一定の周期で送信し，その応答を待ち受けます．

**親機**: Raspberry Pi ― USB ― XBee USBエクスプローラ ― 接続 ― XBee PRO ZBモジュール

| ファームウェア：ZIGBEE COORDINATOR API | | Coordinator | APIモード |
|---|---|---|---|
| 電源：USB 5V → 3.3V | シリアル：Raspberry Pi | スリープ(9)： － | RSSI(6)：(LED) |
| DIO1(19)： － | DIO2(18)： － | DIO3(17)： － | Commissioning(20)：(SW) |
| DIO4(11)： － | DIO11(7)： － | DIO12(4)： － | Associate(15)：(LED) |
| その他：XBee ZBモジュールでも動作します（ただし通信可能範囲は狭くなる）． | | | |

**子機**: XBee ZBモジュール ― 接続 ― ピッチ変換 ― 接続 ― ブレッドボード ― 接続 ― 可変抵抗器

| ファームウェア：ZIGBEE ROUTER AT | | Router | Transparentモード |
|---|---|---|---|
| 電源：乾電池2本 3V | シリアル： － | スリープ(9)： － | RSSI(6)：(LED) |
| AD1(19)：可変抵抗器 | DIO2(18)： － | DIO3(17)： － | Commissioning(20)：SW |
| DIO4(11)： － | DIO11(7)： － | DIO12(4)： － | Associate(15)：LED |
| その他：可変抵抗器の出力は0～1.2Vの範囲になるように設定します． | | | |

必要なハードウェア
- Raspberry Pi 2 Model B（本体，ACアダプタ，周辺機器など）　1式
- 各社 XBee USBエクスプローラ　1個
- Digi International社 XBee PRO ZBモジュール　1個
- Digi International社 XBee ZBモジュール　1個
- XBee ピッチ変換基板　1式
- ブレッドボード　1個
- 可変抵抗器 10kΩ　1個
- 抵抗22kΩ1個，高輝度LED1個，抵抗1kΩ1個，コンデンサ0.1μF1個，タクト・スイッチ1個
 単3×2直列電池ボックス1個，単3電池2個，ブレッドボード・ワイヤ適量，USBケーブルなど

　サンプル・プログラム8では取得指示と取得動作を一つのコマンドで行いましたが，応答に時間がかかった場合にタイムアウトしてしまいます．そこでサンプル・プログラム9では，取得指示と取得動作を，それぞれ別々の異なるコマンドで行う方法について説明します．一般的なアナログ値のデータ取得には本節の方法を使います．

　ハードウェアの構成はサンプル・プログラム8と同じです．サンプルの実行方法もこれまでと同様です．サンプル・プログラム9「example09_adc_f.c」中のIEEEアドレスを変更し，Raspberry PiのLXTerminalを起動し，cqpub_piフォルダ内でコンパイルしてから実行します．

　動作のようすはサンプル・プログラム8に似てい

### サンプル・プログラム9　example09_adc_f.c

```
/*****************************************************************************
アナログ電圧をリモート取得する①同期取得
*****************************************************************************/

#include "../libs/xbee.c"
#define FORCE_INTERVAL  1000                    // データ要求間隔(およそms単位)

// お持ちのXBeeモジュール子機のIEEEアドレスに変更する↓
byte dev[] = {0x00,0x13,0xA2,0x00,0x40,0x30,0xC1,0x6F};

int main(int argc,char **argv){
    byte com=0xB0;                              // 拡張I/Oコネクタの場合は0xA0
    unsigned int value;                         // リモート子機からの入力値
    int trig =0;                                // 子機へデータ要求するタイミング調整用
    XBEE_RESULT xbee_result;                    // 受信データ(詳細)

    if(argc==2) com += atoi(argv[1]);           // 引き数があれば変数comに値を加算する
    xbee_init( com );                           // XBee用COMポートの初期化
    xbee_atnj( 0xFF );                          // 親機XBeeを常にジョイン許可状態にする
    xbee_gpio_config(dev,1,AIN);     ←―――――①  // 子機XBeeのポート1をアナログ入力に

    while(1){                                   // 繰り返し処理
        /* データ送信 */
        if( trig == 0){
            xbee_force( dev );       ←―――――②  // 子機へデータ要求を送信
            trig = FORCE_INTERVAL;
        }
        trig--;

        /* データ受信(待ち受けて受信する) */
        xbee_rx_call( &xbee_result );←―――――③  // データを受信
        if( xbee_result.MODE == MODE_RESP){     // xbee_forceに対する応答のとき
            value = xbee_result.ADCIN[1];←――④  // AD1ポートの値を変数valueに代入
            printf("Value =%d\n",value);        // 変数valueの値を表示
        }
    }
}
```

ますが，プログラムの構成は**サンプル・プログラム7**に似ています．ここでもxbee_force命令を使用して子機XBee ZBに取得指示を送信し，xbee_rx_call命令で結果を受信します．以下は**サンプル・プログラム9**「example09_adc_f.c」の主要部の説明です．

① 「xbee_gpio_config」を使用して，子機XBeeモジュールのGPIOポートをアナログ入力(ADポート)に設定します．第1引き数のdevは子機XBeeのIEEEアドレス，第2引き数はポート番号，「AIN」はアナログ入力を示します．

② 「xbee_force」を使用して，子機XBee ZBモジュールに取得指示を送信します．

③ 「xbee_rx_call」を使用して，子機からの受信データを構造体変数xbee_resultに代入します．

④ 「xbee_result.ADCIN[1]」には，子機のAD1ポートのアナログ入力値が代入されています．この変数の値を変数valueに代入します．xbee_result.ADCIN[1]のまま使用することもできますが，今

後，目的に合った変数名に変更して使用することを想定しています．

構造体変数 xbee_result の ADCIN の「[」と「]」で囲まれた数字は，アナログ・ポート番号です．AD1 ポートのアナログ入力値は xbee_result.ADCIN[1] に，AD2 ポートは xbee_result.ADCIN[2]，AD3 ポートは xbee_result.ADCIN[3] に代入されます．アナログ入力に設定されていないポートの変数には 65535 が代入されます．

### Column…7-7 アナログ値とディジタル値の両方をxbee_forceで取得する

取得指示「xbee_force」には，ディジタルやアナログの指定がありません．つまり，同じコマンドで両方を取得することが可能です．

この xbee_force 命令を実行すると，親機 XBee ZB モジュールから子機 XBee ZB モジュールにリモート AT コマンドの「ATIS」を送信します．受け取った子機は有効なすべてのポートの情報を親機に応答します．

したがって，xbee_gpio_config を使って，ディジタル入力ポートを DIN，アナログ入力ポートを AIN に設定しておけば，設定に応じた結果を取得することができます．取得結果は，一つの構造体変数 xbee_result に集約されています．ディジタルであれば「xbee_result.GPI」を，アナログであれば「xbee_result.ADCIN」を使用することで，それぞれを取り出すことができます(表 7-5)．

表7-5 取得したディジタル値とアナログ値の変数名

| 変数名 | 種別 | XBee ポート | 備考 |
|---|---|---|---|
| xbee_result.GPI.PORT.D1 | ディジタル | DIO1(19番ピン) | XBee の各ディジタル入力ポートのディジタル値(0〜1)が代入される |
| xbee_result.GPI.PORT.D2 | ディジタル | DIO2(18番ピン) | |
| xbee_result.GPI.PORT.D3 | ディジタル | DIO3(17番ピン) | |
| xbee_result.GPI.PORT.D4 | ディジタル | DIO4(11番ピン) | |
| xbee_result.GPI.PORT.D11 | ディジタル | DIO11(7番ピン) | |
| xbee_result.GPI.PORT.D12 | ディジタル | DIO12(4番ピン) | |
| xbee_result.GPI.BYTE[0] | ディジタル | DIO7〜DIO0 | 複数のポートの値がバイト単位で代入される |
| xbee_result.GPI.BYTE[1] | ディジタル | DIO15〜DIO8 | |
| xbee_result.ADCIN[1] | アナログ | AD1(19番ピン) | 各アナログ入力ポートの電圧に応じた数値(0〜1023)が代入される |
| xbee_result.ADCIN[2] | アナログ | AD2(18番ピン) | |
| xbee_result.ADCIN[3] | アナログ | AD3(17番ピン) | |

# 第10節 サンプル10 子機XBeeのバッテリ電圧をリモートで取得する

**SAMPLE 10**

| 子機XBeeのバッテリ電圧をリモートで取得する | | |
|---|---|---|
| 練習用サンプル | 通信方式：XBee ZB | 開発環境：Raspberry Pi |

Raspberry Piに接続した親機XBeeから子機XBeeモジュールのバッテリ電圧をリモートで取得します．バッテリ電圧の取得指示を一定の周期で送信し，その応答を待ち受けます．

<table>
<tr><td rowspan="5">親機</td><td colspan="4"><br>Raspberry Pi　　XBee USBエクスプローラ　　XBee PRO ZBモジュール</td></tr>
<tr><td colspan="2">ファームウェア：ZIGBEE COORDINATOR API</td><td>Coordinator</td><td>APIモード</td></tr>
<tr><td>電源：USB 5V → 3.3V</td><td>シリアル：Raspberry Pi</td><td>スリープ(9)：　－</td><td>RSSI(6)：(LED)</td></tr>
<tr><td>DIO1(19)：　－</td><td>DIO2(18)：　－</td><td>DIO3(17)：　－</td><td>Commissioning(20)：(SW)</td></tr>
<tr><td>DIO4(11)：　－</td><td>DIO11(7)：　－</td><td>DIO12(4)：　－</td><td>Associate(15)：(LED)</td></tr>
<tr><td></td><td colspan="4">その他：XBee ZB モジュールでも動作します（ただし通信可能範囲は狭くなる）．</td></tr>
<tr><td rowspan="5">子機</td><td colspan="4"><br>XBee ZB モジュール　　ピッチ変換　　ブレッドボード(⇔乾電池×2)</td></tr>
<tr><td colspan="2">ファームウェア：ZIGBEE ROUTER AT</td><td>Router</td><td>Transparent モード</td></tr>
<tr><td>電源：乾電池2本 3V</td><td>シリアル：　－</td><td>スリープ(9)：　－</td><td>RSSI(6)：(LED)</td></tr>
<tr><td>DIO1(19)：　－</td><td>DIO2(18)：　－</td><td>DIO3(17)：　－</td><td>Commissioning(20)：SW</td></tr>
<tr><td>DIO4(11)：　－</td><td>DIO11(7)：　－</td><td>DIO12(4)：　－</td><td>Associate(15)：LED</td></tr>
<tr><td></td><td colspan="4">その他：XBee ZB モジュールの電源に電池（直列1.5V×2）を接続します．</td></tr>
</table>

必要なハードウェア
- Raspberry Pi 2 Model B（本体，ACアダプタ，周辺機器など）　1式
- 各社 XBee USB エクスプローラ　1個
- Digi International 社 XBee PRO ZB モジュール　1個
- Digi International 社 XBee ZB モジュール　1個
- XBee ピッチ変換基板　1式
- ブレッドボード　1個
- タクト・スイッチ1個，高輝度LED 1個，抵抗1kΩ 1個，セラミック・コンデンサ0.1μF 1個 単3×2直列電池ボックス1個，単3電池2個，ブレッドボード・ワイヤ適量，USBケーブルなど

　本節では，子機XBeeモジュールのバッテリ電圧を，Raspberry Pi側の親機XBeeからリモート取得する方法について説明します．サンプル2～9のハードウェアのように，XBee ZBモジュールに単3電池2本の直列の電源が接続されていれば動作します．

　**サンプル・プログラム10**「example10_batt.c」中のIEEEアドレスを変更し，LXTerminalを起動し，cqpub_piフォルダ内でコンパイルしてから，**図7-10**のように実行してください．

　実行すると，ミリボルト[mV]単位の電源電圧が約1秒おきに表示されます．例えば3181が得られた場合は，バッテリ電圧が3.181Vであることを意味します．

　**サンプル・プログラム9**ではxbee_forceを使用して子機XBee ZBのADポートへ取得指示を送信しているのに対し，**サンプル・プログラム10**ではxbee_

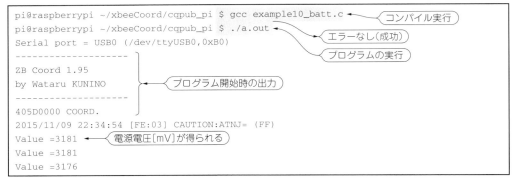

図7-10 サンプル・プログラム10の実行例

batt_force命令を使用して電源電圧の取得指示を送信します．受信については，xbee_rx_call命令を用いて，サンプル・プログラム9と同じように取得します．

以下にサンプル・プログラム10「example10_batt.c」の電源電圧を取得する部分について説明します．

① 「xbee_batt_force」を使用して，子機XBee ZBに電源電圧の取得指示を送信します．

② 「xbee_rx_call」を使用して，子機からの受信データを構造体変数xbee_resultに代入します．

③ 「xbee_result.ADCIN[0]」に代入されている子機から取得した電源電圧を変数valueへ代入します．データの型は符号なし整数型のunsigned intです．データ値の単位はミリボルト[mV]です．

## サンプル・プログラム 10　example10_batt.c

```c
/*******************************************************************************
子機 XBee のバッテリ電圧をリモートで取得する
*******************************************************************************/

#include "../libs/xbee.c"
#define FORCE_INTERVAL  1000                    // データ要求間隔（およそ ms 単位）

// お手持ちの XBee モジュール子機の IEEE アドレスに変更する↓
byte dev[] = {0x00,0x13,0xA2,0x00,0x40,0x30,0xC1,0x6F};

int main(int argc,char **argv){

    byte com=0xB0;                              // 拡張 I/O コネクタの場合は 0xA0
    unsigned int value;                         // リモート子機からの入力値
    int trig =FORCE_INTERVAL;                   // 子機へデータ要求するタイミング調整用
    XBEE_RESULT xbee_result;                    // 受信データ（詳細）

    if(argc==2) com += atoi(argv[1]);           // 引き数があれば変数 com に値を加算する
    xbee_init( com );                           // XBee 用 COM ポートの初期化
    xbee_atnj( 0xFF );                          // 親機 XBee を常にジョイン許可状態にする

    while(1){
        /* データ送信 */
        if( trig == 0){
            xbee_batt_force( dev );     ← ①    // 子機へ電池電圧測定要求を送信
            trig = FORCE_INTERVAL;
        }
        trig--;

        /* データ受信（待ち受けて受信する） */
        xbee_rx_call( &xbee_result );   ← ②    // XBee 子機からのデータを受信
        if( xbee_result.MODE == MODE_BATT){     // バッテリ電圧の受信
            value = xbee_result.ADCIN[0]; ← ③  // 電源電圧値を変数 value に代入
            printf("Value =%d\n", value );      // 受信結果（電圧）を表示
        }
    }
}
```

# 第11節 サンプル11 親機XBeeと子機XBeeとのペアリング

| SAMPLE 11 | 親機XBeeと子機XBeeとのペアリング | | |
|---|---|---|---|
| | 練習用サンプル | 通信方式：XBee ZB | 開発環境：Raspberry Pi |

親機XBee ZBを一時的にジョイン（参加）許可状態に設定し、一定の時間が経過したらジョイン拒否状態へ変更するサンプルです。無関係なXBee ZBモジュールのジョインを防ぐことができます。

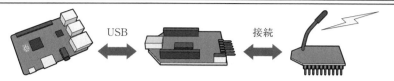

親機 Raspberry Pi ←USB→ XBee USBエクスプローラ ←接続→ XBee PRO ZBモジュール

| ファームウェア：ZIGBEE COORDINATOR API | | Coordinator | | APIモード | |
|---|---|---|---|---|---|
| 電源：USB 5V → 3.3V | シリアル：Raspberry Pi | スリープ(9)： | – | RSSI(6)：(LED) | |
| DIO1(19)： | – | DIO2(18)： | – | DIO3(17)： | – | Commissioning(20)：(SW) |
| DIO4(11)： | – | DIO11(7)： | – | DIO12(4)： | – | Associate(15)：(LED) |
| その他：XBee ZBモジュールでも動作します（ただし通信可能範囲は狭くなる）． | | | | | |

子機 XBee ZBモジュール ←接続→ ピッチ変換 ←接続→ ブレッドボード（⇔乾電池×2）

| ファームウェア：ZIGBEE ROUTER AT | | Router | | Transparentモード | |
|---|---|---|---|---|---|
| 電源：乾電池2本 3V | シリアル： | – | スリープ(9)： | – | RSSI(6)：(LED) |
| DIO1(19)： | – | DIO2(18)： | – | DIO3(17)： | – | Commissioning(20)：SW |
| DIO4(11)： | – | DIO11(7)： | – | DIO12(4)： | – | Associate(15)：LED |
| その他：コミッショニング・ボタンとアソシエートLEDが必要です． | | | | | |

必要なハードウェア
- Raspberry Pi 2 Model B（本体，ACアダプタ，周辺機器など） 1式
- 各社 XBee USBエクスプローラ 1個
- Digi International 社 XBee PRO ZB モジュール 1個
- Digi International 社 XBee ZB モジュール 1個
- XBee ピッチ変換基板 1式
- ブレッドボード 1個
- タクト・スイッチ1個，高輝度LED 1個，抵抗1kΩ 1個，セラミック・コンデンサ0.1μF 1個
単3×2直列電池ボックス1個，単3電池2個，ブレッドボード・ワイヤ適量，USBケーブルなど

　Raspberry Piに接続した親機XBeeと子機XBeeモジュールとのペアリングを行うサンプルです．ここでは，**表7-6**に示すような2段階のペアリング手順について説明します．

　1段階目はZigBeeネットワークへの参加です．購入したばかりのXBeeモジュールは常にネットワークに参加が可能なジョイン許可の状態となっています．ここではジョイン許可状態を制御して無関係な子機からのネットワーク参加を防止します．

　2段階目は親機が子機のIDを特定する処理です．これまでのサンプルでは，プログラムにIEEEアドレスを記述していました．ここではペアリングにより子機のIEEEアドレスを取得して，変数で保存します．

　本サンプルのフローチャートを，**図7-11**に示します．プログラムの開始後からメイン処理に移行するまでに行うペアリング処理を想定しています．

表 7-6　ペアリングの内訳

| 段階 | 内　容 | 必要なプログラム |
|---|---|---|
| 1段階目 | ネットワークに参加する | ジョイン許可設定の制御 |
| 2段階目 | 子機を特定する | 子機のIDの取得と保持 |

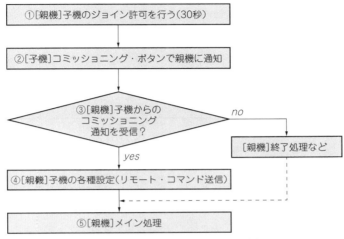

図 7-11　事前ペアリング処理のフローチャート例

　このサンプル・プログラム11を実行すると，一定の時間だけ親機 XBee ZB モジュールがジョイン許可の状態となります（フローチャート処理①）．このジョイン許可状態の期間，子機 XBee ZB モジュールは，親機の ZigBee ネットワークに参加することができます．

　ジョイン許可中に子機 XBee ZB モジュールの電源を入れるか，コミッショニング・ボタン DIO0（xbee_pin 20）を押すと，子機は親機の ZigBee ネットワークに参加します．

　ネットワーク参加後に，もう一度，子機のコミッショニング・ボタンを押すと，子機はコミッショニング通知を送信します（フローチャート処理②）．

　処理③では，親機が子機からのコミッショニング通知を受け取ったときにフローチャートの処理④へ，30秒間，受け取らなかった場合にプログラム終了などを行う処理へ進むための条件分岐処理を行います．

　子機からコミッショニング通知を受け取った親機は，速やかに子機の IEEE アドレスを変数に保存し，そのアドレス宛てに子機の設定を行うコマンドを送信します（処理④）．とくに子機が End Device の場合は，スリープ状態に移行するまでに設定を行う必要があります．

　それではサンプル・プログラム11「example11_pair.c」を動かしてみましょう．ハードウェアは，サンプル2～10のどの構成でもかまいませんが，子機 XBee ZB にコミッショニング・ボタンとアソシエート LED が必要です．

　「example11_pair.c」には，子機 XBee ZB の IEEE アドレスの定義がありません．ペアリングを行うときに取得するからです．プログラムの修正なしにコンパイルして，実行すれば動作します（図7-12）．また，これまでは起動時に「CAUTION:ATNJ=(FF)」と表示されていました．これは常時ジョイン許可に対する警告でした．今回はこのメッセージが表示されずに起動します．

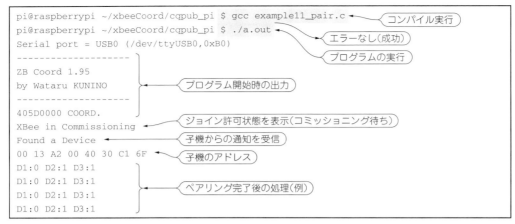

図7-12　サンプル・プログラム11の実行例

　「XBee in Commissioning」のメッセージが表示されたら，子機XBee ZBモジュールのコミッショニング・ボタンを1回だけ押下して，コミッショニング通知を送信します．ボタンを押したら，すぐにボタンから手を離してください．子機が親機のZigBeeネットワークにジョイン済みだった場合は，すぐに「Found a Device」と表示されます．表示されなかった場合は，数秒待ってから，もう一度，子機XBee ZBのコミッショニング・ボタンを1回だけ押下して，すぐにボタンを離します．

　ペアリングが成功しなかった場合は，子機XBee ZBモジュールが他のZigBeeネットワークに参加している可能性があります．子機のコミッショニング・ボタンを4回連続で押下して子機XBee ZBのネットワーク情報を初期化してから，再度，試します．

　ペアリング完了後は，子機のDIO1～3ポートのディジタル入力状態を取得して，取得値を表示します．タクト・スイッチを押下中は0が，スイッチを開放している場合やタクト・スイッチがない場合は1が得られます．

　ジョイン許可の制御を行う命令には，親機XBee ZB(ZigBee Coordinator)にジョイン許可を設定するxbee_atnjと，子機XBee ZB(ZigBee Router)に設定するxbee_ratnjの二つがあります．

　xbee_atnjは，親機をジョイン許可状態に設定するとともに，子機からのコミッショニング・ボタンによる通知を待ち受けます．また，子機からの通知を受けるとすぐに親機をジョイン拒否の状態に設定します．括弧内の引き数には，最大待ち受け時間を10～254(秒)の範囲内で入力します．ただし，0xFFを代入した場合は常時ジョイン許可状態に，0の場合は常時ジョイン拒否の状態に設定します．

　xbee_ratnjは，ジョイン許可状態の設定をリモートで行う命令です．Raspberry Piを搭載した親機XBee ZBモジュール側から，子機XBee ZBモジュールのジョイン許可状態を設定します．子機のデバイス・タイプはRouterに限ります．この命令は，設定値を送信するだけで，ネットワーク参加に関する待ち受け処理は行いません．引き数に0を入力した場合はジョイン拒否状態に，0xFFを入力した場合はジョイン許可状態設定します．

　以下にサンプル・プログラム11の主要箇所について説明します．

① 「XBee in Commissioning」の表示を行います．
② xbee_atnjは，親機XBee ZBをジョイン許可に設定する命令です．括弧内の30は許可する最大の秒数です．30秒以内に子機のコミッショニング・ボタンによる通知が得られなければ，戻り値が0と

サンプル・プログラム 11　example11_pair.c

```
/******************************************************************
親機 XBee と子機 XBee とのペアリングと状態取得
******************************************************************/

#include "../libs/xbee.c"

int main(int argc,char **argv){

    byte i;                                    // 繰り返し(ループ)回数保持用
    byte com=0xB0;                             // シリアル(USB),拡張 I/O コネクタの場合は 0xA0
    byte value;                                // リモート子機からの入力値
    byte dev[8];                               // XBee 子機デバイスのアドレス

    if(argc==2) com= += atoi(argv[1]);         // 引き数があれば変数 com に値を加算する
    xbee_init( com );                          // XBee 用 COM ポートの初期化(引き数はポート番号)

    printf("XBee in Commissioning\n"); ←①     // 待ち受け中の表示
    if(xbee_atnj(30) == 0){   ←②              // デバイスの参加受け入れを開始(最大 30 秒間)
        printf("No Devices\n");                // エラー時の表示
        exit(-1);                      ③      // 異常終了
    }else{  ←④
        printf("Found a Device\n");            // XBee 子機デバイスの発見表示
        xbee_from( dev );  ←⑤                 // 見つけたデバイスのアドレスを変数 dev に取込む
        xbee_ratnj(dev,0);  ←⑥                // 子機に対して孫機の受け入れ制限を設定
        for(i=0;i<8;i++){  ←⑦
            printf("%02X ",dev[i]);    ⑧      // アドレスの表示
        }
        printf("\n");
    }
    // 処理の一例(XBee 子機のポート 1〜3 の状態を取得して表示する)
    while(1){
        for(i=1;i<=3;i++){
            value=xbee_gpi(dev,i);             // XBee 子機のポート i のディジタル値を取得
            printf("D%d:%d ",i,value);         // 表示
        }
        printf("\n");
        xbee_delay(1000);
    }
}
```

なって，if の条件に合致します．この処理が完了すると親機はジョイン拒否状態に設定されます．

③ 30秒以内に子機からのコミッショニング通知がなかった場合に実行する処理です．ここでは「No Devices」と表示しプログラムを終了します．

④ else は，if の条件に合致しなかったときに「{」から「}」までの処理を行うための命令です．子機からコミッショニング通知を受け取った場合に括弧内の処理を実行します．

⑤ xbee_from は，子機 XBee ZB の IEEE アドレスを取得する命令です．アドレスは，8バイトの配列変数 dev に代入されます．この命令は，xbee_atnj や xbee_gpi などの同期取得を行った直後に使用することができます．なお，xbee_rx_call を用いた

非同期取得の場合は xbee_result.FROM でアドレスを取得してください．

⑥ xbee_ratnj は，子機 XBee ZB のジョイン許可状態の設定です．親機がジョインを拒否していても，子機 Router がジョイン許可になっていると，このZigBee ネットワークに他の ZigBee 機器（孫機）が，子機 Router を経由して参加することができます．このような意図しない参加を避けるために，子機XBee ZB のジョイン許可状態を「拒否」に設定します．引き数の dev は，子機の IEEE アドレス，0はジョイン拒否を示します．

⑦ 発見した子機の IEEE アドレスを表示します．forは，「{」と「}」で囲まれた区間を繰り返し実行する命令です．ここでは変数 i に 0 を代入し，8 回繰り返します．繰り返すたびに変数 i に 1 を加算し，i が 7 のときの実行を終えると，i が 8 になって繰り返し処理を抜けます（i が 8 のときは括弧内を実行しない）．

⑧ printf を使用して，子機の IEEE アドレスが代入された変数 dev の内容を，1 バイトずつ出力します．ここでは IEEE アドレスの全 8 バイトを表示します．

---

**Column…7-8　ジョイン許可の制御命令 xbee_atnj( ) の引き数**

この xbee_atnj の引き数を，1～9(秒)に設定した場合は，少し特殊な動きをします．一時的に親機をジョイン許可に設定し，子機からの通知を待つことなく xbee_atnj の処理を抜け，指定した秒数後にジョイン拒否状態へ自動的に遷移します．多数のXBee デバイスを管理する場合などの実用的な運用時に，プログラムの動作を止めずにデバイスを追加するときなどに使用します．

# 第12節 サンプル12 スイッチ状態を取得する④特定子機の変化通知

## SAMPLE 12

| スイッチ状態を取得する④特定子機の変化通知 | | |
|---|---|---|
| 練習用サンプル | 通信方式：XBee ZB | 開発環境：Raspberry Pi |

Raspberry Pi に接続した親機 XBee から子機 XBee モジュールの GPIO（DIO）ポートの状態をリモート取得するサンプルです．ここではペアリングした特定の子機の変化通知を受け取ります．

### 親機

Raspberry Pi　　XBee USBエクスプローラ　　XBee PRO ZBモジュール

| ファームウェア：ZIGBEE COORDINATOR API | | Coordinator | | APIモード | |
|---|---|---|---|---|---|
| 電源：USB 5V → 3.3V | | シリアル：Raspberry Pi | スリープ(9)：－ | RSSI(6)：(LED) | |
| DIO1(19)：－ | | DIO2(18)：－ | DIO3(17)：－ | Commissioning(20)：(SW) | |
| DIO4(11)：－ | | DIO11(7)：－ | DIO12(4)：－ | Associate(15)：(LED) | |
| その他：XBee ZB モジュールでも動作します（ただし通信可能範囲は狭くなる）． | | | | | |

### 子機

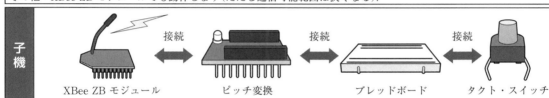

XBee ZB モジュール　　ピッチ変換　　ブレッドボード　　タクト・スイッチ

| ファームウェア：ZIGBEE ROUTER AT | | Router | | Transparent モード | |
|---|---|---|---|---|---|
| 電源：乾電池2本 3V | | シリアル：－ | スリープ(9)：－ | RSSI(6)：(LED) | |
| DIO1(19)：タクト・スイッチ | | DIO2(18)：－ | DIO3(17)：－ | Commissioning(20)：SW | |
| DIO4(11)：－ | | DIO11(7)：－ | DIO12(4)：－ | Associate(15)：LED | |
| その他：Digi International 社の開発ボード XBIB-U-DEV でも動作します． | | | | | |

必要なハードウェア
- Raspberry Pi 2 Model B（本体，AC アダプタ，周辺機器など）　1式
- 各社 XBee USB エクスプローラ　1個
- Digi International 社 XBee PRO ZB モジュール　1個
- Digi International 社 XBee ZB モジュール　1個
- XBee ピッチ変換基板　1式
- ブレッドボード　1個
- タクト・スイッチ2個，高輝度 LED 1個，抵抗1kΩ 1個，セラミック・コンデンサ0.1μF 1個　単3×2直列電池ボックス1個，単3電池2個，ブレッドボード・ワイヤ適量，USB ケーブルなど

　サンプル・プログラム12は，サンプル・プログラム6の状態変化通知を受ける機能と，サンプル・プログラム11のペアリング機能とを組み合わせたプログラムです．複数のサンプル・プログラムを応用して新しいプログラムを作成することは良くあります．これまで学んできたプログラムを自力で組み合わせてみても良いでしょう．

　表7-7にサンプル・プログラム5，サンプル・プログラム6，サンプル・プログラム7と，サンプル・プログラム12，次節のサンプル・プログラム13の関係を示します．

　サンプル・プログラム12では，ペアリング後に子機 XBee ZB モジュールの GPIO（DIO）ポートの設定を行います．設定後は，子機の GPIO の状態に変化が生じたときに，親機 XBee ZB へ状態変化を通知するようになります．また，それを受けた親機は GPIO

表7-7 スイッチ状態を取得する5種類のサンプルの違い

| 常時ジョイン許可 | ペアリング機能付き | 特　長 |
|---|---|---|
| Example 5 同期取得 | − | 一つのコマンドでスイッチ状態を取得. 簡易ロガー用. |
| Example 6 変化通知 | Example 12 変化通知 | スイッチの変化を子機が自発的に送信. リアルタイム通知用. |
| Example 7 取得指示 | Example 13 取得指示 | 取得指示と受信を異なる命令で実施. 本格的なロガー用. |

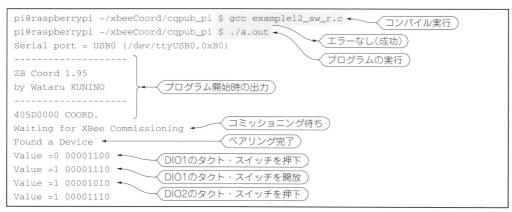

図7-13　サンプル・プログラム12の実行例

ポートの状態を表示します．

ハードウェアの構成については**サンプル・プログラム6**と同じように，タクト・スイッチをDIO1に接続します．タクト・スイッチに予備があればDIO2とDIO3にも接続してください．もちろん，Digi International社のXBee開発ボードのスイッチにも対応しています．

それでは**サンプル・プログラム12**を動作させてみましょう．**図7-13**のようにexample12_sw_r.cをコンパイルし，実行してください．

実行すると「Waiting for XBee Commissioning」のメッセージが表示されるので，子機XBee ZBのコミッショニング・ボタンを1回だけ押下してペアリングを行います．

ペアリングが完了したら，子機のDIO1～3のタクト・スイッチを押したり離したりしてみてください．子機は状態変化を瞬時に親機に送信し，親機にスイッチ状態が表示されます．

**サンプル・プログラム12** example12_sw_r.cのペアリング部のコードについて説明します．

① xbee_atnjを用いて親機XBee ZBをジョイン許可に設定し，30秒間，子機のコミッショニング・ボタンによる通知を待ち受けます．ifの条件内の「!=」は不一致を示します．子機からの通知が得られた場合に，「{」と「}」で囲まれた処理を行います．

② xbee_fromを使用して，子機XBee ZBのIEEEアドレスを取得します．

③ xbee_ratnjを使用して，子機XBee ZBにジョイン許可状態の設定を行います．ここでは「拒否」に設定します．

④ xbee_gpio_initを使用して，子機XBee ZBのDIO1ポート～DIO3ポートを変化通知付きのディジタル入力に設定します．以降，子機XBee ZBから親機XBee ZBへ自動で変化通知を送信するようになります．

⑤ elseは，if命令の条件を満たさなかったときの処理です．条件を満たさなかった場合に，elseの後の「{」と「}」の区間の処理を行います．

## サンプル・プログラム12　example12_sw_r.c

```c
/***************************************************************************
子機 XBee のスイッチ変化通知を受信する
***************************************************************************/

#include "../libs/xbee.c"

int main(int argc,char **argv){

    byte com=0xB0;                                  // 拡張 I/O コネクタの場合は 0xA0
    byte value;                                     // 受信値
    byte dev[8];                                    // XBee 子機デバイスのアドレス
    XBEE_RESULT xbee_result;                        // 受信データ(詳細)

    if(argc==2) com += atoi(argv[1]);               // 引き数があれば変数 com に値を加算する
    xbee_init( com );                               // XBee 用 COM ポートの初期化
    printf("Waiting for XBee Commissioning\n");     // 待ち受け中の表示
    if(xbee_atnj(30) != 0){            ←────①   // デバイスの参加受け入れを開始
        printf("Found a Device\n");                 // XBee 子機デバイスの発見表示
        xbee_from( dev );              ←────②   // 見つけた子機のアドレスを変数 dev へ
        xbee_ratnj(dev,0);             ←────③   // 子機に対して孫機の受け入れ拒否を設定
        xbee_gpio_init( dev );         ←────④   // 子機の DIO に I/O 設定を行う(送信)
    }else printf("no Devices\n");      ←────⑤   // 子機が見つからなかった

    while(1){
        /* データ受信(待ち受けて受信する) */
        xbee_rx_call( &xbee_result );  ←────⑥   // データを受信
        if( xbee_result.MODE == MODE_GPIN){ ←──⑦   // 子機 XBee の DIO 入力
            value = xbee_result.GPI.PORT.D1;        // D1 ポートの値を変数 value に代入
            printf("Value =%d ",value);             // 変数 value の値を表示
            value = xbee_result.GPI.BYTE[0]; ←──⑧   // D7~D0 ポートの値を変数 value に代入
            lcd_disp_bin( value );         ←──⑨   // value に入った値をバイナリで表示
            printf("\n");                           // 改行
        }
    }
}
```

⑥ xbee_rx_call を使用して，子機 XBee ZB からの GPIO(DIO)ポートの変化通知の受信を行います．

⑦ 変化通知の受信があれば，xbee_result.MODE の値が MODE_GPIN となり，以下の⑧と⑨の処理などを行います．

⑧ 構造体変数 xbee_result の要素(メンバ) GPI 内の BYTE[0] には，D7~D0 ポートの1バイトの受信データ値が代入されています．その受信データを xbee_result.GPI.BYTE[0] で参照して，変数 value に代入します．

⑨ lcd_disp_bin は，ライブラリ xbee.c に含まれている命令です．1バイトのデータを8桁のバイナリ(2進数)で表示します．図7-14 のように左の桁から順に DIO7，6，5…0 のそれぞれの状態を0または1で示します．ディジタル入力になっていないポートは，0が表示されます．命令の先頭に lcd が付く

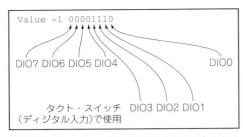

**図 7-14 lcd_disp_bin で表示されるバイナリ（2 進数）表示の例**

のは，H8 Tiny マイコン用に開発した液晶表示用の関数名の名残です．

---

### Column…7-9　XBee 管理用ライブラリが動作するプラットフォーム

　本書で使用している XBee 管理用ライブラリは，元々，H8 Tiny マイコン H3694 用に開発しました．その後，Windows で動作する Cygwin へ移植し，この Cygwin を中心にデバッグや機能拡張を進めています．

　また，ライブラリ内では，プラットフォームやハードウェアに依存するドライバ部を独立した関数で定義することで，H8 Tiny や Arduino，ARM mbed，Raspberry Pi などのさまざまなプラットフォームで使用できるように，工夫しました．これらのドライバの切り換えには #define を用いています．

　Raspberry Pi への対応については，すでに Linux ライクな Cygwin に対応していたことから，ほとんど修正せずに対応することができました．このため，Cygwin 用ドライバと Raspberry Pi 用のドライバは同じものを共用することにしました．

　なお，現在は，Cygwin 用を中心に，Raspberry Pi 用と Arduino 用の更新を継続しています．H8 Tiny 用，ARM mbed 用については需要次第で検討予定です．

# 第13節 サンプル13 スイッチ状態を取得する⑤特定子機の取得指示

## SAMPLE 13

| スイッチ状態を取得する⑤特定子機の取得指示 | | |
|---|---|---|
| 練習用サンプル | 通信方式：XBee ZB | 開発環境：Raspberry Pi |

Raspberry Pi に接続した親機 XBee から子機 XBee モジュールの GPIO ポートの状態をリモート取得するサンプルです．ここではペアリングした特定の子機に一定の周期で取得指示を送信し，その応答を待ち受けます．

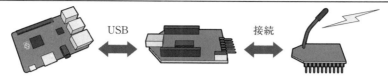

親機　Raspberry Pi ― USB ― XBee USBエクスプローラ ― 接続 ― XBee PRO ZBモジュール

| ファームウェア：ZIGBEE COORDINATOR API | | Coordinator | APIモード |
|---|---|---|---|
| 電源：USB 5V → 3.3V | シリアル：Raspberry Pi | スリープ(9)： ― | RSSI(6)：(LED) |
| DIO1(19)： ― | DIO2(18)： ― | DIO3(17)： ― | Commissioning(20)：(SW) |
| DIO4(11)： ― | DIO11(7)： ― | DIO12(4)： ― | Associate(15)：(LED) |
| その他：XBee ZB モジュールでも動作します（ただし通信可能範囲は狭くなる）． | | | |

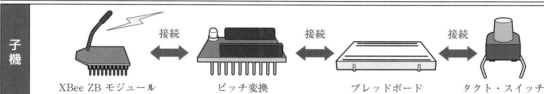

子機　XBee ZB モジュール ― 接続 ― ピッチ変換 ― 接続 ― ブレッドボード ― 接続 ― タクト・スイッチ

| ファームウェア：ZIGBEE ROUTER AT | | Router | Transparent モード |
|---|---|---|---|
| 電源：乾電池2本 3V | シリアル： ― | スリープ(9)： ― | RSSI(6)：(LED) |
| DIO1(19)：タクト・スイッチ | DIO2(18)： ― | DIO3(17)： ― | Commissioning(20)：SW |
| DIO4(11)： ― | DIO11(7)： ― | DIO12(4)： ― | Associate(15)：LED |
| その他：Digi International 社の開発ボード XBIB-U-DEV でも動作します． | | | |

必要なハードウェア
- Raspberry Pi 2 Model B (本体，AC アダプタ，周辺機器など)　1式
- 各社 XBee USB エクスプローラ　1個
- Digi International 社 XBee PRO ZB モジュール　1個
- Digi International 社 XBee ZB モジュール　1個
- XBee ピッチ変換基板　1式
- ブレッドボード　1個
- タクト・スイッチ2個，高輝度 LED 1個，抵抗1kΩ 1個，セラミック・コンデンサ 0.1μF 1個 単3×2直列電池ボックス1個，単3電池2個，ブレッドボード・ワイヤ適量，USB ケーブルなど

　サンプル・プログラム11 およびサンプル・プログラム12 では，プログラムの開始時にペアリング処理を完了する方式について説明しました．サンプル・プログラム13 では，はじめに常時ジョイン許可に設定し，メイン・ループ処理中にペアリング処理を行います．ペアリング以外の処理はサンプル・プログラム7 と同じです．

　メイン・ループ処理中に，子機からのコミッショニング通知を受けとったら，親機から子機の設定をリモートで行い，ジョイン拒否状態に設定します．ペアリング時に子機の設定に失敗してしまった場合や，稼働中に子機の設定に異常をきたしてしまった場合は，子機のコミッショニング・ボタンを押すことで，設定を再実行することが可能です．

　以下に，図7-15 のフローチャートにしたがって，ペアリング手順を説明します．コミッショニング・ボ

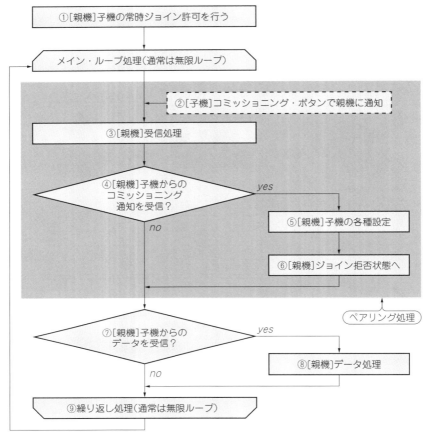

**図7-15 ループ処理中のペアリング処理のフローチャート例**

タンによる通知と情報データを，同一のステップ③で受信する点が特長です．

① はじめに親機を常時ジョイン許可に設定し，通常のメイン・ループ処理に入ります．
② 子機のコミッショニング・ボタンを押します．
③ 親機は子機からの受信データを確認します．
④ ステップ③の受信が，子機からのコミッショニング・ボタンによる通知かどうかを判断します．コミッショニング・ボタンの通知の場合はステップ⑤へ進み，その他のデータだった場合はステップ⑦へ進みます．
⑤ 子機の各種設定をリモートで行います．例えば，DIOポートやAINポートなどの設定や，ジョイン許可・拒否設定，スリープ・モード等の設定を行います．
⑥ 親機をジョイン拒否の状態に設定し，他のZigBee機器からの誤接続を防止します．
⑦ ステップ③での受信が子機からの情報データかどうかを判断します．
⑧ 子機からの情報データであった場合は，内容に応じた処理を行います．
⑨ これらの処理を繰り返します．

ハードウェアは**サンプル・プログラム7**や**サンプル・プログラム12**と同じ構成です．それでは**サンプル・プログラム13** example13_sw_f.cをコンパイルして実行してみましょう．

実行すると「Waiting for XBee Commissioning」のメッセージが表示されます．表示を確認してから，子

機のコミッショニング・ボタンを押下してください．ペアリングが完了すると，約1秒ごとにDIO1の状態とDIO7～0の状態を取得し，表示します．

以下に今回の**サンプル・プログラム13** example13_sw_f.cのペアリング部の動作について，主要動作の順番に説明します．プログラムの先頭からではないので，コード上の番号が不規則になっています．

① 変数trigに負の値（-1）を設定します．この意味は後述します．

② xbee_atnjを用いて親機XBee ZBを常時ジョイン許可状態に設定します．

③ xbee_rx_callを使用して受信したデータを，xbee_resultに代入します．タクト・スイッチのデータだけでなく，コミッショニング・ボタンによる子機からのコミッショニング通知を受け取ります．

④ switchは，引き数で指定した変数の内容に応じて，caseからbreakまでに書かれた処理を実行する条件命令です．子機XBee ZBのコミッショニング・ボタンが押されて子機のコミッショニング通知を受信すると，xbee_result MODEの値にMODE_IDNTが代入されます．

⑤ xbee_result.MODEの値がMODE_IDNTであれば，このcase MODE_IDNT:から，breakまでの処理を行います．

⑥ bytecpyは，指定したバイト数のデータをコピーするXBee管理用ライブラリ内の関数です．引き数のdevはコピー先，xbee_result.FROMはコピー元，8はコピーするバイト数です．xbee_result.FROMには，MODE_IDNTを送信した子機のIEEEアドレスが代入されています．また，xbee_rx_callを用いると，受信したデータを古い順番に取り出すことができます．似たようなIEEEアドレス取得命令にxbee_fromがあります．しかし，xbee_fromの場合は，XBeeとの通信を行うたびに更新されます．xbee_rx_callを使って受信したデータの送信元アドレスを取得する場合は，かならずxbee_result.FROMを使用してください．

⑦ ペアリング完了後の設定を行います．xbee_atnjおよびxbee_ratnjで親機と子機のジョイン設定を拒否に設定し，xbee_gpio_configを使用して子機XBee ZBのDIO1～3をディジタル入力に設定します．ワイヤレス通信では，こういったリモート処理に失敗することがあります．もし，失敗してもコミッショニング・ボタンを再度，押下すれば，この処理を再実行することができます．

⑧ 次回のステップ⑨でデータ取得指示を送信するために，変数trigに0を代入します．

⑨ 変数trigが0のときに，xbee_forceを使用して子機XBee ZBにI/Oデータの取得指示を行います．また，約1秒の待ち時間に相当するループ回数FORCE_INTERVALの値（1000）を変数trigに代入します．

⑩ 変数trigが正の整数のときに1だけ減算します．ペアリングが完了するまではtrigが負（-1）なので減算を行いません．また，減算した結果，trigが0になると，次のステップ⑨の処理で取得指示を送信した後にFORCE_INTERVALの値（1000）が再設定されます．つまり，変数trigは，負のときは未ペアリング状態を，正のときは減算による待ち時間のカウント状態を，0のときに取得指示の送信を実行する動作状態を記憶する役割を担います（**表7-8**）．

⑪ 受信データをxbee_result.GPI.BYTE[0]で参照して，変数valueに代入します．データは**サンプル・**

**表7-8 変数trigの役割**

| 状態 | trigの値 | 役割 |
|---|---|---|
| 初期値 | -1（負の値） | 子機への送信やtrigによる待ち時間カウントを行わない未ペアリングの状態． |
| 取得指示実行 | 0 | ペアリングを完了すると0を代入．取得指示の送信を実行する状態． |
| 実行完了 | 1000 | 取得指示の送信が完了したときに代入． |
| カウントダウン | 1～1000（正の値） | 待ち時間のカウントダウン中．1ずつ減算し0になると取得指示実行状態へ． |

## プログラム 13　example13_sw_f.c

```c
/************************************************************************
子機 XBee のスイッチ状態をリモートで取得する
*************************************************************************/
#include "../libs/xbee.c"
#define FORCE_INTERVAL   1000                        // データ要求間隔(およそ ms 単位)

int main(int argc,char **argv){
    byte com=0xB0;                                   // 拡張 I/O コネクタの場合は 0xA0
    byte value;                                      // 受信値
    byte dev[8];                                     // XBee 子デバイスのアドレス
    int trig=-1;                        ①           // 子機へデータ要求するタイミング調整用
    XBEE_RESULT xbee_result;                         // 受信データ(詳細)

    if(argc==2) com += atoi(argv[1]);                // 引き数があれば変数 com に値を加算する
    xbee_init( com );                                // XBee 用 COM ポートの初期化
    xbee_atnj( 0xFF );                  ②           // 子機 XBee デバイスを常に参加受け入れ
    printf("Waiting for XBee Commissioning\n");      // 待ち受け中の表示

    while(1){
        /* データ送信 */
        if( trig == 0 ){
            xbee_force( dev );          ⑨           // 子機へデータ要求を送信
            trig = FORCE_INTERVAL;
        }
        if( trig > 0) trig--;           ⑩           // 変数 trig の値が正のときに 1 減算
        /* データ受信 (待ち受けて受信する) */
        xbee_rx_call( &xbee_result );   ③           // データを受信
        switch( xbee_result.MODE ){     ④           // 受信したデータの内容に応じて
            case MODE_RESP:                          // xbee_force に対する応答のとき
                value = xbee_result.GPI.PORT.D1;     // D1 ポートの値を変数 value に代入
                printf("Value =%d ",value);          // 変数 value の値を表示
                value = xbee_result.GPI.BYTE[0]; ⑪  // D7～D0 ポートの値を変数 value に代入
                lcd_disp_bin( value );       ⑫      // value に入った値をバイナリで表示
                printf("\n");                        // 改行
                break;
            case MODE_IDNT:             ⑤           // 新しいデバイスを発見
                printf("Found a New Device\n");
                bytecpy(dev, xbee_result.FROM, 8); ⑥ // 発見したアドレスを dev にコピー
                xbee_atnj(0);                        // 親機 XBee に子機の受け入れ制限を設定
                xbee_ratnj(dev,0);                   // 子機に対して孫機の受け入れ制限を設定
                xbee_gpio_config(dev,1,DIN);  ⑦     // 子機 XBee のポート 1 をディジタル入力に
                xbee_gpio_config(dev,2,DIN);         // 子機 XBee のポート 2 をディジタル入力に
                xbee_gpio_config(dev,3,DIN);         // 子機 XBee のポート 3 をディジタル入力に
                trig = 0;               ⑧           // 子機へデータ要求を開始
                break;
        }
    }
}
```

プログラム 12 の場合と同じです．

⑫ lcd_disp_bin を使用して 1 バイトのデータをバイナリ (2 進数) で表示します．

# 第14節 サンプル14 アナログ電圧を取得する③特定子機の同期取得

## SAMPLE 14

アナログ電圧を取得する③特定子機の同期取得
練習用サンプル　　通信方式：XBee ZB　　開発環境：Raspberry Pi

Raspberry Piに接続した親機XBeeから子機XBeeモジュールのアナログ入力ポート（ADポート）の状態をリモート取得します．ペアリングした特定の子機からアナログ値を同期取得するサンプルです．

### 親機

Raspberry Pi ― USB ― XBee USBエクスプローラ ― 接続 ― XBee PRO ZBモジュール

| ファームウェア：ZIGBEE COORDINATOR API | | Coordinator | | APIモード | |
|---|---|---|---|---|---|
| 電源：USB 5V → 3.3V | シリアル：Raspberry Pi | スリープ(9)： | － | RSSI(6)：(LED) | |
| DIO1(19)： － | DIO2(18)： － | DIO3(17)： | － | Commissioning(20)：(SW) | |
| DIO4(11)： － | DIO11(7)： － | DIO12(4)： | － | Associate(15)：(LED) | |
| その他：XBee ZBモジュールでも動作します（ただし通信可能範囲は狭くなる）． | | | | | |

### 子機

XBee ZBモジュール ― 接続 ― ピッチ変換 ― 接続 ― ブレッドボード ― 接続 ― 可変抵抗器

| ファームウェア：ZIGBEE ROUTER AT | | Router | | Transparentモード | |
|---|---|---|---|---|---|
| 電源：乾電池2本 3V | シリアル： － | スリープ(9)： | － | RSSI(6)：(LED) | |
| AD1(19)：可変抵抗器 | DIO2(18)： － | DIO3(17)： | － | Commissioning(20)：SW | |
| DIO4(11)： － | DIO11(7)： － | DIO12(4)： | － | Associate(15)：LED | |
| その他：可変抵抗器の出力は0～1.2Vの範囲になるように設定します． | | | | | |

### 必要なハードウェア
- Raspberry Pi 2 Model B（本体，ACアダプタ，周辺機器など）　1式
- 各社 XBee USBエクスプローラ　1個
- Digi International社 XBee PRO ZBモジュール　1個
- Digi International社 XBee ZBモジュール　1個
- XBeeピッチ変換基板　1式
- ブレッドボード　1個
- 可変抵抗器10kΩ　1個
- 抵抗22kΩ 1個，高輝度LED 1個，抵抗1kΩ 1個，コンデンサ0.1μF 1個，タクト・スイッチ1個 単3×2直列電池ボックス1個，単3電池2個，ブレッドボード・ワイヤ適量，USBケーブルなど

サンプル・プログラム14は，サンプル・プログラム11のペアリング方法とサンプル・プログラム8のアナログ値の取得機能を組み合わせたサンプルです．子機XBeeモジュールのADポートのアナログ値を，親機のRaspberry Piからリモート取得します．アナログ電圧を取得する4種類のサンプル・プログラムの違いについて，表7-9に示します．

ハードウェアはサンプル・プログラム8やサンプル・プログラム9と同じ構成です．それではサンプル・プログラム14 example14_adc.cをコンパイルして実行してみましょう．

実行し，「Waiting for XBee Commissioning」のメッセージが表示されたら，子機XBee ZBのコミッショニング・ボタンを使用してペアリングを行います．

表7-9 アナログ電圧をリモート取得する4種類のサンプルの違い

| 常時ジョイン許可 | ペアリング機能付き | 特 長 |
|---|---|---|
| Example 8 同期取得 | Example 14 同期取得 | 一つのコマンドでアナログ電圧を取得.簡易ロガー用. |
| Example 9 取得指示 | Example 15 取得指示 | 取得指示と受信を異なる命令で実施.本格的なロガー用. |

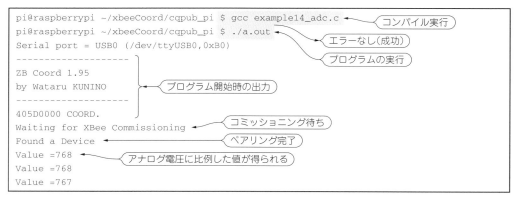

図7-16 サンプル・プログラム14の実行例

　ペアリング完了後は約1秒ごとに「Value =」につづいてADポートの入力値を表示します．

　今回のプログラムexample14_adc.cは，センサなどのアナログ値を収集する際の基本となるプログラムです．不明点があれば，**サンプル・プログラム11やサンプル・プログラム8**などの説明も合わせて復習しておきましょう．

① xbee_atnjを用いて親機XBee ZBをジョイン許可に設定し，30秒間，子機のコミッショニング・ボタンによる通知を待ち受けます．

② 30秒が経過しても子機XBee ZBのコミッショニング・ボタンからの通知が受けられなかった場合はプログラムを終了します．

③ xbee_fromを使用して子機XBee ZBのIEEEアドレスを変数devに代入します．

④ xbee_ratnjを使用して子機XBee ZBにジョイン拒否を設定します．

⑤ xbee_adcを使用して子機XBee ZBのAD1ポートの電圧に比例した0～1023までの値を取得し，変数valueに代入します．

## サンプル・プログラム 14　example14_adc.c

```
/************************************************************************
アナログ電圧をリモート取得する③特定子機の同期取得
************************************************************************/

#include "../libs/xbee.c"

int main(int argc,char **argv){

    byte com=0xB0;                                  // 拡張 I/O コネクタの場合は 0xA0
    unsigned int   value;                           // リモート子機からの入力値
    byte dev[8];                                    // XBee 子機デバイスのアドレス

    if(argc==2) com += atoi(argv[1]);               // 引き数があれば変数 com に値を加算する
    xbee_init( com );                               // XBee 用 COM ポートの初期化
    printf("Waiting for XBee Commissioning\n");     // 待ち受け中の表示
    if(xbee_atnj(30) == 0){          ←――――――①     // デバイスの参加受け入れを開始
        printf("no Devices\n");                     // 子機が見つからなかった
        exit(-1);                    ←――――――②     // 異常終了
    }
    printf("Found a Device\n");                     // XBee 子機デバイスの発見表示
    xbee_from( dev );                ←――――――③     // 見つけた子機のアドレスを変数 dev へ
    xbee_ratnj(dev,0);               ←――――――④     // 子機に対して孫機の受け入れ拒否を設定

    while(1){                                       // 繰り返し処理
        /* XBee 通信 */
        value = xbee_adc(dev,1);     ←――――――⑤     // 子機のポート 1 からアナログ値を入力
        printf("Value =%d\n",value);                // 変数 value の値を表示する
        delay( 1000 );                              // 1000ms(1 秒間)の待ち
    }
}
```

## 第15節 サンプル15 アナログ電圧を取得する④特定子機の取得指示

**SAMPLE 15** アナログ電圧を取得する④特定子機の取得指示

| 練習用サンプル | 通信方式：XBee ZB | 開発環境：Raspberry Pi |
|---|---|---|

Raspberry Piに接続した親機XBeeから子機XBeeモジュールのアナログ入力ポート（ADポート）の状態をリモート取得します．ペアリングした特定の子機に一定の周期で取得指示を送信し，その応答を待ち受けます．

### 親機

Raspberry Pi ←USB→ XBee USBエクスプローラ ←接続→ XBee PRO ZBモジュール

| ファームウェア：ZIGBEE COORDINATOR API | | Coordinator | | APIモード | |
|---|---|---|---|---|---|
| 電源：USB 5V → 3.3V | シリアル：Raspberry Pi | スリープ(9)： | – | RSSI(6)：(LED) | |
| DIO1(19)： | – | DIO2(18)： | – | DIO3(17)： | – | Commissioning(20)：(SW) |
| DIO4(11)： | – | DIO11(7)： | – | DIO12(4)： | – | Associate(15)：(LED) |
| その他：XBee ZBモジュールでも動作します（ただし通信可能範囲は狭くなる）． | | | | | |

### 子機

XBee ZBモジュール ←接続→ ピッチ変換 ←接続→ ブレッドボード ←接続→ 可変抵抗器

| ファームウェア：ZIGBEE ROUTER AT | | Router | | Transparentモード | |
|---|---|---|---|---|---|
| 電源：乾電池2本 3V | シリアル： | – | スリープ(9)： | – | RSSI(6)：(LED) |
| AD1(19)：可変抵抗器 | DIO2(18)： | – | DIO3(17)： | – | Commissioning(20)：SW |
| DIO4(11)： | – | DIO11(7)： | – | DIO12(4)： | – | Associate(15)：LED |
| その他：可変抵抗器の出力は0～1.2Vの範囲になるように設定します． | | | | | |

**必要なハードウェア**
- Raspberry Pi 2 Model B（本体，ACアダプタ，周辺機器など）　1式
- 各社 XBee USBエクスプローラ　1個
- Digi International社 XBee PRO ZBモジュール　1個
- Digi International社 XBee ZBモジュール　1個
- XBeeピッチ変換基板　1式
- ブレッドボード　1個
- 可変抵抗器 10kΩ　1個
- 抵抗22kΩ 1個，高輝度LED 1個，抵抗1kΩ 1個，コンデンサ0.1μF 1個，タクト・スイッチ1個  
  単3×2直列電池ボックス1個，単3電池2個，ブレッドボード・ワイヤ適量，USBケーブルなど

---

サンプル・プログラム15は，サンプル・プログラム13のペアリング方法とサンプル・プログラム9の取得指示によるアナログ値の取得を組み合わせたサンプルです．子機XBeeモジュールのADポートのアナログ値を，Raspberry Piからリモートで取得します．センサ子機から温度や照度といったアナログ値を取得するセンサ・ネットワークの基本となるサンプル・プ ログラムです．

ハードウェアはサンプル・プログラム8やサンプル・プログラム9，サンプル・プログラム14と同じ構成です．サンプル・プログラム15 example15_adc_f.cをコンパイルして実行すると，「Waiting for XBee Commissioning」のメッセージが表示されます．子機XBee ZBモジュールのコミッショニング・ボタンを

## サンプル・プログラム 15　example15_adc_f.c

```c
/***************************************************************************
アナログ電圧をリモート取得する④特定子機の同期取得
***************************************************************************/

#include "../libs/xbee.c"
#define FORCE_INTERVAL  1000                        // データ要求間隔(およそ ms 単位)

int main(int argc,char **argv){

    byte com=0xB0;                                  // 拡張 I/O コネクタの場合は 0xA0
    unsigned int   value;                           // リモート子機からの入力値
    byte dev[8];                                    // XBee 子機デバイスのアドレス
    int trig = -1;              ←――――――――――①   // 子機へデータ要求するタイミング調整用
    XBEE_RESULT xbee_result;                        // 受信データ(詳細)

    if(argc==2) com += atoi(argv[1]);               // 引き数があれば変数 com に値を加算する
    xbee_init( com );                               // XBee 用 COM ポートの初期化
    xbee_atnj( 0xFF );          ←――――――――――②   // 親機に子機のジョイン許可を設定
    printf("Waiting for XBee Commissioning\n");     // 待ち受け中の表示

    while(1){
        /* データ送信 */
        if( trig == > 0) trig--;                    // 変数 trig の値が正のときに 1 減算
            xbee_force( dev );  ←―――――――――⑩   // 子機へデータ要求を送信
            trig = FORCE_INTERVAL;  ←――――――⑪
        }
        if( trig > 0 ) trig--;  ←―――――――――⑫   // 変数 trig が正の整数のときに値を 1 減算

        /* データ受信(待ち受けて受信する) */
        xbee_rx_call( &xbee_result );  ←―――――③   // データを受信
        switch( xbee_result.MODE ){  ←―――――――④   // 受信したデータの内容に応じて
            case MODE_RESP:  ←――――――――――⑬   // xbee_force に対する応答のとき
                value = xbee_result.ADCIN[1];  ←⑭   // AD1 ポートのアナログ値を value に代入
                printf("Value =%d\n",value);        // 変数 value の値を表示
                break;
            case MODE_IDNT:  ←――――――――――⑤   // 新しいデバイスを発見
                printf("Found a New Device\n");
                bytecpy(dev, xbee_result.FROM, 8); ←⑥ // 発見したアドレスを dev にコピー
                xbee_atnj(0);        ⎫                // 親機 XBee に子機の受け入れ制限を設定
                xbee_ratnj(dev,0);   ⎬――――――⑦     // 子機に対して孫機の受け入れ制限を設定
                xbee_gpio_config(dev,1,AIN);  ←―⑧   // 子機 XBee のポート 1 をアナログ入力に
                trig = 0;  ←―――――――――――⑨   // 子機へデータ要求を開始
                break;
        }
    }
}
```

押下し，ペアリングを行うと，親機 Raspberry Pi が子機の AD ポートの入力値を取得し，表示します．

見た目の動作は**サンプル・プログラム 14**と同じです．しかし，メイン処理内でペアリング処理を行う点と，取得指示と取得動作を別々のコマンドで行っている点が異なります．

プログラムは複雑になりますが，一般的なアナログ値のデータ取得には本節の方法を用いましょう．どうしても本サンプル・プログラムの理解が難しい場合に限り，前の**サンプル・プログラム 14** を応用してアプリケーションを作成するといった位置付けです．

　以下に，**サンプル・プログラム 15** example15_adc_f.c の動作について説明します．

① 変数 trig に負の値(－1)を設定し，ペアリングが未完了であることを示します．
② xbee_atnj を用いて親機 XBee ZB を常時ジョイン許可状態に設定します．
③ xbee_rx_call を使用して受信データを xbee_result に代入します．
④ switch を使用して，xbee_result.MODE の値に応じた処理を行います．
⑤ 子機のコミッショニング・ボタンが押されたときは xbee_result.MODE の値が MODE_IDNT になり，この部分の処理を開始します．
⑥ bytecpy を使用して，子機 XBee ZB の 8 バイトの IEEE アドレス xbee_result.FROM を変数 dev にコピーします．
⑦ xbee_atnj および xbee_ratnj で，親機と子機のジョイン許可設定を「拒否」に設定します．
⑧ xbee_gpio_config を使用して，子機 XBee ZB の AD1 ポートをアナログ入力に設定します．
⑨ 次回のループでデータ取得指示を送信できるように，変数 trig に 0 を代入します．
⑩ 変数 trig が 0 のときに子機 XBee ZB にデータ取得指示を送信します．
⑪ 変数 trig が 0 のときに変数 trig に 1000(約 1 秒に相当)を代入します．
⑫ 変数 trig が正のときに trig を 1 だけ減算します (trig の役割は**表 7-8** を参照)．
⑬ 受信データが得られると xbee_result.MODE に MODE_RESP が代入されるので，この case MODE_RESP: から break までの処理を実行します．
⑭ AD1 ポートのアナログ値 xbee_result.ADCIN[1] を変数 value に代入します．

　**サンプル・プログラム 2** から**サンプル・プログラム 15** まで親機 XBee ZB から子機 XBee ZB の汎用ポート(GPIO)の入出力や，アナログ入力について練習しました．ここまでのサンプルが理解できれば，XBee ZB モジュールを使ったワイヤレス通信の基礎の習得の完了です．

# 第16節　サンプル16　UARTを使ってシリアル情報を送信する

| SAMPLE 16 | UARTを使ってシリアル情報を送信する | | |
|---|---|---|---|
| | 練習用サンプル | 通信方式：XBee ZB | 開発環境：Raspberry Pi |

Raspberry Piに接続した親機XBee ZBから子機XBee ZBモジュールのUARTにシリアル情報を送信します．シリアル情報はRaspberry Piのキーボードから入力します．

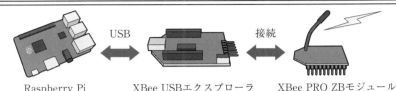

| 親機 | | | | | | |
|---|---|---|---|---|---|---|
| ファームウェア：ZIGBEE COORDINATOR API | | | | Coordinator | APIモード | |
| 電源：USB 5V → 3.3V | | シリアル：Raspberry Pi | | スリープ(9)： － | RSSI(6)：(LED) | |
| DIO1(19)： | － | DIO2(18)： | － | DIO3(17)： － | Commissioning(20)：(SW) | |
| DIO4(11)： | － | DIO11(7)： | － | DIO12(4)： － | Associate(15)：(LED) | |
| その他：XBee ZBモジュールでも動作します（ただし通信可能範囲は狭くなる）． | | | | | | |

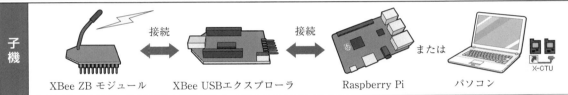

| 子機 | | | | | | |
|---|---|---|---|---|---|---|
| ファームウェア：ZIGBEE ROUTER AT | | | | Router | Transparentモード | |
| 電源：USB 5V → 3.3V | | シリアル：Raspberry Pi | | スリープ(9)： － | RSSI(6)：(LED) | |
| DIO1(19)： | － | DIO2(18)： | － | DIO3(17)： － | Commissioning(20)：(SW) | |
| DIO4(11)： | － | DIO11(7)： | － | DIO12(4)： － | Associate(15)：(LED) | |
| その他：1台のRaspberry PIに，親機と子機の両方の動作をさせることも可能です． | | | | | | |

必要なハードウェア
- Raspberry Pi 2 Model B または パソコン　　　　　　　1～2台
- 各社 XBee USB エクスプローラ　　　　　　　　　　　2個
- Digi International社 XBee PRO ZBモジュール　　　　1個
- Digi International社 XBee ZBモジュール　　　　　　1個
- USB ケーブルなど

　ここからは少し高度なデータを扱います．まずは，親機Raspberry PiのXBee ZBからシリアル・データを送信し，子機XBee ZBのUARTシリアルに出力するサンプル・プログラムです．

　親機XBee ZBモジュール側のハードウェアはこれまでと同様です．ファームウェアも同様に，ZIGBEE COORDINATOR APIを使用します．今回は，子機側にもRaspberry Piに接続します．Raspberry Piがなければパソコンでもかまいません．1台のRaspberry Piに二つのXBee USBエクスプローラを接続して，親機と子機の両方の役割を任せることもできます．この場合は，LXTerminalを二つ起動し，2台のRaspberry Piをイメージしながら実験してください．

　子機XBee ZBモジュールのファームウェアには，ZIGBEE ROUTER ATを使用し，AT / Transparentモードで動かします．また，XBee ZBモジュールのUARTシリアル・データの送受信には，子機となるRaspberry Piまたはパソコンのシリアル・ターミナル・ソフトを使用します．例えば，Raspberry Pi用の場合は，XBee管理用ライブラリ一式の中に含まれ

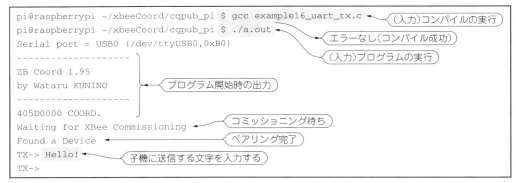

**図7-17** サンプル・プログラム16の親機側の実行例

**図7-18** 子機側のシリアル・ターミナルの表示例

るXBee用シリアル・ターミナル・ソフトxbee_at_termを使用し，パソコンの場合はXCTUを使用してください．

新たに子機用のRaspberry Piを準備した場合は，XBee管理用ライブラリ一式をダウンロードしてコンパイルを行います．

```
$ cd⏎
$ git␣clone␣-b␣raspi␣https://github.
  com/bokunimowakaru/xbeeCoord.git⏎
$ cd␣xbeeCoord/tools⏎
$ make⏎
```

そして，下記のコマンドを入力し，XBee用のシリアル・ターミナル・ソフトを起動します．シリアル・ポートは自動的に選択されます．

```
$ ~/xbeeCoord/tools/xbee_at_term⏎
```

XBee用テスト・ツールxbee_testと同様の方法で指定することもできます．1台のRaspberry Piに複数のXBee USBエクスプローラや拡張用GPIO端子を使用し，複数のXBee ZBモジュールを接続して実験する場合や，シリアル・ポートが適切に設定されない場合は，シリアル・ポートを指定して実行します．USB0（ttyUSB0）の場合はB0を，USB1の場合はB1を，拡張GPIO端子（ttyAMA0）にUART接続した場合はA0を，xbee_at_termに続けて付与してください．サンプル・プログラムの指定方法とは異なる点に注意してください．

子機XBee ZBモジュールをパソコンへ接続する場合は，XCTUを使います．Legacy版の場合は，

XCTUウィンドウの「Terminal」タブをクリックします(**図7-19**)．Next Gen版の場合はパソコン画面の形状をしたターミナル・ボタンをクリックし，コネクタの形状をした接続ボタンをクリックします(**図7-20**)．

それではサンプルを動作させてみましょう．親機となるRaspberry Pi上で，**サンプル・プログラム16** example16_uart_tx.c をコンパイルして実行します．

実行すると，「Waiting for XBee Commissioning」のメッセージが表示されるので，10秒以内に，子機XBee ZBのコミッショニング・ボタンを押してペアリングを行います．子機にコミッショニング・ボタンがない場合は，シリアル・ターミナルのウィンドウ内

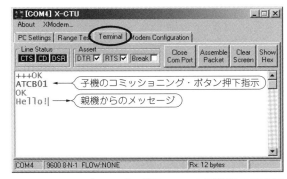

**図7-19 サンプル・プログラム16の子機側の実行例**（Legacy版XCTUのTerminal）

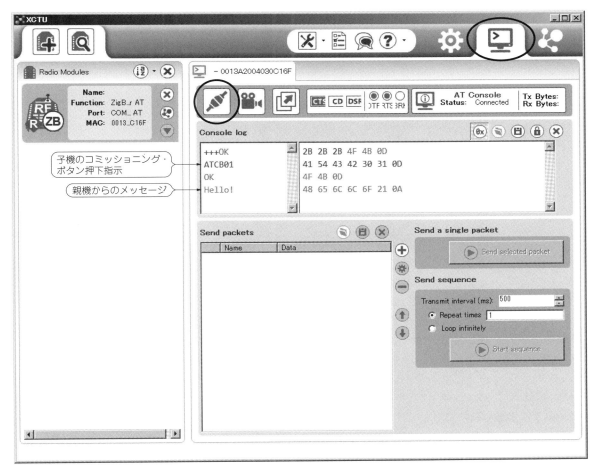

**図7-20 サンプル・プログラム16の子機側の実行例**（Next Gen版XCTUのTerminal）

**表 7-10　用途が決められている ZigBee の IEEE アドレス**

| IEEE アドレス | XBee 設定データ DH | XBee 設定データ DL | 内　容 |
|---|---|---|---|
| 00 00 00 00 00 00 00 00 | 0 | 0 | ZigBee Coordinator のアドレス |
| 00 00 00 00 00 00 FF FF | 0 | FFFF | 全 ZigBee へのブロードキャスト・アドレス |

### サンプル・プログラム 16　example16_uart_tx.c

```c
/******************************************************************************
子機 XBee の UART からシリアル情報を送信する
******************************************************************************/

#include "../libs/xbee.c"

int main(int argc,char **argv){
    
    char s[32];                                    // 文字入力用
    byte com=0xB0;                                 // 拡張 I/O コネクタの場合は 0xA0
    byte dev[]={0x00,0x00,0x00,0x00,0x00,0x00,0xFF,0xFF};   ← ①
                                                   // 宛て先 XBee アドレス ( ブロードキャスト )
    
    if(argc==2) com += atoi(argv[1]);              // 引き数があれば変数 com に値を加算する
    xbee_init( com );                              // XBee 用 COM ポートの初期化
    printf("Waiting for XBee Commissioning\n");    // 待ち受け中の表示
    if(xbee_atnj(10) != 0){   ←──────── ②          // デバイスの参加受け入れを開始
        printf("Found a Device\n");                // XBee 子機デバイスの発見表示
        xbee_from( dev );   ←──────── ③            // 見つけた子機のアドレスを変数 dev へ
        xbee_ratnj(dev,0);                         // 子機に対して孫機の受け入れ制限を設定
    }else{                                         // 子機が見つからなかった場合
        printf("no Devices\n");                    // 見つからなかったことを表示
    }
    
    while(1){
        /* データ送信 */
        printf("TX-> ");                           // 文字入力欄の表示
        fgets(s, 32, stdin);   ←──────── ④         // 入力文字を変数 s に代入
        xbee_uart( dev , s );   ←──────── ⑤        // 変数 s の文字を送信
    }
}
```

で「＋」キーを 3 回，押下して改行せずに約 1 秒を待ち，「OK」が表示されてから

  ATCB01⏎

を入力すると，コミッショニング・ボタンを 1 回押下したときと同じ動作を行います．

ペアリングが完了すると親機 Raspberry Pi の LXTerminal に「Found a Device」が表示され，続けて「TX->」が表示されます．子機に ATCB01 を入力してペアリングを行った場合は，子機の AT コマンド・モードが自動的に解除されるのを待ちます (約 10 秒)．

シリアル・データ送信を行うには，親機側の LXTerminal にテキスト文字を入力し，改行ボタンを押します．例えば，文字 Hello! と Enter を入力します．

  TX-> Hello!　⏎

親機から子機 XBee ZB モジュールへシリアル・データが伝えられると，子機 XBee が接続されたシリ

アル・ターミナル（xbee_at_term または XCTU）に「Hello!」が表示されます．図7-17 に親機 XBee ZB の Raspberry Pi の LXTerminal 上の実行例を，図7-19 に子機 XBee の XCTU Terminal 上の実行例を示します．

サンプル・プログラム 16 example16_uart_tx.c の動作について説明します．

① 送信先の子機 XBee ZB のアドレス用の変数 dev に「00000000 0000FFFF」を代入して定義します．この上位4バイトが0で，下位4バイトが FFFF のアドレスはブロードキャスト・アドレスです（表7-10）．同じ ZigBee ネットワーク内のすべての XBee ZB モジュールに宛てられます．
② xbee_atnj を使って，親機 XBee ZB モジュールを 30 秒間ジョイン許可の状態に設定します．
③ xbee_from を使用して，コミッショニング・ボタンが押された子機の IEEE アドレスを変数 dev に代入します．
④ fgets を使用して，キーボードから入力した文字を文字列変数 s に代入します．
⑤ xbee_uart は，子機 XBee ZB の UART にテキストを送信する命令です．引き数 dev は子機の IEEE アドレス，s は送信するテキストの文字列です．

ペアリングを行わなかった場合は，同じ ZigBee ネットワーク内のすべての子機 XBee ZB モジュールへシリアル情報を送信します．起動後，10秒間待って「no Devices」が表示されてから送信文字を入力してみてください．すべての子機 Xbee ZB モジュールの UART から同じテキスト文字が出力されます．

## Column…7-10 RaspbianとXCTU，Windowsにおける改行コードの違い

改行文字にはシステムによって「\n」「\r」「\r\n」の3種類があり，これらが混在することがあります．

Raspbian などの Linux や UNIX 系のシステムでは改行コードに「\n」を使用します．文字コードは，LF です．しかし，XBee で使用する XCTU の Terminal では改行コードに「\r」（文字コードは CR）を用い，Windows では「\r」と「\n」の二つで一つの改行とみなします．

このため，Raspberry Pi で作業しているときに「\r」を示す「^M」の表示が現れることが多くあります．

この場合の対策方法には，いくつかあります．その一番目は，見慣れることです．「^M」の表示を見ても気にしないことです．その次の対策は，どのような改行コードでも表示するテキスト・エディタを使用することです．Leaf Pad を使用すれば，見えないので気になりません．この他にも，改行コードを変換する対策方法もあります．

ファイルの改行部に「^M」が表示され，実際に改行されていない場合のファイルの改行コードには CR が使われています．この場合は，以下のように入力してファイルを変換します．

```
$ tr '\r' '\n' < 入力ファイル > 出力ファイル ⏎
```

また，Windows で作成したファイルなど，改行はされているが改行部に「^M」が表示される場合は，CR+LF が使われています．この場合は，以下のようにファイルを変換します．

```
$ tr -d '\r' < 入力ファイル > 出力ファイル ⏎
```

本来，改行コードを適切に変換しておくことは重要です．想定していなかった改行コードによって不具合の原因になることも多いからです．しかし，適切な改行コードとは，一体，どのコードなのでしょうか．通信プログラムは他のシステムとのやりとりを行うプログラムです．Raspberry Pi を使っているからと言って，かならずしも LF が適切とは限りません．気にしない方法や表示しない方法も，併用しながら対処するのが良いでしょう．

表7-11 改行コードの違い

| 改行 | 文字コード | 表示 | 使用しているシステム |
|---|---|---|---|
| \n | LF (0x0A) | ^J | Raspberry Pi, Linux, Mac OS X, IchigoJam |
| \r | CR (0x0D) | ^M | XBee XCTU, Mac OS (Max OS X を除く) |
| \r\n | CR+LF (0x0D,0x0A) | ^M^J | Windows |

# 第17節 サンプル17 UARTを使ってシリアル情報を受信する

| SAMPLE 17 | UARTを使ってシリアル情報を受信する | | |
|---|---|---|---|
| | 練習用サンプル | 通信方式：XBee ZB | 開発環境：Raspberry Pi |

子機XBee ZBモジュールのUARTから親機XBee ZBにシリアル情報を送信します．親機が受信したテキスト文字をRaspberry PiのLXTerminal（コンソール）に表示します．

| 親機 | 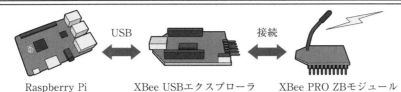 Raspberry Pi　　XBee USBエクスプローラ　　XBee PRO ZBモジュール |||
|---|---|---|---|
| ファームウェア：ZIGBEE COORDINATOR API || Coordinator | APIモード |
| 電源：USB 5V → 3.3V | シリアル：Raspberry Pi | スリープ(9)：　− | RSSI(6)：(LED) |
| DIO1(19)：　− | DIO2(18)：　− | DIO3(17)：　− | Commissioning(20)：(SW) |
| DIO4(11)：　− | DIO11(7)：　− | DIO12(4)：　− | Associate(15)：(LED) |
| その他：XBee ZBモジュールでも動作します（ただし通信可能範囲は狭くなる）． ||||

| 子機 | 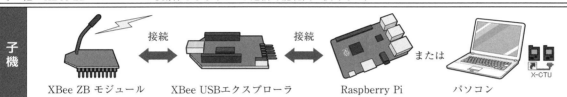 XBee ZBモジュール　　XBee USBエクスプローラ　　Raspberry Pi　または　パソコン |||
|---|---|---|---|
| ファームウェア：ZIGBEE ROUTER AT || Router | Transparentモード |
| 電源：USB 5V → 3.3V | シリアル：Raspberry Pi | スリープ(9)：　− | RSSI(6)：(LED) |
| DIO1(19)：　− | DIO2(18)：　− | DIO3(17)：　− | Commissioning(20)：(SW) |
| DIO4(11)：　− | DIO11(7)：　− | DIO12(4)：　− | Associate(15)：(LED) |
| その他：1台のRaspberry PIに，親機と子機の両方の動作をさせることも可能です． ||||

| 必要なハードウェア |
|---|
| ・Raspberry Pi 2 Model B または パソコン　　1〜2台 |
| ・各社 XBee USBエクスプローラ　　2個 |
| ・Digi International社 XBee PRO ZBモジュール　　1個 |
| ・Digi International社 XBee ZBモジュール　　1個 |
| ・USBケーブルなど |

　こんどは，子機XBeeのUARTに入力したシリアル・データを，親機のRaspberry Piで受信して表示するサンプル・プログラムです．

　ハードウェアの構成は**サンプル・プログラム16**と同じです．サンプルを動作させるには，**サンプル・プログラム17** example17_uart_rx.c をコンパイルして実行します．

　実行すると，「Waiting for XBee Commissioning」のメッセージが表示されるので，子機XBee ZBモジュールのコミッショニング・ボタンを使用するか，シリアル・ターミナル xbee_at_term から「+++」とATCB01（改行）を入力して，ペアリングを行います．

　親機のLXTerminalに「Found a New Device」が表示されたら，子機のシリアル・ターミナルからテキスト文字の入力を行います．ただし，前サンプルと同様にシリアル・ターミナルからコミッショニングを実行した場合は10秒の待ち時間が必要です．

　子機XBee ZBモジュールから送信を行うには，子機シリアル・ターミナル上で「Esc」キーを押下してからテキストの文字列を入力し，「Enter」キーを押下し

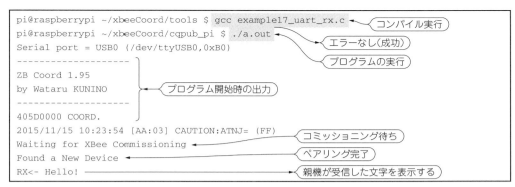

**図 7-21 サンプル・プログラム 17 の親機側（受信）の実行例**

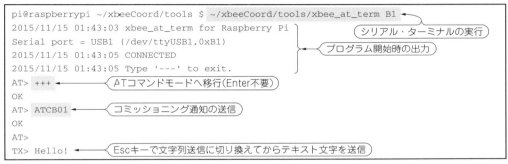

**図 7-22 子機側のシリアル・ターミナルの表示例**

ます．「Esc」を押すたびに送信モードが切り替わります．プロンプト[28] が「AT>」のときは 1 文字ずつ UART シリアルに送信し，「TX>」のときは「Enter」を押下するまでの文字列をシリアル送信します．「EE>」は暗号化を設定するモードです．**サンプル・プログラム 19** で使用します．

なお，Legacy 版 XCTU の Terminal の場合は，「Assemble Packet」ボタンをクリックすると表示される，Send Packet ウィンドウ（**図 7-23**）を使用します．Next Gen 版 XCTU の場合は，画面下半分の中央付近の「＋」のアイコンで文字列を作成してから右側の「再生ボタン」をクリックして送信します．

それでは，**サンプル・プログラム 17** example17_uart_rx.c について説明します．

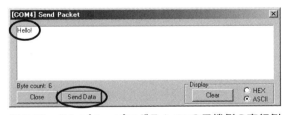

**図 7-23 サンプル・プログラム 17 の子機側の実行例**（XCTU の Terminal）

① xbee_atnj を用いて，親機 XBee ZB を常時ジョイン許可に設定します．
② xbee_rx_call を使用して，子機 XBee ZB からのデータもしくはコミッショニング・ボタン通知を受信します．
③ 受信した内容がコミッショニング・ボタン通知の

---

[28] プロンプト：カーソルの左側の「$」や「>」などの記号や文字（入力可能な状態を示す）

## サンプル・プログラム 17　example17_uart_rx.c

```c
/***************************************************************
子機 XBee の UART からのシリアル情報を受信する
****************************************************************/

#include "../libs/xbee.c"

int main(int argc,char **argv){

    byte com=0xB0;                                  // 拡張 I/O コネクタの場合は 0xA0
    byte dev[8];                                    // XBee 子機デバイスのアドレス
    XBEE_RESULT xbee_result;                        // 受信データ(詳細)

    if(argc==2) com += atoi(argv[1]);               // 引き数があれば変数 com に値を加算する
    xbee_init( com );                               // XBee 用 COM ポートの初期化
    xbee_atnj( 0xFF );                       ──①   // 子機 XBee デバイスを常に参加受け入れ
    printf("Waiting for XBee Commissioning\n");     // 待ち受け中の表示

    while(1){
        /* データ受信(待ち受けて受信する) */
        xbee_rx_call( &xbee_result );        ──②   // XBee 子機からのデータを受信

        switch( xbee_result.MODE ){                 // 受信したデータの内容に応じて
            case MODE_UART:                  ──⑦   // 子機 XBee からのテキスト受信
                printf("RX<- ");                    // 受信を識別するための表示
                printf("%s\n", xbee_result.DATA );  // 受信結果(テキスト)を表示
                break;                        ⑧
            case MODE_IDNT:                  ──③   // 新しいデバイスを発見
                printf("Found a New Device\n");  ④
                bytecpy(dev, xbee_result.FROM, 8);  // 発見したアドレスを dev にコピー
                xbee_atnj(0);           ┐           // 子機 XBee の受け入れ制限を設定
                xbee_ratnj(dev,0);      ┘ ⑤        // 子機に対して孫機の受け入れ制限
                xbee_ratd_myaddress( dev );  ──⑥   // 子機に本機のアドレス設定を行う
                break;
        }
    }
}
```

場合に，ここにジャンプします．
④ bytecpy を使用して，xbee_rx_call で受信した子機の IEEE アドレスを変数 dev に代入します．
⑤ 親機と子機 XBee ZB をジョイン拒否の状態に設定し，他の ZigBee 機器がペアリングできないようにします．
⑥ xbee_ratd_myaddress は，子機 XBee ZB モジュールの送信用の宛て先に本親機の IEEE アドレスを設定する命令です．引き数の dev は子機の IEEE アドレスです．この設定により，子機 XBee ZB はシリアル情報を親機に送信するようになります．他にも宛て先を設定する命令 xbee_ratd があります．xbee_ratd の第 2 引き数に本機の IP アドレスを用いると xbee_ratd_myaddress と同じ働きをします．
⑦ 受信した内容がシリアル・データであった場合に，ここにジャンプします．
⑧ 受信したシリアル・データを表示します．

# 第18節　サンプル18　UARTを使ってシリアル情報を送受信する①平文

## SAMPLE 18

| UARTを使ってシリアル情報を送受信する①平文 | | |
|---|---|---|
| 練習用サンプル | 通信方式：XBee ZB | 開発環境：Raspberry Pi |

親機XBee ZBと子機XBee ZBとのUARTシリアルの送受信を行うサンプルです．親機のRaspberry PiのLXTerminal（コンソール）からテキストの送信と受信したテキストの表示を行います．

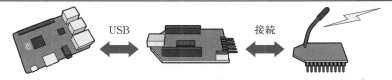

親機

Raspberry Pi　　XBee USBエクスプローラ　　XBee PRO ZBモジュール

| ファームウェア：ZIGBEE COORDINATOR API | | Coordinator | APIモード | |
|---|---|---|---|---|
| 電源：USB 5V → 3.3V | シリアル：Raspberry Pi | スリープ(9)： － | RSSI(6)：(LED) | |
| DIO1(19)： － | DIO2(18)： － | DIO3(17)： － | Commissioning(20)：(SW) | |
| DIO4(11)： － | DIO11(7)： － | DIO12(4)： － | Associate(15)：(LED) | |
| その他：XBee ZBモジュールでも動作します（ただし通信可能範囲は狭くなる）． | | | | |

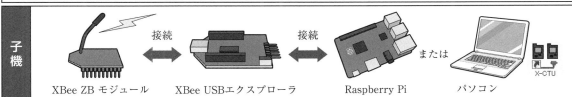

子機

XBee ZB モジュール　　XBee USBエクスプローラ　　Raspberry Pi　　または　　パソコン

| ファームウェア：ZIGBEE ROUTER AT | | Router | Transparent モード |
|---|---|---|---|
| 電源：USB 5V → 3.3V | シリアル：Raspberry Pi | スリープ(9)： － | RSSI(6)：(LED) |
| DIO1(19)： － | DIO2(18)： － | DIO3(17)： － | Commissioning(20)：(SW) |
| DIO4(11)： － | DIO11(7)： － | DIO12(4)： － | Associate(15)：(LED) |
| その他：1台のRaspberry PIに，親機と子機の両方の動作をさせることも可能です． | | | |

| 必要なハードウェア |  |
|---|---|
| ・Raspberry Pi 2 Model B または パソコン | 1～2台 |
| ・各社 XBee USB エクスプローラ | 2個 |
| ・Digi International社 XBee PRO ZB モジュール | 1個 |
| ・Digi International社 XBee ZB モジュール | 1個 |
| ・USB ケーブルなど | |

　このサンプル・プログラム18はサンプル・プログラム16とサンプル・プログラム17を組み合わせて，親機XBeeと子機XBeeとの間でシリアル・データの送受信を行うサンプルです．

　ハードウェアの構成はサンプル・プログラム16と同じです．サンプル・プログラム18 example18_uart_trx.c をコンパイルして実行すると，「Waiting for XBee Commissioning」のメッセージが表示されます．子機XBee ZBモジュールとのペアリングが完了すると，LXTerminal上に「Found a New Device」が表示されます．

　この状態で，親機にテキスト文字を入力して改行ボタンを押すと，親機は子機へ入力したメッセージを送信します．メッセージを受け取った子機は，シリアル・ターミナルに表示します．また，子機のシリアル・ターミナルへ入力したメッセージを，親機へ送信することも可能です．

　以下に，サンプル・プログラム18 example18_uart_trx.c の主要な処理について説明します．

① ソフトウェア・モジュール kbhit.c を組み込みます．

## サンプル・プログラム 18　example18_uart_trx.c

```
/*******************************************************************************
親機と子機との UART をつかったシリアル送受信
*******************************************************************************/

#include <ctype.h>
#include "../libs/xbee.c"
#include "../libs/kbhit.c"                              ←――――――――――――――――――①

int main(int argc,char **argv){
    byte com=0xB0;                                                  // 拡張 I/O コネクタの場合は 0xA0
    byte dev[]={0x00,0x00,0x00,0x00,0x00,0x00,0xFF,0xFF};
                                                                    // 宛て先 XBee アドレス
    char s[32];                                                     // 送信データ用
    XBEE_RESULT xbee_result;                                        // 受信データ(詳細)

    if(argc==2) com += atoi(argv[1]);                               // 引き数があれば変数 com に値を加算する
    xbee_init( com );                                               // XBee 用 COM ポートの初期化
    xbee_atnj( 0xFF );                                              // 子機 XBee デバイスを常に参加許可
    printf("Waiting for XBee Commissioning\n");                     // コミッショニング待ち受け中の表示

    while(1){
        /* データ送信 */
        if( kbhit() ){                          ←――――――――――――②
            fgets(s, 32, stdin);                ←――――――――③      // キーボードからの文字入力
            xbee_uart( dev , s );               ←――――――――④      // 変数 s の文字を送信
            printf("TX-> ");                                         // 待ち受け中の表示
        }

        /* データ受信(待ち受けて受信する) */
        xbee_rx_call( &xbee_result );           ←――――――――⑤      // XBee 子機からのデータを受信
        switch( xbee_result.MODE ){                                  // 受信したデータの内容に応じて
            case MODE_UART:                                          // 子機 XBee からのテキスト受信
                printf("\n");                                        // 待ち受け中文字「TX」の行を改行
                printf("RX<- ");                                     // 受信を識別するための表示
   ⑥―          printf("%s\n", xbee_result.DATA );   ←―⑦            // 受信結果(テキスト)を表示
                printf("TX-> ");                                     // 文字入力欄を表示
                break;
            case MODE_IDNT:                                          // 新しいデバイスを発見
                printf("\n");                                        // 待ち受け中文字「TX」の行を改行
                printf("Found a New Device\n");                      // XBee 子機デバイスの発見表示
                bytecpy(dev, xbee_result.FROM, 8);  ←―⑨             // 発見したアドレスを dev にコピー
   ⑧―          xbee_atnj(0);                                         // 子機 XBee の受け入れ制限を設定
                xbee_ratnj(dev,0);
                xbee_ratd_myaddress( dev );         ←―⑩             // 子機に対して孫機の受け入れ制限
                printf("TX-> ");                                     // 子機に親機のアドレス設定を行う
                break;                                               // 文字入力欄を表示
        }
    }
}
```

① このモジュールには，キーボードから文字が押されたかどうかを判定するkbhit関数が含まれています．
② キーボードのキーが押されていた場合は「{」と「}」で囲まれた範囲を実行します．キーが押されていないときは，ステップ③を実行せずに受信処理に進みます．
③ fgets命令を使用して，キーボードから入力した文字列を文字列変数sに代入します．このfgets命令は，「Enter」キーが押されるまで文字列の入力を待ち続けます．このため，ここでプログラムが一時的に停止した状態になります．一時停止を避けたい場合は，同フォルダ内のexample18_uart_trxc.cを参照ください．
④ xbee_uartを使用して，文字列変数sの内容を子機XBee ZBモジュールに送信します．受信データは，子機XBee ZBモジュールのUART（DOUT端子）から出力されます．
⑤ xbee_rx_callを使用して，子機XBee ZBから送信された受信データを確認します．
⑥ 受信した内容がUARTシリアル・データだった場合に，実行する処理です．
⑦ 受信したUARTシリアル・データxbee_result.DATAの内容を表示します．
⑧ 子機XBee ZBモジュールからのコミッショニング通知を受信した場合に，実行する処理です．
⑨ 子機のアドレスxbee_result.FROMを，変数devに代入します．
⑩ 親機と子機を，ジョイン拒否の状態に設定します．また，子機から送信する場合の宛て先アドレスに，親機のアドレスを設定します．さらに，「TX-> 」を表示して，ユーザに文字入力を待ち受け中であることを伝えます．

## Column…7-11 「\」マークと「￥」マーク

　日本語版Windowsなどのシステムでは，フォルダのパスを「￥」マークで示します．また，キーボードの「\」を押しても「￥」マークが表示される場合があります．
　これは，「\」マークのアスキー・コード（0x5C）を，日本語システムでは「￥」に割り当てているためです．
　これらの違いの対策方法が全くないわけではありませんが，少なくともプログラム開発においては，両方の表示に見慣れるのが一番です．文字コードは同じなので，内部処理も同じだからです．
　フォルダのパスの「￥」は見慣れているかもしれません．しかし，プログラムのprintf命令などで改行を示す「\n」が，「￥n」と表示される点には注意が必要です．

# 第19節 サンプル19 LEDをリモート制御する④通信の暗号化

**SAMPLE 19**

| LEDをリモート制御する④通信の暗号化 | | | |
|---|---|---|---|
| 練習用サンプル | | 通信方式：XBee ZB | 開発環境：Raspberry Pi |

Raspberry Piに接続した親機XBeeから子機XBeeモジュールのGPIO(DIO)ポートをライブラリ関数 xbee_gpo で制御するサンプルです．あらかじめ設定したパスワードを使ってXBee間の通信パケットを暗号化します．

**親機**: Raspberry Pi ⇔ USB ⇔ XBee USBエクスプローラ ⇔ 接続 ⇔ XBee PRO ZBモジュール

| ファームウェア：ZIGBEE COORDINATOR API | | Coordinator | APIモード |
|---|---|---|---|
| 電源：USB 5V → 3.3V | シリアル：Raspberry Pi | スリープ(9)： － | RSSI(6)：(LED) |
| DIO1(19)： － | DIO2(18)： － | DIO3(17)： － | Commissioning(20)：(SW) |
| DIO4(11)： － | DIO11(7)： － | DIO12(4)： － | Associate(15)：(LED) |
| その他：XBee ZBモジュールでも動作します（ただし通信可能範囲は狭くなる）． | | | |

**子機**: XBee ZBモジュール ⇔ 接続 ⇔ ピッチ変換 ⇔ 接続 ⇔ ブレッドボード ⇔ 接続 ⇔ LED, 抵抗

| ファームウェア：ZIGBEE ROUTER AT | | Router | Transparentモード |
|---|---|---|---|
| 電源：乾電池2本 3V | シリアル： － | スリープ(9)： － | RSSI(6)：(LED) |
| DIO1(19)： － | DIO2(18)： － | DIO3(17)： － | Commissioning(20)：SW |
| DIO4(11)：LED | DIO11(7)： － | DIO12(4)： － | Associate(15)：LED |
| その他：あらかじめ暗号化設定とパスワード設定を行った子機XBee ZBモジュールを使用します． | | | |

**必要なハードウェア**
- Raspberry Pi 2 Model B（本体，ACアダプタ，周辺機器など）　1式
- 各社 XBee USBエクスプローラ　1個
- Digi International社 XBee PRO ZBモジュール　1個
- Digi International社 XBee ZBモジュール　1個
- XBeeピッチ変換基板　1式
- ブレッドボード　1個
- 高輝度LED 2〜5個，抵抗1kΩ 2〜5個，セラミック・コンデンサ0.1μF 1個，タクト・スイッチ1個，単3×2直列電池ボックス1個，単3電池2個，ブレッドボード・ワイヤ適量，USBケーブルなど

　これまでのサンプル・プログラムでは通信が暗号化されておらず，ZigBeeやIEEE 802.15.4のプロトコルに準拠した受信機を使って通信データを傍受される懸念があります．また，XBee ZBがジョイン許可になっていれば，ZigBeeネットワークへジョイン（参加）される懸念もありました．

　**サンプル・プログラム19**では通信データを暗号化することで，データの盗み見を防止しつつ，同じパスワードを設定した子機XBee ZBしかネットワークにジョインできないようにしてセキュリティを高めます．サンプル・プログラムの内容は，LEDをリモート制御するもっとも簡単なものです．

　まずは子機となるXBee ZBモジュールに暗号化の設定を行います．設定を行うには，子機XBee ZBモジュールをRaspberry Piに接続する必要があります．接続後，toolsフォルダ内のシリアル・ターミナル

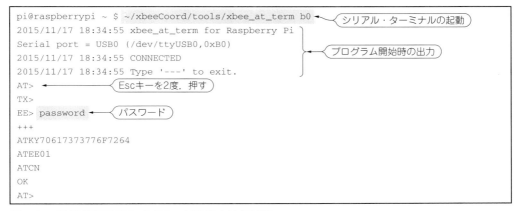

**図7-24 暗号化通信用のパスワード設定方法（子機）**

xbee_at_term を起動し，「Esc」キーを2回押してプロンプトを「EE>」の状態にして，パスワードを入力します．この実験では「password」と入力し，「Enter」キーを押してください（図7-24）．

パソコン上で動作する Legacy 版 XCTU を使って，子機 XBee ZB モジュールに暗号化の設定を行うこともできます．その場合は，XCTU の「PC Setting」タブで COM ポートを選択してから「Modem Configuration」タブをクリックし，「READ」ボタンを押します．図7-25 のような画面が表示されたら，Security フォルダ内の「KY」を選択します．「Set」ボタンが現れたら，それを押下してからパスワード「70617373776F7264」を入力します．この16進数は，文字列 password を8バイトの16進数に変換したものです．パスワードを設定したら，「EE」を「1」に変更してから，「Write」ボタンを押して子機 XBee ZB モジュールに書き込みます．

暗号化の設定が終わったら，子機 XBee ZB モジュールを Raspberry Pi またはパソコンから外し，ブレッドボードに接続します．パスワード設定済の子機 XBee ZB モジュールを使用する以外のハードウェアの構成は，サンプル2～4と同じです．

Raspberry Pi に親機 XBee ZB モジュールを接続し，**サンプル・プログラム19** example19_led.c をコンパイルして実行すると，図7-26 のような画面が表示さ

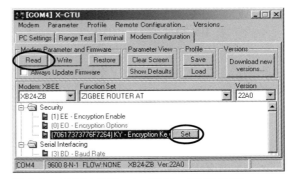

**図7-25 XCTU を使ったパスワード設定方法**

れます．

起動が完了するまでの時間は，これまでのサンプルよりも少し長くなります．親機 XBee ZB モジュールへ暗号化設定を行い，再起動するための時間を要するためです．しばらくすると「Encryption On」と「XBee in Commissioning」のメッセージが表示されます．表示を確認してから，子機 XBee ZB モジュールのコミッショニング・ボタンを1回だけ押下し，ペアリングを行います．

ZigBee ネットワークにジョイン（参加）できない場合は，子機 XBee ZB のコミッショニング・ボタンを4回，押下してネットワーク設定を初期化し，パスワードを再設定します．

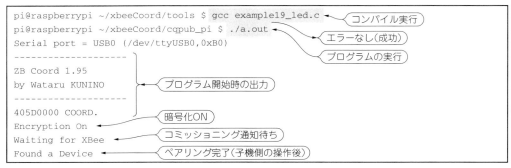

**図 7-26** サンプル・プログラム 19 の実行例（親機）

　例えば，親機 XBee ZB モジュールのパスワードを再設定したりネットワーク設定を初期化したりすると，子機 XBee ZB のネットワーク設定も初期化してパスワードを再設定する必要が生じます．

　ペアリングが完了し，暗号化通信が可能になると，親機は子機の LED を 1 秒ごとにリモート制御します．なお，本プログラム実行後は，プログラムを終了しても，XBee ZB モジュールが暗号化 ON のままの状態となります．設定を解除するまでは，暗号化が設定されていない XBee ZB モジュールとの通信ができなくなるので，注意してください．

　以下に，**サンプル・プログラム 19** example19_led.c における暗号化とペアリングの処理方法について説明します．

① xbee_atee_on は，親機 XBee ZB の暗号化を ON にする命令です．引き数は 16 文字までのパスワードの文字列です．ここでは「password」をパスワードとして設定します．設定が適切に完了すると戻り値 0 を返します．過去に暗号化が設定された状態の場合は，再設定の処理を行いません．戻り値は 1 になります．if 命令は，xbee_atee_on の戻り値が 0 もしくは 1 だった場合に，②以下を実行します．

② LXTerminal に「Encryption On」を表示します．

③ ペアリングの処理を行います．子機 XBee ZB モジュールからコミッショニング通知を受けると，「Found a Device」表示を行い，変数 dev に IEEE アドレスを代入します．

④ xbee_gpo を用いて，子機 XBee ZB の LED を点滅する命令を送信します．

　引き続き，次のサンプル 20 を実行する場合は，このまま暗号化 ON の状態で実験を行います．他のサンプルや暗号化の実験を終了する場合は，暗号化を解除する必要があります．ただし，暗号化を解除すると ZigBee ネットワークも初期化されます．同じパスワードで ZigBee ネットワークを再構築する場合であっても，全 XBee ZB モジュールの暗号化の再設定が必要になります（ZigBee ネットワークの PAN ID が変わるため）．

　親機 XBee ZB モジュールの暗号化設定を解除するには，tools フォルダ内の xbee_atee_off を実行します．

```
$ ~/xbeeCoord/tools/xbee_atee_off↵
```

　この xbee_atee_off は，API モードでしか動作しないので，AT ／ Transparent モードで動作する子機には使用することができません．

　子機の暗号化を解除するには，シリアル・ターミナル xbee_at_term を使い，「Esc」キーでプロンプトを「EE>」に切り換えて，「Enter」キーを押します．コミッショニング・ボタンを 4 回連続で押下し，ネットワーク設定を初期化する方法もあります．

　なお，暗号化の使用・非使用に関わらず，重要な情報を取り扱う際は十分な調査と検証を行ったうえ，自己責任でご使用ください．

サンプル・プログラム 19　example19_led.c

```c
/******************************************************************************
LED をリモート制御する④通信の暗号化

                                        Copyright (c) 2013-2015 Wataru KUNINO
*******************************************************************************/
#include "../libs/xbee.c"
#include "../libs/kbhit.c"

int main(int argc,char **argv){
    byte com=0xB0;                              // シリアル(USB),拡張 I/O コネクタの場合は 0xA0
    byte dev[8];                                // XBee 子機デバイスのアドレス

    /* 初期化 */
    if(argc==2) com += atoi(argv[1]);           // 引き数があれば変数 com に値を加算する
    xbee_init( com );                           // XBee 用 COM ポートの初期化

    /* Step 1. 暗号化有効 */
    if( xbee_atee_on("password") <= 1 ){    ←① // 暗号化 ON 設定. password は 16 文字まで
        printf("Encryption On\n");          ←② // "password" -> 70617373776F7264

        /* Step 2. ペアリング */
        printf("Waiting for XBee\n");           // 待ち受け中の表示
        if( xbee_atnj(180) ){               ←③ // デバイスの参加受け入れを開始(180 秒間)
            printf("Found a Device\n");         // XBee 子機デバイスの発見表示
            xbee_from( dev );                   // 見つけたデバイスのアドレスを dev に取込む

            /* Step 3. LED の点滅(暗号化) */
            while( !kbhit() ){                  // キーボードからの入力がないときに繰り返す
                xbee_gpo(dev, 4, 1);            // リモート XBee のポート 4 を出力'H'に設定する
                delay( 1000 );              ←⑤ // 1000ms(1 秒間)の待ち
                xbee_gpo(dev, 4, 0);            // リモート XBee のポート 4 を出力'L'に設定する
                delay( 1000 );                  // 1000ms(1 秒間)の待ち
            }
        }
//      xbee_atee_off();                        // 暗号化 OFF(実際のプログラムには用いない)
    }
    return 0;                                   // 関数 main の終了
}
```

# 第 20 節 サンプル 20 UART を使ってシリアル情報を送受信する②暗号化

## SAMPLE 20

UART を使ってシリアル情報を送受信する②暗号化
練習用サンプル　　　　通信方式：XBee ZB　　　　開発環境：Raspberry Pi

親機 XBee ZB と子機 XBee ZB との UART シリアルの送受信を行うサンプルです．あらかじめ設定したパスワードを使って XBee 間の通信パケットを暗号化します．

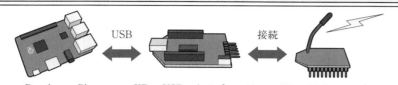

**親機**

Raspberry Pi ― USB ― XBee USB エクスプローラ ― 接続 ― XBee PRO ZB モジュール

| ファームウェア：ZIGBEE COORDINATOR API | | Coordinator | | API モード | |
|---|---|---|---|---|---|
| 電源：USB 5V → 3.3V | | シリアル：Raspberry Pi | | スリープ(9)： － | RSSI(6)：(LED) |
| DIO1(19)： － | DIO2(18)： － | | DIO3(17)： － | | Commissioning(20)：(SW) |
| DIO4(11)： － | DIO11(7)： － | | DIO12(4)： － | | Associate(15)：(LED) |
| その他：XBee ZB モジュールでも動作します（ただし通信可能範囲は狭くなる）． | | | | | |

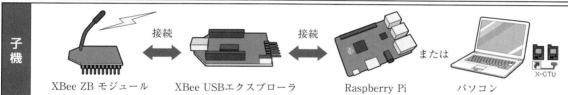

**子機**

XBee ZB モジュール ― 接続 ― XBee USB エクスプローラ ― 接続 ― Raspberry Pi または パソコン (X-CTU)

| ファームウェア：ZIGBEE ROUTER AT | | Router | | Transparent モード | |
|---|---|---|---|---|---|
| 電源：USB 5V → 3.3V | | シリアル：Raspberry Pi | | スリープ(9)： － | RSSI(6)：(LED) |
| DIO1(19)： － | DIO2(18)： － | | DIO3(17)： － | | Commissioning(20)：(SW) |
| DIO4(11)： － | DIO11(7)： － | | DIO12(4)： － | | Associate(15)：(LED) |
| その他：1 台の Raspberry Pi に，親機と子機の両方の動作をさせることも可能です． | | | | | |

**必要なハードウェア**
- Raspberry Pi 2 Model B または パソコン　　　　1～2 台
- 各社 XBee USB エクスプローラ　　　　　　　　2 個
- Digi International 社 XBee PRO ZB モジュール　　1 個
- Digi International 社 XBee ZB モジュール　　　　1 個
- USB ケーブルなど

本章の最後の**サンプル・プログラム 20** は，親機 XBee ZB モジュールと子機 XBee ZB モジュールとの間で暗号化したデータのシリアル送受信を行うサンプルです．Raspberry Pi を使用したシリアル通信の基本となる**サンプル・プログラム 18** のシリアル送受信に，暗号化を追加しました．

ハードウェアは，**サンプル・プログラム 16〜18** と同じ構成です．子機 XBee ZB モジュールの暗号設定の方法は**サンプル・プログラム 19** の説明を参照してください．親機のほうは**サンプル・プログラム 20** example20_enc.c をコンパイルして実行します（図 7-27）．子機にはシリアル・ターミナル xbee_at_term を使用します（図 7-28）．

もしくは，子機 XBee ZB モジュールにファームウェア ZIGBEE ROUTER API を書き込むことで，**サンプル・プログラム 20 を子機側で動かすこともできます**．ファームウェアが ZIGBEE ROUTER AT のままだと，「EXIT:NO RESP.」が表示され，動作しません．

親機と子機の両方でサンプル 20 を実行し，暗号化

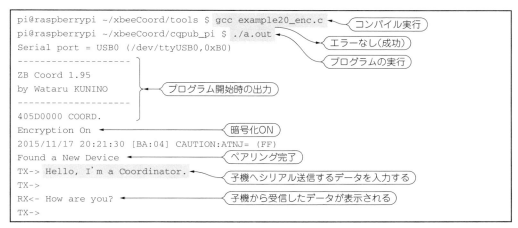

図7-27　サンプル・プログラム20の実行例（親機）

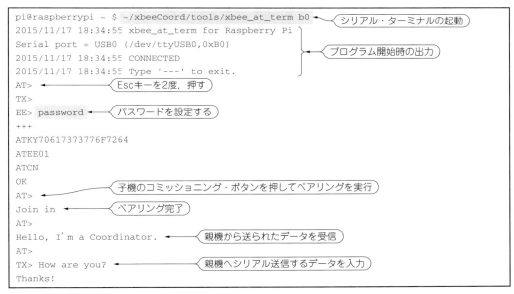

図7-28　子機のシリアル・ターミナル実行例

の設定が完了してから，親機もしくは子機のコミッショニング・ボタンを押します．コミッショニング通知が受けられない場合，10秒ほど待ってから再度，コミッショニング・ボタンを押します．

それでも接続できない場合は，一度，プログラムを終了して，親機と子機のそれぞれのネットワーク設定をリセットしてから，再度，プログラムを起動します．ネットワーク設定をリセットするにはtoolsフォルダ内のxbee_atcb04を実行，もしくは，親機と子機XBee ZBのコミッショニング・ボタンを4回，押下します．

以下に，**サンプル・プログラム20** example20_enc.cの暗号化およびペアリング処理について説明します．

① 送信時の宛て先となるIEEEアドレスの初期値を，変数devに代入します．この初期値は，ネットワー

## サンプル・プログラム 20　example20_enc.c

```c
/****************************************************************************
親機と子機との暗号化データの送受信
****************************************************************************/
#include <ctype.h>
#include "../libs/xbee.c"
#include "../libs/kbhit.c"

int main(int argc,char **argv){
    byte com=0xB0;                                              ①
    byte dev[]={0x00,0x00,0x00,0x00,0x00,0x00,0xFF,0xFF};   // 拡張 I/O コネクタの場合は 0xA0
    char s[32];                                                 // 相手先 XBee アドレス
    XBEE_RESULT xbee_result;                                    // 文字入力用
                                                                // 受信データ(詳細)
    if(argc==2) com += atoi(argv[1]);                           // 引き数があれば変数 com に値を加算する
    xbee_init( com );                                           // XBee 用 COM ポートの初期化
    if( xbee_atee_on("password") <= 1){           ②            // 暗号化 ON. password は 16 文字まで
        printf("Encryption On\n");                ③            // "password" -> 70617373776F7264
    }else{
        printf("Encryption Error\n");                           // 暗号化エラー表示
        exit(-1);
    }
    xbee_atnj( 0xFF );                            ④            // 子機 XBee デバイスを常に参加許可

    while(1){
        /* データ送信 */
        if( kbhit() ){
            fgets(s, 32, stdin);                                // キーボードからの文字入力
            xbee_uart( dev , s );                 ⑦            // 変数 s の文字を送信
            printf("TX-> ");                                    // 待ち受け中の表示
        }
        /* データ受信 */
        xbee_rx_call( &xbee_result );                           // XBee 子機からのデータを受信
        switch( xbee_result.MODE ){                             // 受信したデータの内容に応じて
            case MODE_UART:                                     // 子機 XBee からのテキスト受信
                printf("\nRX<- %s\nTX-> ", xbee_result.DATA );  // 受信データ等の表示
                break;
            case MODE_IDNT:                                     // 新しいデバイスを発見
                printf("\nFound a New Device\nTX-> ");          // 子機発見表示
     ⑤         bytecpy(dev, xbee_result.FROM, 8);               // 発見したアドレスを dev にコピー
                xbee_ratd_myaddress( dev );       ⑥            // 子機に親機のアドレス設定を行う
                xbee_uart( dev , "Join in\n" );                 // 「Join in」を返信
                break;
        }
    }
}
```

ク上の全デバイスを示すブロード・キャストです．このプログラムを子機 XBee ZB モジュールで使用する場合は，最後の 2 値を 0x00 にして宛て先を Coordinator にしても良いでしょう．以下は，親機側で使用することを前提にした説明です．子機で使用する場合は，親機と子機を入れ替えて読んで

ください．
② xbee_atee_on を使用して親機 XBee ZB に暗号化設定を行います．サンプルではパスワードを「password」に設定します．
③ LXTerminal に「Encryption On」を表示します．
④ 親機を，常時ジョイン許可の状態に設定します．暗号化を使用する場合，パスワードの異なる子機が本 ZigBee ネットワークに参加することはできません．したがって，誤接続の可能性が減るので，本サンプルではジョイン許可の制御を行っていません．
⑤ コミッショニング通知を受けたときに行う処理です．
⑥ コミッショニング・ボタンを押した子機 XBee ZB モジュールの IEEE アドレスを，変数 dev に保存します．
⑦ キーボードから入力した文字列を子機にシリアル・データ送信します．宛て先は変数 dev に保存された IEEE アドレスの XBee ZB モジュールです．プログラム実行後，コミッショニング通知を受け取っていない場合は，全 XBee ZB モジュールに送信します．同じプログラムを子機で実行し，双方向で互いに宛て先送信を行うには，それぞれ双方のコミッショニング・ボタンを押下する必要があります．
　この実験が終わり，次章の実験に進む場合は，暗号化を解除しておきます．解除方法は前節をご覧ください．また，引き続き暗号化通信を応用した実験を行う場合はパスワードを独自のものに変更してください．辞書に載っているような単語をパスワードに使用すると，総当たりでパスワードを自動試行され，侵入されるリスクが高まります．

### Column…7-12　文字コード UTF-8

　日本語を混在したテキストには，UTF-8，シフト JIS，JIS，EUC など，さまざまな文字コードがあります．インターネットで Web やメールが文字化けすることがあるのは，こういった文字コードの相違による問題です．本書ではシステム間での互換性の高い UTF-8 を使用します．
　Windows で UTF-8 の文字コードでテキスト・ファイルを保存する場合は，保存形式の選択が必要です．メモ帳であれば「名前を付けて保存」を選択し，文字コードのプルダウン・メニューから「UTF-8」を選びます．秀丸エディタであればファイルメニューの「エンコードの種類」から文字コードと改行コードを変更することが可能です（関連コラム 3-4）．

# [第8章]

# XBee ZBを使った実験用サンプル集

　本章では，これまでよりも実用的なアプリケーションを使ってXBee ZBモジュールの通信実験を行います．これらのサンプル・プログラムを応用すれば，実際に運用可能なシステムの構築も可能になるでしょう．

# 第1節　サンプル21　XBee Wall Routerで照度を測定する

**SAMPLE 21**

| Digi International製XBee Wall Routerで照度と温度を測定する ||||
|---|---|---|---|
| 実験用サンプル | | 通信方式：XBee ZB | 開発環境：Raspberry Pi |

Digi International社製のXBee Wall RouterもしくはXBee Sensorの照度と温度をRaspberry Piに接続した親機XBee ZBモジュールから読み取る実験用サンプルです．

| 親機 ||||
|---|---|---|---|

Raspberry Pi　　XBee USBエクスプローラ　　XBee PRO ZBモジュール

| ファームウェア：ZIGBEE COORDINATOR API || Coordinator || APIモード ||
|---|---|---|---|---|---|
| 電源：USB 5V → 3.3V | シリアル：Raspberry Pi | スリープ(9)： | － | RSSI(6)：(LED) ||
| DIO1(19)： | － | DIO2(18)： | － | DIO3(17)： | － | Commissioning(20)：(SW) ||
| DIO4(11)： | － | DIO11(7)： | － | DIO12(4)： | － | Associate(15)：(LED) ||
| その他：XBee ZBモジュールでも動作します(ただし通信可能範囲は狭くなる)． |||||||

| 子機 |
|---|

XBee Wall Router

| ファームウェア：ZIGBEE ROUTER AT || Router || Transparentモード ||
|---|---|---|---|---|---|
| 電源：ACコンセント | シリアル： | － | スリープ(9)： | － | RSSI(6)： | － |
| AD1(19)：照度センサ | AD2(18)：温度センサ || DIO3(17)： | － | Commissioning(20)：SW ||
| DIO4(11)： | － | DIO11(7)： | － | DIO12(4)： | － | Associate(15)：LED ||
| その他：照度センサ，温度センサの値は目安です．大きな誤差が生じます． |||||||

必要なハードウェア
- Raspberry Pi 2 Model B(本体，ACアダプタ，周辺機器など)　1式
- 各社XBee USBエクスプローラ　1個
- Digi International社 XBee PRO ZBモジュール　1個
- Digi International社 XBeeWall Router またはXBee Sensor　1台
- USBケーブルなど

　サンプル・プログラム21は，Digi International社製のXBee Wall Router(ウォールルータ)もしくは，XBee Sensorの照度センサと温度センサの測定値を，Raspberry Pi側の親機から取得する実験用サンプル・プログラムです．

　XBee Wall Routerは，コンセントに差し込んでXBee ZBの中継を行うための製品です．国内ではストロベリーリナックス社がレンジ・エクステンダーという名称で販売しています．

　XBee Wall Routerには，XBee PRO ZBモジュールと，照度センサ，温度センサ，そして電源回路が内蔵されています．ファームウェアは，ZIGBEE ROUTER AT，デバイス識別子ATDDの応答値は00 03 00 08です(後述)．また，内部ではアナログ入力AD1ポートに照度センサ，AD2ポートに温度センサが接続されています．

　まず，XBee Wall Routerの動作確認をしてみましょう．これまでどおり，親機Raspberry Piには，ファームウェアZIGBEE COORDINATOR APIが書かれたXBee PRO ZBモジュールを接続します．そして，

LXTerminal から xbee_test ツールを実行します.
XBee USB エクスプローラを USB0 に接続している
場合,以下のように入力します.

$ ~/xbeeCoord/tools/xbee_test␣B0⏎

末尾の B0 は,USB0 を示します.XBee PRO ZB
モジュールを拡張用 GPIO 端子の UART ポートに接
続した場合は,A0 を入力します.起動したら,XBee
Wall Router をコンセントに接続して,アソシエート
LED が点滅に変わるまで 10 秒ほどまってから,
XBee Wall Router のコミッショニング・ボタン(**写真
8-1**)を 1 度だけ押してペアリングを行います.

ペアリングに成功すると,LXTerminal に「recieved

**写真 8-1** Digi International 製 XBee Wall Router

```
pi@raspberrypi ~ $ cd ~/xbeeCoord/tools/
pi@raspberrypi ~/xbeeCoord/tools/ $ make
pi@raspberrypi ~/xbeeCoord/tools/ $ ~/xbeeCoord/tools/xbee_test B0
--------------------
Initializing
Serial port = USB0 (/dev/ttyUSB0,0xB0)
--------------------
ZB Coord 1.95
by Wataru KUNINO
--------------------
4055XXXX COORD.
2015/11/21 16:22:03 [9B:02] CAUTION:ATNJ= (FF)
Press 'h'+Enter to help, 'q!'+Enter to quit.
AT>
--------------------
recieved IDNT
--------------------
from :0013A200 405CXXXX 5F3F 5F3F
network:0013A200 2000FFFE
type :23 ZB_TYPE_ROUTER
Node ID:2000
Parent :FFFE
Event :01 Commissioning Pushbutton Event
status :02 Packet was a broadcast packet
AT>IS
--------------------
recieved RAT_RESP
--------------------
from :0013A200 405CXXXX
id :0E
status :00 OK
gpi1-0 :00000000 00000001
adc1-3 :805 660 65535
```

(入力)xbee_test の実行
Wall Router からのコミッショニング通知
データ取得コマンドを入力
Wall Router の AD1 ポートと AD2 ポートの値を受信

**図 8-1** xbee_test ツールの実行例

IDNT」と表示されます．表示されない場合は，再度コミッショニング・ボタンを押します．それでも反応がない場合は，XBee Wall Router のコミッショニング・ボタンを連続で4回押下し，初期化してからやり直します．

「recieved IDNT」が表示されれば，LXTerminal の「AT>」に続いて，「IS」を入力して，「Enter」キーを押すと，**図 8-1** のような応答を得ることができます．

```
AT> IS↵
```

また，デバイス識別子を得るには「RATDD↵」を入力します．応答値が，data[18] ～ data[21] の部分に表示されます．また，「PING↵」を入力すれば，DEV_TYPE_WALL が得られます．

それでは，**サンプル・プログラム 21** を動作させてみます．パソコンのキーボードの「Ctrl」キーを押しながら「C」を押下して xbee_test ツールを終了させてから，example21_wall.c をコンパイルし，実行してくださ

い．全サンプルを一括でコンパイルするには，LXTerminal から make コマンドを実行します．作成された実行ファイルを実行するには「.」と「/」に続けて（スペースを空けずに）実行ファイル名を入力します．

```
$ cd␣~/xbeeCoord/cqpub_pi/↵
$ make↵
$ ./example21_wall␣0↵
```

末尾の 0 は，USB シリアル・ポートです．USB0 (ttyUSB0) 以外の USB ポートの場合は，ポート番号を付与します．拡張用 GPIO 端子の UART ポートの場合は，-1 を付与します．終了するには「Ctrl」キーを押しながら「C」を押します．

プログラムを修正したときは，再度 make を実行すると，修正したプログラムだけがコンパイルされます．

サンプル・プログラムを実行してしばらくすると，「Waiting for XBee Commissioning」の表示が現れま

**サンプル・プログラム 21　example21_wall.c**

```
/****************************************************************************
Digi International 社 XBee Wall Router で照度と温度を測定する
****************************************************************************/

#include "../libs/xbee.c"
#define FORCE_INTERVAL   1000                           // データ要求間隔(およそ ms 単位)
#define TEMP_OFFSET      3.8         ←――――――――① // XBee Wall Router 内部温度上昇

void set_ports(byte *dev){  ←――――――――――②
    xbee_gpio_config( dev, 1 , AIN );                   // XBee 子機のポート 1 をアナログ入力へ
    xbee_gpio_config( dev, 2 , AIN );                   // XBee 子機のポート 2 をアナログ入力へ
}

int main(int argc,char **argv){

    byte com=0xB0;                                      // 拡張 I/O コネクタの場合は 0xA0
    byte dev[8];                                        // XBee 子機デバイスのアドレス
    byte id=0;                                          // パケット送信番号
    int trig = -1;                                      // データ要求するタイミング調整用
    float value;                 ←―――――――――③ // 受信データの代入用
    XBEE_RESULT xbee_result;                            // 受信データ(詳細)

    if(argc==2) com += atoi(argv[1]);                   // 引き数があれば変数 com に値を加算する
    xbee_init( com );                                   // XBee 用 COM ポートの初期化
    xbee_atnj( 0xFF );                                  // 親機に子機のジョイン許可を設定
    printf("Waiting for XBee Commissioning\n");         // 待ち受け中の表示

    while(1){
        /* データ送信 */
        if( trig == 0){
```

```
pi@raspberrypi ~ $ cd ~/xbeeCoord/cqpub_pi/        ← cqpub_piフォルダへ移動
pi@raspberrypi ~/xbeeCoord/cqpub_pi $ make         ← コンパイルの実行
gcc -Wall example01_rssi.c -o example01_rssi
gcc -Wall example02_led_at.c -o example02_led_at
            ～省略～                              ← プログラム開始時の出力
gcc -Wall example21_wall.c -o example21_wall
            ～省略～
pi@raspberrypi ~/xbeeCoord/cqpub_pi $ ./example21_wall 0    ← 実行
--------------------
Initializing
Serial port = USB0 (/dev/ttyUSB0,0xB0)
--------------------
ZB Coord 1.95
by Wataru KUNINO
--------------------
4055XXXX COORD.
2015/11/21 13:31:17 [E5:02] CAUTION:ATNJ= (FF)
Waiting for XBee Commissioning
Found a New Device
954.8 Lux, 23.6 degC
929.0 Lux, 23.6 degC      ← Wall Routerの照度と温度の値が表示される
27.0 Lux, 23.7 degC
58.6 Lux, 23.6 degC
```

**図 8-2 サンプル・プログラム 21 の実行例**

```c
            id = xbee_force( dev );                // 子機へデータ要求を送信
            trig = FORCE_INTERVAL;
        }
        if( trig > 0 ) trig--;                     // 変数 trig が正の整数のときに値を 1 減算

        /* データ受信(待ち受けて受信する) */
        xbee_rx_call( &xbee_result );              // データを受信
        switch( xbee_result.MODE ){                // 受信したデータの内容に応じて
            case MODE_RESP:                        // xbee_force に対する応答のとき
                if( id == xbee_result.ID ){        // 送信パケット ID が一致
                    // 照度測定結果を value に代入して printf で表示する
                    value = xbee_sensor_result( &xbee_result, LIGHT );   ← ④
                    printf("%.1f Lux, " , value );
                    // 温度測定結果を value に代入して printf で表示する
                    value = xbee_sensor_result( &xbee_result, TEMP );    ← ⑤
                    value -= TEMP_OFFSET;                                ← ⑥
                    printf("%.1f degC\n" , value );
                }
                break;
            case MODE_IDNT:                        // 新しいデバイスを発見
                printf("Found a New Device\n");
                bytecpy(dev, xbee_result.FROM, 8); // 発見したアドレスを dev にコピーする
                xbee_atnj(0);                      // 親機 XBee に子機の受け入れ制限
                xbee_ratnj(dev,0);                 // 子機に対して孫機の受け入れを制限
                set_ports( dev );           ← ⑦   // 子機の GPIO ポートの設定
                trig = 0;                          // 子機へデータ要求を開始
                break;
        }
    }
}
```

す．この状態で，XBee Wall Routerのコミッショニング・ボタンを1回だけ押下すると，「Found a New Device」が表示され，およそ1秒間隔でXBee Wall Routerの照度センサと温度センサの値を取得します．

実行例を，図8-2に示します．照度センサの測定値は，単位「Lux」が付与された値で，温度センサは，単位「decC」で表示された値です．ただし，どちらの値も正確な値ではありません．XBee Wall Routerの各センサの部品の偏差を考慮していないからです．また，XBee Wall Router自身の発熱によって4℃くらいの内部温度上昇も生じます．

部品の偏差による問題は，正しい測定器との違いから補正することもできます．例えば，120Luxの環境における照度センサの測定結果が100Luxだった場合は，

```
    value *= 1.2;
```

のようにセンサ値を1.2倍に乗算して補正します．10Lux付近と100Lux付近，1000Lux付近など複数の領域に応じて異なる乗数を使用すると，より精度が高まるでしょう．また，照度測定値が1200Luxを超えた場合，A-D変換器の最大入力電圧を超過し，アナログ電圧を比較するための基準電圧が変動してしまいます．XBee Wall Routerの設置場所を工夫して，1200Lux以下になる環境で使用してください．

温度センサについては，センサ値を減算して補正します．例えば，前述の内部温度などの影響で28℃の環境で32℃のセンサ値が得られた場合は，

```
    value -= 4.0;
```

のようにセンサ値から4度の減算を行うようにします．このような内部温度上昇の問題は，内部に電子回路が存在する限り，大なり小なり発生します．

内部温度の影響を抑える一般的な方法として，内部の消費電力を抑える方法，センサ部を分離する方法，ファンなどの吸気部の温度を測定する方法などがあります．

しかし，XBee Wall Routerの場合は安全面や法規制上，筐体が開けられない構造になっているので，そういった対策が行えません．また，AC配線を引き出すことは極めて危険です．そこで，1時間ほど通電したWall Routerの測定値と，実際の環境温度との差を減算する簡単な補正方法を用います．

**サンプル・プログラム21** example21_wall.cの処理内容は，**サンプル・プログラム15**とほぼ同じです．ここでは**サンプル・プログラム15**と異なる部分について説明します．

① 温度センサの測定値を補正するための定数TEMP_OFFSETを定義します．
② set_portsは，プログラムのmain内の⑦の部分で使用する自作の命令です．xbee_gpio_config命令を使ってXBee子機のポート1とポート2をアナログ入力に設定する処理を行います．
③ 測定結果を代入するための浮動小数点数型の変数valueを定義します．
④ xbee_sensor_resultは，受信結果から測定値を取り出す関数です．受信データが含まれる構造体変数xbee_resultと，取り出したい照度LIGHTを指定すると，照度の測定結果が変数valueに代入されます．
⑤ xbee_sensor_resultの第2引き数に，温度TEMPを指定し，温度を得ます．
⑥ 温度の補正を行うために，測定値からTEMP_OFFSETを減算します．
⑦ XBee Wall Routerのコミッショニング・ボタンが押されたときに，ステップ②の関数set_portsを呼び出し，XBee Wall Router内のXBee PRO ZBモジュールのGPIO設定を行います．

# 第2節 サンプル22 XBee Sensorで照度と温度を測定する

**SAMPLE 22**

| Digi International社 XBee Sensorで照度と温度を測定する | | |
|---|---|---|
| 実験用サンプル | 通信方式：XBee ZB | 開発環境：Raspberry Pi |

Digi International社のXBee XBee Sensorの照度と温度をRaspberry Piに接続した親機XBee ZBモジュールから読み取る実験用サンプルです．子機はZigBee End Deviceとして低消費電力で動作します．

**親機**

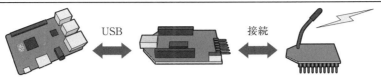

Raspberry Pi　　XBee USBエクスプローラ　　XBee PRO ZBモジュール

| ファームウェア：ZIGBEE COORDINATOR API | | Coordinator | | APIモード | |
|---|---|---|---|---|---|
| 電源：USB 5V → 3.3V | シリアル：Raspberry Pi | スリープ(9)： | － | RSSI(6)： | (LED) |
| DIO1(19)： | － | DIO2(18)： | － | DIO3(17)： | Commissioning(20)：(SW) |
| DIO4(11)： | － | DIO11(7)： | － | DIO12(4)： | Associate(15)：(LED) |
| その他：XBee ZBモジュールでも動作します（ただし通信可能範囲は狭くなる）． | | | | | |

**子機**

XBee Sensor

| ファームウェア：ZIGBEE END DEVICE AT | | End Device | | Transparentモード | |
|---|---|---|---|---|---|
| 電源：乾電池3本 4.5V | シリアル： － | スリープ(9)： | － | RSSI(6)： | － |
| AD1(19)：照度センサ | AD2(18)：温度センサ | DIO3(17)： | － | Commissioning(20)：SW | |
| DIO4(11)： － | DIO11(7)：バッテリ検出 | DIO12(4)： | － | Associate(15)：LED | |
| その他：照度センサ，温度センサの値は目安です． | | | | | |

必要なハードウェア
- Raspberry Pi 2 Model B (本体，ACアダプタ，周辺機器など)　1式
- 各社 XBee USBエクスプローラ　1個
- Digi International社 XBee PRO ZBモジュール　1個
- Digi International社 XBee Sensor　1台
- USBケーブルなど

サンプル・プログラム22は，子機となるDigi International製のXBee Sensor（**写真8-2**）の照度センサと温度センサによる測定値を，Raspberry Pi側の親機XBeeで読み取る実験用サンプルです．

照度と温度の測定が可能なXBee Sensor /L/Tは，ZigBee End Deviceによる低消費電力動作が可能で，単3アルカリ乾電池で数年〜6年間のバッテリ寿命（メーカ仕様）を実現することが可能なデバイスです．また，XBee Wall Routerよりも内部発熱が少ないの

**写真8-2** Digi International社 XBee Sensor

表8-1 用途が決められているZigBeeのIEEEアドレス

| 型　名 | サンプル動作 | 照度センサ | 温度センサ | 湿度センサ | ATDD応答値 | PING応答値 |
|---|---|---|---|---|---|---|
| XBee Sensor /L/T | ◯ | ◯ | ◯ | × | 00 03 00 0E | 0E |
| XBee Sensor /L/T/H | ◯ | ◯ | ◯ | ◯ | 00 03 00 0D | 0D |
| XBee Sensor Adapter | × | Watchport Sensors | | | 00 03 00 07 | 07 |

で，より正確な結果が得られます．

開発用のリファレンス機としても，実使用目的にも，とても有用なデバイスですが，残念ながら単品では入手しにくいのが難点です．

なお，XBee Sensorが登場する前に販売されていたXBee（1-wire）Sensor Adapterという旧製品は，XBee Sensor Adapter専用の通信フォーマットを使用しなければならないため，本書のサンプルでは動作しません．表8-1に，Digi International製のセンサ・デバイスとサンプル・プログラム動作等の対応表を示します．表中の「PING応答値」は，XBee用テスト・ツールxbee_testのPING命令や，xbee_ping関数を使って得られるデバイス属性値です．

XBee Sensorに乾電池を取り付けるには，本体の下側面にあるビスを外し，裏カバーを外します（古いバージョンBには，本体の上側面にもビスがある）．

電池用の端子だけで電池を固定する構造に不安を感じるかもしれませんが，裏カバー側に電池を保持する加工が施されています．これまでに，使用中に電池が外れたことはありません．

**サンプル・プログラム22**の動かし方は，**サンプル・プログラム21**と同様に，makeコマンドでコンパイルしたexample22_sens.cを実行してみましょう．ただし，XBee Sensorのファームウェアには，ZIGBEE END DEVICE ATを使用してください．購入時のままでも大丈夫です．

初めてZigBeeネットワークに接続するときは，XBee Sensorの電源を入れてから10秒くらい待って（アソシエートLEDが点滅に変わって）から，XBee Sensorのコミッショニング・ボタンを1回だけ押します．反応がない場合は，数秒待ってから，もう一度，コミッショニング・ボタンを押します．それでも接続できない場合は，コミッショニング・ボタンを連続で

写真8-3　XBee Sensorに電池を取り付ける

4回連続押下して，XBee Sensorのネットワーク設定を初期化してからやり直します．

動作の見た目は，前回の**サンプル・プログラム21**と同じです．しかし，Routerデバイスに比べて，非常に低い消費電力で動作しています．

また，**サンプル・プログラム21** example22_sens.cには，取得指示がありません．XBee Sensorから定期的にデータが自動で送られてきて，それを受信します．

① xbee_end_deviceは，End Deviceに設定されたXBee ZBモジュールを低消費電力モードで動作させるための命令です．この命令は，XBee Sensorからのコミッショニング通知を受け取ったときに，ステップ④のset_portsから呼び出されます．引き数のdevは，設定先の子機（すなわちXBee Sensorの）IEEEアドレスです．続いてXBee Sensorの起動間隔を3秒に，測定間隔を3秒に設定します．長いほど電池が長持ちします．第4引き数の0は，XBee ZBモジュールのSLEEP_RQ端子からの起動設定です．ここでは無効に設定します．

② 照度センサによる測定結果を照度値に変換して，

## サンプル・プログラム 22　example22_sens.c

```c
/****************************************************************************
Digi International 社 XBee Sensor で照度と温度を測定する
****************************************************************************/

#include "../libs/xbee.c"

void set_ports(byte *dev){
    /* XBee 子機の GPIO を設定 */
    xbee_gpio_config( dev, 1 , AIN );                // XBee 子機ポート 1 をアナログ入力へ
    xbee_gpio_config( dev, 2 , AIN );                // XBee 子機ポート 2 をアナログ入力へ
    /* XBee 子機をスリープに設定 */
    xbee_end_device(dev, 3, 3, 0);          ←──①   // 起動間隔 3 秒，測定間隔 3 秒
}                                                    // SLEEP 端子無効

int main(int argc,char **argv){

    byte com=0xB0;                                   // 拡張 I/O コネクタの場合は 0xA0
    byte dev[8];                                     // XBee 子機デバイスのアドレス
    float value;                                     // 受信データの代入用
    XEEE_RESULT xbee_result;                         // 受信データ(詳細)

    if(argc==2) com += atoi(argv[1]);                // 引き数があれば変数 com に値を加算する
    xbee_init( com );                                // XBee 用 COM ポートの初期化
    xbee_atnj( 0xFF );                               // 親機に子機のジョイン許可を設定
    printf("Waiting for XBee Commissioning\n");      // 待ち受け中の表示

    while(1){
        /* データ受信(待ち受けて受信する) */
        xbee_rx_call( &xbee_result );                // データを受信
        switch( xbee_result.MODE ){                  // 受信したデータの内容に応じて
            case MODE_GPIN:                          // 子機 XBee の自動送信の受信
                // 照度測定結果を value に代入して printf で表示する
                value = xbee_sensor_result( &xbee_result, LIGHT );  ←──②
                printf("%.1f Lux, " , value );
                // 温度測定結果を value に代入して printf で表示する
                value = xbee_sensor_result( &xbee_result, TEMP );   ←──③
                printf("%.1f degC\n" , value );
                break;
            case MODE_IDNT:                          // 新しいデバイスを発見
                printf("Found a New Device\n");
                bytecpy(dev, xbee_result.FROM, 8);   // 発見したアドレスを dev にコピー
                xbee_atnj(0);                        // 子機 XBee デバイスの参加拒否設定
                set_ports( dev );            ←──④   // 子機の GPIO ポートの設定
                break;
        }
    }
}
```

value に代入します(その次の行で値を表示する).
③ 温度センサによる測定結果を，value に代入します(その次の行で値を表示する).
④ 本プログラムの前半の set_ports 関数を呼び出して，XBee Sensor の設定を実行します.
　なお，得られた値は，明るさや温度に応じた参考値です．本センサによる測定結果を使ったシステムを実際に運用する際には，測定結果の十分な検証が必要です．また，照度に関して Digi International 社は lux(ルクス)単位への変換方法を開示しておりません．明るさの目安と考えてください．

# 第3節 サンプル23 XBee Smart Plugで消費電流を測定する

| SAMPLE 23 | Digi International社 XBee Smart Plugで消費電流を測定する | | |
|---|---|---|---|
| | 実験用サンプル | 通信方式：XBee ZB | 開発環境：Raspberry Pi |

Digi International社のXBee Smart Plugに接続した家電の消費電力をRaspberry Piに接続した親機XBee ZBモジュールから読み取る実験用サンプルです．

| 親機 | | | |
|---|---|---|---|

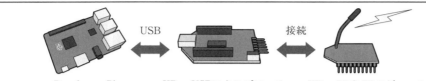

Raspberry Pi　　XBee USBエクスプローラ　　XBee PRO ZBモジュール

| ファームウェア：ZIGBEE COORDINATOR API | | Coordinator | | APIモード | |
|---|---|---|---|---|---|
| 電源：USB 5V → 3.3V | シリアル：Raspberry Pi | スリープ(9)： | − | RSSI(6)：(LED) | |
| DIO1(19)： − | DIO2(18)： − | DIO3(17)： | − | Commissioning(20)：(SW) | |
| DIO4(11)： − | DIO11(7)： − | DIO12(4)： | − | Associate(15)：(LED) | |
| その他：XBee ZBモジュールでも動作します(ただし通信可能範囲は狭くなる)． | | | | | |

| 子機 |
|---|

XBee Smart Plug　　AC接続　　家電(AC 100V ※600W以下)

| ファームウェア：ZIGBEE ROUTER AT | | Router | | Transparentモード | |
|---|---|---|---|---|---|
| 電源：ACコンセント | シリアル： − | スリープ(9)： | − | RSSI(6)： | − |
| AD1(19)：照度センサ | AD2(18)：温度センサ | AD3(17)：電流センサ | | Commissioning(20)：SW | |
| DIO4(11)： − | DIO11(7)： − | DIO12(4)： | − | Associate(15)：LED | |
| その他：照度センサ，温度センサの値は目安です．家電の消費電力は600W以下のものに限ります． | | | | | |

必要なハードウェア
- Raspberry Pi 2 Model B(本体，ACアダプタ，周辺機器など)　1式
- 各社 XBee USBエクスプローラ　1個
- Digi International社 XBee PRO ZBモジュール　1個
- Digi International社 XBee XBee Smart Plug　1台
- 家電(AC100V，600W以下，使用中にAC断が可能なもの)　1台
- USBケーブルなど

　Digi International製のXBee Smart Plugに接続したAC100Vの家電の消費電力を，Raspberry Pi側の親機XBee ZBで読み取る実験用サンプルです．

　XBee Smart Plugは，Digi International社のACアウトレット(コンセント)付きのACアダプタです．AC100Vのコンセントに接続して実験を行うことが可能です．ただし，プラグ形状がアース付の3Pコンセント用になっています．1口の延長コードや3P-2P変換プラグなどを使用して実験することも可能ですが，発熱や発火，漏電などの事故のリスクを高めます．

　また，XBee Smart Plugは国内の電気用品安全法による規制に適合しておらず，PSEマークがありません．このため，コンセントに接続して継続的に使用することはできません．さらに，法律上，一般の消費者向けに販売することもできません．

　本品は，評価用・研究用の位置付けでストロベリーリナックス社から販売されています．本書においても，適切な管理下で実験用として使用することを想定

しています．なお，出版社および筆者は，いかなる損害についても補償いたしません．使用する場合は，すべて使用者の責任となります．

XBee Smart Plugの機能は豊富です．ちょうど，XBee Wall RouterにAC電流センサとリレー・ユニットを内蔵したような製品です．とはいっても，照度センサと温度センサ，電流センサのすべてのセンサの測定精度が悪く，目安にしかなりません．例えば，私の保有しているXBee Smart Plugでは，実際よりも7℃くらい高めの温度測定結果が得られました．

照度センサと温度センサ，電流センサはXBee Smart Plugの内部で，XBee PRO ZBモジュールのアナログ入力AD1～AD3ポートに接続されています．照度センサはAD1ポート，温度センサはAD2ポート，消費電流センサは交流を直流1.2V未満に変換してからAD3ポートに接続されています．

写真8-4　Digi International社 XBee Smart Plug

本来，家電の消費電力を測定するには，電流センサと電圧センサの二つの瞬間的な値を乗算する必要があります．しかし，XBee Smart Plugには電圧センサが内蔵されていないので，正しい消費電力を測ることができません．白熱電球やヒーターなどの電熱機器については電圧と同じ位相で電流が流れるため，電流値

**サンプル・プログラム23　example23_plug.c**

```
/****************************************************************
Digi International社 XBee Smart Plugで消費電流を測定する
****************************************************************/

#include "../libs/xbee.c"
#define FORCE_INTERVAL  1000                    // データ要求間隔（およそms単位）
#define TEMP_OFFSET     7.12                    // XBee Smart Plug 内部温度上昇

void set_ports(byte *dev){
    xbee_gpio_config( dev, 1 , AIN );           // XBee 子機のポート1をアナログ入力AINへ
    xbee_gpio_config( dev, 2 , AIN );      ─①   // XBee 子機のポート2をアナログ入力AINへ
    xbee_gpio_config( dev, 3 , AIN );           // XBee 子機のポート3をアナログ入力AINへ
    xbee_gpio_config( dev, 4 , DOUT_H );   ─②   // XBee 子機のポート3をディジタル出力へ
}

int main(int argc,char **argv){

    byte com=0xB0;                              // 拡張I/Oコネクタの場合は0xA0
    byte dev[8];                                // XBee 子機デバイスのアドレス
    int trig = -1;                              // データ要求するタイミング調整用
    float value;                                // 受信データの代入用
    XBEE_RESULT xbee_result;                    // 受信データ（詳細）

    if(argc==2) com += atoi(argv[1]);           // 引き数があれば変数comに値を加算する
    xbee_init( com );                           // XBee用COMポートの初期化
    xbee_atnj( 0xFF );                          // 親機に子機のジョイン許可を設定
    printf("Waiting for XBee Commissioning\n"); // 待ち受け中の表示

    while(1){
        /* データ送信 */
        if( trig == 0){
```

に100Vを乗算するだけで消費電力に近い値が得られます．しかし，モータのように位相が変化する機器や，ディジタル機器のように断続的に電流を消費する機器，ドライヤなどの半波整流による強弱切り換え回路については，目安値しか測れません．

XBee用テスト・ツールxbee_testのPING命令や，xbee_ping関数を使って得られるデバイス属性値は0Fです．RATDDコマンドでは00 03 00 0Fが得られます．

**サンプル・プログラム23** example23_plug.c のコンパイル方法，実行方法はこれまでと同じです．XBee Smart Plugの側面のACアウトレットに，電気スタンドやラジオ，ステレオなどの家電のACプラグを接続してからサンプルを実行します．ただし，接続可能な家電は600W以下のもので，AC電源の入切で危険や故障を伴わないものに限ります．

**サンプル・プログラム21**からのおもな変更点は，以下の三つです．

① xbee_gpio_configを使用して，XBee Smart Plug内にあるXBee PRO ZBモジュールのAD1～AD3ポートをアナログ入力に設定します．消費電力は，AD3に入力されます．

② xbee_gpio_configを使用して，DIO4ポートの出力をHighレベルに設定します．XBee Smart Plug内のXBee PRO ZBモジュールのポート4には，リレー・ユニットが接続されています．ポート4をHighレベルに設定することで，側面のACアウトレットに100Vが給電されます．

③ xbee_sensor_resultを使用し，2番目の引き数にWATTを指定することで，受信結果から消費電力を得ることができます．また変数valueに結果を代入します（次の行で表示する）．

**サンプル・プログラム23　example23_plug.c（つづき）**

```
            xbee_force( dev );                          // 子機へデータ要求を送信
            trig = FORCE_INTERVAL;
        }
        if( trig > 0 ) trig--;                          // 変数trigが正の整数のときに値を減算

        /* データ受信（待ち受けて受信する） */
        xbee_rx_call( &xbee_result );                   // データを受信
        switch( xbee_result.MODE ){                     // 受信したデータの内容に応じて
            case MODE_RESP:                             // xbee_forceに対する応答のとき
                // 照度測定結果をvalueに代入してprintfで表示する
                value = xbee_sensor_result( &xbee_result, LIGHT);
                printf("%.1f Lux, " , value );
                // 温度測定結果をvalueに代入してprintfで表示する
                value = xbee_sensor_result( &xbee_result, TEMP);
                value -= TEMP_OFFSET;
                printf("%.1f degC, " , value );
                // 電力測定結果をvalueに代入してprintfで表示する
                value = xbee_sensor_result( &xbee_result,WATT);  ◀―――――③
                printf("%.1f Watts\n" , value );
                break;
            case MODE_IDNT:                             // 新しいデバイスを発見
                printf("Found a New Device\n");
                bytecpy(dev, xbee_result.FROM, 8);      // 発見したアドレスをdevにコピーする
                xbee_atnj(0);                           // 親機XBeeに子機の受け入れ制限
                xbee_ratnj(dev,0);                      // 子機に対して孫機の受け入れを制限
                set_ports( dev );                       // 子機のGPIOポートの設定
                trig = 0;                               // 子機へデータ要求を開始
                break;
        }
    }
}
```

# 第4節 サンプル24 自作ブレッドボード・センサで照度測定を行う

## SAMPLE 24

自作ブレッドボード・センサで照度測定を行う
実験用サンプル　　通信方式：XBee ZB　　開発環境：Raspberry Pi

XBeeを搭載した照度センサを製作し，Raspberry Piに接続した親機XBeeから照度センサの値をリモート取得します．

### 親機

Raspberry Pi ⇔ USB ⇔ XBee USBエクスプローラ ⇔ 接続 ⇔ XBee PRO ZBモジュール

| ファームウェア：ZIGBEE COORDINATOR API | | Coordinator | APIモード |
|---|---|---|---|
| 電源：USB 5V → 3.3V | シリアル：Raspberry Pi | スリープ(9)： – | RSSI(6)：(LED) |
| DIO1(19)： – | DIO2(18)： – | DIO3(17)： – | Commissioning(20)：(SW) |
| DIO4(11)： – | DIO11(7)： – | DIO12(4)： – | Associate(15)：(LED) |
| その他：XBee ZBモジュールでも動作します（ただし通信可能範囲は狭くなる）． | | | |

### 子機

XBee ZBモジュール ⇔ 接続 ⇔ ピッチ変換 ⇔ 接続 ⇔ ブレッドボード ⇔ 接続 ⇔ 照度センサ

| ファームウェア：ZIGBEE END DEVICE AT | | End Device | Transparentモード |
|---|---|---|---|
| 電源：乾電池2本 3V | シリアル： – | スリープ(9)： – | RSSI(6)：(LED) |
| AD1(19)：照度センサ | DIO2(18)： – | DIO3(17)： – | Commissioning(20)：SW |
| DIO4(11)： – | DIO11(7)： – | DIO12(4)： – | Associate(15)：LED |
| その他：照度センサの電源にON/SLEEP(13)を使用します． | | | |

### 必要なハードウェア

- Raspberry Pi 2 Model B（本体，ACアダプタ，周辺機器など）　1式
- 各社 XBee USB エクスプローラ　1個
- Digi International社 XBee PRO ZBモジュール　1個
- Digi International社 XBee ZBモジュール　1個
- XBee ピッチ変換基板　1式
- ブレッドボード　1個
- 照度センサ NJL7502L 1個，抵抗1kΩ 2個，高輝度LED 1個，コンデンサ0.1μF 1個，スイッチ1個
  単3×2直列電池ボックス1個，単3電池2個，ブレッドボード・ワイヤ適量，USBケーブルなど

ここでは，ブレッドボードを使って，自作の子機XBee搭載センサを製作します．親機となるRaspberry Piから，子機のアナログ入力用AD1ポートに接続した照度センサの値を取得します．また，子機XBeeのファームウェアにZIGBEE END DEVICEを使用することで，乾電池による長期間駆動を実現します．

照度センサには，秋月電子通商などで売られている新日本無線のNJL7502L（**写真8-5**）を使用します．照

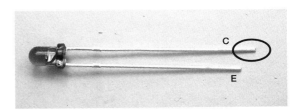

**写真8-5　照度センサ NJL7502L**

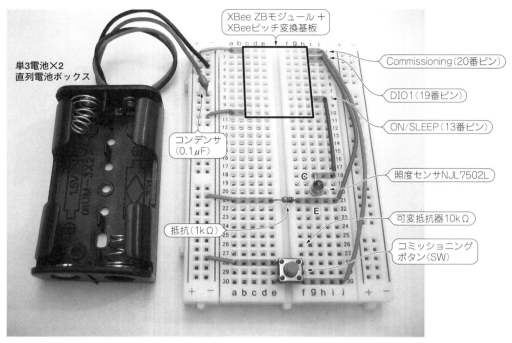

写真 8-6　子機 XBee 搭載センサ配線例

度センサのコレクタ(C)側を XBee ZB モジュールの ON/SLEEP 端子(13番ピン)に接続して，センサに電源を供給します．また，エミッタ(E)出力側を AD1 ポート(19番ピン)と抵抗(1kΩ)に接続し，抵抗の反対側をブレッドボードの縦ラインのマイナス(−)側に接続します(**写真 8-6**)．

XBee ZB モジュールの ON/SLEEP 端子は，XBee ZB モジュール内のマイコンが動作しているときだけ High レベルを出力します．High レベル時の電圧は XBee ZB モジュールの電源電圧とほぼ同じで，約 4mA までの電流を出力することができます．ここでは，照度センサの電源として使用することで，必要なときだけ照度センサを動かします．

この子機は，何日もの長期間にわたって，乾電池で動作させることができます．親機 XBee ZB モジュールのファームウェアには，これまでどおり ZIGBEE COORDINATOR API を使用しますが，子機の XBee ZB モジュールには，ZIGBEE END DEVICE AT を使用します．ファームウェアの書き換え方法について

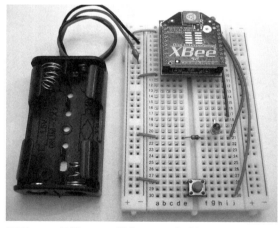

写真 8-7　子機 XBee 搭載センサ完成例

は第6章第5節(86ページ)を参照してください．

XBee ZB モジュールと XBee ピッチ変換基板を装着した完成例を，**写真 8-7** に示します．

**サンプル・プログラム 24** example24_mysns_f.c のコンパイル方法や実行方法は，これまでと同じです．

## サンプル・プログラム 24　example24_mysns_f.c

```c
/******************************************************************************
自作ブレッドボード・センサで照度測定を行う
******************************************************************************/
#include "../libs/xbee.c"
#define FORCE_INTERVAL   5000                       // データ要求間隔(およそ ms 単位)

void set_ports(byte *dev){
    xbee_gpio_config( dev, 1 , AIN );               // XBee 子機のポート 1 をアナログ入力へ
    xbee_end_device( dev, 3, 0, 0);  ←───────── ①   // 起動間隔 3 秒, 自動測定無効
}

int main(int argc,char **argv){
    byte com=0xB0;                                  // 拡張 I/O コネクタの場合は 0xA0
    byte dev[8];                                    // XBee 子機デバイスのアドレス
    byte id=0;                                      // パケット送信番号
    int trig = -1;                                  // データ要求するタイミング調整用
    float value;                                    // 受信データの代入用
    XBEE_RESULT xbee_result;                        // 受信データ(詳細)

    if(argc==2) com += atoi(argv[1]);               // 引き数があれば変数 com に値を加算する
    xbee_init( com );                               // XBee 用 COM ポートの初期化
    xbee_atnj( 0xFF );                              // 親機に子機のジョイン許可を設定
    printf("Waiting for XBee Commissioning\n");     // 待ち受け中の表示

    while(1){
        /* データ送信 */
        if( trig == 0){
            id = xbee_force( dev );                 // 子機へデータ要求を送信
            trig = FORCE_INTERVAL;
        }
        if( trig > 0 ) trig--;                      // 変数 trig が正の整数のときに値を減算

        /* データ受信(待ち受けて受信する) */
        xbee_rx_call( &xbee_result );               // データを受信
        switch( xbee_result.MODE ){                 // 受信したデータの内容に応じて
            case MODE_RESP:                         // xbee_force に対する応答のとき
                if( id == xbee_result.ID ){         // 送信パケット ID が一致
                    // 照度測定結果を value に代入して printf で表示する
                    value = (float)xbee_result.ADCIN[1] * 3.55;  ←───────── ②
                    printf("%.1f Lux\n" , value );
                }
                break;
            case MODE_IDNT:                         // 新しいデバイスを発見
                printf("Found a New Device\n");
                bytecpy(dev, xbee_result.FROM, 8);  // 発見したアドレスを dev にコピーする
                xbee_atnj(0);                       // 親機 XBee に子機の受け入れ制限
                set_ports( dev );                   // 子機の GPIO ポートの設定
                trig = 0;                           // 子機へデータ要求を開始
                break;
        }
    }
}
```

Raspberry Pi の LXTerminal からサンプルを実行し、ペアリングを実施します。ペアリング完了後、およそ 5 秒間隔で照度値を表示します。

この子機 XBee 搭載センサは、ZigBee ネットワークへの参加完了後 30 秒を過ぎると、省電力モードに移行します。省電力モード動作中の子機 XBee 搭載セ

ンサのアソシエート LED は，3 秒ごとに一瞬だけ点滅します．XBee ZB モジュールは，このわずかな点灯期間中に動作し，消灯中は電流の消費を抑えます．

プログラムは**サンプル・プログラム 21 〜 23** に似ています．**サンプル・プログラム 22** と同様に，End Device 用に省電力設定を行いつつ，**サンプル・プログラム 21** や**サンプル・プログラム 23** と同様に定期的に取得指示を送信します．

① xbee_end_device を使用して，子機を低消費電力に設定します．ここでは起動を 3 秒間隔に，自動送信と SLEEP_RQ 端子からの入力を無効に設定します．
② xbee_force を使用して，子機 XBee 搭載センサにデータの取得指示を送信します．この命令の戻り値である送信パケット ID（後述）を変数 id に代入します．
③ 取得指示の送信パケット ID（後述）と，受信したパケット ID とが一致しているかどうかを確認します．データを受信する命令 xbee_rx _call の実行後，構造体変数 xbee_result の要素（メンバ）ID に，受信パケットの ID が代入されます．
④ xbee_result の要素 ADCIN[1] には，子機 XBee Z3 モジュールのアナログ AD ポート 1 の電圧に応じた 0 〜 1023 までの値が代入されます．照度 Lux（ルクス）に変換するための定数 3.55 を乗算して照度を value に代入します．

このサンプルでは，取得指示のパケット ID と同じパケット ID のデータを受け取ったときだけ，受信結果を表示します．パケット ID は送信が発生するたびに一つずつカウント・アップする 1 〜 255 までの番号です．ZigBee ネットワークでは Router による中継が行われるので，パケットがかならずしも送信順に届けられるとは限りません．また，親機は，子機のスリープ中のパケット送信を保留するので，2 個以上の取得指示を同時に送信してしまうこともあります．

そこで，本サンプルでは取得指示を要求したときのパケット ID と，応答パケットの ID との一致を確認し，最新の取得指示による応答パケットだけを表示するようにしました．

このプログラムでは，親機は約 5 秒間隔で取得指示を行い，子機は 3 秒間隔でスリープと起動を繰り返します．それでは，もし子機の取得間隔を 1 秒にしたら，どうなるでしょうか．子機は 3 秒に 1 度しか起動しないので，およそ 3 回中 2 回の割合で受信したパケットの表示が実行されません．このような無駄を防止するために，子機のスリープ間隔よりも取得指示間隔を長くしました．

なお，この照度センサで得られる照度値は目安です．また，強い照度の光を受けると誤作動する場合もあります．また，取得間隔についても，Raspberry Pi のモデルの違いや今後のバージョンアップ等により，変化する場合があります．

# 第5節　サンプル25　自作ブレッドボード・センサの測定値を自動送信する

**SAMPLE 25**　自作ブレッドボード・センサの測定値を自動送信する
実験用サンプル　　　　　　　　通信方式：XBee ZB　　　　　開発環境：Raspberry Pi

XBeeを搭載した照度センサの測定値を一定間隔で自動的に親機XBeeに送信し，受け取った結果をRaspberry Piに表示します．

## 親機

Raspberry Pi ― USB ― XBee USBエクスプローラ ― 接続 ― XBee PRO ZBモジュール

| ファームウェア：ZIGBEE COORDINATOR API | | Coordinator | | APIモード | |
|---|---|---|---|---|---|
| 電源：USB 5V → 3.3V | | シリアル：Raspberry Pi | | スリープ(9)： | － | RSSI(6)：(LED) |
| DIO1(19)： | － | DIO2(18)： | － | DIO3(17)： | － | Commissioning(20)：(SW) |
| DIO4(11)： | － | DIO11(7)： | － | DIO12(4)： | － | Associate(15)：(LED) |
| その他：XBee ZBモジュールでも動作します（ただし通信可能範囲は狭くなる）． | | | | | | |

## 子機

XBee ZBモジュール ― 接続 ― ピッチ変換 ― 接続 ― ブレッドボード ― 接続 ― 照度センサ

| ファームウェア：ZIGBEE END DEVICE AT | | End Device | | Transparentモード | |
|---|---|---|---|---|---|
| 電源：乾電池2本 3V | | シリアル： | － | スリープ(9)： | － | RSSI(6)：(LED) |
| AD1(19)：照度センサ | | DIO2(18)： | － | DIO3(17)： | － | Commissioning(20)：SW |
| DIO4(11)： | － | DIO11(7)： | － | DIO12(4)： | － | Associate(15)：LED |
| その他：照度センサの電源にON/SLEEP(13)を使用します． | | | | | | |

### 必要なハードウェア
- Raspberry Pi 2 Model B（本体，ACアダプタ，周辺機器など）　1式
- 各社 XBee USB エクスプローラ　1個
- Digi International社 XBee FRO ZB モジュール　1個
- Digi International社 XBee ZB モジュール　1個
- XBee ピッチ変換基板　1式
- ブレッドボード　1個
- 照度センサ NJL7502L 1個，抵抗 1kΩ 2個，高輝度LED 1個，コンデンサ 0.1μF 1個，スイッチ 1個
  単3×2直列電池ボックス1個，単3電池2本，ブレッドボード・ワイヤ適量，USBケーブルなど

　**サンプル・プログラム25**は，前の**サンプル・プログラム24**で製作した子機XBee搭載センサを用いて，子機から親機Raspberry Piへ一定間隔で照度値を送信し，結果を親機に表示します．

　子機XBee ZBモジュールのファームウェアはZIGBEE END DEVICE AT，親機はZIGBEE COORDINATOR APIです．LXTerminalで本サンプルをコンパイル後にプログラムを実行し，ペアリングを実施すると，およそ3秒間隔で照度値を表示します．

　プログラムの内容は，**サンプル・プログラム22**のDigi International社XBee Sensorと似ています．違いは温度の測定がない点と，照度値の換算方法です．

① xbee_end_deviceを使用して，ZigBee End Deviceに設定された子機XBee搭載センサを低消費電力に設定します．ここでは起動間隔を3秒に，自動測定の間隔を3秒に，SLEEP_RQ端子からの入力

## サンプル・プログラム 25　example25_mysns_r.c

```c
/******************************************************************************
自作ブレッドボード・センサで照度測定を行う
******************************************************************************/
#include "../libs/xbee.c"
#define FORCE_INTERVAL  5000                        // データ要求間隔(およそ ms 単位)

void set_ports(byte *dev){
    xbee_gpio_config( dev, 1 , AIN );               // XBee 子機のポート 1 をアナログ入力へ
    xbee_end_device( dev, 3, 0, 0);         ──①    // 起動間隔 3 秒，自動測定無効
}

int main(int argc,char **argv){
    byte com=0xB0;                                  // 拡張 I/O コネクタの場合は 0xA0
    byte dev[8];                                    // XBee 子機デバイスのアドレス
    byte id=0;                                      // パケット送信番号
    int trig = -1;                                  // データ要求するタイミング調整用
    float value;                                    // 受信データの代入用
    XBEE_RESULT xbee_result;                        // 受信データ(詳細)
    
    if(argc==2) com += atoi(argv[1]);               // 引き数があれば変数 com に値を加算する
    xbee_init( com );                               // XBee 用 COM ポートの初期化
    xbee_atnj( 0xFF );                              // 親機に子機のジョイン許可を設定
    printf("Waiting for XBee Commissioning\n");     // 待ち受け中の表示
    
    while(1){
        /* データ送信 */
        if( trig == 0 ){
            id = xbee_force( dev );                 // 子機へデータ要求を送信
            trig = FORCE_INTERVAL;
        }
        if( trig > 0 ) trig--;                      // 変数 trig が正の整数のときに値を減算
        
        /* データ受信(待ち受けて受信する) */
        xbee_rx_call( &xbee_result );               // データを受信
        switch( xbee_result.MODE ){                 // 受信したデータの内容に応じて
            case MODE_RESP:                         // xbee_force に対する応答のとき
                if( id == xbee_result.ID ){         // 送信パケット ID が一致
                    // 照度測定結果を value に代入して printf で表示する
                    value = (float)xbee_result.ADCIN[1] * 3.55;  ──②
                    printf("%.1f Lux\n" , value );
                }
                break;
            case MODE_IDNT:                         // 新しいデバイスを発見
                printf("Found a New Device\n");
                bytecpy(dev, xbee_result.FROM, 8);  // 発見したアドレスを dev にコピーする
                xbee_atnj(0);                       // 親機 XBee に子機の受け入れ制限
                set_ports( dev );                   // 子機の GPIO ポートの設定
                trig = 0;                           // 子機へデータ要求を開始
                break;
        }
    }
}
```

を無効に設定します．

② xbee_result.ADCIN[1]には，子機XBee ZBモジュールのAD1ポートの電圧に応じた0〜1023までの値が代入されます．照度Lux（ルクス）に変換するための係数3.55を乗算して，照度をvalueに代入します．

ここで，新日本無線の照度センサNJL7502Lを使用したときの照度Luxへの換算方法について説明します．この照度センサは，白色LED光源100Lux当たり約33μAの電流を出力します．出力された電流は，1kΩの抵抗によって電圧に変換され，100Luxにつき33mVの電圧がXBee ZBモジュールのアナログ入力AD1端子に入力されます．

XBee ZBモジュールのアナログ入力部には，基準電圧1.2Vの10ビットA-D変換器が内蔵されており，1200mVのときに1023の値が得られます．したがって，照度valueは，

$$\begin{aligned} \text{value} &= \text{xbee\_result.ADCIN[1]} \div 1023 \\ &\quad \times 1200[\text{mV}] \div 33[\text{mV}] \times 100[\text{Lux}] \\ &= \text{xbee\_result.ADCIN[1]} \times 3.55[\text{Lux}] \end{aligned}$$

となります．この式をプログラムにする際は，「×」を「*」に，「÷」を「/」に変更します．

ただし，照度センサの出力は，光源や温度，電圧，個体差，非線形性などにより，誤差が生じます．また抵抗にも誤差があります．得られた値を照度に換算するには，必要な条件に合わせて十分に検証する必要があります．

このサンプルでは変化がわかりやすい照度センサを使用しましたが，温度センサを接続することも可能です．例えば，アナログ入力AD2ポート（DIO2ポート，18番ピン）にNS社の温度センサLM61を接続しても良いでしょう．温度センサLM61にはVs，Vo，GNDの三つの端子があり，VsをXBee ZBモジュールのON/SLEEP端子（13番ピン）に接続して電源を供給します．

また，温度センサ出力のVoをXBee ZBモジュールのAD2ポートに接続し，GNDをブレッドボードの縦ラインのマイナス（−）側に接続します．

温度センサLM61は0℃のときに600mVをVoへ出力し，1度の上昇につき10mVが加算した値を出力します．したがって，ADCINを温度に換算するには，下式のような計算を行います．

$$\begin{aligned} \text{value} &= \text{xbee\_result.ADCIN[2]} \div 1023 \\ &\quad \times 1200[\text{mV}] \div 10[\text{mV}/°] - 60[℃] \\ &= \text{xbee\_result.ADCIN[2]} \times 0.117 - 60[℃] \end{aligned}$$

なお，照度センサや温度センサの電源電圧は電池の電圧に近く，電池容量の低下とともに低下します．しかし，これらセンサの出力値やA-D変換器の基準電圧は変化しにくいので，測定値への影響は少ないでしょう．

# 第6節 サンプル26 取得した情報をファイルに保存するロガーの製作

## SAMPLE 26

取得した情報をファイルに保存するロガーの製作
実験用サンプル　　　通信方式：XBee ZB　　　開発環境：Raspberry Pi

XBeeを搭載した照度センサの測定値を、親機Raspberry Piへ一定間隔で送信し、受け取った値とその時刻情報をファイルに保存します。データ・ロガーのもっとも基本的なサンプルです。

### 親機

Raspberry Pi ←USB→ XBee USBエクスプローラ ←接続→ XBee PRO ZBモジュール

| ファームウェア：ZIGBEE COORDINATOR API | | Coordinator | | APIモード | |
|---|---|---|---|---|---|
| 電源：USB 5V → 3.3V | | シリアル：Raspberry Pi | | スリープ(9)： | − | RSSI(6)：(LED) |
| DIO1(19)： | − | DIO2(18)： | − | DIO3(17)： | − | Commissioning(20)：(SW) |
| DIO4(11)： | − | DIO11(7)： | − | DIO12(4)： | − | Associate(15)：(LED) |
| その他：XBee ZBモジュールでも動作します(ただし通信可能範囲は狭くなる). | | | | | |

### 子機

XBee ZBモジュール ←接続→ ピッチ変換 ←接続→ ブレッドボード ←接続→ 照度センサ

| ファームウェア：ZIGBEE END DEVICE AT | | End Device | | Transparentモード | |
|---|---|---|---|---|---|
| 電源：乾電池2本 3V | | シリアル： | − | スリープ(9)： | − | RSSI(6)：(LED) |
| AD1(19)：照度センサ | | DIO2(18)： | − | DIO3(17)： | − | Commissioning(20)：SW |
| DIO4(11)： | − | DIO11(7)： | − | DIO12(4)： | − | Associate(15)：LED |
| その他：照度センサの電源にON/SLEEP(13)を使用します. | | | | | |

**必要なハードウェア**
- Raspberry Pi 2 Model B(本体，ACアダプタ，周辺機器など)　1式
- 各社 XBee USB エクスプローラ　1個
- Digi International 社 XBee PRO ZB モジュール　1個
- Digi International 社 XBee ZB モジュール　1個
- XBee ピッチ変換基板　1式
- ブレッドボード　1個
- 照度センサ NJL7502L 1個，抵抗1kΩ 2個，高輝度LED 1個，コンデンサ0.1μF 1個，スイッチ1個
  単3×2直列電池ボックス1個，単3電池2個，ブレッドボード・ワイヤ適量，USBケーブルなど

　子機XBee搭載照度センサが照度データを親機Raspberry Piに送信し，親機は受け取ったデータをファイルとして保存する実験用サンプルです．

　使用するハードウェアは，**サンプル・プログラム24～25**と同じです．XBee ZB用のファームウェアも同様です．

　LXTerminal上で**サンプル・プログラム26**をコンパイル後にプログラムを実行し，ペアリングを行うと，およそ3秒間隔で現在の時刻と照度を表示し続けます(**図8-3**)．このとき，実行したフォルダに，data.csvというファイルを作成し，データを取得した時刻と照度を記録します．

　拡張子csvのファイルは，データ列をカンマ「,」区切りで，データ行を改行で表記したテキスト形式のファイルです．メモ帳や秀丸エディタなどでテキスト形式として開くことができるほか，**図8-4**のように

```
pi@raspberrypi ~/xbeeCoord/cqpub_pi $ ./example26_log 0     ← サンプルの実行
--------------------
Initializing
Serial port = USB0 (/dev/ttyUSB0,0xB0)
--------------------
ZB Coord 1.95
by Wataru KUNINO
--------------------
11223344 COORD.
2015/12/08 19:14:34 [8A:03] CAUTION:ATNJ= (FF)
Waiting for XBee Commissioning    ← ペアリング実施
Found a New Device
2015/12/08, 19:14:35, 482.8 Lux
2015/12/08, 19:14:36, 472.1 Lux   ← 測定結果が約3秒間隔で表示される
2015/12/08, 19:14:40, 472.1 Lux
2015/12/08, 19:14:43, 475.7 Lux
```

**図 8-3 サンプル・プログラム 26 の実行例**

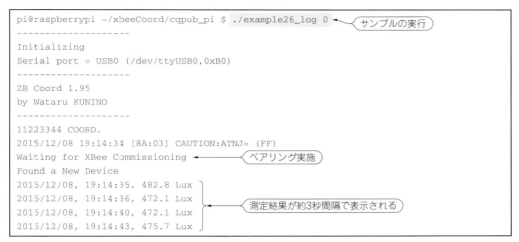

**図 8-4 サンプル・プログラム 26 の CSV 出力例**

Microsoft Excel で開くこともできます．

　サンプル・プログラム 26 には，時刻を扱うための処理とファイルを扱うための処理が含まれます．以下，これらの処理について説明しますが，わからない場合は，とりあえずサンプルをまねして使ってみてください．

① FILE *fp は，ファイル・ポインタと呼ばれるポインタ変数 fp の定義文です．このポインタ変数は，プログラム中でファイルを開いたり閉じたり，アクセスしたりするときに用いられます．ファイルを取り扱うときの目印と考えておいても良いでしょう．

② 文字列変数 filename を定義します．ここではファイル名となる data.csv を代入します．

③ time_t は，1970 年 1 月 1 日の 0 時 0 分 0 秒を 0 として，毎秒 1 を追加して表す時刻用の変数のデータ型です．ここでは，変数 timer を時刻データ型として定義します．時刻の秒数値を格納する変数であることを理解しておいてください．

④ 変数 timer の数値（秒数値）から，何年の何月，何日，何時，何分，何秒であるかを計算するには手間がかかります．そこで，年，月，日，時，分，秒などの要素（メンバ）を持つ時刻構造体 struct tm を用いて，そのポインタ変数 time_st を定義します．変数 time_st には，年，月，日，時，分，秒などの各データを格納できると解釈すれば良いでしょう．

⑤ time は，現在時刻を取得する関数です．ここでは，取得した現在時刻を変数 timer に代入します．代入される数字は，1970 年 1 月 1 日の 0 時 0 分 0 秒から現在時刻までの秒数値です．この値が現在時刻の元データとなります．

⑥ localtime は，秒数値を時刻に変換する関数です．この構造体 tm の要素（メンバ）には年，月，日，時，分，秒（順に tm_year, tm_mon, tm_mday, tm_hour, tm_min, tm_sec）があります．time_st->

### サンプル・プログラム 26　example26_log.c

```
/*******************************************************************************
取得した情報をファイルに保存するロガーの製作
*******************************************************************************/

#include "../libs/xbee.c"
#define S_MAX    256                              // 文字列変数 s の最大容量(255 文字)を定義

int main(int argc,char **argv){
    byte com=0xB0;                                // 拡張 I/O コネクタの場合は 0xA0
    byte dev[8];                                  // XBee 子機デバイスのアドレス
    float value;                                  // 受信データの代入用
    XBEE_RESULT xbee_result;                      // 受信データ(詳細)

    FILE *fp;                              ①      // 出力ファイル用のポインタ変数 fp を定義
    char filename[] = "data.csv";          ②      // ファイル名
    time_t timer;                          ③      // タイマ変数の定義
    struct tm *time_st;                    ④      // タイマによる時刻格納用の構造体定義
    char s[S_MAX];                                // 文字列用の変数

    if(argc==2) com += atoi(argv[1]);             // 引き数があれば変数 com に値を加算する
    xbee_init( com );                             // XBee 用 COM ポートの初期化
    xbee_atnj( 0xFF );                            // 子機 XBee デバイスを常に参加受け入れ
    printf("Waiting for XBee Commissioning\n");   // 待ち受け中の表示

    while(1){
        time(&timer);                      ⑤      // 現在の時刻を変数 timer に取得する
        time_st = localtime(&timer);       ⑥      // timer 値を時刻に変換して time_st へ

        xbee_rx_call( &xbee_result );             // データを受信
        switch( xbee_result.MODE ){               // 受信したデータの内容に応じて
            case MODE_GPIN:                       // 子機 XBee の自動送信の受信
                value = (float)xbee_result.ADCIN[1] * 3.55;
                strftime(s,S_MAX,"%Y/%m/%d, %H:%M:%S", time_st);  ⑦ // 時刻→文字列変換
                sprintf(s,"%s, %.1f", s , value );       ⑧        // 測定結果を s に追加
                printf("%s Lux\n" , s );                          // 文字列 s を表示
                if( (fp = fopen(filename, "a")) ) {       ⑨        // ファイルオープン
                    fprintf(fp,"%s\n" , s );              ⑩        // 文字列 s を書き込み
                    fclose(fp);                           ⑪        // ファイルクローズ
                }else printf("fopen Failed\n");
                break;
            case MODE_IDNT:                       // 新しいデバイスを発見
                printf("Found a New Device\n");
                xbee_atnj(0);                     // 子機 XBee デバイスの参加を制限する
                bytecpy(dev, xbee_result.FROM, 8);// 発見したアドレスを dev にコピーする
                xbee_ratnj(dev,0);                // 子機に対して孫機の受け入れを制限
                xbee_gpio_config( dev, 1 , AIN ); // XBee 子機のポート 1 をアナログ入力へ
                xbee_end_device( dev, 3, 3, 0);   // 起動間隔 3 秒，自動測定 3 秒，S 端子無効
                break;
        }
    }
}
```

tm_yearのように記述することで，現在の年を参照することができます．秒(0～59の値)を参照するには，time_st->tm_secと記述します．

⑦ strftimeは，時刻構造体tmの内容を文字列に変換して代入する関数です．引き数sは，文字列変数，S_MAXは文字列変数sの最大長，「"」で囲まれた文字列は変換フォーマット，最後の引き数は時刻構造体(のポインタ変数)time_stです．変換後は，**図8-3**で示したような表示になります．

⑧ sprintfは，指定したフォーマットの内容を文字列に代入する関数です．第1引き数のsは，代入先(出力先)の文字列変数，次に変換フォーマット，続いて変換に使用する入力変数です．ここでは入力と出力の両方に文字列変数sを使用し，文字列変数sに受信結果の数値変数valueを付け足して，文字列変数sに代入します．同じ文字列変数(ポインタ変数)を，異なる目的で使用する場合は，最大文字列長に注意しなければなりません．例えば，時刻用の文字列長しか考慮していなかったときに，より長い書き込みデータを代入すると，領域外のデータを破壊してしまい，致命的な問題が発生してしまう恐れがあります．また，文字列変数の引き数には入出力の区別がないので，関数や関数内の処理順序によっては，想定外の動作をしてしまうことがあります．例えば、文字列変数sTime，sDataのように，二つの文字列変数を使用することで、こういった問題を見つけやすくすることができます．

⑨ fopenは，ファイルを開く命令です．最初の引き数のfilenameはファイル名です．第2引き数に"a"を指定すると，filenameで指定したファイルがなければ新しいファイルを作成し，ファイルがあればそのファイルにデータを追記します．また，fopenの戻り値を，この例のように，ファイル・ポインタfpへ代入してください．オープンしたファイルにアクセスするには，このファイル・ポインタを使用します．

⑩ fprintfは，データをファイルへ書き込む関数です．引き数のfpはファイル・ポインタ，第2引き数は出力フォーマット，そして第3引き数以降は，出力用の変数です．ここでは文字列変数sに改行を付与してファイルに出力します．

⑪ fcloseは，オープンしたファイルを閉じる関数です．fopenでファイルを開き，そのファイルへの処理が完了した後には，かならずfcloseで閉じなければなりません．⑨のif文からfcloseまでを一つのファイル処理の記述例として使用すると良いでしょう．

# 第7節 サンプル27 暗くなったら Smart Plug を OFF にする

## SAMPLE 27

| 暗くなったら Smart Plug の家電の電源を OFF にする | | |
|---|---|---|
| 実験用サンプル | 通信方式：XBee ZB | 開発環境：Raspberry Pi |

Digi International 社の XBee Smart Plug に接続した家電の電源を Raspberry Pi に接続した親機 XBee から制御する実験用サンプルです。

### 親機

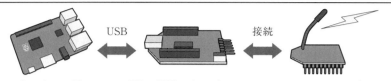

Raspberry Pi ─ USB ─ XBee USBエクスプローラ ─ 接続 ─ XBee PRO ZBモジュール

| ファームウェア：ZIGBEE COORDINATOR API | | Coordinator | APIモード |
|---|---|---|---|
| 電源：USB 5V → 3.3V | シリアル：Raspberry Pi | スリープ(9)：－ | RSSI(6)：(LED) |
| DIO1(19)：－ | DIO2(18)：－ | DIO3(17)：－ | Commissioning(20)：(SW) |
| DIO4(11)：－ | DIO11(7)：－ | DIO12(4)：－ | Associate(15)：(LED) |
| その他：XBee ZB モジュールでも動作します（ただし通信可能範囲は狭くなる）。 | | | |

### 子機

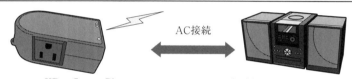

XBee Smart Plug ─ AC接続 ─ 家電（AC 100V ※600W以下）

| ファームウェア：ZIGBEE ROUTER AT | | Router | Transparent モード |
|---|---|---|---|
| 電源：AC コンセント | シリアル：－ | スリープ(9)：－ | RSSI(6)：－ |
| AD1(19)：照度センサ | AD2(18)：温度センサ | AD3(17)：電流センサ | Commissioning(20)：SW |
| DIO4(11)：－ | DIO11(7)：－ | DIO12(4)：－ | Associate(15)：LED |
| その他：接続可能な家電は、使用中に AC プラグを抜いたり挿したりしても問題のないものに限ります。 | | | |

必要なハードウェア
- Raspberry Pi 2 Model B（本体，AC アダプタ，周辺機器など）　1式
- 各社 XBee USB エクスプローラ　1個
- Digi International 社 XBee PRO ZB モジュール　1個
- Digi International 社 XBee XBee Smart Plug　1台
- 家電（AC100V，600W 以下，使用中に AC 断が可能なもの）　1台
- USB ケーブルなど

　Digi International 社の XBee Smart Plug を使用し，部屋が暗くなると家電の電源を OFF する実験を行います．例えば，部屋の電気を消したときに，オーディオの電源を自動的に OFF して節電するような応用を想定しています．

　ここでは，XBee Smart Plug 内蔵の照度センサおよびリレー[29] を使用します．センサと制御が同じ機器内に入っているので，わざわざワイヤレス化しなくてもと思われるかもしれません．しかし，このサンプルを基に，他のセンサやインターネットの情報などに応じて制御するような応用も考えられます．そういった制御の基本サンプルになるでしょう．

　また，実際に行ってみると，意外にも驚きや感動があります．普段の生活に溶け込んでいる家電が，普段

---

[29] リレー：電磁石を使うことにより，電気信号で切り換えが可能なスイッチ．

と異なる操作方法で動くことに面白さがあるのでしょう.

　XBee Smart PlugのACアウトレットに接続可能な家電は，AC100Vで600W以下，また，ACプラグを抜き差ししても異常が起こらない家電に限られます．例えば，ファンヒータなどの暖房機器は，動作中にACプラグを抜くと本体の温度が上昇して故障したり火傷したり，あるいはその次にACプラグを通電したときに火災が発生する恐れがあります．発熱するような機器には，絶対に接続しないでください．また，HDDなどが入っている機器は故障の原因となる懸念があります．

　ここでは，一例としてオーディオ機器を使用します．「部屋で音楽を聴いていたけど，別の部屋に移動するときや寝るときに，部屋の電気を消すとともにオーディオの電源が切れる」といった利用シーンを想定しました．

　使用するハードウェアは，サンプル22と同じ構成です．コンパイル方法，実行方法，実行後の操作などもこれまでと同じです．LXTerminalからサンプルを実行し，ペアリングを実施すると，ACアウトレットがONになり家電に電源が供給されます．また，およそ5秒間隔でRaspberry PiのLXTerminalに照度が表示されます．そして，部屋が暗くなると，ACアウトレットがOFFになって家電の電源が切れます．再び，ONに戻すにはコミッショニング・ボタンを1回だけ押下します．

　**サンプル・プログラム27**は，**サンプル・プログラム22**にACアウトレットの制御処理を追加したものです．また，**サンプル・プログラム24**で説明した送

**サンプル・プログラム27　example27_plg_ctrl.c**

```c
/*******************************************************************************
暗くなったら Smart Plug の家電の電源を OFF にする
*******************************************************************************/
#include "../libs/xbee.c'
#define FORCE_INTERVAL   1000                       // データ要求間隔(およそ ms 単位)

void set_ports(byte *dev){
    xbee_gpio_config( dev, 1 , AIN );               // XBee 子機のポート 1 をアナログ入力 AIN へ
    xbee_gpio_config( dev, 2 , AIN );               // XBee 子機のポート 2 をアナログ入力 AIN へ
    xbee_gpio_config( dev, 3 , AIN );               // XBee 子機のポート 3 をアナログ入力 AIN へ
    xbee_gpio_config( dev, 4 , DOUT_H );            // XBee 子機のポート 4 をディジタル出力へ
}

int main(int argc,char **argv){
    byte com=0xB0;                                  // 拡張 I/O コネクタの場合は 0xA0
    byte dev[8];                                    // XBee 子機デバイスのアドレス
    int trig = -1;                                  // データ要求するタイミング調整用
    byte id;                                        // パケット送信番号
    float value;                                    // 受信データの代入用
    XBEE_RESULT xbee_result;                        // 受信データ(詳細)

    if(argc==2) com += atoi(argv[1]);               // 引き数があれば変数 com に値を加算する
    xbee_init( com );                               // XBee 用 COM ポートの初期化
    xbee_atnj( 0xFF );                              // 親機に子機のジョイン許可を設定
    printf("Waiting for XBee Commissioning\n");     // 待ち受け中の表示

    while(1){
        if( trig == 0){
            id = xbee_force( dev );                 // 子機へデータ要求を送信
            trig = FORCE_INTERVAL;
        }
```

信パケットIDの一致の確認機能も付与しました．一方，温度や消費電流の測定処理は省略しました．それではサンプル・プログラム27 example27_plg_ctrl.cの主要な処理について説明します．

① xbee_sensor_resultを使用して，xbee_callで受信したxbee_resultデータから照度値を抽出し，変数valueに代入します．
② 変数valueの値が10未満のとき，すなわち周囲が暗いときに，「{」と「}」で囲まれた処理を行います．
③ xbee_gpoを使用して，XBee Smart Plugのアウトレット出力をOFFにします．ここでは，XBee Smart Plug内のGPIO(DIO)ポート4を，Lowレベルに設定します．
④ xbee_gpiを用いて，XBee ZBモジュールのGPIO(DIO)ポート4の設定値を読み取ります．このポー

トはアウトレット出力用です．したがって，現在の出力状態が得られます．ペアリング後，Highレベルに設定すると1が得られ，暗くなると③で

写真8-8 自作スマート・リレーの製作例

**サンプル・プログラム27　example27_plg_ctrl.c（つづき）**

```
        if( trig > 0 ) trig--;                    // 変数trigが正の整数のときに値を減算

        xbee_rx_call( &xbee_result );             // データを受信
        switch( xbee_result.MODE ){               // 受信したデータの内容に応じて
            case MODE_RESP:                       // xbee_forceに対する応答のとき
                if( id == xbee_result.ID ){       // 送信パケットIDが一致
                    value = xbee_sensor_result( &xbee_result, LIGHT );  ←───① 
                    printf("%.1f Lux, " , value );
                    if( value < 10 ){  ←────②    // 照度が10Lux以下のとき
                        xbee_gpo(dev , 4 , 0);   ←// 子機XBeeのポート4をLに設定
                    }                             ─③
                    value = xbee_sensor_result( &xbee_result,WATT );
                    printf("%.1f Watts, " , value );  ─④
                    if( xbee_gpi( dev , 4 ) == 0 ){// ポート4の状態を読みとり，
                        printf("OFF\n");          // 0のときはOFFと表示する
                    }else{                        ─⑤
                        printf("ON\n");           // 1のときはONと表示する
                    }
                }
                break;
            case MODE_IDNT:                       // 新しいデバイスを発見
                printf("Found a New Device\n");
                bytecpy(dev, xbee_result.FROM, 8); // 発見したアドレスをdevにコピーする
                xbee_atnj(0);                     // 親機XBeeに子機の受け入れ制限
                xbee_ratnj(dev,0);                // 子機に対して孫機の受け入れを制限
                set_ports( dev );                 // 子機のGPIOポートの設定
                trig = 0;                         // 子機へデータ要求を開始
                break;
        }
    }
}
```

Low に設定するので 0 が得られます．
⑤ GPIO(DIO) ポート 4 が 0 のときに「OFF」を，1 のときに「ON」を表示します．

　XBee Smart Plug は，実験でしか使用しない製品としては，高価です．そこで，筆者のサイトでは，AC 用リレー回路と XBee ZB モジュールを組み合わせたワイヤレス・リレーの製作方法を紹介しています．

　自作スマート・リレーのリレー部には，秋月電子通商で販売されている大電流大型リレーモジュールキット（K-06095）を使用します．本品は，最大 20A に対応した大電流のリレーです．また，トランジスタが実装されており，XBee ZB モジュールの制御信号から直接制御が可能です．リレーの電源には 12V の AC アダプタを使用します．また，XBee ZB モジュールの電源用に，スーパー 3 端子レギュレータ（RECOM 製 R-78E3.3-0.5）を使用します．アナログ AD1 ポートにサンプル 24 で製作した照度センサを装備すれば，本サンプル 27 を動かすことができます．

　なお，Digi International 社 XBee Smart Plug，自作スマート・リレーを実験以外の目的で使用することはできません．また，電気用品安全法上，販売することもできません．

## Column…8-1　その他のコンパイル方法③ gcc の -Wall オプション

　C 言語のプログラムをコンパイルするときのコマンド gcc 命令に，-Wall オプションを付与することをお奨めします．

> 通常のコンパイル：
> $ gcc example01_rssi.c ↵
> 推奨のコンパイル方法：
> $ gcc -Wall example01_rssi.c ↵

　このオプションを付与すると，コンパイラがプログラムの不具合を解析し，警告を表示してくれるからです．

　警告は，エラーとは異なります．例え，警告が出たとしても，コンパイルは完了し，作成された実行ファイルを実行することができるからです．しかし，警告が表示されるような状態のままでは，適切に動作しない恐れがあります．また，何らかの条件によって致命的な不具合が発生する場合もあります．

　したがって，なるべく警告がなくなるように修正することで，ソフトウェアの品質を高めることができます．また，将来，筆者が作成した XBee 管理用ライブラリや，サンプル・プログラムに警告が出るようになるかもしれません．警告のための解析機能の向上が gcc のバージョンアップによって図られ，執筆時点の gcc では検出することができなかった不具合を，検出できるようになる場合があるからです．

　C 言語は，どちらかといえば，プログラマのミスによって品質を悪化させてしまいやすい言語です．しかし，その一方，プログラマ次第でソフトウェアの品質を高めることが可能な言語でもあります．Wall オプションはその手助けとなるでしょう．

# 第8節　サンプル28　玄関が明るくなったらリビングの家電をONにする

## SAMPLE 28

| 玄関が明るくなったらリビングの家電をONにする | | |
|---|---|---|
| 実験用サンプル | 通信方式：XBee ZB | 開発環境：Raspberry Pi |

XBee Smart Plugと子機XBee搭載センサを親機XBee ZBで管理します．子機XBee搭載センサで照度を測定し，明るくなったらXBee Smart Plugに接続された家電の電源をONします．

### 親機

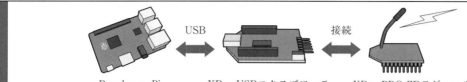

Raspberry Pi　　　XBee USBエクスプローラ　　　XBee PRO ZBモジュール

| ファームウェア：ZIGBEE COORDINATOR API | | Coordinator | | APIモード | |
|---|---|---|---|---|---|
| 電源：USB 5V → 3.3V | シリアル：Raspberry Pi | スリープ(9)： | – | RSSI(6)： | (LED) |
| DIO1(19)： – | DIO2(18)： – | DIO3(17)： | – | Commissioning(20)： | (SW) |
| DIO4(11)： – | DIO11(7)： – | DIO12(4)： | – | Associate(15)： | (LED) |
| その他：XBee ZBモジュールでも動作します（ただし通信可能範囲は狭くなる）． | | | | | |

### 子機1

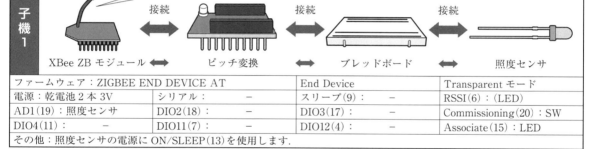

XBee ZBモジュール　　　ピッチ変換　　　ブレッドボード　　　照度センサ

| ファームウェア：ZIGBEE END DEVICE AT | | End Device | | Transparentモード | |
|---|---|---|---|---|---|
| 電源：乾電池2本 3V | シリアル： – | スリープ(9)： | – | RSSI(6)： | (LED) |
| AD1(19)：照度センサ | DIO2(18)： – | DIO3(17)： | – | Commissioning(20)： | SW |
| DIO4(11)： – | DIO11(7)： – | DIO12(4)： | – | Associate(15)： | LED |
| その他：照度センサの電源にON/SLEEP(13)を使用します． | | | | | |

### 子機2

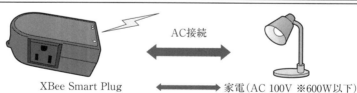

XBee Smart Plug　　　家電（AC 100V ※600W以下）

| ファームウェア：ZIGBEE ROUTER AT | Router | Transparentモード |
|---|---|---|
| その他：接続可能な家電は，使用中にACプラグを抜いたり挿したりしても問題のないものに限ります． | | |

必要なハードウェア
- Raspberry Pi 2 Model B（本体，ACアダプタ，周辺機器など）　1式
- Digi International社 XBee XBee Smart Plug　1台
- 各社 XBee USB エクスプローラ　1個
- Digi International社 XBee PRO ZBモジュール　1個
- Digi International社 XBee ZBモジュール　1個
- XBee ピッチ変換基板　1式
- ブレッドボード　1個
- 家電（AC100V，600W以下，使用中にAC断が可能なもの）　1台
- 照度センサ NJL7502L 1個，抵抗1kΩ 2個，高輝度LED 1個，コンデンサ 0.1μF 1個，スイッチ1個
  単3×2直列電池ボックス1個，単3電池2本，ブレッドボード・ワイヤ適量，USBケーブルなど

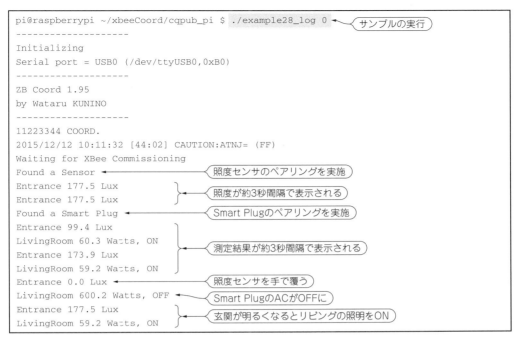

**図 8-5　サンプル・プログラム 28 の実行例**

　これまでに解説してきた XBee ZB モジュールを使ったワイヤレス通信の実験は，親子1対1の通信でした．

　そこで，ここでは，2台の子機を使用して，もっとも基本的なネットワークを構成する実験を行います．センサを活用したネットワーキングへの第一歩となるでしょう．

　Raspberry Pi に接続した親機 XBee ZB は，子機1の XBee 搭載照度センサ（もしくは Digi International 社の XBee Sensor）で測定した照度を取得し，明るくなったら子機2の XBee Smart Plug（もしくは**写真 8-8** の自作スマート・リレー）に接続された家電の電源を ON する制御を行います．帰宅時に玄関の電気をつけると，自動でリビングの照明を点灯する制御の実験が可能です．

　**サンプル・プログラム 28** example28_plg_sns をコンパイルし，実行してから，XBee 搭載照度センサと XBee Smart Plug の二つの XBee ZB 機器のペアリングを，順番に行います．ペアリングが完了すると，XBee 搭載照度センサの検出照度に連動して，XBee Smart Plug の AC アウトレットが ON もしくは OFF に制御されます．

　**サンプル・プログラム 28** は，**サンプル・プログラム 25** と**サンプル・プログラム 27** を組み合わせて作成しました．また，複数の機器のペアリング対応を考慮して，受信データの IEEE アドレスで XBee 機器を確認してから受信後の処理を行うようにしました．

① 照度センサ用と XBee Smart Plug 用のそれぞれのアドレスを格納するための変数を定義します．
② それぞれの子機 XBee ZB のペアリング状態を示す変数を定義します．
③ 子機 XBee ZB の受信が自動送信による MODE_GPIN であった場合に，照度センサの IEEE アドレスと一致するかどうかを確認します．
④ XBee Smart Plug の状態を示す変数 dev_plug_en の初期値は 0 です．XBee Smart Plug のペアリングが完了すると⑩の処理で1になります．ペアリングが完了し，1になっているときに，AC アウト

レットの状態を照度に応じて変更します．照度が 10 lux を超えていれば AC アウトレットを ON に，10 lux 以下であれば OFF にします．

⑤ xbee_force 命令を用いて，AC の消費電流の測定結果を取得する指示を，XBee Smart Plug へ送信します．

⑥ 子機 XBee ZB からの応答受信があった場合に，IEEE アドレスが XBee Smart Plug であることを

表 8-2 XBee ZB の機器名，コード，定義名

| XBee 製品 | ATDD 応答値 | 応答値 | 定義名 |
|---|---|---|---|
| XBee モジュール | 00 03 00 00 | 00 | DEV_TYPE_XBEE |
| XBee Wall Router | 00 03 00 08 | 08 | DEV_TYPE_WALL |
| XBee Sensor /L/T | 00 03 00 0E | 0E | DEV_TYPE_SEN_LT |
| XBee Smart /L/T/H | 00 03 00 0D | 0D | DEV_TYPE_SEN_LTH |
| XBee Smart Plug | 00 03 00 0F | 0F | DEV_TYPE_PLUG |

サンプル・プログラム 28　example28_plg_sns.c

```c
/************************************************************************
玄関が明るくなったらリビングの家電を ON にする
************************************************************************/

#include "../libs/xbee.c"
#define FORCE_INTERVAL  1000                        // データ要求間隔(およそ ms 単位)

int main(int argc,char **argv){
    byte com=0xB0;                                  // 拡張 I/O コネクタの場合は 0xA0
    byte dev_sens[8];                               // 子機 XBee(自作センサ)のアドレス          ①
    byte dev_plug[8];                               // 子機 XBee(Smart Plug)のアドレス
    byte dev_sens_en=0;                             // 子機 XBee(自作センサ)の状態              ②
    byte dev_plug_en=0;                             // 子機 XBee(Smart Plug)の状態
    float value;                                    // 受信データの代入用
    XBEE_RESULT xbee_result;                        // 受信データ(詳細)
    
    if(argc==2) com += atoi(argv[1]);               // 引き数があれば変数 com に値を加算する
    xbee_init( com );                               // XBee 用 COM ポートの初期化
    xbee_atnj(0xFF);                                // 常にジョイン許可に設定
    printf("Waiting for XBee Commissioning\n");     // 待ち受け中の表示
    
    while(1){
        xbee_rx_call( &xbee_result );               // データを受信
        switch( xbee_result.MODE ){
            case MODE_GPIN:                         // 照度センサ自動送信から
                if(bytecmp(xbee_result.FROM,dev_sens,8)==0){    // IEEE アドレスの確認    ③
                    value=(float)xbee_result.ADCIN[1]*3.55;
                    printf("Entrance %.1f Lux\n" , value );
                    if( dev_plug_en ){
                        if( value > 10 ){           // 照度が 10Lux 以下のとき
                            xbee_gpo(dev_plug,4,1); // Smart Plug のポート 4 を H に    ④
                        }else{
                            xbee_gpo(dev_plug,4,0); // Smart Plug のポート 4 を L に
                        }
                        xbee_force( dev_plug );     ⑤ // Smart Plug の照度取得指示
                    }
```

確認します．XBee Smart Plugであれば，消費電流の表示を行います．また，ACアウトレットの状態も表示します．

⑦ xbee_pingは，子機XBee ZBの機器名（コード）を取得する命令です．XBee Smart Plugの機器名コード00 03 00 0Fの下2桁（0F）を得ます．コミッショニング・ボタンが押されたXBee ZBがXBee Smart Plugではない場合（照度センサの場合）は，照度センサ用の設定を行います．機器名，コード，定義名の対応を，**表8-2**に示します．

⑧ XBee Smart Plugではない場合（照度センサの場合）に，照度センサのペアリング状態を示す変数dev_sens_enへ1（ペアリング完了）を代入します．

⑨ コミッショニング・ボタンが押されたXBee ZBがXBee Smart Plugの場合に，XBee Smart Plugのペアリング状態を示す変数dev_plug_enへ1（ペアリング完了）を代入します．

⑩ 両方の子機XBee ZBのペアリングが完了したときに親機のジョイン許可設定を拒否に設定します．

```
            }
            break;
        case MODE_RESP:                                          ⑥
            if(bytecmp(xbee_result.FROM,dev_plug,8)==0){         // xbee_forceに対する応答時
                                                                 // IEEEアドレスの確認
                value=xbee_sensor_result(&xbee_result,WATT);
                printf("LivingRoom %.1f Watts, ",value);
                if( xbee_gpi(dev_plug ,4)==0 ){                  // ポート4の状態を読みとり，
                    printf("OFF\n");                             // 0のときはOFFと表示する
                }else{
                    printf("ON\n");                              // 1のときはONと表示する
                }
            }
            break;
        case MODE_IDNT:                                          // 新しいデバイスを発見
            if( xbee_ping( xbee_result.FROM ) != DEV_TYPE_PLUG){ ⑦
                printf("Found a Sensor\n");                      // 照度センサのときの処理
                bytecpy(dev_sens,xbee_result.FROM,8);            // アドレスをdev_sensに代入
                xbee_gpio_config(dev_sens,1,AIN);                // ポート1をアナログ入力へ
                xbee_end_device(dev_sens,3,3,0);                 // スリープ設定
                dev_sens_en=1;                             ⑧    // 照度センサの状態に1を代入
            }else{
                printf("Found a Smart Plug\n");                  // Smart Plugのときの処理
                bytecpy(dev_plug,xbee_result.FROM,8);            // 発見表示
                                                                 // アドレスをdev_sensに代入
                xbee_ratnj(dev_plug,0);                          // ジョイン不許可に設定
                xbee_gpio_config(dev_plug, 1 , AIN );            // ポート1をアナログ入力へ
                xbee_gpio_config(dev_plug, 2 , AIN );            // ポート2をアナログ入力へ
                xbee_gpio_config(dev_plug, 3 , AIN );            // ポート3をアナログ入力へ
                xbee_gpio_config(dev_plug, 4 , DOUT_H);          // ポート4をディジタル出力へ
                dev_plug_en=1;                             ⑨    // Smart Plugの状態に1を代入
            }
            if( dev_sens_en * dev_plug_en > 0 ){
                xbee_atnj(0);                              ⑩    // 親機XBeeに受け入れ拒否
            }
            break;
        }
    }
}
```

## 第9節　サンプル29　自作ブレッドボードを使ったリモート・ブザーの製作

**SAMPLE 29** ｜ 自作ブレッドボードを使ったリモート・ブザーの製作
｜ 実験用サンプル ｜ 通信方式：XBee ZB ｜ 開発環境：Raspberry Pi

XBee搭載ブザーを製作し，Raspberry Piに接続した親機XBeeからブザーを鳴らす実験を行います．

### 親機

Raspberry Pi ⇔ USB ⇔ XBee USBエクスプローラ ⇔ 接続 ⇔ XBee PRO ZBモジュール

| ファームウェア：ZIGBEE COORDINATOR API | | Coordinator | | APIモード | |
|---|---|---|---|---|---|
| 電源：USB 5V → 3.3V | | シリアル：Raspberry Pi | | スリープ(9)：－ | RSSI(6)：(LED) |
| DIO1(19)：－ | | DIO2(18)：－ | | DIO3(17)：－ | Commissioning(20)：(SW) |
| DIO4(11)：－ | | DIO11(7)：－ | | DIO12(4)：－ | Associate(15)：(LED) |
| その他：XBee ZBモジュールでも動作します(ただし通信可能範囲は狭くなる)． | | | | | |

### 子機

XBee ZBモジュール ⇔ 接続 ⇔ ピッチ変換 ⇔ 接続 ⇔ ブレッドボード ⇔ 接続 ⇔ 電子ブザー

| ファームウェア：ZIGBEE ROUTER AT / END DEVICE AT | | Router / End Device | | Transparentモード | |
|---|---|---|---|---|---|
| 電源：乾電池2本 3V | | シリアル：－ | | スリープ(9)：－ | RSSI(6)：(LED) |
| DIO1(19)：－ | | DIO2(18)：－ | | DIO3(17)：－ | Commissioning(20)：SW |
| DIO4(11)：電子ブザー | | DIO11(7)：－ | | DIO12(4)：－ | Associate(15)：LED |
| その他：End Device時はブザー音が鳴らない／止まらない場合があります． | | | | | |

必要なハードウェア
- Raspberry Pi 2 Model B (本体，ACアダプタ，周辺機器など) 1式
- 各社 XBee USBエクスプローラ 1個
- Digi International社 XBee PRO ZBモジュール 1個
- Digi International社 XBee ZBモジュール 1個
- XBee ピッチ変換基板 1式
- ブレッドボード 1個
- 電子ブザー PKB24SPCH3601 1個，抵抗1kΩ 1個，LED 1個，コンデンサ 0.1μF 1個，スイッチ1個 単3×2直列電池ボックス1個，単3電池2個，ブレッドボード・ワイヤ適量，USBケーブルなど

　ここでは，ブレッドボードを使った子機XBee搭載リモート・ブザーを製作します．Raspberry Piからリモートで電子ブザーを鳴らしてみましょう．

　電子ブザーには，圧電素子を使用したピエゾ方式のものを用います．ここでは秋月電子通商で売られている村田製作所の電子ブザー PKB24SPCH3601 を使用しました．一見すると圧電スピーカのような形状ですが，電源電圧(2V以上)を加えるだけで音が出る点

**写真 8-9**
**電子ブザーの一例**
(村田製作所製
PKB24SPCH3601)

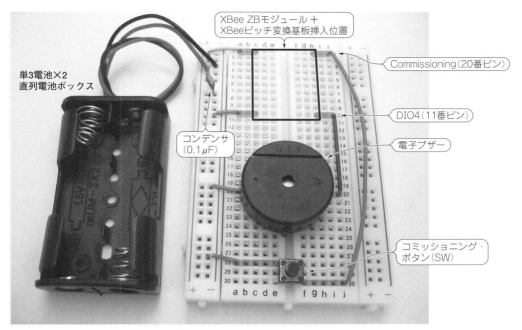

写真8-10 子機XBee搭載電子ブザーの配線例

で圧電スピーカとは異なります．3.3Vの電圧で駆動した場合，約80dB程度の音圧が得られます．消費電力も低い（約3mA）ので，XBee ZBモジュールの汎用DIOポートに直接接続することができます．

音色は甲高い「ピー」で，少し，耳障りに感じるかもしれないので，ブザーを短い間隔で断続的に駆動させることで，これらを和らげました．また，音源方向の確認がしやすくなります．

それではハードウェアを製作してみましょう．電子ブザーの「＋」側をXBee ZBモジュールのGPIO（DIO）ポート4（11番ピン）に接続し，電子ブザーの「－」側をブレッドボード左側の縦の「-」電源ラインに接続します．電子ブザーには極性があります．間違わないように，注意して作業してください．その他の配線は他の製作例と同じです．

**サンプル・プログラム29** example29_bellを実行し，子機XBee搭載電子ブザーのコミッショニング・ボタンを1回だけ押下すると，ブザーが鳴り，LXTerminalに「Found a Device」が表示されます．

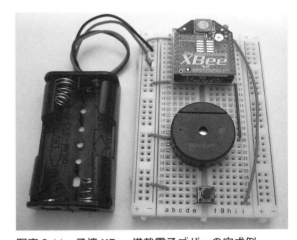

写真8-11 子機XBee搭載電子ブザーの完成例

この状態で，Raspberry Piのキーボードから数字キーを押すと，数字の回数だけブザーが鳴ります．電池を入れたときに電子ブザーが小さな音で鳴り続ける場合があります．これはXBee ZBモジュールのDIOポートのプルアップ抵抗による漏れ電流が原因です．サン

## サンプル・プログラム 29　example29_bell.c

```c
/*******************************************************************************
自作ブレッドボードを使ったリモート・ブザーの製作

                                          Copyright (c) 2013 Wataru KUNINO
*******************************************************************************/
#include "../libs/xbee.c"
#include "../libs/kbhit.c"

void bell(byte *dev, byte c){                    ←①
    byte i;
    for(i=0;i<c;i++){                            ←②
        xbee_gpo( dev , 4 , 1 );                 ←③   // 子機 dev のポート4を1に設定(送信)
        xbee_gpo( dev , 4 , 0 );                 ←④   // 子機 dev のポート4を0に設定(送信)
    }
    xbee_gpo( dev , 4 , 0 );                     ←⑤   // 子機 dev のポート4を0に設定(送信)
}

int main(int argc,char **argv){

    byte com=0xB0;                               // 拡張 I/O コネクタの場合は 0xA0
    byte dev[8];                                 // XBee 子機デバイスのアドレス
    char c;                                      // 入力用

    if(argc==2) com += atoi(argv[1]);            // 引き数があれば変数 com に値を加算する
    xbee_init( com );                            // XBee 用 COM ポートの初期化
    printf("Waiting for XBee Commissioning\n");  // 待ち受け中の表示
    if(xbee_atnj(30) != 0){                      // デバイスの参加受け入れを開始
        printf("Found a Device\n");              // XBee 子機デバイスの発見表示
        xbee_from( dev );                        // 子機のアドレスを変数 dev へ
        bell( dev, 3);                           // ブザーを3回鳴らす
    }else{                                       // 子機が見つからなかった場合
        printf("no Devices\n");                  // 見つからなかったことを表示
        exit(-1);                                // 異常終了
    }
    printf("Hit any key >");

    while(1){                                    // 繰り返し処理
        if ( kbhit() ) {                         // キーボード入力の有無判定
            c = getchar();                       // 入力文字を変数 s に代入
            c -= '0';                            // 入力文字を数字に変換
            if( c < 0 || c > 10 ) c = 10;        // 数字以外のときは c に 10 を代入
            bell(dev,c);                         // ブザーを c 回鳴らす
        }
    }
}
```

プル・プログラム 29 を実行し，ペアリング後にポート設定が行われると，鳴りやみます．

次に，**サンプル・プログラム 29** example29_bell.c の説明を行います．

① ブザーを駆動するための関数 bell を定義します．引き数は，XBee 搭載ブザーの IEEE アドレスを代入する変数 dev と，駆動回数を代入する変数 c です．
② 関数 bell を呼び出すときに渡された引き数 c の回数だけ，繰り返し処理を行います．
③ 電子ブザーの電源を入れて音を鳴らします．xbee_gpo を使用して，Xbee 搭載ブザーの ZigBee ZB モジュールのポート 4 を H レベルに設定します．
④ 電子ブザーの電源を切って音を止めます．③と④を繰り返すことで断続音を鳴らすことができます．また，③と④の後に，delay(100); のように待ち時間を設定すると，腕時計のアラーム音のように断続周期を長くすることができます．
⑤ 最後の音を止めるために④を再実行します．

ブザーを鳴らした状態のまま通信が途絶えると，ブザー音が止まらなります．その場合，再び通信のできる状態にして，Raspberry Pi の LXTerminal から，0 を入力してブザー OFF を送信することで，止めることができます．

## 第10節　サンプル30　ワイヤレス・スイッチとブザーで玄関呼鈴を製作

**SAMPLE 30**

| ワイヤレス・スイッチと XBee 搭載ブザーで玄関呼鈴を製作 | | | |
|---|---|---|---|
| 実験用サンプル | | 通信方式：XBee ZB | 開発環境：Raspberry Pi |

XBee 搭載のスイッチとブザーを製作し，Raspberry Pi に接続した親機 XBee からブザーを鳴らす実験を行います．子機 XBee ZB は乾電池で長期間の動作が可能な ZigBee End Device として動作させます．

親機

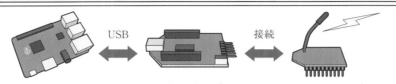

Raspberry Pi　　XBee USBエクスプローラ　　XBee PRO ZBモジュール

| ファームウェア：ZIGBEE COORDINATOR API | | Coordinator | | API モード | |
|---|---|---|---|---|---|
| 電源：USB 5V → 3.3V | シリアル：Raspberry Pi | スリープ(9)： | – | RSSI(6)： | (LED) |
| DIO1(19)： – | DIO2(18)： – | DIO3(17)： | – | Commissioning(20)： | (SW) |
| DIO4(11)： – | DIO11(7)： – | DIO12(4)： | – | Associate(15)： | (LED) |
| その他：XBee ZB モジュールでも動作します(ただし通信可能範囲は狭くなる)． | | | | | |

子機1

 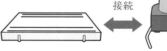

XBee ZB モジュール　　ピッチ変換　　ブレッドボード　　タクト・スイッチ

| ファームウェア：ZIGBEE END DEVICE AT | | End Device | | Transparent モード | |
|---|---|---|---|---|---|
| 電源：乾電池2本 3V | シリアル： – | スリープ(9)：タクト・スイッチ | | RSSI(6)： | (LED) |
| DIO1(19)：タクト・スイッチ | DIO2(18)： – | DIO3(17)： | – | Commissioning(20)： | SW |
| DIO4(11)： – | DIO11(7)： – | DIO12(4)： | – | Associate(15)： | LED |
| その他：Digi International 社の開発ボード XBIB-U-DEV でも動作します． | | | | | |

子機2

 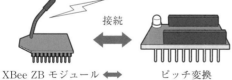 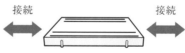 

XBee ZB モジュール　　ピッチ変換　　ブレッドボード　　電子ブザー

| ファームウェア：ZIGBEE END DEVICE AT | | End Device | | Transparent モード | |
|---|---|---|---|---|---|
| 電源：乾電池2本 3V | シリアル： – | スリープ(9)： | – | RSSI(6)： | (LED) |
| DIO1(19)： – | DIO2(18)： – | DIO3(17)： | – | Commissioning(20)： | SW |
| DIO4(11)：電子ブザー | DIO11(7)： – | DIO12(4)： | – | Associate(15)： | LED |

必要なハードウェア
- Raspberry Pi 2 Model B (本体，AC アダプタ，周辺機器など)　1 式
- 各社 XBee USB エクスプローラ　1 個
- Digi International 社 XBee PRO ZB モジュール　1 個
- Digi International 社 XBee ZB モジュール　2 個
- XBee ピッチ変換基板　2 式
- ブレッドボード　2 個
- 電子ブザー PKB24SPCH3601 1 個，タクト・スイッチ 3 個
  抵抗 1kΩ 2 個，高輝度 LED 2 個，セラミック・コンデンサ 0.1μF 2 個
  単3×2 直列電池ボックス 2 個，単3 電池 4 個，ブレッドボード・ワイヤ適量，USB ケーブルなど

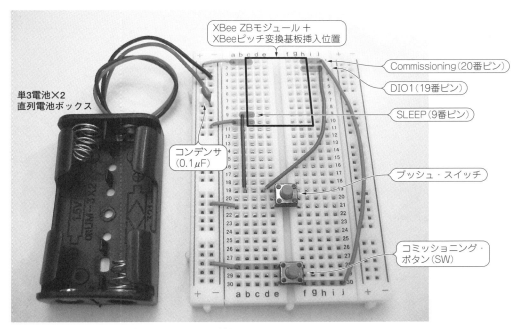

写真8-12 子機XBee搭載スイッチの配線例

最後のXbee ZBモジュール用サンプルは，玄関用の呼鈴です．乾電池で駆動可能な2台の子機を使用し，XBee搭載スイッチが押されたときに，XBee搭載ブザーを鳴らします．

ここでは，Raspberry Piに接続した親機XBee ZBの他に，今回製作するXBee搭載スイッチと，**サンプル・プログラム29**で使用したXBee搭載ブザーを使用します．

XBee搭載スイッチは，省電力動作に対応するために，タクト・スイッチの片側をXBee ZBモジュールのGPIO(DIO)ポート1(XBee 19番ピン)とSLEEP端子(XBee9番ピン)の2カ所に接続します．これにより，タクト・スイッチが押されたときにスリープ中のXBee ZBを起動することが可能です．配線例を**写真8-12**に示します．タクト・スイッチ以外の回路はサンプル5と同じです．

子機となるXBee搭載スイッチとXBee搭載ブザーを乾電池で長期間動作させるために，これら子機のXBee ZBモジュールのファームウェアをZIGBEE

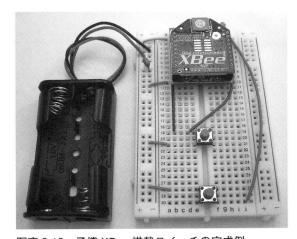

写真8-13 子機XBee搭載スイッチの完成例

END DEVICE ATに書き換えておく必要があります．

サンプルexample30_bell_swの実行後，子機XBee搭載ブザー，子機XBee搭載スイッチの順番にペアリングを行います．ペアリングが成功するたびにブザーが鳴ります．ただし，それぞれ60秒以内にペアリン

## サンプル・プログラム 30　example30_bell_sw.c

```c
/********************************************************************
XBee スイッチと XBee ブザーで玄関呼鈴を製作する
********************************************************************/
#include "../libs/xbee.c"
#define FORCE_INTERVAL  10000                   // データ要求間隔(およそ ms 単位)

void bell(byte *dev, byte c){
    byte i;
    for(i=0;i<c;i++){
        xbee_gpo( dev , 4 , 1 );                // 子機 dev のポート4を1に設定(送信)
        xbee_gpo( dev , 4 , 0 );                // 子機 dev のポート4を0に設定(送信)
    }
    xbee_gpo( dev , 4 , 0 );                    // 子機 dev のポート4を0に設定(送信)
}

int main(int argc,char **argv){
    byte com=0xB0;                              // 拡張 I/O コネクタの場合は 0xA0
    byte dev_bell[8];                           // XBee 子機(ブザー)デバイスのアドレス
    byte dev_sw[8];                             // XBee 子機(スイッチ)デバイスのアドレス
    int trig=0;                                 // 子機へデータ要求するタイミング調整用
    XBEE_RESULT xbee_result;                    // 受信データ(詳細)

    if(argc==2) com += atoi(argv[1]);           // 引き数があれば変数 com に値を加算する
    xbee_init( com );                           // XBee 用 COM ポートの初期化
    printf("Waiting for XBee Bell\n");
    xbee_atnj(60);                              // デバイスの参加受け入れ
    xbee_from( dev_bell );              ─①     // 見つけた子機のアドレスを変数 dev へ
    bell(dev_bell,3);                           // ブザーを3回鳴らす
    xbee_end_device(dev_bell, 1, 0, 0);         // 起動間隔1秒, 自動測定 OFF, SLEEP 端子無効
    printf("Waiting for XBee Switch\n");
    xbee_atnj(60);                              // デバイスの参加受け入れ
    xbee_from( dev_sw );                ─②     // 見つけた子機のアドレスを変数 dev へ
    bell(dev_bell,3);                           // ブザーを3回鳴らす
    xbee_gpio_init( dev_sw );                   // 子機の DIO に I/O 設定を行う
    xbee_end_device(dev_sw, 3, 0, 1);           // 起動間隔3秒, 自動送信 OFF, SLEEP 端子有効
    printf("done\n");
    while(1){
        if( trig == 0){
            xbee_force( dev_sw );       ─③     // 子機へデータ取得指示を送信
            trig = FORCE_INTERVAL;
        }
        trig--;
        xbee_rx_call( &xbee_result );           // データを受信
        switch( xbee_result.MODE ){             // 受信したデータの内容に応じて
            case MODE_RESP:                     // データ取得指示に対する応答
            case MODE_GPIN:             ─④     // 子機 XBee の自動送信の受信
                if(xbee_result.GPI.PORT.D1 == 0){ // DIO ポート1が L レベルのとき
                    printf("D1=0 Ring\n");      // 表示
                    bell(dev_bell,3);   ─⑤     // ブザーを3回鳴らす
                }else printf("D1=1\n");         // 表示
                bell(dev_bell,0);       ─⑥     // ブザー音を消す
                break;
        }
    }
}
```

グを完了してください．

　ペアリングが完了したら，XBee搭載スイッチのタクト・スイッチを押してみてください．XBee搭載ブザーから音が出れば通信の実験の成功です．また，ペアリングが完了してから30秒を経過すると，XBee搭載スイッチとXBee搭載ブザーは省電力動作を開始します．XBee搭載スイッチは約10秒間隔で動作し，XBee搭載ブザーは1秒間隔で動作しす．

　XBee搭載スイッチのタクト・スイッチを押すと即時にボタンが押されたことを送信します．しかし，XBee搭載ブザーは1秒おきにしか起動しないため，タクト・スイッチを押してから1秒遅れでブザーが鳴る場合があります．

　以下に，**サンプル・プログラム30 example30_bell_sw.c**の動きについて説明します．

① XBee搭載ブザーのペアリングを行います．コミッショニング・ボタンによる通知を受けたらブザーを鳴らし，xbee_end_deviceを使用してXBee搭載ブザーを省電力で動作するように設定します．ここでは起動間隔を1秒に設定します．起動間隔を長くすると電池の持ちも長くなります．

② XBee搭載スイッチのペアリングを行います．通知を受けたらXBee搭載ブザーを鳴らします．また，xbee_gpio_initを使用してXBee搭載スイッチの状態変化を自動送信するI/O設定を行います．さらに，xbee_end_deviceを使用して省電力設定を行います．xbee_end_deviceの最後の引き数1は，SLEEP端子(XBee 9番ピン)の入力を有効にする設定です．有効にしておくと，SLEEP端子にLレベルが入力されたときに，XBee ZBモジュールがスリープから復帰します．これは，呼鈴を押したときに，即座に起動して状態変化通知を送信するためです．

③ 一定の間隔(約10秒)でスイッチの状態の取得指示を送信します．この処理の必要性は後述します．

④ 前項③の取得指示による応答，もしくはXBee搭載スイッチからのGPIO(DIO)ポートの状態変化通知のどちらかを受信したときに，break文までを実行します．

⑤ XBee搭載スイッチのタクト・スイッチが押されて，GPIO(DIO)ポート1がLレベルであったときに，ブザーを鳴らす関数bellを呼び出します．

⑥ 何らかの受信を受けるたびにブザーを止めるコマンドを送信します．詳しくは後述します．

　XBee ZBモジュールは，スイッチを押しこんだときと離したときに自動で変化通知を送信します．この変化の検出方法は，XBee ZBモジュール動作中に，記憶している状態から異なる状態になった場合に，変化したとみなします．ところが，スイッチを押したままの状態でスリープに入ってしまうと，スリープ中にスイッチを離しても変化を検出することができません．次にスイッチを押したときにスリープが解除されますが，XBee ZBモジュールはスリープ前のスイッチが押された状態を記憶しているので，変化はなかったものと認識してしまいます．そこで，プログラム中の③の部分で定期的に取得指示を行って，GPIO(DIO)ポートの状態を，その都度に確定させます．

　また，XBee搭載ブザーのスリープ期間中にパケットが損失するなどによって，ブザーのOFF信号を受け取れずに，音が止まらなくなる場合があります．この対策として，周期的にブザーOFFを送信することで，鳴りっぱなしを防止します．今回のサンプルでは，定期的(約10秒毎)にXBee搭載スイッチの状態を確認し，その応答を受けるたびにブザーを止めるコマンドをステップ⑥の処理で送信します．

## Column…8-2　Arduinoを使ったXBee ZBモジュールの活用方法について

本書でのRaspberry Piを使ったXBee ZBの実験は以上ですが，筆者のウェブサイトではXBee ZBモジュールを使用したさまざまなワイヤレス・センサの製作方法を紹介しています．また，CQ出版社からArduinoを使ったプログラム集も発売中です．

**筆者のXBee ZBに関するウェブサイト**

```
http://www.geocities.jp/
        bokunimowakaru/q/xb/
```

Arduinoは，Raspberry Piと比べると，マイコンの処理性能は低いものの，電子工作用の拡張I/O仕様として標準となりつつあるArduinoシールドが使える点，各種のデバイスを扱うためのサンプル・スケッチ（プログラム）が数多く公開されている点などで，センサや表示装置などのハードウェアよりの製作を行いやすい利点があります．

例えば，放射線センサやガス・センサ，キャラクタ液晶付き表示端末といったハードウェア製作に適しています．

また，Arduino用のプログラミング言語は，C言語やC++がベースになっているので，本書の延長で組み込みプログラミングを学ぶのにも適しています．

本書と合わせてお読みいただければ，より幅広い実験が可能になると思いますので，ぜひ，お買い求めください．ただし，一部重複する部分や情報が古い部分があります．その点はご容赦ください．

写真8-14
ZigBee/Wi-Fi/Bluetooth無線用Arduinoプログラム全集（CQ出版社）

# [第9章]

# 1台から接続できる XBee Wi-Fiを設定してみよう

　前章までに紹介したXBee ZBによるZigBeeネットワークは，IP(インターネット・プロトコル)ではありません．このため，インターネットとの連携を行うには，Raspberry Piなどを経由する必要があります．

　一方，XBee Wi-Fiは，IPネットワークに接続可能なワイヤレス通信モジュールです．Raspberry PiのLANから1台のXBee Wi-Fiモジュールに接続することも可能です．また，スマートフォン上のアプリケーションから，XBee Wi-Fiを直に制御するような応用も考えられます．

# 第1節　XBee Wi-Fi モジュールの特長

XBee Wi-Fi モジュールは，XBee PRO ZB モジュールとほぼ同じ大きさ，類似したインターフェースと使い勝手のまま，無線 LAN 規格である IEEE 802.11 に対応したワイヤレス通信モジュールです．

XBee ZB の場合は，親機となる XBee PRO ZB モジュールが必要であったため，最低 2 個の XBee ZB モジュールが必要でした．一方，ここで説明する XBee Wi-Fi モジュールは，1 個から始めることができます．XBee Wi-Fi 単体でインターネットの標準プロトコルを搭載しているからです（図 9-1）．ただし，少なくとも Raspberry Pi と同じネットワークに接続された無線 LAN アクセス・ポイントが必要です．

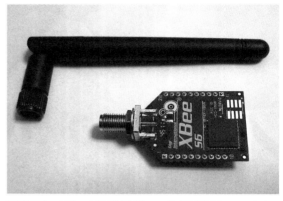

写真 9-1　XBee Wi-Fi モジュール（RPSMA アンテナ・タイプ）の一例

（a）XBee ZB を使用した場合

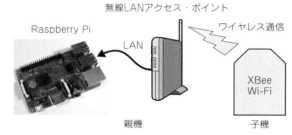
（b）XBee Wi-Fi を使用した場合

図 9-1　XBee ZB と XBee Wi-Fi との子機へのワイヤレス通信方法の違い

# 第2節　XBee Wi-Fi モジュールの無線 LAN 設定方法

XBee Wi-Fi の無線 LAN 設定を行うには，パソコンと XCTU が必要です．パソコンと XBee Wi-Fi との接続には，市販の XBee USB エクスプローラを使用します．ただし，XBee Wi-Fi の消費電力は XBee ZB に比べて大きいので，XBee USB エクスプローラの中には XBee Wi-Fi に対応していないものがあります．数回に一度，電源が入らないなど不安定な動作に陥るような場合は，電源供給が不足している可能性が高いです．不安定な場合は，XBee USB エクスプローラを XBee Wi-Fi 対応のものに変更してください．AC アダプタが使用可能な XBee USB エクスプローラの場合は，AC アダプタを接続してください．なお，不安定な状態で XBee Wi-Fi のファームウェアの書き換えると，故障の原因となります．

XCTU を起動し，XBee Wi-Fi が接続されたシリアル COM ポートを選択してから「Modem Configuration」タブに移り，「Read」ボタンを押すと，図 9-2 のような画面が表示されます．この画面で「Active Scan」を選択し，「Scan」をクリックすると無線 LAN アクセス・ポイントのスキャンが実行され，図 9-3 のようなスキャン結果が表示されます．

この中からアクセスしたい無線 LAN アクセス・ポ

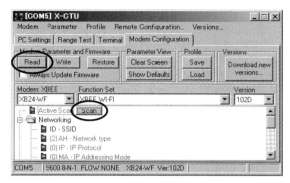

(a) Legacy版XCTUのActive Scan　　　　　　　　(b) Next Gen版XCTUのActive Scan

**図 9-2　XBee WiFi を接続するアクセス・ポイントを探す**

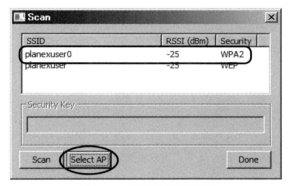
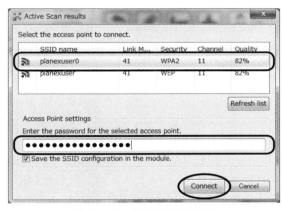

(a) Legacy版XCTUの探索結果　　　　　　　　(b) Next Gen版XCTUの探索結果

**図 9-3　XCTU の無線 LAN アクセス・ポイントの探索結果画面**

イント名（SSID）を選択し，「Security Key」（Next Gen 版の場合は「Access Point Settings」）の欄に無線 LAN アクセス・ポイントのセキュリティ・キーを入力します．アクセス・ポイント名（SSID）とセキュリティ・キーは，無線 LAN アクセス・ポイント本体にシールなどで貼られていることが多いですが，不明な場合は，お手持ちの無線 LAN アクセス・ポイントの取扱い説明書などをご覧ください．

セキュリティ・キーを入力後に「Select AP」ボタンをクリックし，10 秒ほど経過すると，アクセス・ポイントへの接続が完了します．

次にアクセス・ポイントへの接続が成功したかどうかを確認する方法について説明します．

Legacy 版 XCTU の場合は「Modem Configuration」画面で「Read」をクリックして接続情報を取得します．XCTU 内のエクスプローラ風の画面内の「Networking」フォルダの先頭に「ID - SSID」の項目があり，そこに接続した無線アクセス・ポイントの名前が正しく入っているかどうかを確認します．Next Gen 版の場合は，画面内の「Network」に「ID SSID」が表示されるので，同様に確認します．

接続が完了すると，ネットワーク内の DHCP サーバ[30]によって，IP アドレスや IP アドレス・マスク，ゲートウェイ・アドレスが設定されます．設定されたアドレスは，XCTU 画面内の「Addressing」フォルダ（項目）内の「MY - Module IP Address（以下 MY 値）」

で確認することができます．「0.0.0.0」等のようにアドレスが割り当てられていない場合は，XCTUの「Restore」(Next Gen版は「工場アイコン」)で，XBee Wi-Fiの初期設定に戻してからやりなおしてみてください．それでもIPアドレスが割り当てられない場合は，ネットワーク側のDHCPサーバ(IPアドレスを自動設定する機能)の設定が無効になっている可能性があります．DHCPサーバ機能は，インターネット・モデム，またはONU[31](光回線終端装置)，ホーム・ゲートウェイ[32]，ブロードバンド・ルータ[33]，無線LANアクセス・ポイント[34]などに含まれています．詳しくは，それぞれの機器の説明書などを確認してください．なお，DHCPが使えない環境では，XBee Wi-FiのIPアドレスを自分で設定する必要があります．

次にDHCPサーバから設定されたXBee W-FiのIPアドレスを固定します．「Networking」フォルダ(Next Gen版の場合は「Network」項目)内の「MA - IP Addressing Mode(以下MA値)」を「1 - Static」に変更してください．

MA値を変更したら「Write」ボタン(Next Gen版の場合は「鉛筆」アイコン)をクリックします．書き込み後にIPアドレス(MY値)が変化する場合があります．かならずIPアドレス(MY値)を再確認し，メモに残しておきます．

なお，長期間にわたって使用する場合は，DHCPで割り当てられるIPアドレスの範囲外，かつ未使用で有効なIPアドレスに設定するのが良いでしょう．DHCPのアドレス範囲は，DHCPサーバ側で設定されています．

例えば，192.168.0.2 から15個のように設定されていた場合，192.168.0.17 ～ 192.168.0.254 の範囲内で他の機器と重複しない値をXBee Wi-FiモジュールのIPアドレス(MY値)に設定します．もしくは，XBee Wi-Fiモジュールの電源を入れた状態にしておくと，他の機器に同じIPアドレスが割り当てられる懸念を低減することができます．

以上でXBee Wi-FiモジュールのIPネットワーク設定は完了です．設定が完了したら同じLANに接続されたRaspberry PiのLXTerminal，またはWindows搭載パソコンのコマンド・プロンプトから，XBee Wi-Fiモジュールとの通信が可能であるかどうかを確認します．

Windowsのコマンド・プロンプトの場合は，

```
ping 192.168.0.17
```

のように入力します．「ping」の後の数字にはXCTUで確認したMY値(XBee Wi-FiモジュールのIPアドレス)を用います．「192.168.0.17 からの応答」のような表示があれば通信が可能です．適切にネットワークに参加していない場合や，IPアドレスが変化した場合は，応答がありません．

また，

```
ping 192.168.0.255
```

のように入力することで，全機器に対するブロード・キャストpingを実行できる場合があります(OSや設定による)．さらに，

```
arp -a
```

を入力すると，MACアドレスとIPアドレスの対応一覧が表示されるので，XBee Wi-FiのMACアドレス(モジュールの裏面に記載)と一致する機器からIPアドレスを探せる場合があります．

pingやarpをRaspberry PiのLXTerminalから実行することができます．ただし，ブロード・キャストpingを行う場合は，-bが必要です．

```
ping -b 255.255.255.255
```

のようなブロード・キャストpingも実行することが可能です．

---

[30] DHCP：ネットワーク接続に必要なアドレス情報を自動設定するプロトコル．
[31] ONU：光回線の加入者側の機器．ゲートウェイに含まれる場合も多い(以下同様)．
[32] ホーム・ゲートウェイ：住宅内などのLANをインターネットに接続するための機器．
[33] ルータ：異なるLANまたはインターネットとLANを中継するための機器．
[34] 無線アクセス・ポイント：有線LANと無線LANを中継するための機器．

```
Microsoft Windows [Version 6.1.7601]
Copyright (c) 2009 Microsoft Corporation. All rights reserved.

C:\User\xbee> ping 192.168.0.17

192.168.0.17 に ping を送信しています 32 バイトのデータ：
192.168.0.17 からの応答：バイト数 =32 時間 =4ms TTL=64
192.168.0.17 からの応答：バイト数 =32 時間 =2ms TTL=64
～ 省略 ～

C:\User\xbee> arp -a

インターフェース：192.168.0.2 --- 0xb
    インターネット アドレス    物理アドレス         種類
    192.168.0.1            XX-XX-XX-01-02-03   動的
    192.168.0.2            XX-XX-XX-04-05-06   動的
    192.168.0.17           XX-XX-XX-30-C1-6F   動的
```

**図 9-4**
**XBee Wi-Fi モジュールからの Ping 応答例**

一般的に，IPv4 での IP アドレスのピリオドに区切られた四つの数字のうち，最初の三つは LAN 内で共通の値です．もし，異なっていた場合は，複数の DHCP サーバが動作している，もしくは DHCP サーバが適切に動作していない，あるいはパソコンと XBee Wi-Fi モジュールとが異なるセグメントに接続されている場合などが考えられます．意図的に分離し，複数のセグメントを使い分けている場合を除き，各ネットワーク機器の設定が適切かどうかを確認してください．

## 第 3 節　XBee Wi-Fi モジュールの通信実験（UDP による UART 信号）

多くの場合，ping での動作確認ができていれば，XBee Wi-Fi モジュールとのワイヤレス通信が適切に行える状態です．しかし，疎通を確認しただけで，任意のデータを送受信したわけではありません．ここでは，XBee Wi-Fi モジュールを使った UDP によるワイヤレス通信実験を行います．

使用する XBee Wi-Fi モジュールの数は 1 個です．また実験用に Windows 用のパケット・モニタ・ソフト SocketDebuggerFree を下記からダウンロードして使用します．

　　パケット・モニタ・ソフト SocketDebuggerFree
　　http://sdg.udom.co.jp/

図 9-5 に，XBee Wi-Fi モジュールの通信テスト用の接続図を示します．2 台のパソコンを示しましたが，同じパソコン上で両方のソフトを動かすことも可能なので，実際に使用するパソコンは 1 台でかまいません．

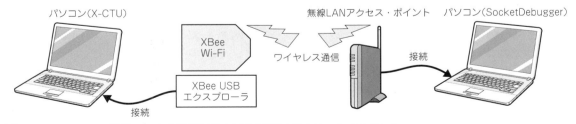

**図 9-5　XBee Wi-Fi モジュールの通信テスト用の接続図**（PC は一台でも良い）

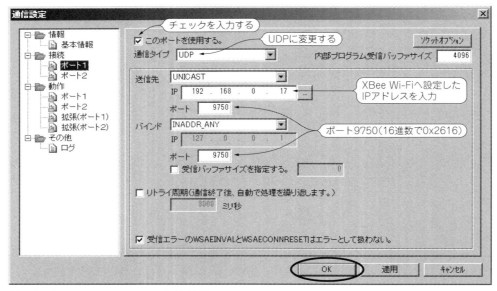

図 9-6　SocketDebuggerFree の設定例

図 9-7
XBee Wi-Fi の送信テスト
（UDP パケットを受信）

　SocketDebuggerFree を起動したら，「設定」メニューから「通信設定」を選択し，「接続」「ポート 1」の画面を開き，**図 9-6** のように設定して，「OK」ボタンを押します．

　受信を開始するには「通信」メニューの「Port 1 処理開始」を選択します．初めて起動したときなどに，「ファイヤウォールでブロックされています」といったメッセージが表示される場合があります．アプリの名前（SocketDebuggerFree）や発行元（UDOM Co.Ltd.）を確認したうえで，「アクセスを許可する」を選択します．

　この状態で XCTU の Terminal からテキスト文字を入力すると，SocketDebuggerFree 側に受信した文字が表示されます（**図 9-7**）．

　この送信テストにおける信号の流れについて説明します．

　XCTU と XBee Wi-Fi とは USB シリアル接続でつながっています．このため，XCTU で入力した文字は，XBee Wi-Fi モジュールの UART 入力 DIN 端子（XBee 3 番ピン）を経由し，XBee Wi-Fi によって無線 LAN へワイヤレス送信されます．このとき，IP 上の UDP と呼ばれるプロトコルが使われ，ブロード・キャスト宛てのポート番号 9750（16 進数で 0x2616）に送信されます．同じポート番号 9750 を待ち受け中の

SocketDebuggerFreeは，パケットを受け取ると入力文字を表示します．もし，うまく通信ができなかった場合は，XCTUのModem Configurationのエクスプローラ画面内の，DL - Destination IP Addressに，パソコンのIPアドレスを設定してから再度，Terminalに戻って送信してみてください．

今度は受信テストです．パソコンからXBee Wi-Fiに向けてデータを送信し，XBee Wi-Fiモジュールが受信します．SocketDebuggerFreeの右側の「送信データエディタ」に「TXT」と書かれた「テキスト入力ボタン」があるのでクリックし，テキスト文字を入力し左上の「エディタに反映」ボタンをクリックします．その後，「通信」メニューの「Port 1 データ送信」を選択すると，XBee Wi-Fiにテキスト文字を送信することができます．

XBee Wi-Fiモジュールとの通信ができない場合は，設定の誤りまたはパソコンなどのセキュリティ対策が原因となっていることが多いです．ご使用中のセキュリティ・ソフト，ネットワーク機器の設定などを見直してください．

なお，SocketDebuggerFreeは，IPネットワーク通信でTCP，UDPの各プロトコルを使った実験や開発に便利なソフトですが，通信設定の保存機能がないので，実験のたびに再設定しなければなりません．そういった手間を省きたい場合は，有料版のSocketDebuggerをお買い求めください．有料版には，パケットのキャプチャ機能やシリアル・ポートへのアクセス機能なども追加されていて，もっと便利です．

パケット・キャプチャ・ソフトとしては，WireSharkが有名です．SocketDebuggerに慣れてから併用すれば良いでしょう．WireSharkはRaspberry Piで動かすこともできます．インストールを行うには，以下のコマンドを実行します．

```
$ sudo apt-get install wireshark
```

図9-8 SocketDebuggerFreeでテキスト文字を入力

図9-9
XBee Wi-Fiの受信テスト
（UDPパケットを送信）

## 第4節 ブレッドボードにXBee Wi-Fiモジュールを接続する

XBee Wi-Fiモジュールには，電圧3.3Vの安定した電源が必要です．また消費電流が，300mA程度になっても電源電圧を維持しなければなりません．このため，XBee ZBモジュールに比べて電源回路部に留意が必要です．

本書では電圧を安定化する方法の一例として，スト

**写真 9-2** ストロベリーリナックス製 モバイルパワー XBee 変換モジュール MB-X

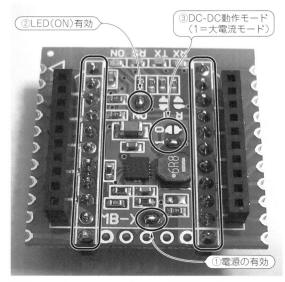

**写真 9-3** ピン・ヘッダのはんだ付けとジャンパのはんだ付けの一例

ストロベリーリナックス製のDC-DC電源回路付きXBeeピッチ変換基板「モバイルパワーXBee変換モジュール MB-X」（**写真 9-2**）を使用します．この基板は，XBee用ピン・ソケットを搭載し，DC-DC電源回路と，2.54mmピッチ変換機能を搭載しています．2.54mmピッチのピン・ヘッダを裏側に実装して，表側ではんだ付けすることでブレッドボードに実装して使用することができます．

ただし，本DC-DC電源回路付きXBeeピッチ変換基板のピン数は，XBeeモジュールや通常のXBeeピッチ変換基板と異なります．XBeeの20ピンにDC-DC電源入力用2ピンが加わり計22ピンあります．XBee Wi-Fiの1〜10番ピンは，変換機板の2〜11番ピンに，XBee Wi-Fiの11〜20番ピンは13〜22番ピンに接続されています．また，この基板を使用するには以下の三つのジャンパをはんだ付けしてショートに変更します（**写真 9-3**）．

① DC-DC電源を有効に設定するジャンパです．かならずショートしてください．
② 基板上のLED(ON)を有効に設定するジャンパです．ショートしてください．
③ DC-DCの動作モードの設定ジャンパです．安定動作が必要な場合は，1をショートします．0でも入力2VあたりからXBee Wi-Fiが動作しましたので，0をショートしておいても問題ないと思いますが，念のために，動作モードは，1にします．

XBee Wi-Fiモジュールの通信動作確認や製作したDC-DC電源回路付きXBeeピッチ変換基板の動作確認は，次章（第10章）のXBee Wi-Fi実験用サンプル・プログラムで行います．

## 第 5 節　Raspberry Pi に Wi-Fi USB アダプタを接続する（参考情報）

本書では，**図 9-1** の(B)のとおり，Raspberry Piを有線LANに接続して実験を行いますが，この有線LANをWi-Fi USBアダプタやRaspberry Pi 3内蔵の無線LANに置き換えることも可能です．

**写真 9-4** にWi-Fi USBアダプタと，モバイル・バッテリを接続して，ワイヤレス化したRaspberry Piの一例を示します．

ただし，Raspberry Piをワイヤレスにする必要性については，十分に考えてから実施したほうが良いでしょう．ワイヤレスにするメリットは，設置場所の自由度が高まることです．しかし，ワイヤレスにすることで消費電力が増大したり，通信が不安定になったり

写真 9-4　Raspberry Pi に W-Fi USB アダプタを接続

写真 9-5　バッファロー製 WLI-UC-GNME

といったデメリットもあります．ワイヤレス化により消費電力が増え，乾電池での駆動が難しくなります．

　ここでは，Wi-Fi USB アダプタとして，**写真 9-5** のバッファロー製 WLI-UC-GNME（参考価格：1260 円）を用います．W-Fi USB アダプタを Raspberry Pi に接続する場合，電源の容量に注意が必要です．最大 2.5W 約 500mA の消費電流の増加を想定しておくと良いでしょう．通常時の消費電力は抑えられ，筆者が入手したものは実測で約 200mA の消費電力でした．それでも，USB コネクタ部はかなり熱くなります．小型のヒートシンクなどを追加して，温度上昇を緩和することも考えておきましょう．

　以下，Wi-Fi の設定方法について説明します．本 Wi-Fi USB アダプタを Raspberry Pi に接続し，LXTerminal から下記のコマンドを入力して Leaf Pad を起動してください．

```
$ sudo leafpad /etc/wpa_supplicant/
                wpa_supplicant.conf &
```

Leaf Pad で開いた wpa_supplicant.conf に，以下の無線 LAN アクセス・ポイントの暗号設定を追加し，保存します．

```
network={
    ssid="SSIDを入力"
    psk="ネットワーク用パスワードを入力"
    proto=WPA WPA2
    key_mgmt=WPA-PSK
    pairwise=CCMP TKIP
    group=CCMP TKIP WEP104 WEP40
}
```

また，ネットワーク・インターフェースの設定も変更します．

```
$ sudo leafpad /etc/network/
                    interfaces &
```

初期値：iface wlan0 inet manual
変更後：iface wlan0 inet dhcp

　これらのファイルの変更後に，以下のコマンドを入力すると，設定内容が反映されます．適切に設定されれば，ifconfig で表示されるネットワークのインターフェース情報（p.26 の**図 1-19**）に，Wi-Fi 用のネットワーク・アダプタ wlan0 が追加されるとともに，wlan0 の inet addr 内に IP アドレスが割り当てられます．動作しなかった場合，Raspbian を再起動してみます．

```
$ sudo service wpa_supplicant
                        restart
$ sudo service networking restart
$ ifconfig
```

# [第10章]

# XBee Wi-Fi実験用サンプル集

　Raspberry PiからXBee Wi-Fiを制御する実験用サンプルです．実験で使用するXBee Wi-Fiモジュールは，子機側の1個だけです．親機となるRaspberry Piから，子機のLEDを制御したり，ボタンの状態を読み取ったり，テキスト文字の送受信を行ったりします．

# 第1節 サンプル31 XBee Wi-FiのLEDを制御する①リモートATコマンド

## SAMPLE 31

| XBee Wi-FiのLEDを制御する①リモートATコマンド | | |
|---|---|---|
| 実験用サンプル | 通信方式：XBee Wi-Fi | 開発環境：Raspberry Pi |

Raspberry Piから子機XBee Wi-FiモジュールのGPIO（DIO）ポートをリモート制御するサンプルです．

親機

Raspberry Pi ←有線LANまたは無線LAN→ 無線LANアクセス・ポイント

その他：Raspberry Piと無線LANアクセス・ポイントを有線または無線で接続．

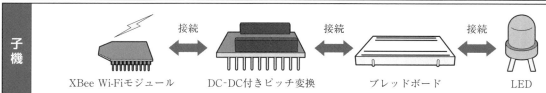

子機

XBee Wi-Fiモジュール ←接続→ DC-DC付きピッチ変換 ←接続→ ブレッドボード ←接続→ LED

| ファームウェア：XBEE WI-FI | | MA=1(Static IP) | | | |
|---|---|---|---|---|---|
| 電源：乾電池2本 3V | シリアル： | － | スリープ(9)： | － | DIO10(6)：LED(RSSI) |
| DIO1(19)：（タクト・スイッチ） | DIO2(18)： | － | DIO3(17)： | － | DIO0(20)： － |
| DIO4(11)：LED | DIO11(7)： | － | DIO12(4)： | － | Associate(15)： － |
| その他：最新のDigi International社の開発ボードXBIB-U-DEV（TH/SMT Hybrid）でも動作します． | | | | | |

必要なハードウェア
- Raspberry Pi 2 Model B（本体，ACアダプタ，周辺機器など）　1式
- 無線LANアクセス・ポイント　1台
- Digi International社 XBee Wi-Fiモジュール　1個
- DC-DC電源回路付きXBeeピッチ変換基板(MB-X)　1式
- ブレッドボード　1個
- 高輝度LED 1個，抵抗1kΩ 1個，セラミック・コンデンサ0.1μF 1個，（タクト・スイッチ1個※）
 2.54mmピッチピン・ヘッダ(11ピン) 2個
 単3×2直列電池ボックス1個，単3電池2個，LANケーブル1本，ブレッドボード・ワイヤ適量，USBケーブルなど
 ※本サンプルではタクト・スイッチを使いません．

　ここでは，子機XBeeWi-FiモジュールのGPIO（DIO）ポートに接続されたLEDを制御するサンプルを紹介します．ハードウェアは，ブレッドボード上にLEDとタクト・スイッチ，ストロベリーリナックス製のDC-DC電源回路付きXBeeピッチ変換基板「モバイルパワーXBee変換モジュール MB-X」を実装して製作します（**写真10-1**）．

　XBee Wi-Fiにはコミッショニング・ボタンがありません．あらかじめ第9章第2節にしたがって無線LANの設定を行い，XBee Wi-Fiに設定されたIPア

ドレスをプログラムに記述することで機器を特定します．したがって，使用するXBee Wi-FiモジュールのIPアドレスを控えておく必要があります．

　子機は，ブレッドボード上にDC-DC電源回路付きXBeeピッチ変換基板を実装し，その上にXBee Wi-Fiモジュールを実装して製作します．しかし，先にモジュールを実装してしまうと他の部品を実装しにくいので，**写真10-2**のように先に周辺回路からブレッドボード上に実装します．

　XBeeピッチ変換基板の11番ピン（ピッチ変換基板

の左下)を,ブレッドボード左側の青の縦線(電源「−」ライン)へ接続し,12番ピン(右下)をブレッドボード右側の赤の縦線(電源「+」ライン)へ接続します.これ

らのピンの間にコンデンサ0.1μFを実装します.

DC-DC電源回路付きXBeeピッチ変換基板がコンデンサに覆いかぶさるので,あらかじめコンデンサのリード線を折り曲げて奥に倒し,コンデンサが変換基板に接触しないようにします.

XBee Wi-Fiの19番ピン(DIO1)は,XBeeピッチ変換基板の21番ピンになります.この21番ピン(DIO1)にタクト・スイッチを接続します.また,タクト・スイッチの対角の端子を電源の青線(「−」ライン)へ接続します.

同様にXBee Wi-Fiの11番ピン(DIO4)はXBeeピッチ変換基板では13番ピンです.LEDのリード線の長いほうが写真の右側になるように実装し,この13番ピンへ接続します.またLEDの左側は,抵抗を経由して電源の青線(「−」ライン)へ接続します.

すべての配線が終わったら,ブレッドボードにXBeeピッチ変換基板を実装します.XBeeピッチ変換基板の1番ピン(写真の左上)がブレッドボード上の

写真10-1　LEDとタクト・スイッチを搭載したXBee Wi-Fi用の子機の製作例

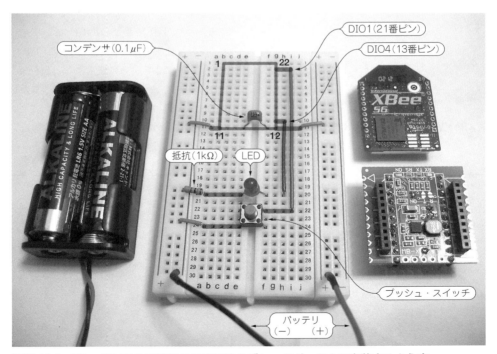

写真10-2　XBee Wi-Fiの子機用の周辺回路をブレッドボード上に実装するようす

1行目c列の位置へ，12番ピン（写真の右下）が11行目g列の位置にくるようにします．

なお，図ではすでにバッテリ・ケースや乾電池が接続済みですが，実際にはXBee Wi-Fiの実装が完了してから接続してください．

ハードウェアが完成したら，ソフトウェアの設定です．ここでも第6章第7節の方法でダウンロードしたXBee管理用ライブラリを使用します．また，**サンプル・プログラム31** example31_led.cの冒頭のIPアドレスの定義部を，Leaf Textなどのテキスト・エディタを使って，先ほど控えたXBee Wi-FiモジュールのIPアドレスに書き換えます．

```
    byte dev[] = {192,168,0,135};
```
（お手持ちのモジュールのIPアドレスへ変更する）

変更後に，cdコマンドを使ってcqpub_piフォルダに移動してから，

```
    $ gcc example31_led.c⏎
```
と入力してコンパイルを行い，実行するには，

```
    $ ./a.out⏎
```
と入力します．

子機の電源が入っていなかったり，XBee Wi-Fiモジュールとの通信ができなかったり，省電力モードになっていて応答がなかったりした場合は，すぐにプログラムが終了します．こういった場合は，LXTerminalからping命令を使ってXBee Wi-FiモジュールがIPネットワークに接続されていることを確認します．また，XBee Wi-Fiモジュールの動作が不安定になっている場合は，電源を入れ直して，10秒ほど待ってから再実行します．

XBee Wi-Fiとの通信に成功すると，LXTerminal上に「Port=」の表示が現れます．DIO4ポートを制御するには，4を入力します．その他に指定可能なGPIOポートは，DIO1〜4とDIO10〜12です．DIO1〜3は，入力に使用する場合が多いので，DIO4, DIO10, DIO11, DIO12を出力に使用すると良いでしょう．また，Port＝で，qを入力するとプログラムが終了します．

続いて，Value＝が表示されます．ここには，ディジタル出力値の0か1のどちらかを入力します．0で

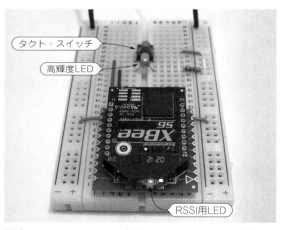

写真10-3　XBee Wi-Fi搭載LED＆スイッチの製作例

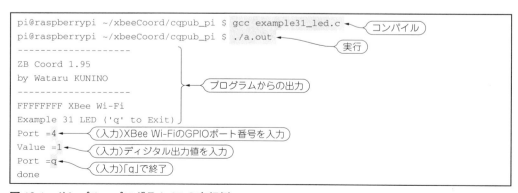

図10-1　サンプル・プログラム67の実行例

LED が消灯し，1 で点灯します．実行結果を**図 10-1**に示します．

XBee Wi-Fi モジュールのポート 4，ポート 10，ポート 11，ポート 12 に LED と抵抗を接続して，四つの LED を制御することも可能です．また，Digi International 社の開発ボード XBIB-U-DEV を使用して，三つの LED（ポート 4，ポート 11，ポート 12）を制御することができます（LED の論理は反転する）．さらに，**サンプル・プログラム 27** で紹介した自作スマート・リレーの XBee PRO ZB モジュールを XBee Wi-Fi モジュールに置き換えて制御することもできます（**写真 10-4**）．

**サンプル・プログラム 31** example31_led.c は，**サンプル・プログラム 4** の XBee Wi-Fi 版です．起動時に DIO4 ポートを H レベルに制御できるように，xbee_gpo を実行してからキー入力処理を行うなどの改良を行いました．

① ここにお手持ちの XBee Wi-Fi モジュールに設定した IP アドレスを入力してください．アドレスの区切りには「ピリオド(.)」ではなく「カンマ(,)」を使用します．

**写真 10-4　XBee Wi-Fi 搭載スマート・リレーの製作例**

**サンプル・プログラム 31　example31_led.c**

```
/************************************************************
XBee Wi-Fi の LED をリモート制御する②ライブラリ関数 xbee_gpo で簡単制御
*************************************************************/

#include "../libs/xbee_wifi.c"          // XBee ライブラリのインポート

// お手持ちの XBee モジュールの IP アドレスに変更する(区切りはカンマ)
byte dev[] = {192,168,0,135};   ←①

int main(void){
    char s[4];                          // 入力用(3 文字まで)
    byte port=4;                        // リモート機のポート番号(初期値=4)
    byte value=1;                   ②  // リモート機への設定値(初期値=1)

    xbee_init( 0 );             ←③    // XBee の初期化
    printf("Example 31 LED ('q' to Exit)\n");
    while( xbee_ping(dev)==0 ){ ←④    // 繰り返し処理
        xbee_gpo(dev,port,value);  ←⑤ // リモート機ポート(port)に制御値(value)を設定
        printf("Port =");              // ポート番号入力のための表示
        fgets(s, 4, stdin);        ←⑥ // 標準入力から取得(キーボード入力)
        if( s[0] == 'q' ) break;   ←⑦ // [q]が入力されたときに while を抜ける
        port = atoi( s );              // 入力文字を数字に変換して port に代入
        printf("Value =");             // 値の入力のための表示
        fgets(s, 4, stdin);            // 標準入力から取得(キーボード入力)
        value = atoi( s );             // 入力文字を数字に変換して value に代入
    }
    printf("done\n");
    return(0);
}
```

② 変数 port と value を定義し，初期値を代入します（DIO4 に制御値 1 を設定）．
③ xbee_init は，XBee Wi-Fi に接続するための LAN ポートを初期化して XBee Wi-Fi への接続の準備を行う命令です．
④ xbee_ping は，引き数の変数 dev に代入された IP アドレスの XBee Wi-Fi 機器コードを取得する命令です．XBee Wi-Fi モジュールの機器コードは 00 09 00 00 です．xbee_ping 関数では，下 2 桁の 0x00 を得ることができます．また，XBee Wi-Fi モジュールが見つからない場合や，動作していない場合は 0xFF を得ます．
⑤ xbee_gpo を用いて，XBee Wi-Fi モジュールの GPIO(DIO) ポートを制御します．第 1 引き数の配列変数 dev は，XBee Wi-Fi モジュールの IP アドレス，第 2 引き数の変数 port が，GPIO の DIO ポート番号，第 3 引き数の変数 value が制御値です．制御値が 0 のときに L レベル，1 のときに H レベルを各 DIO ポートから出力します．初期起動時にポート 4 へ H レベルを出力するために，ステップ⑥の制御よりも前に実行します．
⑥ ステップ⑤の制御後に，fgets 命令を使って，標準入力(キーボード)stdin からの入力を行います．「Enter」が押されるまで入力待ちになります．文字列変数 s へ，改行を含む 3 文字までの文字を入力することができます．
⑦ 文字列変数 s の 1 文字目が q であった場合に，while ループを抜ける break 命令を実行します．

# 第2節 サンプル32 XBee Wi-Fiのスイッチ変化通知をリモート受信する

**SAMPLE 32** XBee Wi-Fiのスイッチ変化通知をリモート受信する
実験用サンプル　　通信方式：XBee Wi-Fi　　開発環境：Raspberry Pi

Raspberry Piから子機XBee Wi-FiモジュールのGPIO(DIO)ポートの状態をリモート受信するサンプルです．ここではスイッチが押されたときにXBee子機が状態を自動送信する変化通知を使用します．

| 親機 | |
|---|---|
| | Raspberry Pi ⇔ 無線LANアクセス・ポイント（有線LANまたは無線LAN） |
| その他：Raspberry Piと無線LANアクセス・ポイントを有線または無線で接続． | |

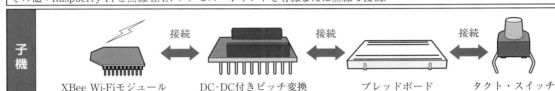

子機：XBee Wi-Fiモジュール ⇔ DC-DC付きピッチ変換 ⇔ ブレッドボード ⇔ タクト・スイッチ

| ファームウェア：XBEE WI-FI | | MA=1(Static IP) | |
|---|---|---|---|
| 電源：乾電池2本 3V | シリアル：USBケーブルなど | スリープ(9)： － | DIO10(6)：LED(RSSI) |
| DIO1(19)：タクト・スイッチ | DIO2(18)： － | DIO3(17)： － | DIO0(20)： － |
| DIO4(11)：LED | DIO11(7)： － | DIO12(4)： － | Associate(15)： － |
| その他：最新のDigi International社の開発ボード XBIB-U-DEV(TH/SMT Hybrid)でも動作します． | | | |

必要なハードウェア
- Raspberry Pi 2 Model B（本体，ACアダプタ，周辺機器など）　1式
- 無線LANアクセス・ポイント　1台
- Digi International社 XBee Wi-Fiモジュール　1個
- DC-DC電源回路付きXBeeピッチ変換基板(MB-X)　1式
- ブレッドボード　1個
- 高輝度LED 1個，抵抗1kΩ 1個，セラミック・コンデンサ0.1μF 1個，タクト・スイッチ1個，2.54mmピッチピン・ヘッダ(11ピン) 2個
  単3×2直列電池ボックス1個，単3電池2個，LANケーブル1本，ブレッドボード・ワイヤ適量，USBケーブルなど

　サンプル・プログラム32は，サンプル・プログラム6のXBee Wi-Fi版です．XBee Wi-FiモジュールのGPIO(DIOポート)の状態が変化したときに，GPIOポートの入力状態(I/Oデータ)をRaspberry Piへ自動通知します．ボタンを押したり離したりした瞬間にデータを送信するので，即座に伝えることができます．

　使用するハードウェアは，サンプル・プログラム31と共通です．Rapberry Pi用のソフトウェアはexample32_sw_r.cです．本プログラム内のIPアドレスをテキスト・エディタLeaf Padなどで書き換えてから，コンパイルを行い，プログラムを実行します．

　プログラムの実行後は，タクト・スイッチを押したり離したりするたびに，Value＝に続いてスイッチの状態が表示されます．また，qを入力するとプログラムが終了します．

　それでは，サンプル・プログラム32のソース・リストexample32_sw_r.cについて説明します．

① XBee Wi-FiモジュールのIPアドレスを定義します．子機XBee Wi-Fiモジュールに割り当てられたIPアドレスに書き換える必要があります．
② 子機XBee Wi-Fiモジュールの情報の通知先とな

る，IPアドレスを定義します．通常は親機 Raspberry Piのアドレスを入力します．または，本例のようにブロード・キャスト・アドレス(IPアドレスの4番目の数値が255)を使用することで，同じLAN上の全機器にデータを送信することも可能です．より範囲を広くするには，4値のすべてを255にします．

③ xbee_pingを使用して，XBee Wi-Fiモジュールが

```
pi@raspberrypi ~/xbeeCoord/cqpub_pi $ gcc example68_sw_r.c
pi@raspberrypi ~/xbeeCoord/cqpub_pi $ ./a.out
-------------------
ZB Coord 1.95
by Wataru KUNINO
-------------------
FFFFFFFF XBee Wi-Fi
Example 32 SW_R (Any key to Exit)
Value =0    ←(XBee Wi-Fiのプッシュ・ボタンを押下)
Value =1    ←(XBee Wi-Fiのプッシュ・ボタンを解放)
q           ←((入力)キーボード入力で終了)
done
```

**図10-2 サンプル・プログラム68の実行例**

### サンプル・プログラム32　example32_sw_r.c

```c
/************************************************************************
XBee Wi-Fiのスイッチ変化通知を受信する
*************************************************************************/
#include "../libs/xbee_wifi.c"                   // XBeeライブラリのインポート
#include "../libs/kbhit.c"

// お手持ちのXBeeモジュールのIPアドレスに変更してください(区切りはカンマ)
byte dev_gpio[] = {192,168,0,135};  ←①  // 子機 XBee
byte dev_my[]   = {192,168,0,255};  ←②  // 親機 Raspberry Pi

int main(void){
    byte value;                               // 受信値
    XBEE_RESULT xbee_result;                  // 受信データ(詳細)
    
    xbee_init( 0 );                           // XBeeの初期化
    printf("Example 32 SW_R (Any key to Exit)\n");
    if( xbee_ping(dev_gpio)==0 ){  ←③
        xbee_myaddress(dev_my);    ←④       // Raspberry Piのアドレスを登録する
        xbee_gpio_init(dev_gpio);  ←⑤       // デバイスdev_gpioにIO設定を行う
        while(1){
            xbee_rx_call( &xbee_result );    // データを受信
            if( xbee_result.MODE == MODE_GPIN){  // 子機XBeeのDIO入力
                value = xbee_result.GPI.PORT.D1; // D1ポートの値を変数valueに代入
                printf("Value =%d\n",value);     // 変数valueの値を表示
            }
            if( kbhit() ) break;             // PCのキー押下時にwhileを抜ける
        }
    }
    printf("\ndone\n");
    return(0);
}
```

存在しているかどうかを確認します．存在しない場合はプログラムを終了します．
④ xbee_myaddressは，②の宛て先IPアドレスを，XBee管理用ライブラリ内に保持します．この設定により，次項⑤の通知の宛て先を定めます．
⑤ XBee Wi-FiモジュールのGPIOを初期化し，DIOポート1～3の状態変化を前項④で設定した宛先に自動送信するための設定を行います．

ここでは，XBee Wi-FiモジュールのIPアドレスをステップ①で設定し，XBee Wi-Fiモジュールが送信するときの宛て先をステップ②で設定しました．

一般的に，IPアドレスの4値のうち，1番目から3番目は同じネットワーク内で共通の値です．したがって，IPアドレスのうち1番目から3番目の値はステッ

### Column…10-1　XBee Wi-FiのUARTシリアル用APIモード

XBee ZBと同様に，XBee Wi-FiのUARTシリアル接続用のインターフェースにも，APIモードがあります．しかし，XBee Wi-FiではXBee間でIPによる通信が行われていることから，本書では，IP通信上のXBee IP Serviceを使用してXBee-Wi-Fiモジュールへアクセスします．

ZigBee通信では，親機となるRaspberry PiにUARTシリアル用のAPIモードを使って，XBee PRO ZBモジュールを接続する必要がありました．しかしXBee Wi-Fiでは，すべてIPネットワーク上の通信になるので，Raspberry Piに搭載された有線LAN端子等から，XBee Wi-Fiモジュールと相互に通信を行うことができます．さらに，本書で用いているXBee管理用ライブラリでは，XBeeの

APIモードと同じ命令でXBee IP Serviceに対応しているので，XBee ZBからXBee Wi-Fiへ移行する際のプログラム修正も容易です．したがって，UARTシリアル用のAPIモードを使うことはあまりないでしょう．

それでもXBee Wi-FiのAPIモードを使用するケースが生じた場合は，XCTUのModem Configurationから，AP-API Enableを，1-API Enabledに変更することで，APIモードに設定することができます．ただし，本書のXBee管理用ライブラリは，XBee Wi-Fi上でのAPIモードには対応していませんので，ライブラリの改造が必要です．XBee ZB用APIモードの実装を参照しながら改造すれば良いでしょう．

図10-3
XBee ZBを使った代表的なZigBee通信の例

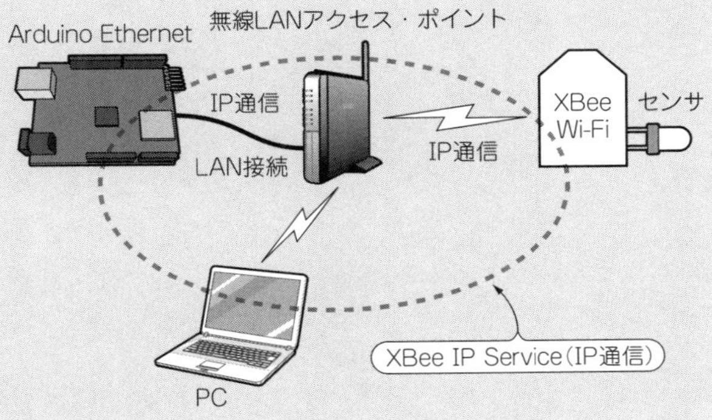

図10-4
XBee Wi-Fiを使った代表的なIP通信の例

プ①と②で同じ値になります．例えば，192.168.0 や，192.168.1 などを用います．また，4 番目の数値でネットワーク内の機器を特定します．

ステップ②の 4 番目の数値 255 は，すでに説明したとおり，ブロードキャスト・アドレスです．この 4 番目の値を親機 Raspberry Pi のアドレスの 4 番目の値と同じ値にすると，子機からの通知先を親機のみに限定することができます．しかし，Raspberry Pi のアドレスが DHCP で割り当てられていて，再起動時などにアドレスが変わってしまうと，通知を受け取れなくなります．

なお，Raspberry Pi のアドレスを知るには LXTerminal 上で，ifconfig を実行し，eth0 内の inet アドレスを確認してください．

# 第3節　サンプル33　スイッチ状態を取得指示と変化通知の両方で取得する

## SAMPLE 33

| スイッチ状態を取得指示と変化通知の両方で取得する | | |
|---|---|---|
| 実験用サンプル | 通信方式：XBee Wi-Fi | 開発環境：Raspberry Pi |

Raspberry Piから子機XBee Wi-FiモジュールのGPIO(DIO)ポートの状態をリモート受信するサンプルです．スイッチ状態を取得する指示を一定の周期で送信しつつ，スイッチの状態変化通知も受信します．

| 親機 | |
|---|---|
| Raspberry Pi ⇔ 有線LANまたは無線LAN ⇔ 無線LANアクセス・ポイント | |

その他：Raspberry Piと無線LANアクセス・ポイントを有線または無線で接続．

子機：XBee Wi-Fiモジュール ⇔接続⇔ DC-DC付きピッチ変換 ⇔接続⇔ ブレッドボード ⇔接続⇔ タクト・スイッチ

| ファームウェア：XBEE WI-FI | | MA=1(Static IP) | |
|---|---|---|---|
| 電源：乾電池2本3V | シリアル：　－ | スリープ(9)：　－ | DIO10(6)：LED(RSSI) |
| DIO1(19)：タクト・スイッチ | DIO2(18)：　－ | DIO3(17)：　－ | DIO0(20)：　－ |
| DIO4(11)：LED | DIO11(7)：　－ | DIO12(4)：　－ | Associate(15)：　－ |

その他：最新のDigi International社の開発ボードXBIB-U-DEV(TH/SMT Hybrid)でも動作します．

必要なハードウェア
- Raspberry Pi 2 Model B(本体，ACアダプタ，周辺機器など)　1式
- 無線LANアクセス・ポイント　1台
- Digi International社 XBee Wi-Fiモジュール　1個
- DC-DC電源回路付きXBeeピッチ変換基板(MB-X)　1式
- ブレッドボード　1個
- 高輝度LED 1個，抵抗1kΩ 1個，セラミック・コンデンサ0.1μF 1個，タクト・スイッチ1個，2.54mmピッチピン・ヘッダ(11ピン)2個
  単3×2直列電池ボックス1個，単3電池2個，LANケーブル1本，ブレッドボード・ワイヤ適量，USBケーブルなど

サンプル・プログラム33は，取得指示によってDIOポートの入力状態を読み取るサンプル・プログラム7のXBee Wi-Fi版です．さらにサンプル・プログラム32の状態変化通知を組み合わせることで，スイッチの変化時と定期的なスイッチ状態値の両方を取得できるようにしました．また，XBee S6 Wi-Fiモジュールを省電力に設定する機能を追加しました．ただし，最新のXBee S6B Wi-Fiモジュールについては，通常の消費電力での動作となります．

ハードウェアの製作，IPアドレス部のプログラム修正，コンパイル方法，実行方法はこれまでと同じです．プログラムを実行すると，スイッチ状態Value値が，次々と表示されます．サンプル・プログラム32の表示に加えて，定期的なスイッチ状態の取得結果が加わります．画面の見た目のようすは，サンプル・プログラム32と変わらないので省略します．

以下は，サンプル・プログラム33 example33_sw_fの主要な処理部の説明です．

① xbee_end_deviceを使用して，XBee S6 Wi-Fiモジュールを省電力設定にします．ただし，XBee ZBとは方式の違いで，省電力動作の内容や効果が異なります．また，XBee S6B Wi-Fiモジュールを

使った場合は省電力モードで動作しません．
② 変数trig値が0のときに，次項のステップ③を実行します．0以外のときは③を実行せずにtrig値を一つだけ減らします．
③ xbee_forceを使用して，子機XBee Wi-Fiへ状態取得指示を送信します．
④ その応答MODE_RESP，もしくは状態変化通知MODE_GPINを受け取ったときに，次項⑤以降のValue値を表示する処理に移ります．
⑤ 構造体変数xbee_resultに格納されたDIO1ポートの受信データを，変数valueに代入します．XBee Wi-FiモジュールのDIO1ポートには，タクト・ス

### サンプル・プログラム33　example33_sw_f

```c
/******************************************************************************
XBee Wi-Fiのスイッチ状態をリモートで取得しつつスイッチ変化通知でも取得する
******************************************************************************/

#include "../libs/xbee_wifi.c"                      // XBee ライブラリのインポート
#include "../libs/kbhit.c"
#define FORCE_INTERVAL  200                         // データ要求間隔(およそ30msの倍数)

// お手持ちのXBeeモジュールのIPアドレスに変更してください(区切りはカンマ)
byte dev_gpio[] = {192,168,0,135};                  // 子機XBee
byte dev_my[]   = {192,168,0,255};                  // 親機 Raspberry Pi

int main(void){
    int trig=0;
    byte value;                                     // 受信値
    XBEE_RESULT xbee_result;                        // 受信データ(詳細)

    xbee_init( 0 );                                 // XBeeの初期化
    printf("Example 33 SW_F (Any key to Exit)\n");
    if( xbee_ping(dev_gpio)==0 ){
        xbee_myaddress(dev_my);                     // Raspberry Piのアドレスを登録する
        xbee_gpio_init(dev_gpio);                   // デバイスdev_gpioにI/O設定を行う
        xbee_end_device(dev_gpio,28,0,0);  ←──① // デバイスdev_gpioを省電力に設定
        while(1){
            /* 取得要求の送信 */
            if( trig == 0 ){  ←──②
                xbee_force( dev_gpio );  ←──③    // 子機へデータ要求を送信
                trig = FORCE_INTERVAL;
            }
            trig--;

            /* データ受信(待ち受けて受信する) */
            xbee_rx_call( &xbee_result );           // データを受信
            if( xbee_result.MODE == MODE_RESP || ←──④ // xbee_forceに対する応答
                xbee_result.MODE == MODE_GPIN){     // もしくは子機XBeeのDIO入力のとき
                value = xbee_result.GPI.PORT.D1; ←──⑤ // D1ポートの値を変数valueに代入
                printf("Value =%d\n",value);        // 変数valueの値を表示
                xbee_gpo(dev_gpio,4,value);  ←──⑥ // 子機XBeeのDIOポート4へ出力
            }
            if( kbhit() ) break;                    // PCのキー押下時にwhileを抜ける
        }
        xbee_end_device(dev_gpio,0,0,0); ←──⑦    // デバイスdev_gpioの省電力を解除
    }
    printf("\ndone\n");
    return(0);
}
```

イッチが接続されているので，このスイッチの状態が変数valueに代入されます．
⑥ xbee_gpo関数を使用して，XBee Wi-FiモジュールのDIO4ポートへ変数valueの値を出力します．DIO4ポートには高輝度LEDが接続されているので，スイッチの状態に合わせてLEDが点灯または消灯します．

⑦ xbee_end_deviceの第2引き数に0を代入することで，省電力モードを停止します．プログラム終了前には，かならず省電力の解除を行わなければなりません．通信のない状態が続くと深いスリープ状態に入ってしまい，次回の起動時に動作しなくなります．この場合は，XBee Wi-Fiモジュールの電源を入れ直すか，リセットすると復帰します．

### Column…10-2　コマンド応答値とI/Oデータの通知情報の違い

　Digi International社のXBeeシリーズ用APIでは，リモートATコマンドの応答値(MODE_RESP)と，通知により取得するI/Oデータ情報(MODE_GPIN)の受信データのフォーマットが異なります．

しかし，本書のXBee管理用ライブラリを用いることで，異なるフォーマットの受信データをxbee_result.GPIやxbee_result.ADCINのような同一のフォーマットで取り出すことができます．

### Column…10-3　XBee Wi-Fiのスリープ・モード①概要

　スリープ機能の動作仕様は，XBee ZBとXBee Wi-Fiとで異なります．方式の違いにより，XBee S6 Wi-Fiモジュールのスリープ・モードは，XBee ZBのスリープ・モードに比べ，消費電力の削減効果は高くありません．
　また，XBee ZBには，子機のコミッショニング・ボタンを押下することによりスリープを解除し，同じZigBeeネットワーク上の全デバイスに通知を行う仕組みがありました．このため，そのコミッショニング通知を受け取った親機は，スリープから復帰した子機へ各種設定をリモートで行うことができま

した．しかし，XBee S6 Wi-Fiモジュールにはコミッショニング・ボタン機能がないので，同じ方法を用いることができません．
　このため，XBee S6 Wi-Fiモジュールがスリープ・モードのままプログラムを強制終了すると，その後，起動しても接続できなくなってしまう場合があります．そのような場合は，XBee S6 Wi-Fiモジュールの電源を入れ直して10秒ほど待ってからプログラムを再実行すると動作しやすくなります．それでも動作しない場合は，XBee Wi-FiモジュールのIPネットワーク接続からやり直します．

# 第4節　サンプル34　照度センサのアナログ値を XBee Wi-Fi で取得する

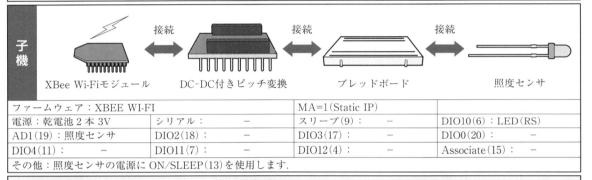

| SAMPLE 34 | 照度センサのアナログ値を XBee Wi-Fi で取得する | | |
|---|---|---|---|
| | 実験用サンプル | 通信方式：XBee Wi-Fi | 開発環境：Arduino IDE |

Raspberry Pi から XBee Wi-Fi モジュール搭載照度センサの照度値を取得するサンプルです．
省電力に設定した XBee S6 Wi-Fi モジュールへ取得指示を一定間隔で送信して，照度値を表示します．

| 親機 | Raspberry Pi ←有線LANまたは無線LAN→ 無線LANアクセス・ポイント | | | |
|---|---|---|---|---|
| その他：Raspberry Pi と無線 LAN アクセス・ポイントを有線または無線で接続． | | | | |
| 子機 | XBee Wi-Fiモジュール ←接続→ DC-DC付きピッチ変換 ←接続→ ブレッドボード ←接続→ 照度センサ | | | |
| ファームウェア：XBEE WI-FI | | MA=1(Static IP) | | |
| 電源：乾電池2本 3V | シリアル：　－ | スリープ(9)：　－ | DIO10(6)：LED(RS) | |
| AD1(19)：照度センサ | DIO2(18)：　－ | DIO3(17)：　－ | DIO0(20)：　－ | |
| DIO4(11)：　－ | DIO11(7)：　－ | DIO12(4)：　－ | Associate(15)：　－ | |
| その他：照度センサの電源に ON/SLEEP(13) を使用します． | | | | |

必要なハードウェア
- Raspberry Pi 2 Model B（本体，AC アダプタ，周辺機器など）　1式
- 無線 LAN アクセス・ポイント　1台
- Digi 社 XBee Wi-Fi モジュール　1個
- DC-DC 電源回路付き XBee ピッチ変換基板(MB-X)　1式
- ブレッドボード　1個
- 照度センサ NJL7502L 1個，抵抗 1kΩ 1個，コンデンサ 0.1μF 1個，2.54mm ピン・ヘッダ(11ピン) 2個単3×2 直列電池ボックス 1個，単3電池 2個，LAN ケーブル 1本，ブレッドボード・ワイヤ適量，USB ケーブルなど

　ここでは，XBee Wi-Fi モジュールを搭載したワイヤレス照度センサを製作し，照度センサの測定値を Raspberry Pi から取得する実験を行います．

　照度センサ子機のハードウェアの製作例を，**写真10-5** に示します．ブレッドボード上に DC-DC 電源回路付き XBee ピッチ変換基板を実装します．

　**写真 10-6** にしたがって，XBee ピッチ変換基板の 11 番ピン（ピッチ変換基板の左下）をブレッドボード左側の青の縦線（電源「－」ライン）に，12 番ピン（右下）をブレッドボード右側の赤の縦線（電源「＋」ライン）に接続します．これら 11 番ピンと 12 番ピンとの間にはコンデンサ 0.1μF を実装します．

　照度センサのコレクタ(C)側を XBee ピッチ変換基板の 15 番ピン(XBee Wi-Fi モジュールの 13 番ピン)の SLEEP 端子に接続し，この SLEEP 信号を照度センサの電源にします．また照度センサのエミッタ(E)側を XBee ピッチ変換基板の 21 番ピン(XBee Wi-Fiの 19 番ピン)の DIO1 へ入力し，同信号に負荷抵抗を通して電源の青線（「－」ライン）に接続します．

　**サンプル・プログラム 34** example34_mysns.c について説明します．このプログラムでは，前節の**サンプル・プログラム 33** のディジタル入力部をアナログ入

力に変更し，またデータ取得のタイミング生成には時計機能を使用しました．

① time_t は，1970 年 1 月 1 日 0 時からの総秒数を表す時刻用変数のデータ型です．ここでは変数 timer を時刻データ型として定義します．

② xbee_gpio_config を使用して，XBee Wi-Fi モジュールの GPIO の DIO1/AIN1 ポート（XBee モジュール 19 番ピン，XBee ピッチ変換基板 21 番ピン）をアナログ入力に設定します．第 1 引き数は，XBee Wi-Fi モジュールの IP アドレス，第 2 引き数は GPIO ポート，第 3 引き数は設定値です．AIN はアナログ入力を示します．

③ time は，現在時刻を取得する命令です．ここでは現在時刻を変数 timer に代入します．1970 年 1 月 1 日 0 時から現在時刻までの総秒数値が代入されます．

④ 変数 trig と変数 timer の値を比較し，timer のほうが大きい場合は，ステップ⑤の取得指示を送信します（実行直後は trig の初期値は 0 のため，timer のほうが大きい）．

⑤ XBee Wi-Fi モジュールへ I/O データの取得指示を送信します．

⑥ 現在時刻よりも 5 秒だけ未来の時刻値を，変数 trig に代入します．

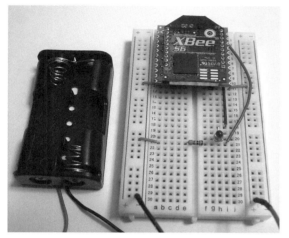

写真 10-5　XBee Wi-Fi 搭載の照度センサ製作例

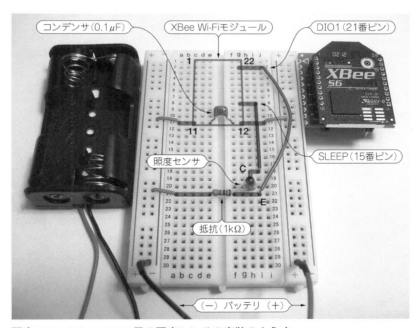

写真 10-6　XBee Wi-Fi 用の照度センサの実装のようす

第 4 節　サンプル 34　照度センサのアナログ値を XBee Wi-Fi で取得する

⑦ 照度センサからの取得値は，xbee_rx_call 命令で受信した構造体変数 xbee_result の要素 ADCIN[1] に代入されています．ここでは本値を照度へ換算して変数 value に代入します（計算方法は後述）．

⑧ 現在時刻と照度値を表示します．strftime 関数を用いて現在時刻を文字列変数 s に代入し，sprintf

**サンプル・プログラム 34　example34_mysns.c**

```c
/*******************************************************************
XBee Wi-Fi 搭載の照度センサから照度値を取得する
*******************************************************************/
#include "../libs/xbee_wifi.c"              // XBee ライブラリのインポート
#include "../libs/kbhit.c"

// お手持ちの XBee モジュールの IP アドレスに変更してください（区切りはカンマ）
byte dev[]   = {192,168,0,135};              // 子機 XBee
byte dev_my[]= {192,168,0,255};              // 親機 Raspberry Pi

#define FORCE_INTERVAL  5                    // データ要求間隔（秒）
#define S_MAX    256                         // 文字列変数 s の最大容量（255 文字）を定義

int main(void){
    float value;                             // 受信データの代入用
    XBEE_RESULT xbee_result;                 // 受信データ（詳細）
    time_t timer;            ←―――――――①    // タイマ変数の定義
    time_t trig=0;                           // 取得タイミング保持用
    struct tm *time_st;                      // タイマによる時刻格納用の構造体定義
    char s[S_MAX];                           // 文字列用の変数
    
    printf("Example 34 MySns\n");            // タイトル文字を表示
    xbee_init( 0 );                          // XBee 用 Ethenet UDP ポートの初期化
    printf("ping...\n");
    while( xbee_ping(dev) ) delay(3000);     // XBee Wi-Fi から応答があるまで待機
    xbee_myaddress(dev_my);                  // Raspberry Pi のアドレスを登録する
    xbee_ratd_myaddress(dev);                // 子機に PC のアドレスを設定する
    xbee_gpio_config( dev, 1 , AIN ); ←――② // XBee 子機のポート 1 をアナログ入力へ
    xbee_end_device(dev,28,0,0);             // XBee Wi-Fi モジュールを省電力へ
    while(1){
        time(&timer);         ←―――――――③  // 現在の時刻を変数 timer に取得する
        time_st = localtime(&timer);         // timer 値を時刻に変換して time_st へ
        if( timer >= trig ){  ←―――――――④  // 変数 trig まで時刻が進んだとき
            xbee_force(dev);  ←―――――――⑤  // 状態取得指示を送信
            trig = timer + FORCE_INTERVAL; ←⑥ // 次回の変数 trig を設定
        }
        xbee_rx_call( &xbee_result );        // データを受信
        if( xbee_result.MODE == MODE_RESP){  // 子機 XBee からの I/O データの受信時
            value = (float)xbee_result.ADCIN[1] * 7.4;  ←―⑦ // 照度を value に代入
            strftime(s,S_MAX,"%Y/%m/%d, %H:%M:%S", time_st);  // 時刻→文字列変換
            sprintf(s,"%s, %.1f", s , value );           ←―⑧ // 測定結果を s に追加
            printf("%s Lux\n" , s );                           // 文字列 s を表示
        }
        if( kbhit() ){                       // キーが押されたとき
            if( getchar()=='q' ) break;      // 押されたキーが q だった場合に終了
        }
    }
    xbee_end_device(dev,0,0,0);              // デバイス dev_gpio の省電力を解除
    printf("done\n");
    return(0);
}
```

を使って測定結果を変数 s に追加し，最後に printf 関数で変数 s の内容と単位 Lux を表示します．

XBee ZB と XBee Wi-Fi モジュールとでは，アナログ入力 AIN ポートの A-D 変換器の基準電圧が異なります．XBee Wi-Fi モジュールには，基準電圧 2500mV，解像度 10 ビットの A-D 変換器が内蔵されているので，新日本無線の照度センサ NJL7502L を 1kΩ の負荷抵抗とともに，使用したときの換算式は以下のようになります．

$$\begin{aligned} \text{value} &= \text{xbee\_result.ADCIN[1]} \div 1023 \\ &\quad \times 2500[mV] \div 33[mV] \times 100[lux] \\ &= \text{xbee\_result.ADCIN[1]} \times 7.40[lux] \end{aligned}$$

基準電圧が XBee ZB の約 2 倍になったことで，照度の分解能が 7.4lux 毎と粗くなる一方，7570Lux の高い照度まで測定できるようになります．XBee ZB の測定範囲に近づけるには，負荷抵抗を 2 倍の 2.2kΩ にして入力電圧を高める方法があります．この場合，100lux につき約 73mV の電圧が得られるので，換算式は以下のようになります．

$$\begin{aligned} \text{value} &= \text{xbee\_result.ADCIN[1]} \div 1023 \\ &\quad \times 2500[mV] \div 73[mV] \times 100[lux] \\ &= \text{xbee\_result.ADCIN[1]} \times 3.35[lux] \end{aligned}$$

他にも XBee Wi-Fi モジュールの A-D 変換器用の基準電圧を 1250mV に変更する方法があります．AT コマンドで，ATAV00 を設定すれば 1250mV になります．

なお，**サンプル・プログラム 33** と同様に，XBee S6 Wi-Fi モジュールでは省電力動作を行いますが，最新の XBee S6B Wi-Fi モジュールの場合は，通常の消費電力での動作となります．

## Column…10-4 XBee Wi-Fi のスリープ・モード②動作時間

スリープ・モード時に，XBee S6 Wi-Fi モジュールを装着した XBee ピッチ変換基板の電源 LED を確認すると，高速に点滅していることがわかります．この点滅中は，XBee S6 Wi-Fi モジュールの電源が ON と OFF を繰り返して低消費電力で動作しています．

通常は 500mW 程度の電力を消費するのに対し，省電力動作時は 100mW 程度となり，例えば，単 3 アルカリ電池 2 本で 2 日くらいの駆動が可能となります．

# 第5節 サンプル35 XBee Wi-FiのUARTシリアル情報を送受信する

## SAMPLE 35

| XBee Wi-FiのUARTシリアル情報を送受信する | | | |
|---|---|---|---|
| 実験用サンプル | | 通信方式：XBee Wi-Fi | 開発環境：Raspberry Pi |

Raspberry Piから子機XBee Wi-FiモジュールとのUARTシリアルの送受信を行うサンプルです．Raspberry PiとXBee Wi-Fiモジュールとの間で，テキストによるメッセージの送受信を行います．

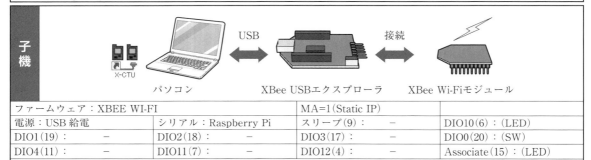

その他：Raspberry Piと無線LANアクセス・ポイントを有線または無線で接続．

| ファームウェア：XBEE WI-FI | | MA=1(Static IP) | |
|---|---|---|---|
| 電源：USB給電 | シリアル：Raspberry Pi | スリープ(9)：　－ | DIO10(6)：(LED) |
| DIO1(19)：　－ | DIO2(18)：　－ | DIO3(17)：　－ | DIO0(20)：(SW) |
| DIO4(11)：　－ | DIO11(7)：　－ | DIO12(4)：　－ | Associate(15)：(LED) |
| その他：パソコンの代わりにRaspberry Pi上でminicomなどを使用する方法もあります． | | | |

| 必要なハードウェア | |
|---|---|
| ・Windowsが動作するパソコン | 1～2台 |
| ・Raspberry Pi 2 Model B(本体，ACアダプタ，周辺機器など) | 1式 |
| ・無線LANアクセス・ポイント | 1台 |
| ・Digi International社 XBee Wi-Fiモジュール | 1個 |
| ・XBee USB エクスプローラ | 1個 |
| ・USBケーブルなど | |

サンプル・プログラム35は，Raspberry PiとXBee Wi-FiモジュールのUARTとの間でUARTシリアル通信を行うサンプルです．子機となるXBee Wi-Fiモジュール側は，UARTデータを確認するために，XBee USBエクスプローラ経由でパソコンに接続します．また，XCTUソフトウェアのTerminal機能またはTeraTermを使用します．パソコンの代わりに，Raspberry Piを使用し，**サンプル・プログラム16**や**サンプル・プログラム17**で使用したxbee_at_termやxbee_at_com，cuコマンド，minicomなどのシリアル通信ソフトを使用してもかまいません．

親機となるRaspberry Pi側では，**サンプル・プロ**グラム35 example35_uart.cのIPアドレスを修正し，コンパイルしてから実行します．

親機，子機それぞれの実行例を，**図10-5**と**図10-6**に示します．親機では，TX->に続いてパソコンのキーボードからテキスト文字のメッセージを入力して，「Enter」キーを押下して送信します．

それを受け取った子機XBee-Wi-Fiモジュールは，UARTシリアル端子からメッセージを出力し，パソコンのXCTUのTerminal画面に表示します．

また，XCTUのTerminal画面の「Send Packet」画面の「＋」ボタン(Legacy版ではAssemble Packet)を使用して，XBee Wi-Fiモジュールからテキスト文字

```
pi@raspberrypi ~/xbeeCoord/cqpub_pi $ gcc example35_uart.c
pi@raspberrypi ~/xbeeCoord/cqpub_pi $ ./a.out
--------------------
ZB Coord 1.95
by Wataru KUNINO
--------------------
FFFFFFFF XBee Wi-Fi
Example 35 UART (ESC key to Exit)
TX-> Hello, this is RaspPi.          ← XBee Wi-Fiに送信
TX->
RX<- Hello, this is XBee W-Fi.       ← XBee Wi-Fiから受信
TX->
```

図 10-5 サンプル・プログラム 35 の実行例(親機 Raspberry Pi 側)

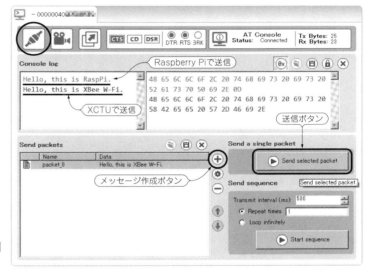

図 10-6
サンプル・プログラム 35 の実行例
(子機 XCTU 側)

を送信することもできます．ネットワークの全端末に向けたブロード・キャスト送信を行った場合，図10-6 の結果例のように，送信したテキスト文字が再び表示されます．ブロード・キャスト送信のパケットを XBee Wi-Fi モジュール自身が受信したためです．プログラムのはじめのほうに記述した配列変数 dev_my に，パソコン本体のアドレスを設定しておけば，指定の端末に向けたユニキャスト送信となり，結果例のようなオウム返しはなくなります．また，ルータの設定によっては，ユニキャストでないとパケットが届かない場合もあります．

本サンプル・プログラムを終了するときはLXTerminal 上で「Esc」キーを押下します．

それでは**サンプル・プログラム 35** example35_uart.c の動作について説明します．

① 子機 XBee Wi-Fi モジュールの IP アドレスをここに記入します．

② ブロードキャスト，または親機の IP アドレスを記入します．IP アドレスの 4 番目の数字の 255 は，ブロードキャスト・アドレスを示します．DHCPなどによって親機の IP アドレスが変化しても受信することができるメリットがあります．一方で，

## サンプル・プログラム35　example35_uart.c

```
/*******************************************************************
XBee Wi-Fi を使った UART シリアル送受信
*******************************************************************/

#include "../libs/xbee_wifi.c"              // XBee ライブラリのインポート
#include "../libs/kbhit.c"
#include <ctype.h>

// お手持ちの XBee モジュールの IP アドレスに変更してください(区切りはカンマ)
byte dev[]    = {192,168,0,135};  ←――――――――① // 子機 XBee
byte dev_my[] = {192,168,0,255};  ←――――――――② // 親機 Raspberry Pi

int main(void){
    char c;                                 // 文字入力用
    char s[32];                             // 送信データ用
    byte len=0;                             // 文字長
    XBEE_RESULT xbee_result;                // 受信データ(詳細)
    
    xbee_init( 0 );                         // XBee 用 COM ポートの初期化
    printf("Example 35 UART (ESC key to Exit)\n");
    s[0]='\0';                              // 文字列の初期化
    printf("TX-> ");                        // 待ち受け中の表示
    if( xbee_ping(dev)==0 ){
        xbee_myaddress(dev_my);     ←―――――③ // Raspberry Pi のアドレスを登録する
        xbee_ratd_myaddress(dev);   ←―――――④ // 子機に PC のアドレスを設定する
        xbee_rat(dev,"ATAP00");     ←―――――⑤ // XBee API を解除(UART モードに設定)
        while(1){
            
            /* データ送信 */
            if( kbhit() ){
                c=getchar();                // キーボードからの文字入力
```

XBee Wi-Fi モジュールが送信したテキスト文字を自己受信してしまいます．

③ xbee_myaddress を用いて，ブロード・キャストまたは親機の IP アドレスを，XBee 管理用ライブラリ内のメモリに保存します．

④ xbee_ratd_myaddress は，子機 XBee Wi-Fi モジュールが送信する際の宛て先を，本親機の IP アドレスに設定する命令です．ステップ③で設定した本親機のアドレスを子機 XBee Wi-Fi モジュール内に宛て先として(DL 値-Destination Address)設定します．

⑤ XBee Wi-Fi モジュールを Transparent モードに設定します．Transparent モードは，UART シリアル・データを XBee Wi-Fi モジュールの UART 端子に入出力するモードです．

⑥ キーボードから「Esc」キーが押下されたときに，break 命令を実行して，while による繰り返し処理を抜けます．ここで，少し「Esc」キーによる入力処理に工夫があるので説明します．「Esc」キーが押下されたときに Raspberry Pi の LXTerminal などのコンソールが，エスケープ・コード待ち状態になる場合があります．そこで，break の前に printf を使って「E」を出力することで「Esc」+「E」のエスケープ・シーケンスを実行します．なお，「Esc」+「E」は，「Enter」を意味します．

⑦ キーボードから入力された文字を，文字列変数 s に追記します．

⑧ キーボードから改行が入力されたときに，xbee_uart 関数を使用して文字列変数 s のテキスト文字列を送信します．ここでは，Linux と XBee との間で生じる改行コードの変換も行っています．Linux では改行コードに「\n」を用いますが，XBee

```
            if( c == 0x1B ){                // ESC キー押下時に
                printf("E");                 // ESC E(改行)を実行
                break;                       // while を抜ける
            }
            if( isprint( (int)c ) ){         // 表示可能な文字が入力されたとき
                s[len]=c;                    // 文字列変数 s に入力文字を代入する
                len++;                       // 文字長を一つ増やす
                s[len]='\0';                 // 文字列の終了を表す \0 を代入する
            }
            if( c == '\n' || len >= 31 ){    // 改行もしくは文字長が 31 文字のとき
                xbee_uart( dev , s );        // 変数 s の文字を送信
                xbee_uart( dev,"\r");        // 子機に改行を送信
                len=0;                       // 文字長を 0 にリセットする
                s[0]='\0';                   // 文字列の初期化
                printf("TX-> ");             // 待ち受け中の表示
            }
        }
        /* データ受信(待ち受けて受信する) */
        xbee_rx_call( &xbee_result );        // XBee Wi-Fi からのデータを受信
        if( xbee_result.MODE == MODE_UART){  // UART シリアルデータを受信したとき
            printf("\n");                    // 待ち受け中文字「TX」の行を改行
            printf("RX<- ");                 // 受信を識別するための表示
            printf("%s\n", xbee_result.DATA ); // 受信結果(テキスト)を表示
            printf("TX-> %s",s );            // 文字入力欄と入力中の文字の表示
        }
    }
}
printf("done\n");
return(0);
}
```

⑥
⑦
⑧
⑨
⑩

では「\r」を用います(p.161 コラム 7-10 参照).

⑨ xbee_rx_call を用いて,XBee Wi-Fi モジュールからの受信確認を行います.

⑩ 受信データが UART シリアル・データのときに,受信した UART シリアル・データを表示します.

# [第11章]

# Bluetoothモジュール RN-42XVPで ワイヤレス・シリアル通信

　Bluetoothモジュール RN-42XVP には，XBee と互換性のあるコネクタが装備されています．このため，これまでの実験で使用した XBee USB エクスプローラ等のハードウェアを使って手軽に実験を行うことができます．この章では，シリアル接続をワイヤレス化する場合の Bluetooth モジュール RN-42XVP の使い方について説明します．

# 第1節　入手しやすいBluetoothモジュールRN-42XVP

ここで使用するBluetoothモジュールRN-42XVPは，入手しやすく，また国内の電波法に関する認証を取得済みなので，よく使われる定番品です．

もともと，通信方式としてのBluetoothはスマートフォンなどに標準搭載されており，価格や生産台数に強みがあり，アプリケーションも充実しています．しかし，その一方で，モジュール製品の供給先が大手企業に集中してしまい，少量での入手性が難しいという課題がありました．

筆者は2013年5月にBluetoothモジュールを選定するための調査を行いました．機能の比較においては，対応プロファイル数の少ないRN-42XVPの優位性は低かったものの，国内の技適や認証の取得済みのBluetoothモジュールの中ではもっとも安価だったことや，少量でも入手が可能であったこと，XBeeと互換性のあるコネクタを装備していることなどから，本Bluetoothモジュールを選定しました．しかし，当時の入手手段としては，米Microchip Technology社から直接購入するくらいしかなく，送料や輸送期間などを考えると手軽とは言えませんでした．

その後，秋月電子通商がRN-42XVPの取り扱いを開始し，また同社から互換品のAE-RN-42-XB（参考価格2,000円）が発売されるなど，今ではBluetoothモジュールの定番品と呼ばれるくらいになりました．

対応プロファイル数が少ないとはいえ，キーボードやマウス，ゲーム用コントローラなどで用いられているHID（ヒューマン・インターフェース・デバイス）プロファイルを搭載しているのも特徴の一つです．本書でもHIDプロファイルを利用し，ArduinoからRaspberry Piのキーボード操作（カーソル操作）を行うサンプルを紹介します．

写真11-1　BluetoothモジュールRN-42XVP

# 第2節　Raspberry Piに接続するBluetooth USBアダプタ

ここではRaspberry PiにBluetooth USBアダプタを接続し，RN-42XVPとの間でBluetooth通信を行います．最新のRaspberry Pi 3 Model Bを使用することも可能ですが，執筆時点では動作確認ができていません．動作が不安定な場合は，Raspberry Pi 3のWi-Fiを切って，有線LANで使用してください．BluetoothとWi-Fiは同じ周波数を使うので，電波干渉が発生し，通信が安定しなくなる場合があります．ここではPCI（プラネックスコミュニケーションズ）製BT-Micro4（写真11-2）を使用します．必要な機材を表11-1に示します．

なお，この製品に関わらずCSR（Cambridge Silicon Radio）社のチップが使われているものであれば，動作すると思います．ただし，Bluetooth 2.0以前の古い

写真11-2　PCI製Bluetooth USBアダプタBT-Micro4

表 11-1 Bluetooth モジュールの通信テストに必要な機材の例

| メーカ | 品名・型番 | 数量 | 入手先(例) | 参考価格 |
|---|---|---|---|---|
| Microchip | BluetoothモジュールRN-42XVP | 1個 | 秋月電子通商など | 2,600 円 |
| PCI | Bluetooth USBアダプタ | 1個 | PC機器販売店 | 2,000 円 |
| 各社 | XBee USBエクスプローラ | 1個 | 秋月電子通商など | 1,280 円 |
| | Raspberry Pi 2 Model B | 1台 | RSコンポーネンツなど | 5,292 円 |
| | Raspberry Pi 用 AC アダプタ，周辺機器など | 1式 | – | – |

図 11-1　RN-42XVP の通信テスト用の接続図

チップだと，RN-42XVP との接続が行えない場合があります．また，Bluetooth 4.0 以降でないと BLE に対応していないので，第 13 章の BLE タグとの通信を行うことができません．

機材が揃ったら，図 11-1 のテスト用の接続図を確認してください．左側の Raspberry Pi に接続した Bluetooth USB アダプタと，Bluetooth モジュール RN-42XVP がワイヤレスで接続されています．RN-42XVP が USB で接続されている右側のパソコンとの通信が可能になります．実際の実験では，右側のパソコンを左側の Raspberry Pi で代用します．イメージができない場合は，パソコンに接続し，Tera Term などで確認しても良いでしょう．

## 第 3 節　Raspberry Pi に Bluetooth USB アダプタを接続する

最初に，Bluetooth スタック BlueZ のインストールを行います．Raspbian の LXTerminal から，以下のコマンドを入力してください．もし，Bluetooth USB アダプタを Raspberry Pi へ接続していた場合は，取り外した状態でインストールしたほうが良いでしょう．

```
$ sudo apt-get install bluez
```

インストールが完了したら，Bluetooth USB アダプタを接続します．必要に応じて，hciconfig と入力し，Bluetooth が認識されているかどうかを確認してください（図 11-2）．ここで，RN-42XVP を XBee USB エクスプローラに装着し，Raspberry Pi に接続します．

## 第 4 節　Raspberry Pi と RN-42XVP とを Bluetooth で接続する

Bluetooth によるワイヤレス接続を行う前に，USB アダプタから RN-42XVP を探索します．図 11-2 の②のように，hcitool scan を実行してください．Bluetooth デバイスが発見された場合，その MAC アドレスが表示されます．RN-42XVP に記載されている MAC アドレスと同じであることを確認してください．

Bluetooth でシリアル通信を行うには，プロファイル SPP の RFCOMM というプロトコルを使用します．同図の③のように接続先の MAC アドレスを指定し，sudo を付与した rfcomm コマンドを実行します．

```
pi@raspberrypi ~ $ hciconfig         ①Bluetooth USBアダプタの状態確認
hci0: Type: BR/EDR Bus: USB
    BD Address: 00:1B:DC:xx:xx:xx ACL MTU: 310:10 SCO MTU: 64:8
    UP RUNNING         Bluetooth USBアダプタが正しく動作している
    RX bytes:628 acl:0 sco:0 events:39 errors:0
    TX bytes:1472 acl:0 sco:0 commands:39 errors:0

pi@raspberrypi ~ $ hcitool scan         ②近隣のデバイスの探索
Scanning ...
    00:06:66:xx:xx:xx       RNBT-xxxx         デバイス発見
pi@raspberrypi ~ $ sudo rfcomm connect /dev/rfcomm 00:06:66:xx:xx:xx         ③接続の実行
Connected /dev/rfcomm0 to 00:06:66:xx:xx:xx on channel 1
Press CTRL-C for hangup         接続成功
```

**図 11-2　Bluetooth デバイスとの接続例**

接続に成功すると，「Connected」が表示されます．また，点滅していた RN-42XVP の LED が点灯に変化します．なお，この LXTerminal は，Bluetooth 通信が終わるまで，このままの状態にしておきます．

## 第 5 節　Raspberry Pi と RN-42XVP との Bluetooth 通信

　Bluetooth 通信を行うために，新しい LXTerminal を開き，下記のコマンドでシリアル端末 cu をインストールします．

```
$ sudo apt-get install cu
```

　そして，USB Bluetooth アダプタと通信を開始するために以下のコマンドを入力してください．/dev/rfcomm0 は，前節で接続に成功したときに表示されたデバイス名です．

```
$ cu -h -s 115200 -l /dev/rfcomm0
```

　次に，RN-42XVP 側の通信を開始するために，新しい LXTerminal を起動して，以下のコマンドを入力します．XBee USB エクスプローラの USB 接続ポートが USB0 以外に割り当てられている場合は，USB1 や USB2 など，適切なポート名に変更する必要があります．また，拡張 GPIO 端子の UART に接続した場合は，/dev/ttyAMA0 になります．

```
$ cu -h -s 115200 -l /dev/ttyUSB0
```

　この状態で，片方の LXTerminal に文字を入力すると，Bluetooth によるワイヤレス通信が実行され，別の LXTerminal 側に同じ文字が表示されます．改行時に「^M」（CR コード）が表示されますが，気にしないでください．いまのうちに見慣れておいて，気づ

```
pi@raspberrypi ~ $ cu -h -s 115200 -l /dev/rfcomm0         親機のBluetooth用ポート
Connected.
Hello!
```

```
pi@raspberrypi ~ $ cu -h -s 115200 -l /dev/ttyUSB0         子機のUSBシリアルポート
Connected.
Hello!
```

**図 11-3　Bluetooth デバイスとの通信例**

### Column···11-1　RN-42XVP の消費電力

　通信中の RN-42XVP の消費電力は，約 100 〜 130mW です．待機中は 40mW 程度まで下がり，単 3 乾電池 2 本で 1 週間程度の持続動作が可能です．XBee Wi-Fi に比べると，2 倍以上の持続時間を確保することができますが，何カ月も動作し続ける XBee ZB や BLE に比べると劣ります．用途に応じて使い分ければ良いでしょう．

かなくなったくらいのほうが，効率的に作業が進められるかもしれません．

　シリアル端末 cu を終了するには，〜（チルダ）を入力してから「.」（ピリオド）を押します．「〜」に続いて「？」を入力すると，操作方法が表示されます．

　もし，うまく接続できない場合は，RN-42XVP 側の設定を初期化してやりなおします．シリアル端末 cu を使って，RN-42XVP 側の ttyUSB0 ポートに接続し，p.304 の **表 14-6** に示す，SF,1 コマンドと R,1 コマンドを実行します．

# [第12章]

# こどもパソコン IchigoJamとの 連携サンプル集

　本章では，Raspberry Pi と，jig.jp 社のこどもパソコン IchigoJam もしくは，CQ 出版社の IchigoJam 用 Personal Computer 基板との連携によるサンプル・プログラムを紹介します．

# 第1節 サンプル36 IchigoJamをRaspberry Piから制御する

**SAMPLE 36** | IchigoJamをRaspberry Piから制御する
実験用サンプル | 通信方式：UARTシリアル | 開発環境：Raspberry Pi

Raspberry PiからIchigoJamをリモート制御するサンプルです．

親機

Raspberry Pi ⇔ USB/シリアル ⇔ IchigoJam用Personal Computer基板

その他：参考文献(6)用の別売パーツ・セットに含まれるパーツとプリント基板を組み立てて使用．

必要なハードウェア
- Raspberry Pi 2 Model B（本体，ACアダプタ，周辺機器など）　1式
- IchigoJam用Personal Computer基板［参考文献(6)］　1式
- ブレッドボードジャンパ線（メス⇔オス）3本，またはUSBケーブル（USBシリアル変換IC搭載時）

　ここではRaspberry Piに，jig.jp社のIchigoJamもしくは，参考文献(6)用のIchigoJam用Personal Computer基板(CQ出版社)を接続し，Raspberry PiからIchigoJam BASICを利用する方法について説明します．

　IchigoJamは株式会社jig.jpによって開発されたプログラミングの学習教材用マイコン・ボードです．テレビとキーボードを接続することで，BASICによるプログラミングが可能な学習用パソコンとして使用することができます．パソコンと同等機能を備えているRaspberry Piに対し，IchigoJamはBASICのプログラミングに限定して設計されました．

**表12-1　Raspberry PiとIchigoJamの比較**

| 項　目 | Raspberry Pi 2 Model B | IchigoJam U |
|---|---|---|
| CPU | ARM Cortex-A7 Quad Core 900MHz | ARM Cortex-M0 48 MHz |
| Flash | micro SD | 32KB |
| RAM | 1GB | 4KB |
| OS | Raspbian（Linuxベース）等 | IchigoJam BASIC |
| 表示 | フルHD出力 | テキスト文字 |
| ストレージ | micro SD(別売)/USBメモリ(別売) | 内蔵4KB/外付EEPROM(別売) |
| カメラ | 専用品(別売) | − |
| HDMI端子 | ○ | − |
| LAN端子 | ○ | − |
| USB端子 | ○ | − |
| GPIO端子 | ○ | ○ |
| アナログ入力 | | ○ |
| キーボード | 汎用USBキーボード対応 | PS/2仕様キーボードのみ対応 |
| マウス | 汎用USBマウス対応 | |
| ACアダプタ | 汎用Micro USB ※1A以上が必要 | 汎用Micro USB電源が使用可能 |
| 市販マイコン | − | 市販マイコンにファームの書き込み可能 |
| 消費電力(実力) | 約500mA | 約20mA 乾電池で駆動可能 |

**写真 12-1** IchigoJam（左）と Raspberry Pi（右）

とはいえ，Raspberry Piと同様に，マイコン・ボード単体でプログラミングを行うことができます．また，拡張用GPIOやアナログ出力（PWM）をIchigoJam BASICから簡単に扱うこともできます．さらに，アナログ入力機能や，乾電池で動作させることが可能な低消費電力性能，市販のマイコンLPC1114FN28（参考価格180円）にIchigoJam BASICファームウェアを書き込むことで手軽に組込マイコンとして取り扱える点など，Raspberry Piにはない特長もあります．

Raspberry PiとIchigoJamを共存させる場合には，特長の違いに合わせて，役割分担を行うことが重要です．Raspberry PiはIoT機器の中核的な親機や多機能な子機として，一方のIchigoJamはセンサなどの単機能の子機として使うことになるでしょう．

まずは，親機となるRaspberry Piと，子機となるIchigoJamとを，有線のUARTシリアルで接続し，Raspberry Pi側から制御する実験を行います（**写真12-1**）．

**図12-1**に，UARTシリアル接続する場合の接続図を示します．それぞれのUART送信端子TXDを，相手のRXD端子に接続します．また，双方のGNDも接続します．電源をRaspberry PiからIchigoJamへ供給することも可能です．

参考文献(6)のPersonal Computer基板を使用する場合は，Personal Computer基板の裏面にUSBシリアルIC等を実装するか，別途，USBシリアル変換アダプタを追加して，Raspberry PiのUSB端子に接続します．Personal Computer基板のUART切り換えスイッチSW5は，USB側に切り換えておきます．

Raspberry Pi上で**サンプル・プログラム36**をコンパイルし，実行すると，USBポートまたは拡張用GPIO端子のUARTポートからIchigoJamに接続することができます（**図12-2**）．

もし，接続できない場合は，使っていないUSB機器を取り外してください．シリアル接続を利用したUSB機器（/dev/ttyUSB0〜9）があると，そちらに誤接続されてしまうことがあるからです．

**サンプル・プログラム36** example36_15term.cの動作について説明します．紙面の都合上，プログラムの一部を省略します．省略した部分の説明については，ソースコードの右側に記載のコメントを参照してください．

① シリアル通信を識別するためのファイル・ディスクリプタComFdを定義します．これは，データ

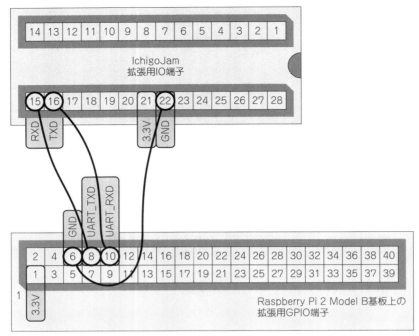

**図 12-1 IchigoJam との UART シリアル接続**

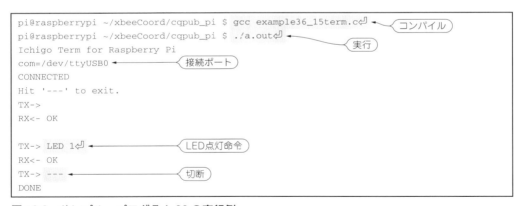

**図 12-2 サンプル・プログラム 36 の実行例**

を入出力するときの識別番号を保持するための変数です．変数名は単に，fd と定義する場合が多いです．本サンプルでは，この ComFd の使い方の理解を深めます．

② この open_serial_port 部では，シリアル・ポートの使用を開始するためにポートを開く処理を行います．紙面では，その抜粋を記載しました．open 命令は，シリアル・ポートを開き，そのポートを特定するためのファイル・ディスクリプタ値を返す命令です．ここで，open の戻り値を変数 ComFd に代入します．以降，当該ポートにアクセスする際に ComFd を用います．

**サンプル・プログラム 36　example36_15term.c**

```
/******************************************************************
Ichigo Term for Raspberry Pi
******************************************************************/
                        ～ 省略 ～
static int ComFd;  ←――――――――――――――――① // シリアル用ファイル・ディスクリプタ

int open_serial_port(){      ～ 抜粋 ～  ⎫
    char modem_dev[15]="/dev/ttyUSB0";   ⎬ ②
    ComFd=open(modem_dev, O_RDWR|O_NONBLOCK);⎭
}
char read_serial_port(vcid); ⎫  ～ 省略 ～
                             ⎬ ③
int close_serial_port(vcid); ⎭  ～ 省略 ～

int main(){
    char s[32];                              // 文字データ用
    int len=0;                               // 文字長
    char c;                                  // 文字入力用の文字変数
    int ctrl=0;                              // 制御用 0:先頭, -1～-3:「-」入力数
                                             //       1:コマンド, 2:プログラム

    printf("Ichigo Term for Raspberry Pi\n");
    if(open_serial_port() < 0){  ←――――――④
        printf("UART OPEN ERROR\n");
        return -1;
    }
    printf("CONNECTED\nHit '---' to exit  \nTX-> ");
    write(ComFd, "\x1b\x10 CLS\n", 7);  ←――⑤ // IchigoJam の画面制御
    while(1){
        if( kbhit() ){
            c=getchar();                     // キーボードからの文字入力
            s[len]=c;                        // 入力文字を保持
            if(len < 31) len++;              // 最大長未満のときに文字長に 1 を加算
            write(ComFd, &c, 1 );  ←――――⑥ // IchigoJam へ送信
```

③ シリアル・ポートからデータを受信する read_serial_port 関数と，シリアル・ポートを閉じる close_serial_port 関数を定義します．定義内容については説明を省略しますので，興味のある方はソースコードを参照してください．

④ 前記のステップ②で定義した open_serial_port 関数を実行します．

⑤ write 命令を使ってシリアル・ポートにデータを出力します．第 1 引き数は，ファイル・ディスクリプタ ComFd です．ステップ②で開いたシリアル・ポートを特定するために指定します．第 2 引き数にはシリアル・ポートに出力するメッセージを記述します．このうち「\x1b\x10」は 16 進数の文字コードです．1b はエスケープ（IchigoJam のプログラムの実行停止），10 は行頭へ移動するための制御文字コードです．また，CLS は，画面を消去する IchigoJam BASIC コマンドです．第 3 引き数は出力するメッセージのサイズです．ここでは計 7 バイトを送信します．

⑥ キーボードから入力された文字が代入された変数 c の内容を送信します．文字変数には 1 文字しか代入できないので，第 3 引き数は 1 です．変数の前の「&」は，当該変数の値が格納されているアドレスを示します．こういったデータの渡し方を，ポインタ渡しと呼びます．文字列変数を引き数とする部分に，文字変数を渡したい場合に，このように記述します．

⑦ シリアル受信データを読み取り，変数 c に代入します．受信データがなければ，0 が代入されます．

⑧ 変数 c に値が入っている（受信データがある）とき

**サンプル・プログラム 36　example36_15term.c（つづき）**

```c
            if( ctrl<=0 && c =='-' ){              // 先頭かつ入力された文字が「-」のとき
                ctrl--;                            // ctrl値を1減算
                if(ctrl <= -3) break;              // 「-」が3回入力された場合に終了
            }else if(ctrl==0){
                if(isdigit(c)) ctrl=2; else ctrl=1; // 先頭に数値でプログラムと判定し，
            }                                       // そうでないときはコマンド入力と判定
            if(c=='\n'){                            // 入力文字が改行のとき
                if(ctrl==2 || len==1) printf("TX-> "); // 無入力とプログラム入力時
                ctrl=0;                             // 入力文字状態を「先頭」にセット
                len=0;
                usleep(250000);                     // 250msの(IchigoJam 処理)待ち時間
            }
            usleep(25000);                          // 25msの(IchigoJam 処理)待ち時間
        }
        c=read_serial_port();    ◀────────────⑦   // シリアルからデータを受信
        if(c){
            printf("\nRX<- ");                      // 受信を識別するための表示
            while(c){
                if( isprint(c) ) printf("%c",c);    // 表示可能な文字のときに表示する
                if( c=='\n' ) printf("\n     ");  ⑧ // 改行時に改行と5文字インデントする
                if( c=='\t' ) printf(", ");         // タブのときにカンマで区切る
                c=read_serial_port();               // シリアルからデータを受信
            }
            s[len]='\0';
            printf("\nTX-> %s",s);                  // キーボードの入力待ち表示
        }
    }
    printf("\nDONE\n");
    close_serial_port();
    return 0;
}
```

に，その内容を表示します．whileループを使って，cの値がなくなるまで，表示と読み取りを繰り返します．

なお，サンプル・プログラム36を停止するには，「-」(マイナス)キーを3回，連続で押下してください．

### Column…12-1　標準入出力のファイル・ディスクリプタ

　プログラム36では，シリアル・ポートに関してファイル・ディスクリプタを定義して使用しました．シリアル・ポート以外にも，キーボード，画面，ファイルなどさまざまな入出力を行う際に，ファイル・ディスクリプタを使用します．
　ファイル・ディスクリプタの0～2は，システム内であらかじめ割り当てられています．0は標準入力stdin(キーボード入力)，1は標準出力stdout(画面出力)，2は標準エラー出力stderrです．例えば，プログラム36の⑤のwrite命令において，ComFdを1にすると，実行画面に出力されます．なお，標準エラー出力とはエラー・メッセージを出力するための専用のファイル・ディスクリプタです．

# 第2節 サンプル37 IchigoJamをBluetoothで制御する

## SAMPLE 37

| IchigoJamをBluetoothで制御する | | |
|---|---|---|
| 実験用サンプル | 通信方式:Bluetooth | 開発環境:IchigoJam |

Bluetoothを使用して,Raspberry PiからIchigoJamをリモート制御し,情報を取得します.

| 親機 |   Raspberry Pi ←接続→ Bluetooth USBアダプタ |
|---|---|

その他:Raspberry PiにBluetooth USBアダプタを接続.

| 子機 | Personal Computer基板 ←接続→ Motor Driver Shield基板 ←接続→ Bluetoothモジュール  距離センサ |
|---|---|

| ファームウェア:RN-42 Firmware 6.15以降 | | Slave | | SPPプロファイル | |
|---|---|---|---|---|---|
| 電源:ACアダプタ | シリアル:IchigoJam | GPIO 11(9): | − | GPIO 6(6):LED(RSSI) | |
| ADC 1(19): | − | GPIO 7(18): | − | GPIO 3(17): | − | | |
| − | GPIO 9(7): | − | GPIO 10(4): | − | Associate(15):LED(RN42) |

その他:参考文献(6)用の別売パーツ・セットに含まれるパーツとプリント基板を組み立てて使用.

必要なハードウェア
- Raspberry Pi 2 Model B(本体,ACアダプタ,周辺機器など) 1式
- Bluetooth USBアダプタ Planex BT-Micro4 1個
- IchigoJam用Personal Computer基板またはMicro Computer基板 1式
- Motor Diver Shield基板 1式
- Microchip社Bluetoothモジュール RN-42XVP 1個
- 距離センサ(測距モジュール GP2Y0A21YK) 1個

 前節では,Raspberry PiとIchigoJamとを有線のUARTシリアルで接続しました.ここでは,この接続をBluetoohによるワイヤレス接続に変更してみましょう.

 親機となるRaspberry Pi側にはBluetooth USBアダプタを接続し,子機となるIchigoJam側にはBluetoothモジュール RN-42XVPを,参考文献(6)『1行リターンですぐ動く!BASIC I/OコンピュータIchigoJam入門』の別売りパーツ・セットに含まれるPersonal Computer基板とMotor Driver Shield基板を使い,**写真12-2**のようにSensor端子に測距センサを接続します[製作方法は参考文献(6)の3.8章を参照].フルブリッジ・ドライバ(IC41とIC42)は,このサンプルでは不要です.UART切り換えスイッチSW5は,I/O側に切り換えます.

 ハードウェアのセットアップが完了したら,本書の第11章第3節のBluetooth用プロトコル・スタックBlueZのインストールを行います(すでにインストール済みの場合は不要).そして,第11章第4節の**図11-2**にしたがって,BluetoothによるRFCOMMの接続を行います.RFCOMM接続に失敗する場合は,第14章第1節もしくは参考文献(6)のプログラム3-5を使用して,RN-42XVPの設定の初期化を行います.

 BluetoothのRFCOMM接続が成功したら,新しい

LXTerminal を開き，前章のサンプル・プログラム36 example36_15term.c を実行します．RFCOMM は Bluetooth 上のシリアル接続なので，同じソフトウェアで制御することができます．

このサンプル・プログラム 36 を動かした状態で，BASIC サンプル・プログラム 37 を Personal Computer 基板へ転送することもできます．Raspbian 上の Leaf Pad でサンプル・プログラム 37 を開き，全選択してからコピーし，サンプル・プログラム 36 を実行中の LXTerminal にペーストしてください．IchigoJam BASIC での処理時間が必要なため，転送には若干の時間を要します．転送後に，「RUN ⏎」を入力すると，IchigoJam 上でプログラムが実行されます．

なお，初めて実行するときは，Personal Computer 基板にテレビを接続した状態で動作確認したほうが動作の状況が確認できるのでわかりやすいでしょう．

それでは，サンプル・プログラム 37 example37_15sens.bas のおもな処理内容について説明します．

① 受信データを変数 I に代入します．INKEY 命令はキーボードからの文字入力を受け取る関数です．IchigoJam BASIC では，シリアルで受信したデータはキーボード入力と同じ扱いになります．
② 受け取った文字が 0 のときに LED を消灯し，1 のときに点灯します．
③ IchigoJam 用マイコンの各 IN ポートの入力状態と，IN2 ポートのアナログ入力値を Bluetooth で送信します．PRINT 命令はテレビ画面に文字を出力する

**写真 12-2　IchigoJam によるワイヤレス・センサ**

```
pi@raspberrypi ~/xbeeCoord/cqpub_pi $ gcc example36_15term.c
pi@raspberrypi ~/xbeeCoord/cqpub_pi $ ./a.out
Ichigo Term for Raspberry Pi
com=/dev/rfcomm0    ←（Bluetooth接続）
CONNECTED
Hit '---' to exit.
TX->
RX<- OK

TX-> new
RX<- OK
TX-> 1 'SENSOR and LED    ←（BASICプログラムの入力）
2 UART 1
3 PRINT "Hello!"
～省略～
RX<- OK
TX-> TX-> TX-> TX-> RUN    ←（BASICプログラムの実行）
RX<- Hello !
RX<- 1101    321
RX<- 1101    330    ←（受信結果）
RX<- 1101    325
```

**図 12-3　Raspberry Pi から IchigoJam BASIC プログラムをリモート実行**

サンプル・プログラム 37　example37_15sens.bas

```
new                             ＜プログラム入力前に古いプログラムを消去する＞
1 'SENSOR and LED               ＜プログラムのタイトル＞
2 UART 1                        ＜シリアル送信モードを設定＞
3 PRINT "Hello!"                ＜「Hello!」を送信＞
10 'LOOP                        ＜ラベル「LOOP」＞
20 I=INKEY()              ──①  ＜受信データを変数 I に代入＞
30 IF I=ASC("0") LED 0  ⎫
                        ⎬ ──②  ＜受信データが「0」のときに LED を消灯する＞
40 IF I=ASC("1") LED 1  ⎭       ＜受信データが「1」のときに LED を点灯する＞
50 PRINT BIN$(IN()),ANA(2) ──③ ＜GPIO の入力状態と IN2 ポートのアナログ値を送信＞
60 WAIT 60                ──④  ＜1 秒間待つ＞
70 GOTO 10                ──⑤  ＜行番号 10 に戻る＞
```

命令ですが，同じデータが UART シリアル・ポートにも出力されます．

④ WAIT は，プログラム処理を指定の待ち時間だけ一時停止する命令です．引き数には待ち時間を約 1/60 秒単位で入力します．60 の場合，約 1 秒間に相当します．

⑤ GOTO は指定した行番号に移動する命令です．この場合，行番号 10 に戻り，行番号 10 から 60 のプログラムを繰り返し実行します．

BASIC プログラムを停止するには「Esc」キーを押下します．また，Raspberry Pi 側の**サンプル・プログラム 36** のプログラムを停止するには「−」を 3 回連続で入力します．さらに，RFCOMM の接続を切断するには，rfcomm が動作する LXTerminal を選択してから「Ctrl」キーを押しながら「C」キーを押下します．

# 第3節　サンプル38　IchigoJam用LEDをBluetoothで制御する

## SAMPLE 38

IchigoJam用LEDをBluetoothで制御する

| 実験用サンプル | 通信方式：Bluetooth | 開発環境：Raspberry Pi |
|---|---|---|

Raspberry PiからIchigoJam用ワイヤレスLEDをリモート制御するサンプルです．

| 親機 | 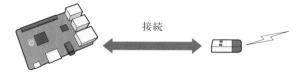 |
|---|---|
| | Raspberry Pi ← 接続 → Bluetooth USBアダプタ |
| その他：Raspberry PiにBluetooth USBアダプタを接続． | |

| 子機 | 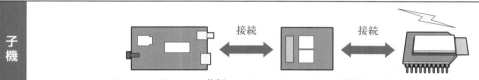 |
|---|---|
| | Personal Computer基板 ← 接続 → Motor Driver Shield基板 ← 接続 → Bluetoothモジュール |

| ファームウェア：RN-42 Firmware 6.15以降 | | Slave | | SPPプロファイル | |
|---|---|---|---|---|---|
| 電源：ACアダプタ | シリアル：IchigoJam | GPIO 11(9)： | – | GPIO 6(6)：LED(RSSI) | |
| ADC 1(19)： | – | GPIO 7(18)： | – | GPIO 3(17)： | – |
| – | | GPIO 9(7)： | – | GPIO 10(4)： | – | Associate(15)：LED(RN42) |
| その他：参考文献(6)用の別売パーツ・セットに含まれるパーツとプリント基板を組み立てて使用． | | | | | |

| 必要なハードウェア | |
|---|---|
| ・Raspberry Pi 2 Model B (本体，ACアダプタ，周辺機器など) | 1式 |
| ・Bluetooth USBアダプタ Planex BT-Micro4 | 1個 |
| ・IchigoJam用 Personal Computer 基板または Micro Computer 基板 | 1式 |
| ・Motor Diver Shield 基板 | 1式 |
| ・Microchip社 Bluetoothモジュール RN-42XVP | 1個 |

　ここでは前章と同じハードウェアを使用し，親機のRaspberry Piから子機（**写真12-3**）のMotor Driver Shield上のLEDをワイヤレス制御する方法について説明します．

　本Raspberry Pi用**サンプル・プログラム38**には，BluetoothのRFCOMM接続が含まれています．このため，**サンプル・プログラム38**の②の部分をお手持ちのRN-42XVPのMACアドレスへ修正し，コンパイルを行う必要があります．また，前サンプルで実行した**サンプル・プログラム36**およびRFCOMMを停止してから，**サンプル・プログラム38**を実行します．

　実行後，自動的にBluetooth接続が行われ，しばらくすると操作方法「[0]:LED OFF, [1]-[4]:LED ON, [q]:EXIT」のメッセージが表示されます．Raspberry Pi側で，「1」から「4」のいずれかのキーを押下することにより，Personal Computer基板上のLEDと，Motor Driver Shield上の四つのLEDの点灯制御を行うことができます．例えば「3」のキーを押下すると，このうちの3個のLEDが点灯します．また，「0」キーで全LEDを消灯します．

　「Q」キーを押下すると，Bluetoothの切断処理を行ってからプログラムを終了します．

　それでは**サンプル・プログラム38** example38_15bt_led.cの主要な動作について説明します．

① BluetoothのRFCOMM通信に関するライブラリ15term.cを組み込みます．

## サンプル・プログラム 38　example38_15bt_led.c

```c
/***************************************************************************
Bluetooth LED powered by IchigoJam 用コントローラ(Raspberry Pi)
***************************************************************************/
#include "../libs/15term.c"          ①
#include "../libs/kbhit.c"

int main(){
    char mac[]="00:06:66:xx:xx:xx";   ②  // 子機の MAC アドレス
    char c;                               // キー入力用の文字変数 c
    int loop=1;                           // 変数 loop(0:ループ終了)

    printf("example 38 Bluetooth LED for IchigoJam\n");
    if(open_rfcomm(mac) < 0){         ③  // Bluetooth 接続の開始
        printf("Bluetooth Open ERROR\n");
        return -1;
    }
    printf("CONNECTED\n[0]:LED OFF, [1]-[4]:LED ON, [q]:EXIT\n");
    write(ComFd, "\x1b\x10 CLS\n", 7);   ④  // IchigoJam の画面制御
    while(loop){
        while( !kbhit() );                   // キーボードから入力があるまで待つ
        c=getchar();                     ⑤  // 入力された文字を変数 c へ代入
        printf("-> LED [%c]\n",c);            // 「LED [数字]」を表示
        switch(c){
            case '0':                         // 「0」が入力されたとき
                write(CcmFd, "OUT 0\n", 6);   // IchigoJam へ全 LED 消灯命令を送信
                break;
            case '1':                         // 「1」が入力されたとき
                write(CcmFd, "OUT 1+64\n", 9); // IchigoJam へ LED 点灯命令を送信する
                break;
            case '2':                     ⑥  // 「2」が入力されたとき
                write(CcmFd, "OUT 3+64\n", 9); // IchigoJam へ LED 点灯命令を送信する
                break;
            case '3':                         // 「3」が入力されたとき
                write(CcmFd, "OUT 7+64\n", 9); // IchigoJam へ LED 点灯命令を送信する
                break;
            case '4':                         // 「4」が入力されたとき
                write(CcmFd, "OUT 15+64\n",10); // IchigoJam へ LED 点灯命令を送信する
                break;
            case 'q': case 'Q':               // 「q」が入力されたとき
                printf("-> EXIT\n");       ⑦  // 「EXIT」を表示
                loop=0;                       // while を抜けるために loop を 0 に設定
                break;
        }
        usleep(200000);                       // 200ms の(IchigoJam 処理)待ち時間
        write(ComFd, "BEEP\n", 5);            // BEEP 音の送信
    }
    printf("\nDONE\n");
    close_rfcomm();                    ⑧
    return 0;
}
```

② Bluetooth モジュール RN-42XVP の MAC アドレスを文字列変数 mac に代入します．

③ open_rfcomm は，ライブラリ 15term.c 内で定義された命令です．ここでは，文字列変数 mac に代入された MAC アドレスの機器への接続を行います．接続に失敗したときは-1 を応答します．

④ write 命令を使って，RFCOMM へデータを出力します．ComFd は，15term.c 内で定義された RFCOMM

```
pi@raspberrypi ~/xbeeCoord/cqpub_pi $ gcc example38_15bt_led.c
pi@raspberrypi ~/xbeeCoord/cqpub_pi $ ./a.out
example 38 Bluetooth LED for IchigoJam
[sudo /usr/bin/rfcomm connect /dev/rfcomm 00:06:66:xx:xx:xx &]
Connected /dev/rfcomm0 to 00:06:66:xx:xx:xx on channel 1
Press CTRL-C for hangup
com=/dev/rfcomm0
CONNECTED   ← Bluetooth接続の完了メッセージ
[0]:LED OFF, [1]-[4]:LED ON, [q]:EXIT
1-> LED [1]
4-> LED [4]   押下したキーに応じてLEDを制御
0-> LED [0]
q-> LED [q]   ← 終了処理を開始
-> EXIT
DONE
[sudo kill 3092]
Disconnected  ← Bluetooth切断の完了メッセージ
```

**図 12-4　ワイヤレス LED サンプルの実行例**

のファイル・ディスクリプタです．ここでは，IchigoJam BASIC のプログラムの停止コードと画面消去命令を送信します．

⑤ Raspberry Pi のキーボードの入力待ちを行います．キーが押下されたら，入力された文字を，変数 c に代入します．

⑥ 入力された文字に応じて，IchigoJam BASIC コマンド OUT を送信します．IchigoJam では，OUT の引き数に応じて GPIO の出力制御を行います．0 の場合は，すべての GPIO ポートを L レベルに設定します．「1+64」の場合は，ポート OUT1 と OUT7 を H レベルに設定し，その他のポートを L レベルに設定します．この引き数を 2 進数に変換したときの最下位ビットはポート OUT1 へ，2 ビット目は OUT2 へ，7 ビット目の OUT7 は Personal Computer 基板上の LED への出力を表します．Motor Driver Shield 上の四つの LED は，OUT1 〜 OUT4 に接続されているので，例えば，15（2 進数で 1111）を指定すると，OUT1 〜 OUT4 が H レベル出力となり，四つの LED が点灯します．さらに，64（2 進数で 1000000）を加算すると，OUT7 にも H レベルを出力することができます．

⑦ キー入力された文字が Q だった場合に，変数 loop に 0 を代入します．これにより，while(loop) のループを抜けます．

⑧ close_rfcomm は，15teram.c 内で定義された RFCOMM 通信の切断命令です．プログラムの終了前に Bluetooth 通信を切断します．

**写真 12-3　IchigoJam によるワイヤレス子機**

## Column…12-2　MACアドレスをパラメータ入力する

　ここではBluetoothモジュールのMACアドレスをソース・コードに埋め込みました．このため，Bluetoothモジュールを変更する際にプログラムの変更やコンパイルをやり直す必要があります．

　実行時にMACアドレスを引き数としてパラメータ入力するには，プログラム38を以下のように変更します．変更後の可変アドレス対応版は，example38_15bt_led2.cとして収録されています．

- main関数の定義部
  変更前：`int main{`
  変更後：`int main(int argc,char **argv){`
- RFCOMM通信の開始部(③)
  変更前：`if(open_rfcomm(mac) < 0){`
  変更後：`if(open_rfcomm(argv[1]) < 0){`

　ただし，これだけでは想定外の入力時に異常をきたす場合があります．例えば，変数定義の直後に以下のような処理を追加しておくと親切でしょう．

```
if(argc != 2 || strlen(argv[1]) != 17){
    fprintf(stderr,"usage: %s
        xx:xx:xx:xx:xx:xx\n",argv[0]);
    return -1;
}
```

この場合，実行時は以下のように入力します．

```
pi@raspberrypi ~/xbeeCoord/cqpub_pi
    $ ./a.out 00:06:66:xx:xx:xx⏎
```

# 第4節 サンプル39 IchigoJam用センサからBluetoothで情報を取得する

## SAMPLE 39

IchigoJam用センサからBluetoothで情報を取得する

| 実験用サンプル | 通信方式：Bluetooth | 開発環境：Raspberry Pi |
|---|---|---|

Raspberry PiからIchigoJam用ワイヤレス測距センサのアナログ値をリモート制御するサンプルです．

| 親機 |  Raspberry Pi ←接続→ Bluetooth USBアダプタ |
|---|---|

その他：Raspberry PiにBluetooth USBアダプタを接続．

| 子機 | Personal Computer基板 ←接続→ Motor Driver Shield基板 ←接続→ Bluetoothモジュール 〜 距離センサ |
|---|---|

| ファームウェア：RN-42 Firmware 6.15以降 | | Slave | SPPプロファイル |
|---|---|---|---|
| 電源：ACアダプタ | シリアル：IchigoJam | GPIO 11(9)： － | GPIO 6(6)：LED(RSSI) |
| ADC 1(19)： － | GPIO 7(18)： － | GPIO 3(17)： － | － |
| － | GPIO 9(7)： － | GPIO 10(4)： － | Associate(15)：LED(RN42) |

その他：参考文献(6)用の別売パーツ・セットに含まれるパーツとプリント基板を組み立てて使用．

必要なハードウェア
- Raspberry Pi 2 Model B（本体，ACアダプタ，周辺機器など）　　　1式
- Bluetooth USBアダプタ Planex BT-Micro4　　　1個
- IchigoJam用Personal Computer基板またはMicro Computer基板　　　1式
- Motor Diver Shield基板　　　1式
- Microchip社BluetoothモジュールRN-42XVP　　　1個
- 距離センサ（測距モジュールGP2Y0A21YK）　　　1個

IchigoJam用Personal Computer基板などで測定したアナログ・センサ子機の情報を，Bluetoothワイヤレス通信によってリモート取得する方法について説明します．

出力0〜3.3Vの電圧範囲内のアナログ・センサを，Motor Driver Shield基板上のターミナル・ブロック（CN49・Sensor）に接続します．ここでは，一例として，シャープの測距モジュールGP2Y0A21YKを使用します．秋月電子通商で購入した場合は，このセンサ用のケーブル（シャープ製品ではない）が付属しますが，一般的な色使いとは異なり，電源$V_{cc}$（+5Vに接続）が黒，GNDが赤，出力$V_o$（Sensor inに接続）が白

写真12-4　測距センサGP2Y0A21YK（シャープ）

```
pi@raspberrypi ~/xbeeCoord/cqpub_pi $ gcc example39_15bt_sens.c
pi@raspberrypi ~/xbeeCoord/cqpub_pi $ ./a.out
example 39 Bluetooth Sensor for IchigoJam
[sudo /usr/bin/rfcomm connect /dev/rfcomm 00:06:66:xx:xx:xx &]
Connected /dev/rfcomm0 to 00:06:66:xx:xx:xx on channel 1
Press CTRL-C for hangup
com=/dev/rfcomm0
CONNECTED        ←（Bluetooth接続の完了メッセージ）
Hit any key to exit.
2015/12/13, 17:46:16, 292, (3 bytes)
2015/12/13, 17:46:21, 309, (3 bytes)
2015/12/13, 17:46:26, 345, (3 bytes)  ←（センサからの取得値を表示）
2015/12/13, 17:46:31, 669, (3 bytes)
2015/12/13, 17:46:36, 648, (3 bytes)
q    ←（終了のためのキー入力）
DONE
[sudo kill 3033]
Disconnected    ←（Bluetooth切断の完了メッセージ）
```

**図12-5 ワイヤレス測距センサの実行例**

となっているので，配線の接続時に間違わないよう注意してください（販売時期によっては仕様等が変更になる可能性がある）．なお，UART切り換えスイッチSW5はI/O側に設定します．

親機となるRaspberry Pi用**サンプル・プログラム39**の①の部分を，お手持ちの子機RN-42XVPのMACアドレスへ修正し，コンパイルを行い，実行してください．親機Raspberry Piは，自動的にBluetooth接続を行い，接続に成功するとIchigoJam用Personal Computer基板からセンサ値をリモート取得します．

リモート取得を終了するには，親機のLXTerminal上でキーを押下します．いずれかのキーが入力されると，Bluetooth接続を切断し，プログラムを終了します．

以下に，この**サンプル・プログラム39** example39_15bt_sens.cの主要な処理内容について説明します．

① ここに子機となるRN-42XVPのMACアドレスを入力してください．
② Bluetooth通信により受信した時刻と，受信データを保持するための文字列変数sを定義します．サイズはS_MAXで定義された256バイト，255文字です．
③ 前記②の文字列変数に代入済みの文字数を保持するための整数型変数lenを定義し，初期値0を代入します．
④ IchigoJam BASICのバージョンを確認し，1.1.1等（1.1.0β6以降）の場合に，UART命令でシリアルの出力設定を行う一連の命令文を子機へ送信します．
⑤ IchigoJam BASIC用の命令「? ANA(2)」を送信します．これを受け取った子機は，IN2入力のアナログ入力値（0～1023）を送信します．
⑥ read_serial_portは，ライブラリ15term.c内で定義されたBluetoothのシリアル受信データを読み取る命令です．読み取った文字を変数cに代入します．
⑦ 変数cに何らかのデータが入っていた場合の処理です．変数lenが0のとき，すなわち受信用の文字列変数sが空の状態のときに，⑧の処理を行います．
⑧ 現在時刻を文字列に変換し，文字列変数sに代入します．また次の行で代入済み文字数を表す変数lenに現在の文字列長（時刻の文字列の長さ）を代入します．

## サンプル・プログラム 39　example39_15bt_sens.c

```c
/********************************************************************************
Bluetooth Sensor powered by IchigoJam 用コントローラ(Raspberry Pi)
********************************************************************************/
#include "../libs/15term.c"
#include "../libs/kbhit.c"
#include <time.h>                                       // time, localtime 用
#define FORCE_INTERVAL   5                              // データ要求間隔(秒)
#define S_MAX          256                              // 文字列変数 s の最大容量(255 文字)

int main(){
    char mac[]="00:06:66:61:E6:81";          ← ①      // 子機の MAC アドレス
    time_t timer;                                       // タイマ変数の定義
    time_t trig=0;                                      // 取得タイミング保持用
    struct tm *time_st;                                 // タイマによる時刻格納用の構造体
    char c;                                             // 文字変数
    char s[S_MAX];                           ← ②      // 文字列用の変数
    int len=0;                               ← ③      // 受信文字長

    printf("example 39 Bluetooth Sensor for IchigoJam\n");
    if(open_rfcomm(mac) < 0){                           // Bluetooth 接続の開始
        printf("Bluetooth Open ERROR\n");
        return -1;
    }
    printf("CONNECTED\nHit any key to exit.\n");
    write(ComFd, "\x1b\x10 CLS\n", 7);                  // IchigoJam の画面制御
    usleep(250000);                                     // 250ms の(IchigoJam 処理)待ち時間
    write(ComFd, "ifVer()>11006uart1\n", 19);  ← ④    // IchigoJam の送信モード設定
    while(1){
        time(&timer);                                   // 現在の時刻を変数 timer に取得する
        time_st = localtime(&timer);                    // timer 値を時刻に変換して time_st へ

        if( timer >= trig ){                            // 変数 trig まで時刻が進んだとき
            write(ComFd, "? ANA(2)\n", 9);     ← ⑤    // アナログ入力の取得命令を送信
            trig = timer + FORCE_INTERVAL;              // 次回の時刻を変数 trig を設定
        }

        c=read_serial_port();                  ← ⑥    // シリアルからデータを受信
        if( c ){                                        // 受信データ有
            if(len==0){                        ← ⑦
                strftime(s,S_MAX,"%Y/%m/%d, %H:%M:%S, ", time_st);  ← ⑧   // 時刻→文字列
                len=strlen(s);                          // 時刻表示容量を代入(22 バイト)
            }
            if(c=='\n'){                                // 改行コードのとき
                if( strncmp(&s[22],"OK",2) ){           // 受信文字が「OK」では「ない」とき
                    s[len]='\0';                        // 文字列の終端を追加
                    printf("%s, ",s);                   // 文字列を表示
                    printf("(%d bytes)\n",len-22);      // 受信長を表示
                }
                s[0]='\0';                              // 文字列のクリア
                len=0;                                  // 文字列長を 0 に
            }else{
                s[len]=c;                               // 文字列変数へ代入
                if(len < S_MAX-1) len++;                // 最大容量以下なら len に 1 を加算
            }
        }
        if( kbhit() ) break;                            // キーボードからの入力があれば終了
    }
    printf("DONE\n");
    close_rfcomm();                            ⑩
    return 0;
}
```

⑨ 受信した文字が改行コードであった場合の処理です．受信データの文末と判断し，文字列変数sの内容をLXTerminal上に表示します．ただし，受信データ（文字列sについてステップ⑧で代入済みの22文字を除外した23番目のs[22]から2文字）が「OK」であった場合は，IchigoJam BASICの命令待ちの「OK」であると解釈し，表示しないようにしました．

⑩ キーボードから文字入力があったときにwhileループを抜け，ライブラリ15term.c内で定義されたclose_rfcomm命令でBluetooth接続を切断します．

## Column…12-3　1行リターンですぐ動く！BASIC I/O コンピュータ IchigoJam 入門

　CQ出版社から発売されている『1行リターンですぐ動く！BASIC I/O コンピュータ IchigoJam 入門』では，IchigoJam BASICを使って小型液晶やモータ，ワイヤレス制御を行う方法について説明しています．また，別売りパーツ・セットには，写真のような基板とパーツおよびキャタピラ車のキットが付属しています（Bluetoothモジュールは別売り）．

　親機となるRaspberry Piに接続するための，ワイヤレス子機を簡単に製作できるキットとも言えるでしょう．

写真12-5　IchigoJam BASICが動作するパーツ・セット

# 第5節 サンプル40 IchigoJam用モータ車をBluetoothで制御する

| SAMPLE 40 | IchigoJam用ワイヤレス・モータ車をBluetoothで制御する | | |
|---|---|---|---|
| | 実験用サンプル | 通信方式：Bluetooth | 開発環境：Raspberry Pi |
| Raspberry PiからIchigoJam用ワイヤレス・モータ車をリモート制御するサンプルです． | | | |

**親機**

Raspberry Pi ←接続→ Bluetooth USBアダプタ

その他：Raspberry PiにBluetooth USBアダプタを接続．

**子機**

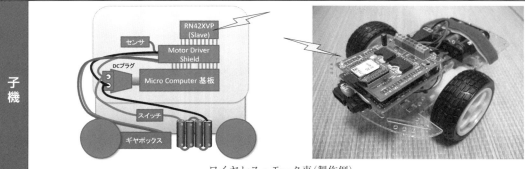

ワイヤレス・モータ車（製作例）

| ファームウェア：RN-42 Firmware 6.15以降 | | Slave | SPPプロファイル |
|---|---|---|---|
| 電源：アルカリ電池4本 | シリアル　：IchigoJam | GPIO 11(9)：　－ | GPIO 6(6)：LED(RSSI) |
| ADC 1(19)：　－ | GPIO 7(18)：　－ | GPIO 3(17)：　－ | |
| － | GPIO 9(7)：　－ | GPIO 10(4)：　－ | Associate(15)：LED(RN42) |
| その他：参考文献(6)用の別売パーツ・セットと，2WDタイヤ車キットを製作して使用． | | | |

| 必要なハードウェア |
|---|
| ・Raspberry Pi 2 Model B（本体，ACアダプタ，周辺機器など）　　　1式 |
| ・Bluetooth USBアダプタ Planex BT-Micro4　　　1個 |
| ・ワイヤレス・モータ車 |
| 　Micro Computer 基板　　　1式 |
| 　Motor Diver Shield 基板　　　1式 |
| 　2WDタイヤ車キット（ロボットスマートカーシャーシ）　　　1式 |
| 　Microchip社Bluetoothモジュール RN-42XVP　　　1個 |
| 　距離センサ（測距モジュール GP2Y0A21YK）　　　1個 |

　親機となるRaspberry Piから，子機IchigoJam用のワイヤレス・モータ車を，Bluetoothでリモート制御するサンプルについて説明します．

　ワイヤレス・モータ車は参考文献(6)にしたがって製作します（**写真12-6**，**図12-6**）．フルブリッジ・ドライバ（IC41とIC42）も必要です．また，同書のプログラム5-5を入力し，IchigoJam BASICコマンドの SAVE 0を用いてマイコン内のファイル番号0に保存しておきます．

　Raspberry Pi側については，**サンプル・プログラム40の①のMACアドレスを修正し**，コンパイルしてから実行すると，自動的にBluetooth接続が行われます．接続後にキーボードの「スペース」キーを押下してください．プログラムの実行命令 LRUN 0 がBluetooth通

写真12-6 ワイヤレス・モータ車の製作例

実行後，Raspberry Piのキーボードの方向キーでワイヤレス・モータ車をリモート制御することができます．

このプログラムを終了するには「Q」キーを押下します．他の方法で終了させると，LXTerminalのローカル・エコーの設定が元に戻らない場合があるので，かならず，「Q」キーで終了してください．

サンプル・プログラム40は，これまでのプログラムの組み合わせです．ステップ②でキー入力を行い，③でキーの内容に応じた処理を行います．詳しい動作内容についてはコメント部を参考にしてください．なお，キーボードのローカル・エコーを抑制し，操作時の見た目を良くするための処理などについて，紙面では省略しました．詳しくはダウンロードしたファイルを参照してください．

信によってワイヤレス・モータ車に送られ，ファイル番号0のプログラムが実行されます．

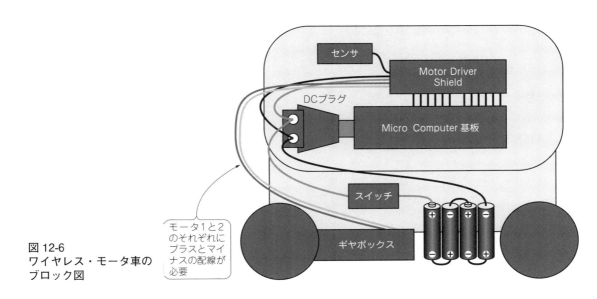

図12-6 ワイヤレス・モータ車のブロック図

サンプル・プログラム40　example40_15bt_car.c

```
/********************************************************************
IchigoJam搭載ワイヤレス・モータ車用コントローラ(Raspberry Pi)
********************************************************************/
～　一部省略　～
int main(){
    char mac[]="00:06:66:xx:xx:xx";      ① // 子機のMACアドレス
    char c;                                 // キー入力用の文字変数c
    int loop=1;                             // 変数loop(0：ループ終了)
    ～　一部省略　～
```

第5節　サンプル40　IchigoJam用モータ車をBluetoothで制御する

サンプル・プログラム 40　example40_15bt_car.c（つづき）

```c
    printf("example 40 Bluetooth Motor Car for IchigoJam\n");
    if(open_rfcomm(mac) < 0){                               // Bluetooth 接続の開始
        printf("Bluetooth Open ERROR\n");
        return -1;
    }
    printf("CONNECTED\n[LEFT] <-> [RIGHT], [UP]:Speed, [DOWN]:Slow [Q]:Quit\n");
~  一部省略  ~
    while(loop){
        if(kbhit()){
            c=getchar();                            ② // キーボードから入力があったとき
            switch(c){                                 // 入力された文字を変数 c へ代入
                case 0x44:                             // 「左」が入力されたとき
                    c=(char)28; printf("[L]");         // IchigoJam 文字コード 28
                    break;
                case 0x43:                             // 「右」が入力されたとき
                    c=(char)29; printf("[R]");         // IchigoJam 文字コード 29
                    break;
                case 0x41:                             // 「上」が入力されたとき
                    c=(char)30; printf("[U]");         // IchigoJam 文字コード 30
                    break;
                case 0x42:                             // 「下」が入力されたとき
                    c=(char)31; printf("[D]");         // IchigoJam 文字コード 31
                    break;
                case '\n':                          ③ // 「Enter」が入力されたとき
                    c=0; printf("\n[ANA]\n");          // 方向入力ではない
                    write(ComFd, "\x1b\x10", 2);       // エスケープを送信する
                    usleep(50000);                     // 50ms の(IchigoJam 処理)待ち時間
                    write(ComFd, "?ANA(2)\n",8);       // IchigoJam へ「?ANA(2)」を送信する
                    break;
                case ' ':                              // 「スペース」が入力されたとき
                    c=0; printf("\n[LRUN]\n");         // 方向入力ではない
                    write(ComFd, "\x1b\x10", 2);       // エスケープを送信する
                    usleep(50000);                     // 50ms の(IchigoJam 処理)待ち時間
                    write(ComFd, "LRUN0\n",6);         // IchigoJam へ「LRUN0」を送信する
                    break;
                case 'q': case 'Q':                    // 「q」が入力されたとき
                    c=0; printf("\n[QUIT]\n");         // 方向入力ではない
                    write(ComFd, "\x1b\x10", 2);       // エスケープを送信する
                    for(loop=3;loop>0;loop--){
                        usleep(200000);                // 200ms の(IchigoJam 処理)待ち時間
                        write(ComFd, "OUT0\n",5);      // 「OUT0」を 3 回送信
                    }                                  // while を抜けるために loop を 0 に設定
                    break;
                default:                               // 以上の case に当てはまらないとき
                    c=0;                               // 方向入力ではない
            }
            if(c) write(ComFd, &c, 1);                 // IchigoJam へ方向キーを送信
        }
        c=read_serial_port();                          // シリアルからデータを受信
        if(c) printf("%c",c);                          // 受信を表示
    }
~  一部省略  ~
    close_rfcomm();
}
```

# 第6節 サンプル41 IchigoJam用センサからXBee ZBで情報を取得する

## SAMPLE 41

| IchigoJam用センサからXBee ZBで情報を取得する | | |
|---|---|---|
| 実験用サンプル | 通信方式：Bluetooth | 開発環境：Raspberry Pi |

Bluetoothを使用して，Raspberry PiからIchigoJamをリモート制御し，情報を取得します。

| その他：Raspberry PiにBluetooth USBアダプタを接続。 |
|---|

| 親機 | 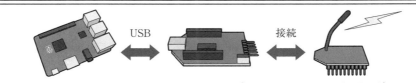 |
|---|---|

Raspberry Pi　　XBee USBエクスプローラ　　XBee PRO ZBモジュール

| ファームウェア：ZIGBEE COORDINATOR API | | | | Coordinator | | APIモード | |
|---|---|---|---|---|---|---|---|
| USB 5V → 3.3V | | シリアル：Raspberry Pi | | スリープ(9)： | – | RSSI(6)：(LED) | |
| DIO1(19)： | – | DIO2(18)： | – | DIO3(17)： | – | Commissioning(20)：(SW) | |
| DIO4(11)： | – | DIO11(7)： | – | DIO12(4)： | – | Associate(15)：(LED) | |
| その他：XBee ZBモジュールでも動作します(ただし通信可能範囲は狭くなる)。 | | | | | | | |

| 子機 | 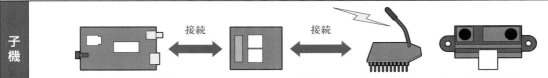 |
|---|---|

Personal Computer基板　　Motor Driver Shield基板　　XBee PRO ZBモジュール　　距離センサ

| ファームウェア：ZIGBEE END DEVICE AT | | | | End Device | | Transparentモード | |
|---|---|---|---|---|---|---|---|
| 電源：乾電池2本 3V | | シリアル： | – | スリープ(9)：タクト・スイッチ | | RSSI(6)：(LED) | |
| DIO1(19)：タクト・スイッチ | | DIO2(18)： | – | DIO3(17)： | – | Commissioning(20)：SW | |
| DIO4(11)： | – | DIO11(7)： | – | DIO12(4)： | – | Associate(15)：LED | |
| その他：参考文献(6)用の別売パーツ・セットに含まれるパーツとプリント基板を組み立てて使用。 | | | | | | | |

| 必要なハードウェア | |
|---|---|
| • Raspberry Pi 2 Model B(本体，ACアダプタ，周辺機器など) | 1式 |
| • Bluetooth USBアダプタ Planex BT-Micro4 | 1個 |
| • 各社 XBee USBエクスプローラ | 1個 |
| • Digi International社 XBee PRO ZBモジュール | 1個 |
| • Digi International社 XBee ZBモジュール | 1個 |
| • IchigoJam用 Personal Computer 基板または Micro Computer 基板 | 1式 |
| • Motor Diver Shield 基板 | 1式 |
| • 距離センサ(測距モジュール GP2Y0A21YK) | 1個 |

サンプル・プログラム37～サンプル・プログラム40では，Bluetoothモジュール RN-42XVP を使用しましたが，ここでは，XBee ZBモジュールを使って，ワイヤレス測距センサから情報を取得するサンプルを紹介します。Bluetoothモジュール RN-42XVP に比べて省電力なので，アルカリ乾電池等による長期間の駆動が可能になります。

親機のXBee PRO ZBモジュールのファームウェアにはZIGBEE COORDINATOR APIを，子機のXBee ZBモジュールのファームウェアにはZIGBEE END DEVICE ATを用います。各XBeeモジュールの設定値は，あらかじめRestore機能等で初期化しておきます。

子機のハードウェアは，**サンプル・プログラム39**

図12-7 サンプル・プログラム41の実行例

のBluetoothモジュールをXBee ZBモジュールに置き換えて製作します．Personal Computer基板（またはMicro Computer基板）にMotor Driver Shield基板を接続し，ブロック・ターミナルに測距センサを接続し，UART切り換えスイッチSW5をI/O側に設定します．子機のソフトウェアには，参考文献(6)のBASICプログラム3-7を使用します．プログラム入力後にかならずSAVE 0を実行して，ファイル番号0に保存しておきます．

子機のBASICプログラムは，UARTシリアルを設定し，センサの値を送信し，その後，極めて低い消費電力のスリープ状態に移行する処理を行います．スリープの解除はBTN信号で行います．XBee ZBモジュールがBTN信号を定期的に制御し，子機のスリープ状態を復帰させ，プログラムの起動と実行，そしてスリープへの移行を繰り返します．

親機側では，**サンプル・プログラム41** example41_15zb_sens.cをコンパイルし，実行します．プログラム実行時の引き数は**サンプル・プログラム1**などと同様です．実行後，「Waiting for」のメッセージが表示されたら，子機のコミッショニング・ボタン（SW41）を1回だけ押下します．

もし，「Found」のメッセージが表示されない場合は，もう一度，コミッショニング・ボタンを押下します．それでも表示されない場合は，4回，連続で押下してネットワーク設定を初期化してからやり直します．

**サンプル・プログラム35** example35_uart.cでは，XBee ZBモジュールが受信したデータの種別に応じて下記の二つの動作を行います．

① 受信データの種別がUARTシリアルであったときに，表示可能な文字をLXTerminalへ表示します．
② 受信データの種別がコミッショニング・ボタン通知であったときに，子機XBee ZBモジュールへ20秒間隔のスリープ設定を行います．以降，20秒に1回しか起動しなくなります．

## サンプル・プログラム 41　example41_15zb_sens.c

```
/******************************************************************************
IchigoJam 用ワイヤレス・センサから情報を取得する

                                        Copyright (c) 2013-2015 Wataru KUNINO
******************************************************************************/
#include "../libs/xbee.c"
#include "../libs/kbhit.c"
#include <ctype.h>                              // isprint を使うためのライブラリ

int main(int argc,char **argv){

    byte com=0xB0;                              // 拡張 I/O コネクタの場合は 0xA0
    byte dev[8];                                // XBee 子機デバイスのアドレス
    XBEE_RESULT xbee_result;                    // 受信データ(詳細)
    int i,size;

    if(argc==2) com += atoi(argv[1]);           // 引き数があれば変数 com に値を加算する
    xbee_init( com );                           // XBee 用 COM ポートの初期化
    xbee_atnj( 0xFF );                          // 子機 XBee デバイスを常に参加受け入れ
    printf("Waiting for XBee Commissioning\n"); // 待ち受け中の表示

    while(1){
        /* データ受信(待ち受けて受信する) */
        size=xbee_rx_call( &xbee_result );      // データを受信．size は受信長
        switch( xbee_result.MODE ){             // 受信したデータの内容に応じて
            case MODE_UART:                     // 子機 XBee の自動送信の受信
                printf("RX<- ");
                for(i=0; i<size; i++){                      // 繰り返し処理
                    if( isprint(xbee_result.DATA[i]) ){     // 表示可能な文字のとき
                        printf("%c" , xbee_result.DATA[i] );// 受信文字を表示
                    }
                }
                printf("\n");
                break;
            case MODE_IDNT:                     // 新しいデバイスを発見
                printf("Found a New Device\n");
                xbee_atnj(0);                   // 子機 XBee デバイスの参加を不許可へ
                bytecpy(dev, xbee_result.FROM, 8);  // 発見したアドレスを dev にコピーする
                xbee_rat(dev,"ATST03E8");       // 子機スリープ実行猶予時間を 1 秒に
                xbee_end_device( dev, 20, 20, 0);   // 起動間隔 20 秒，自動測定 20 秒
                break;
        }
        if( kbhit() ) break;                    // キーが押された場合に終了
    }
    printf("done\n");
    return(0);
}
```

# [第13章]

# Bluetooth 4.0対応 BLEタグを使用する

　Bluetooth 4.0ではBLE(Bluetooth Low Energy)がサポートされ，ZigBeeのような超低消費電力での動作が可能になりました．本章では市販のBLEタグを使用したサンプル・プログラムを紹介します．

# 第1節 BLE（Bluetooth Low Energy）について

　ここでは各社から販売されているBLEタグ（**写真13-1**）を用いてBLEタグのビーコンを受信する実験を行います．BLEはBluetooth 4.0でサポートされたBluetooth Low Energyと呼ばれるプロトコルです．Bluetooth Smartの名称で普及を進める動きが高まりつつあります．

　執筆時点では，Bluetoothと言えば従来のクラシックBluetoothを示します．Bluetooth Low EnergyやBluetooth SmartにもBluetoothの名称が付きますが，クラシックBluetoothとの通信を行うことはできません．また，今のところBLEを使ったアプリケーションも普及しているとは言い難い段階です．

　しかし，すでに多くのスマートフォンやBluetooth USBモジュールにBluetooth 4.0対応のICが実装されています．これらのICには，従来のクラシックBluetoothとBLEの両方の通信機能がデュアル・モードで搭載されています．もちろん，本書で使用するプラネックスコミュニケーションズ製のBluetooth USBアダプタBT-Micro 4にもBLE機能が搭載されています．BLEそのものの普及はこれからですが，すでにBLEレディ機器が普及している点に強みがあり，今後，急速に普及が進む可能性があります．

　なお，Bluetooth Smart機器は，BLEプロトコルのみをサポートしたシングル・モード品です．デュアル・モードではないため，従来のクラシックBluetoothとの通信は行えません．

　それでは，BLEタグの動作確認を行ってみましょう．Raspberry Pi側の構成は，これまでのクラシックBluetoothの実験のときと同じです．Bluetooth USBアダプタBT-Micro 4をUSBポートに接続します．また，第11章第3節でインストールしたBluetooth用プロトコル・スタックBlueZのツールhcitoolを使用します．

　接続先の機器はBLEタグです．この間のワイヤレス通信の方式が，従来のクラシックBluetooth方式とは異なるBLE方式になります（**図13-1**）．

　機器の探索方法は，従来のクラシックBluetoothとは異なります．BLE機器を探索する場合は，hcitoolのlescan（LEスキャン）命令を使用します．LXTerminalから以下のコマンドを入力してください．

```
$ sudo hcitool lescan --pa --du
```

　電源の入ったBLEタグのMACアドレスが**図13-2**のように表示されれば，正しく動作していることがわかります（3個のBLEタグを使用した例）．ただし，電源を入れてから時間が経つと送信頻度が低下します．また，LBT-VRU01の場合は約5分後に自動的に電源が切れて，ビーコンを送信しなくなります．

**写真13-1　各社から販売されているBLEタグ**

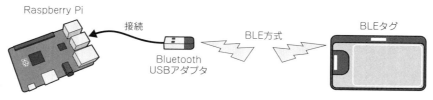

**図13-1**
**BLEタグを使った実験**

```
pi@raspberrypi ~ $ sudo hcitool lescan --pa --du
LE Scan ...
00:1B:DC:46:xx:xx LBT-PCSCU11
44:13:19:02:xx:xx LBT-VRU01
00:1B:DC:46:xx:xx LBT-PCSCU11
00:1B:DC:44:xx:xx BSBT4PT02BK
00:1B:DC:46:xx:xx LBT-PCSCU11
44:13:19:02:xx:xx LBT-VRU01
00:1B:DC:46:xx:xx LBT-PCSCU11
00:1B:DC:46:xx:xx LBT-PCSCU11
44:13:19:02:xx:xx LBT-VRU01
00:1B:DC:46:xx:xx LBT-PCSCU11
44:13:19:02:xx:xx LBT-VRU01
```

→ BLEデバイスの探索

→ 発見したデバイス

オプションの「--pa」は「--passive」を，「--du」は「--duplicates」を示します．BT-Micro 4の場合は「--du」がなくても動作しますが，Raspberry Pi 3の場合はこれら二つのオプションが必要です(HCI Tool ver 5.23にて確認)．

**図13-2　LEスキャンの実行結果例**

```
pi@raspberrypi ~ $ sudo hcidump
HCI sniffer - Bluetooth packet analyzer ver 5.23
device: hci0 snap_len: 1500 filter: 0xffffffff
< HCI Command: LE Set Scan Parameters (0x08|0x000b) plen 7
    type 0x00 (passive)
    interval 10.000ms window 10.000ms
    own address: 0x00 (Public) policy: All
> HCI Event: Command Complete (0x0e) plen 4
    LE Set Scan Parameters (0x08|0x000b) ncmd 1
    status 0x00
< HCI Command: LE Set Scan Enable (0x08|0x000c) plen 2
    value 0x01 (scanning enabled)
    filter duplicates 0x01 (enabled)
> HCI Event: Command Complete (0x0e) plen 4
    LE Set Scan Enable (0x08|0x000c) ncmd 1
    status 0x00
> HCI Event: LE Meta Event (0x3e) plen 36
    LE Advertising Report
      ADV_IND - Connectable undirected advertising (0)
      bdaddr 44:13:19:02:xx:xx (Public)
      Flags: 0x06
      Complete service classes: 0x1803 0x1802 0x1804 0x180f
      Complete local name: 'LBT-VRU01'
      RSSI: -56
> HCI Event: LE Meta Event (0x3e) plen 38
    LE Advertising Report
      ADV_IND - Connectable undirected advertising (0)
      bdaddr 00:1B:DC:44:xx:xx (Public)
      Flags: 0x06
      Complete service classes: 0x1803 0x1802 0x1804 0x180f
      Complete local name: 'BSBT4PT02BK'
      RSSI: -52
```

→ BLEデバイスの探索
→ lescanの実行
→ BLEタグのビーコン
→ MACアドレス(括弧内はアドレス・タイプ)
→ ロジテック製 LBT-VRU01 BLEタグのビーコン
→ バッファロー製 BSBT4PT02BK BLEタグのビーコン

**図13-3　hcidumpによるモニタ例**

動作確認が成功したら，MACアドレスを控えておきましょう．また，「Ctrl」キーを押しながら「C」キーを押して，lescanを終了させてください．

より詳しい情報を得るには，Raspberry PiとBluetoothモジュールとの通信内容を表示するツールhcidumpをインストールします．通信内容を解析して表示することができるようになります．

Bluetooth USBアダプタを取り外してから，下記のコマンドをLXTerminal上で実行し，インストールを行ってください．

```
$ sudo apt-get install bluez-hcidump↵
```

インストールが完了したら，Bluetooth USBアダプタをUSBポートへ接続し，以下のhcidumpを実行してください．

```
$ sudo hcidump↵
```

このLXTerminal上では，hcidumpが動作し続けます．したがって，Bluetoothに指示を出すには，新しいLXTerminalを開く必要があります．

新しいLXTerminalを起動し，**図13-3**のように，hcitoolのlescanを実行すると，Bluetoothモジュールとの通信内容が表示されます．「<」はBluetoothモジュールへの送信，「>」はBluetoothモジュールからの受信データです．

「LE Advertising Report」と書かれた入力イベントが，BLEタグからのビーコン・データです．このhcidumpにはデータ解析機能が含まれており，表示されたのは解析結果です．実際にはバイナリ・データで通信が行われています．データ解析が不要な場合は，hcidump -Rを実行します．バイナリの通信データが16進数で表示されます．

本節では，コマンドを使ったBLE通信の動作確認方法を説明しました．BLE通信の実験用プログラムについては，次節以降に記します．

# 第2節 サンプル42 Bluetooth 4.0 対応 BLE タグのビーコンを受信する

## SAMPLE 42

| Bluetooth 4.0 対応 BLE タグのビーコンを受信する | | |
|---|---|---|
| 実験用サンプル | 通信方式：Bluetooth LE | 開発環境：Raspberry Pi |

BLE タグのビーコンを Raspberry Pi で受信します．

**親機**

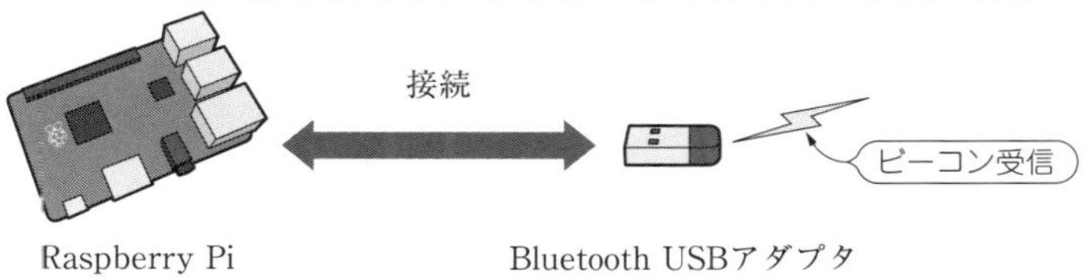

Raspberry Pi ←接続→ Bluetooth USB アダプタ（ビーコン受信）

その他：Raspberry Pi に Bluetooth USB アダプタ（Bluetooth 4.0 対応）を接続．

**子機**

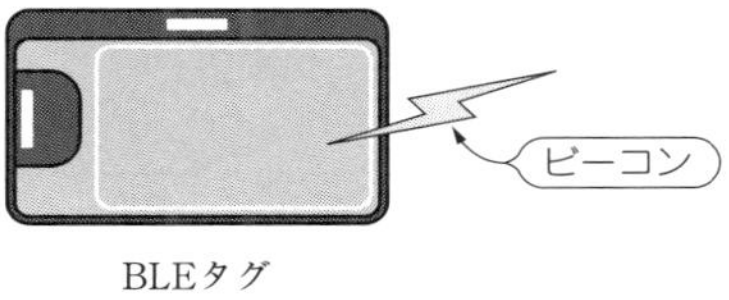

BLE タグ（ビーコン）

その他：市販の Bluetooth 4.0 対応 BLE タグを使用．

必要なハードウェア
- Raspberry Pi 2 Model B（本体，AC アダプタ，周辺機器など）　　1式
- Bluetooth USB アダプタ Planex BT-Micro4　　1個
- 各社 BLE タグ

　ここでは，前節で使用した LE スキャン（lescan）と hcidump をプログラムから実行する方法について説明します．ハードウェアの構成は前節と同じです．BLE タグには各社から販売されている商品を利用します．BLE タグに限らず BLE 方式に対応した製品であれば，とくに制約はないと思います．

　しかし，次節以降のサンプルに関しては，BLE タグによって動作しない場合があります．筆者による動作確認結果を，**表 13-1** に示します．

　プログラムから，Raspbian の OS 上の Linux コマンドを実行するには，practice 07 で使用した system 命令や popen 命令を使います．具体的なプログラムを，**サンプル・プログラム 42** example42_ble_scan.c に示します．また，以下に本プログラムの主要な動作について説明します．

① system 命令を使って，lescan を実行します．実行

**表 13-1　推奨 BLE タグのプログラム別対応表**

| メーカ | 型番 | プログラム Example | | | |
|---|---|---|---|---|---|
| | | ビーコン 42 | 読み取り 43 | 書き込み 44 | 盗難防止 45 |
| ロジテック | LBT-VRU01 | △1 | ○ | ○ | ○ |
| バッファロー | BSBT4PT02BK | ○ | ○ | × | △2 |
| ロジテック | LBT-PCSCU11 | ○ | × | × | × |

△1：オートパワー OFF 機能により 5 分後に電源が切れる
△2：メロディ再生機能 / バイブレータ機能が使えない

## サンプル・プログラム 42　example42_ble_scan.c

```
/******************************************************************************
BLE タグのビーコンを受信する
******************************************************************************/
#include <stdio.h>
#include <stdlib.h>
#include <string.h>
#include <unistd.h>                                          // sleep に使用

int main(){
    char  s[256];
    FILE  *fp;
    int i;

    system("sudo hcitool lescan --pa --du > /dev/null &");  ←①  // LE スキャンの実行
    fp=popen("sudo hcidump","r");                           ←②  // hcidump の実行
    if( fp==NULL ){                                              // 開始できなかったとき
        fprintf(stderr,"System Command Error!\n");               // エラー表示
        return -1;
    }
    while(1){
        fgets(s,256,fp);                                    ←③  // hcidump からデータ入力
        if( strncmp(&s[4],"LE Advertising Report",21)==0 ){ ←④  // ビーコン判定
            printf("Found BLE Beacon\n");                        // ビーコン受信表示
            for(i=0;i<6;i++){
                fgets(s,256,fp);                                 // 受信データの取得
                printf("%s",s);                             ⑤   // 受信データの表示
            }
            break;
        }
    }
    pclose(fp);                                             ←⑥  // popen を閉じる
    system("sudo hcitool cmd 08 000c 00 01 > /dev/null");   ←⑦  // LE スキャンの停止
    system("sudo kill `pidof hcitool` > /dev/null");        ←⑧  // プロセスの停止
    return 0;
}
```

中の表示出力を「>」マークを付与して，「/dev/null」へ入力します．この /dev/null は，表示出力を行いたくない場合などに利用する空のデバイスです．行末の「&」は，バックグラウンド実行を意味します．「&」を付与すると，終了を待たずに次の処理を行うことができます．

② popen 命令を使って hcidump を実行します．以降，ファイル・ポインタ fp を使用することで，実行時の出力をファイルのように扱えるようになります．

③ popen で開いたファイル・ポインタ fp に入力されたデータの 1 行分を，fgets 命令を使用して，文字列変数 s に取り込みます．第 2 引数の 256 は，取り込むデータの最大サイズです．サイズには終端コード「\0」や改行コードが含まれます．

④ strncmp 命令を使って，文字列 s に LE Advertising Report が含まれているかどうかを確認します．通常，第 1 引数には文字列変数である s などを使用します．ここでは文字列 s の 5 番目の文字が格納されているアドレス「&s[4]」を入力します．LE Advertising Report の前に空白 4 文字が入っており，文字列比較からこの空白を除外するためです．

⑤ 前項のステップ④で，LE Advertising Report の文字列を見つけた場合に，その後の 6 行分のデータを取得して表示します．また，break 命令を使って while ループから抜けます．

⑥ popen で開いたファイル fp を閉じます．

⑦ system 命令を使って LE スキャンの停止を行います．執筆時点の調査では，hcitool の LE スキャン

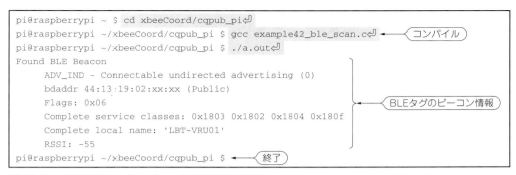

**図13-4　プログラムによるビーコン探索結果の例**

を停止するための命令が見つかりませんでした．そこでBluetoothモジュールへ，直接，コマンドを送信し，LEスキャンを停止する方法を用いることにしました．将来的には，停止する方法が提供されるかもしれません．

⑧ 前項のステップ⑦の処理を行うことでBluetoothモジュールのLEスキャンは止まりますが，アプリとしてのlescanが動いたままです．そのアプリのプロセスを停止させるために，killコマンドを実行します．pidofは，PIDと呼ばれるLinux上で動作するプロセス番号を取得する命令です．ここではhcitoolのプロセス番号PIDを得ます．このkillというコマンド名の印象が悪いかもしれません．しかし，killコマンドは，得られたプロセス番号PIDのプロセスに対して停止信号を送るだけです．そして，停止信号を受け取ったhcitool自身が，自ら適切にプロセスを終了します．これといった争いもなく，お互いに取り決めた一連の処理を行う手続きにすぎないので，安心して利用すれば良いでしょう．

プログラムをコンパイルして実行すると，前節で行ったビーコン探索を行い，見つかったビーコンの情報を表示し，その後，適切にプログラムを終了します（**図13-4**）．

# 第3節　サンプル43　Bluetooth 4.0対応BLEタグ内の情報を読み取る

## SAMPLE 43

| Bluetooth 4.0対応BLEタグの情報を読み取る | | |
|---|---|---|
| 実験用サンプル | 通信方式：Bluetooth LE | 開発環境：Raspberry Pi |

BLEタグのLEDやバイブレータをRaspberry Piから制御します．

| 親機 | <br>その他：Raspberry PiにBluetooth USBアダプタ（Bluetooth 4.0対応）を接続． |
|---|---|
| 子機 | <br>その他：市販のBluetooth 4.0対応BLEタグを使用． |

必要なハードウェア
- Raspberry Pi 2 Model B（本体，ACアダプタ，周辺機器など）　　1式
- Bluetooth USB アダプタ Planex BT-Micro4　　　　　　　　　　1個
- BLE タグ（ロジテック製 LBT-VRU01 またはバッファロー製 BSBT4PT02BK）

　次に，BLEタグ内の属性データを読み取ってみましょう．BLEではGATTプロファイルと呼ばれるプロファイルが用いられます．ここではBlueZに含まれるGATTコマンド用ツールgatttoolを使用します．以下のコマンドのアドレス部分を，lescanまたはhcidumpで取得したアドレスに変更し，属性のリード要求を送信してみましょう．

```
$ sudo gatttool -b 00:1B:DC:44:
      xx:xx --char-read -a 0x0003
```

　読み取りに成功すると，「Characteristic value/descriptor」のメッセージとともに，BLEタグの型番の文字コードを表す16進数のデータが表示されます．入力したアドレスが誤っていたときや，BLEタグの電源が切れていたとき，BLEタグまでの距離が遠すぎて通信が行えなかったときなどには「connect error」が表示されます．

　受信した内容を文字に変換してみると，lescanを行ったときのビーコンに含まれていたものと同じであることがわかります．ところが，GATTコマンドで取得したデータは，BLEタグ内の属性データのリード要求に対する応答データです．一方の，ビーコンに含まれるデータはBLEタグが無差別に送信し続けているデータです．データの内容が同じだけで，これらの取得方法は全く異なります．

　なお，使用するBLE機器によっては，このリード要求に応じない場合があります．また，MACアドレスの種別がRandomとなっているBLE機器にGATTコマンドを送る場合は，gatttoolの実行時に，-t randomを付与する必要があります．

　以上の処理を**サンプル・プログラム43** example43_ble_read.c に組み込みました．コンパイルし，MACアドレスを引き数として付与し，実行してみましょう（**図13-5**）．

　以下は本サンプルのプログラム処理の概要です．

```
pi@raspberrypi ~ $ sudo hcitool lescan↵          ← (LEスキャンの実行)
LE Scan ...
00:1B:DC:44:xx:xx BSBT4PT02BK
00:1B:DC:44:xx:xx BSBT4PT02BK
00:1B:DC:44:xx:xx BSBT4PT02BK
^C ←                              ←(「Ctrl」+「C」で終了)          (リードの実行)
pi@raspberrypi ~ $ sudo gatttool -b 00:1B:DC:44:xx:xx --char-read -a 0x0003↵ ←
Characteristic value/descriptor: 42 53 42 54 34 50 54 30 32 42 4b

pi@raspberrypi ~ $ cd xbeeCoord/cqpub_pi↵                    ←(サンプル・フォルダへ)
pi@raspberrypi ~/xbeeCoord/cqpub_pi $ gcc example43_ble_read.c↵   ←(コンパイル)
pi@raspberrypi ~/xbeeCoord/cqpub_pi $ ./a.out 00:1B:DC:44:xx:xx↵  ←(実行)
Characteristic value/descriptor: 42 53 42 54 34 50 54 30 32 42 4b  ←(受信データ)
BSBT4PT02BK ←           (受信した文字列)
```

**図 13-5 BLE タグの属性読み取りの例**

**サンプル・プログラム 43  example43_ble_read.c**

```c
/*****************************************************************************
BLE タグ内の属性データを受信する
*****************************************************************************/
#include <stdio.h>                                          // 標準入出力ライブラリ
#include <stdlib.h>                                         // system 命令に使用
#include <string.h>                                         // strncmp 命令に使用
#include <unistd.h>                                         // sleep 命令に使用
#include <ctype.h>                                          // isxdigit 用

/* 補助関数 */
int a2hex(char *s){                                         // 16進数2桁を数値に変換
    int i=0,ret=0;
    while(i<2){                                             // 2桁分の繰り返し処理
        ret *=16;                                           // 前回の桁を繰り上げ
        if(isdigit(s[i])) ret += s[i]-'0';                  // 0~9の文字を数値に
        else ret += s[i] + 10 - 'a';                        // ① a~fの文字を数値に
        i++;                                                // 次の桁へ
    }
    if(ret < 0 || ret > 255 ) ret = -1;                     // 適切な範囲かどうか
    return ret;                                             // 変換後の数値を応答
}

/* メイン関数 */
int main(int argc,char **argv){                             // ここからがメイン
    char s[256];
    FILE *fp;
    int i;
    char c;

    /* 入力値の確認 */
    if(argc != 2 || strlen(argv[1]) != 17){                 // MAC アドレス文字長確認
        fprintf(stderr,"usage: %s MAC_Address\n",argv[0]);  // 入力誤り表示
        return -1;                                          // 終了
    }
    for(i=0;i<17;i++){                                      // MAC アドレス形式の
  ②    if( (i+1)%3 == 0 ){                                  // 3, 6, 9, 12, 15文字目が
            if( argv[1][i] != ':' ) break;                  // 「:」であることを確認
```

**サンプル・プログラム 43　example43_ble_read.c（つづき）**

```
            }else{
                if(isxdigit(argv[1][i])==0) break;          // その他の文字が
            }                                                // 16進数である事を確認
        }
        if(i!=17){                                           // for中にBreakしたとき
            fprintf(stderr,"Invalid MAC Format (%s,%d) \n",argv[1],i);  // 形式誤り表示
            return -1;                                       // 終了
        }

        /* 主要部 */
        sprintf(s,"sudo gatttool -b %s --char-read -a 0x0003",argv[1]);  ──③ // コマンドの作成
        fp = popen(s,"r");  ◀────────────────────────────────────④ // コマンドの実行
        if( fp==NULL ){                                      // 開始できなかったとき
            fprintf(stderr,"System Command Error!\n");       // エラー表示
            return -1;                                       // 終了
        }
        fgets(s,256,fp);  ◀──────────────────────────────────⑤ // 受信データの取得
        printf("%s",s);                                      // 受信データの表示
        pclose(fp);  ◀───────────────────────────────────────⑥ // popenを閉じる
        for(i=33;i<65;i+=3){                                 // 34文字目から
            c=a2hex(&s[i]);                                  // 受信した数値をcに代入
            if( isprint(c) ) putchar(c);                     // 数値を文字にして表示
            else break;                              ──⑦    // 文字以外なら抜ける
        }
        putchar('\n');                                       // 改行を出力
        return 0;
    }
```

① a2hex は，16進数2桁の文字列を数値に変換する関数です．入力された文字列 s の1文字目の s[0] と2文字目の s[1] を，数値に変換する処理を行います．詳細な動きについては理解できなくても大丈夫です．詳しくはコメントを参照してください．

② プログラム実行時に，引き数として入力した MAC アドレスの書式を確認し，不適切だった場合にプログラムを終了させる処理です．この部分を削除しても動作します．

③ BLE 機器へ属性を問い合わせるための命令を，文字列変数 s に代入します．

④ popen を使ってコマンドを実行します．

⑤ fgets 命令を使って，1行分の受信データを得ます．得られたデータは文字列変数 s に代入されます．ここでは変数 s をコマンド用と，受信データ用で共用しました．本来，一つの変数を多目的に使用するのは良くありません．プログラムを追加・修正するときに混乱する場合があるからです．共用する場合は，前後5行以内の気づきやすい範囲で使用するようにしましょう．

⑥ popen を閉じます．

⑦ 受信データから文字列として得られた16進数を，文字に復元する処理です．受信データは，34番目の文字 s[33] と s[34] に1文字目のデータ，s[35] に区切りのスペースが入力され，s[36] と s[37] に2文字目，s[38] に区切りのスペース，以降も同様に3文字目，4文字目と，文字列の終端まで続きます．これらを1文字毎に，変数 C に数値として代入し，表示可能な文字コードであれば，その文字を表示します．

# 第4節 サンプル44 Bluetooth 4.0対応BLEタグのLEDなどを制御する

## SAMPLE 44

| Bluetooth 4.0対応BLEタグのLEDなどを制御する | | |
|---|---|---|
| 実験用サンプル | 通信方式：Bluetooth LE | 開発環境：Raspberry Pi |

BLEタグのLEDやメロディ音，バイブレータをRaspberry Piから制御します．

| 親機 | 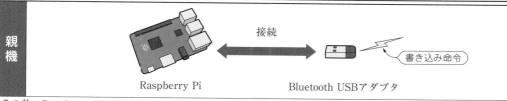 |
|---|---|
| | その他：Raspberry PiにBluetooth USBアダプタ（Bluetooth 4.0対応）を接続． |
| 子機 |  |
| | その他：市販のBluetooth 4.0対応BLEタグ（アラーム機能付）を使用． |

必要なハードウェア
- Raspberry Pi 2 Model B（本体，ACアダプタ，周辺機器など）　　1式
- Bluetooth USBアダプタ Planex BT-Micro4　　1個
- ロジテック製BLEタグ LBT-VRU01　　1個

　次は，BLEタグの制御です．BLEタグに内蔵されたLEDの点滅やメロディ音の駆動を行ってみましょう．ここではロジテック製のBLEタグLBT-VRU01を使用します．BLEタグの電源を入れ，Raspberry PiのLXTerminalから以下のコマンドを入力すると，LEDタグのLEDが点滅します．

```
$ sudo gatttool -b 00:1B:DC:44:xx:xx --char-write -a 0x000d -n 01↵
```

　また，最後の数値を02にして実行すると，メロディ音もしくはバイブレータが駆動します（BLEタグ側面のスイッチで切り換え可能）．これらLED，メロディ，バイブレータを止めるには最後の数値を00にして実行します．

　通信が途切れた状態が約5分間継続すると，本BLEタグの電源が自動的にOFFになります．そこで**サンプル・プログラム44** example44_ble_write.cでは，定期的にBLEタグへ読み取りコマンドを発行します．

① サンプル・プログラム43の16進数変換処理と同じ関数と，MACアドレスの確認処理関数を，それぞれのファイルから組み込みます．
② 実行時に入力されたMACアドレスの書式が不適切だったときに，本プログラムを終了します．
③ キーボードから何らかの文字が入力されたときの処理です．文字型変数cに入力された文字を代入します．
④ 入力された文字が1でも2でもなかった場合に，変数cに数字文字0を代入します．この処理でcの文字は，0または1, 2のいずれかになります．
⑤ BLEタグ内の属性値を書き換えるための命令を作成し，文字列変数sに代入します．ここで変数cの0～2の数字文字を，命令の最後に付与します．
⑥ system命令を使って，文字列変数sのコマンドを実行します．
⑦ 定期的にBLEタグへアクセスするための処理で

### サンプル・プログラム44　example44_ble_write.c

```
/******************************************************************
BLEタグ内へ属性データを書き込む
******************************************************************/
#include <stdio.h>                              // 標準入出力ライブラリ
#include <stdlib.h>                             // system命令に使用
#include <time.h>                               // time命令time_tに使用
#include "../libs/a2hex.c"                      // 16進数2桁を数値に変換
#include "../libs/checkMac.c"              ①   // MACアドレスの書式確認
#include "../libs/kbhit.c"
#define FORCE_INTERVAL  10                      // データ取得間隔(秒)

int main(int argc,char **argv){
    char  s[256];
    FILE  *fp;
    time_t timer;                               // タイマ用
    time_t trig=0;                              // 取得時刻保持
    int i;
    char c;

    if(argc != 2 || checkMac(argv[1]) ){        // 書式の確認
        fprintf(stderr,"usage: %s MAC_Address\n",argv[0]);  ②  // 入力誤り表示
        return -1;                              // 終了
    }

    printf("Example 44 BLE Write (0:off 1:LED 2:Alert Q:Quit) \n");  // 起動表示
    while(1){
        if( kbhit() ){                          // キー入力時
            c=getchar();                    ③  // 入力キー取得
            if(c=='q'||c=='Q') break;           // 「Q」で終了
            if(c!='1' && c!='2') c='0';     ④  // 1, 2以外で0に
            sprintf(s,"sudo gatttool -b %s --char-write -a 13 -n 0%c",argv[1],c);  ⑤
```

す．ここでは10秒間隔にしています．実運用時は，BLEタグのバッテリ寿命を考慮し，60秒や120秒などに設定したほうが良いでしょう．

⑧ 受信失敗時にプログラムを終了するための処理です．通信エラーが発生すると，2行前のfgets命令の戻り値が0(NULLポインタ)となります．この通信エラーを検出するために，戻り値を整数型に変換し，変数iに代入しています．

プログラムの実行例を，**図13-6**に示します．キーボードからの0～2の入力に応じて，BLEタグへ制御指示を送信します．LEDやメロディ，バイブレータを停止するには0を押下します．BLEタグの中央の膨れた部分を押下して止めることもできます．

なお，本プログラムでは⑧に記したように，通信エラーの発生時に終了処理を行うようにしました．しかし，ワイヤレス通信においてはノイズなどの影響で通信エラーが発生することが良くあります．したがって，通信エラー時も正常な動作の一部として処理を継続するほうが一般的です．具体的には，再送信を行い，それでもエラーが発生する場合は，確認頻度を落とすなどの処理を実装します．

```
            i=system(s);                                          ⑥  // コマンド実行
            if(i){                                                   // エラー発生時
                fprintf(stderr,"System Command Error!\n");           // エラー表示
            }else{
                printf("\nSend Data '%c'\n",c);                      // 送信表示
            }
        }
        time(&timer);                                                // 現在時刻取得
        if( timer >= trig ){                                         // 定期時刻時
            sprintf(s,"sudo gatttool -b %s --char-read -a 0x0003",argv[1]); // 命令作成
            fp = popen(s,"r");                                       // コマンド実行
            if( fp ){                                                // 実行成功時
                i=(int)fgets(s,256,fp);                              // データ取得
                pclose(fp);                                          // popen を閉じる
                if(i==0) return -1;                               ⑧ // 無応答時終了
                else{
                    printf("> ");                                    // 受信マーク
   ⑦               for(i=33;i<65;i+=3){                              // 34 文字目から
                        c=a2hex(&s[i]);                              // 受信値を c へ
                        if( isprint(c) ) putchar(c);                 // 文字表示
                        else break;                                  // 終端で抜ける
                    }
                    putchar('\n');                                   // 改行を出力
                }
            }
            trig = timer + FORCE_INTERVAL;                           // 次 trig を設定
        }
    }
    return 0;
}
```

```
pi@raspberrypi ~ $ cd xbeeCoord/cqpub_pi
pi@raspberrypi ~/xbeeCoord/cqpub_pi $ gcc example44_ble_write.c
pi@raspberrypi ~/xbeeCoord/cqpub_pi $ ./a.out 44:13:19:02:xx:xx    ─( 実行 )
Example 44 BLE Write (0:off 1:LED 2:Alert Q:Quit)   ─( 起動メッセージ )
> LBT-VRU01
> LBT-VRU01   ─( 定期的に読み取りを実行 )
> LBT-VRU01
1             ─( キー入力 )
Send Data '1'
2             ─( BLEタグのLEDが点滅する )
Send Data '2'
q             ─( BLEタグのメロディ音またはバイブレータが駆動する )
pi@raspberrypi ~/xbeeCoord/cqpub_pi $
```

図 13-6　BLE タグの属性書き込みの例

# 第5節 サンプル45 Bluetooth 4.0対応BLEタグによる盗難防止システム

**SAMPLE 45**

| Bluetooth 4.0対応BLEタグによる盗難防止システム | | |
|---|---|---|
| 実験用サンプル | 通信方式：Bluetooth LE | 開発環境：Raspberry Pi |

BLEタグがRaspberry Piから遠ざかるとメロディ音などが発生する盗難防止システムの実験を行います．

| 親機 | （Raspberry Pi ←接続→ Bluetooth USBアダプタ／書き込み命令・ビーコン受信） |
|---|---|
| | その他：Raspberry PiにBluetooth USBアダプタ（Bluetooth 4.0対応）を接続． |
| 子機 | （BLEタグ／商品などにBLEタグに取り付けて，盗難の可能性を低減します） |
| | その他：市販のBluetooth 4.0対応BLEタグ（アラーム機能付）を使用． |

必要なハードウェア
- Raspberry Pi 2 Model B（本体，ACアダプタ，周辺機器など）　1式
- Bluetooth USBアダプタ Planex BT-Micro4　1個
- ロジテック製BLEタグ LBT-VRU01　1個

ここでは，Raspberry PiからBLEタグが遠ざかったときに，BLEタグからメロディ音を発生させる盗難防止システムの一例を紹介します．メロディ音を鳴らすには，ロジテック製LBT-VRU01が必要です．バッファロー製BSBT4PT02BKを使う場合は，これにはメロディ再生機能がないので，Raspberry Pi側にブザーを接続してアラーム音を鳴らす方法が考えられます．

**サンプル・プログラム45** example45_ble_prev.cをコンパイルし，引き数にBLEタグのMACアドレスを付与して実行してみましょう．BLEタグの電源が入っていると，受信レベル「RSSI」が表示されます．

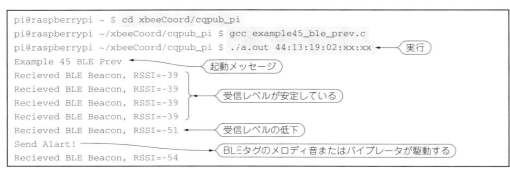

図13-7 BLEタグの属性書き込みの例

## サンプル・プログラム 45　example45_ble_prev.c

```
/***************************************************************
BLE タグを使った盗難防止システム
***************************************************************/
#include <stdio.h>                                           // 標準入出力ライブラリ
#include <stdlib.h>                                          // system 命令に使用
#include <string.h>                                          // strncmp 命令に使用
#include <time.h>                                            // time 命令 time_t に使用
#include "../libs/checkMac.c"                                // MAC アドレスの書式確認
#include "../libs/kbhit.c"
#define FORCE_INTERVAL      60                               // データ取得間隔(秒)

int main(int argc,char **argv){
    char   s[256];
    FILE   *fp;
    time_t timer;                                            // タイマ用
    time_t trig=0;                                           // 取得時刻保持
    int rssi=-999;                                           // 受信レベル
    int mac_f=0;                                             // MAC 一致フラグ
    int i;

    if(argc != 2 || checkMac(argv[1]) ){                     // 書式の確認
        fprintf(stderr,'usage: %s MAC_Address\n",argv[0]);   // 入力誤り表示
        return -1;                                           // 終了
    }
    printf("Example 45 BLE Prev\n");                         // 起動表示
    while(1){
        if( kbhit() ) if( getchar() =='q' ) break;           // 「Q」で終了
        system("sudo hcitool lescan --pa --du > /dev/null &");  ──① // LE スキャン
        fp=popen("sudo hcidump","r");                        ──② // hcidump 実行
        while(fp){
            fgets(s,256,fp);                                 // hcidump から
```

また，10(dB)以上，低下するとメロディ音が鳴ります(図 13-7)．

以下に本プログラムのおもな処理について説明します．

① system 命令を使って，BLE タグの探索(LE スキャン)を実行します．

② popen 命令を使って，hcidump を実行します．

③ 前記ステップ②の応答を取得し，ビーコンを示す文字列を探します．ビーコンが見つかった場合は，ビーコンの送信元の MAC アドレスを取得します．

④ 実行時に指定した MAC アドレス(argv[1])と，取得した MAC アドレスとが一致した場合に，変数 mac_f へ 1 を代入し，while ループを抜け，hcidump の処理を終了します．

⑤ LE スキャンを停止します．

⑥ 受信レベルが 10(dB)以上，低下したときに BLE タグへメロディの発音指示を送信します．この警告音によって商品などの盗難の可能性を低減します．また，この部分に Raspberry Pi の拡張用 GPIO ポートの制御やオーディオ出力のコマンドを追加することによって，Raspberry Pi から音を出すことも可能でしょう．

⑦ 60 秒に 1 回，BLE タグ内の属性データの読み取りを行います．これは BLE タグの自動電源 OFF 機能を回避するための処理です．

こういった実使用に合わせたプログラムを作って動かしてみると，作成前には想定していなかった問題が見つかります．このサンプルの場合は，盗難防止システムなので，泥棒になったつもりでテストしてみましょう．

例えば，BLE タグをゆっくりと Raspberry Pi から遠ざけたらどうでしょう．盗み出せますね．属性リー

**サンプル・プログラム 45　example45_ble_prev.c（つづき）**

```
            if( strncmp(&s[4],"LE Advertising Report",21)==0 ){    // ビーコン判定
                for(i=0;i<6;i++){
                    fgets(s,256,fp);                                // データの取得
                    if(i==1){                                       // 2 行目のとき
                        if(strncmp(&s[13],argv[1],17)==0) mac_f=1;  // MAC 一致を確認
                        else mac_f=0;                               // mac_f に代入
                    }
                }
                if(mac_f) break;                                    // while を抜ける
            }                                                       // （得られるまで
        }                                                           //      抜けない）
        pclose(fp);                                                 // popen を閉じる
        system("sudo hcitool cmd 08 000c 00 01 > /dev/null");       // LE スキャン止
        system("sudo kill `pidof hcitool` > /dev/null");            // プロセス停止
        i=atoi(&s[12]);                                             // RSSI 値を i へ
        printf("Recieved BLE Beacon, RSSI=%d\n",i);                 // 受信，RSSI 表示
        if( i+10 < rssi ){                                          // 大幅に低下時
            printf("Send Alart!\n");                                // 警告を送信
            sprintf(s,"sudo gatttool -b %s --char-write -a 13 -n 02",argv[1]);
            system(s);                                              // コマンド実行
        }
        rssi=i;                                                     // RSSI 値を保持
        time(&timer);                                               // 現在時刻取得
        if( timer >= trig ){                                        // 定期時刻時
            sprintf(s,"sudo gatttool -b %s --char-read -a 0x0003 > /dev/null",argv[1]);
            system(s);                                              // コマンド実行
            trig = timer + FORCE_INTERVAL;                          // 次 trig を設定
        }
    }
    return 0;
}
```

③, ④, ⑤, ⑥, ⑦

ドのタイミングを見計らって，盗んだらどうでしょう．メロディ音が鳴っても，すぐに消えます．これら二つの課題に対応したプログラムを example45_ble_prev2.c として収録しましたので，参考にしてください．

他にも複数の BLE タグに対応したり，あるいはスマホにメールを送信して警告を知らせたりといった拡張を行い，システムを作り上げていくことができると思います．

このプログラムを最新の Raspberry Pi 3 で動かすと，安定した動作が得られないことがわかっています．同じ周波数を使用する Wi-Fi を OFF にすることで，改善できるかもしれませんし，今後の Raspbian やファームウェアのアップデートで改善されるかもしれません．

なお，本サンプルの「盗難防止」について，一定の効果があることは一般的に明らかであると思いますが，その根拠や実証は行っていません．性能や効果については，自己責任で検証してください．また，このシステムに限らず，本書を参考に組み上げたシステムが原因で，生じたいかなる損害に関しても，出版社ならびに筆者は補償いたしません．

# [第14章]

# Bluetoothモジュール RN-42用 コマンド・モード

　Bluetoothモジュール RN-42XVPは，RN-42用コマンドを使用することで，マイコンなし（モジュール単体）で使用することも可能です．例えば，Bluetooth経由でLEDを制御したり，ボタンの状態や照度センサの値を読み取ったりすることができます．
　そこで，本章ではRN-42用コマンドについて説明します．覚える必要はありません．ざっと目を通した段階で，次章に進み，実際にプログラムを組みながら学習すれば良いでしょう．

## 第1節　BluetoothモジュールRN-42XVPのローカル接続コマンド・モード

　XBee ZBモジュールでは，ATコマンドを使ってモジュールを制御することができました．BluetoothモジュールRN-42XVPにも，似たようなコマンド・モードがあります．本章では，このコマンド・モードについて解説します．

　はじめに本節では，Raspberry PiにRN-42XVPをローカル接続した場合のコマンド実行方法について説明します（非ワイヤレス通信）．

　RN-42XVPをXBee USBエクスプローラに接続し，そのXBee USBエクスプローラをRaspberry Piに接続します．そして，シリアル端末cuを使って，RN-42XVPを接続したシリアル・ポートを開きます．USB0を開くには以下のように入力します．

```
$ cu -h -s 115200 -l /dev/ttyUSB0⏎
```

「Connect」が表示されたら，ローカル接続の完了です．次に，コマンド・モードへ入る手続きを行います．「$（ドルマーク）」を3回，「$$$」と続けて入力してください．このときに「Enter」キーを押さないように注意します．BluetoothモジュールRN-42XVPがコマンド・モードに入ると「CMD」の応答が得られ，RN-42XVP上のLEDが高速に点滅します．

　（入力）「$」「$」「$」（Enter不要）
　　　　　　　　　　　　…コマンド・モードへ
　（応答）CMD

　次節では，リモート接続した状態でコマンド・モードに入りますが，BluetoothモジュールRN-42XVPが起動してから60秒が経過すると，リモート接続によるコマンド・モードへの移行ができなくなる場合があります．

　RN-42のバージョンが，Ver 6.15 04/26/2013よりも古い場合は，この60秒の制限を解除しておきましょう．コマンド・モードに移行した状態で以下の，ST, 255を実行します．

　（入力）「S」「T」「,」「2」「5」「5」「⏎」
　　　　　　　　　　　　…モード移行制限の解除

　（応答）AOK

　コマンド・モードを抜けるには，「-（マイナス）」を3回「---」と入力して「Enter」を押します．「END」の応答が得られ，LEDの点滅速度も元の速さに戻ります．また，「~」（チルダ）と「.」（ピリオド）を入力すると，cu端末が終了します．

　（入力）「-」「-」「-」「⏎」
　（応答）END
　（入力）「~」「.」

　ワイヤレスを経由した実験ではトラブルも多く，とくにRN-42XVPが正常に動作することを確認する際や，コマンドのテストを行うときなどにローカル・コマンドを使用することがあります．

　例えば，Bluetooth接続ができなくなってしまう場合や，ヒューマン・インターフェース・デバイス（HID）プロファイルに変わってしまうこともあります．そのような場合は，ローカル接続した状態で，以下の手順で設定を工場出荷状態に初期化します．

```
$ cu -h -s 115200 -l /dev/ttyUSB0⏎
```

　（入力）「$」「$」「$」（Enter不要）
　　　　　　　　　　　　…コマンド・モードへ
　（応答）CMD
　（入力）「S」「F」「,」「1」「⏎」
　　　　　　　　　　　　…工場出荷状態の設定に戻す
　（応答）AOK
　（入力）「R」「,」「1」「⏎」
　　　　　　　　　　　　…再起動（再起動後に設定完了）
　（応答）Reboot!
　（入力）「~」「.」　　　…シリアル端末cuの終了

　なお，ローカル接続コマンド・モードとリモート接続コマンド・モードを同時に実行することはできません．LEDの点滅速度が低速に戻っていることを，確認してから，次節に進んでください．高速に点滅したままの場合は，シリアル端末cuから「-」「-」「-」「⏎」を入力して，コマンド・モードを解除してください．

## 第 2 節　Bluetooth モジュール RN-42XVP のリモート接続コマンド・モード

親機 Raspberry Pi に接続した USB Bluetooth アダプタ側から，Bluetooth のワイヤレス通信で子機 RN-42XVP に接続し，RN-42 シリーズ用のコマンドをリモート実行する方法について説明します．

リモート接続を行うために，Bluetooth USB アダプタ BT-Micro 4 を親機 Raspberry Pi の USB 端子に接続してください(Raspberry Pi 3 の場合は BT-Micro4 が不要)．そして，第 11 章第 4 節の方法にしたがって，以下のコマンドを実行し，RN-42XVP との RFCOMM の接続を行ってください．

```
$ sudo rfcomm connect /dev/rfcomm 00:06:66:72:xx:xx⏎
```

Bluetooth の RFCOMM の接続が完了したら，子機 RN-42XVP モジュールの LED が点灯に変わります．この状態で親機 Raspberry Pi と子機 RN-42XVP モジュールとが Bluetooth 通信を経由してシリアル接続された状態となります．

親機 Raspberry Pi から下記のコマンドを実行して，シリアル端末 cu を /dev/rfcomm0 ポートに接続すると，Raspberry Pi から RN-42XVP にアクセスすることができます．

```
$ cu -h -s 115200 -l /dev/rfcomm0⏎
```

シリアル端末 cu 上で，「$」を 3 回，入力してコマンド・モードへ移行してください．コマンド・モードに移行すると「CMD」の応答があり，RN-42XVP 上の LED が高速に点滅しはじめます．

(入力)「$」「$」「$」(Enter 不要)

　　　　　　　　　　…コマンド・モードへ

(応答) CMD

RN-42XVP のリモート接続によるコマンド・モードの状態では，次節以降に示すさまざまなコマンドを使用することができます．また，ほとんどのコマンドが，ローカル接続，リモート接続で共通です．

コマンド名がわかりにくいかもしれません．RN-42XVP のコマンドのうち，「S」から始まるものは設定用コマンドです．設定した内容を確認したい場合は，G コマンドを使用します．例えば，「ST,255」で設定した ST 値を確認するには，GT を使用します．この命名ルールを知っておくと，多少，理解しやすくなるでしょう．

## 第 3 節　Bluetooth モジュールの GPIO ポートへディジタル値を出力する

Bluetooth モジュール RN-42XVP には，XBee モジュールと同じ 2mm ピッチの 10 ピン・コネクタを両端に計 2 列が配置されており，XBee USB エクスプローラなどの機器をそのまま使用することができます．しかし，GPIO の番号に違いがあります(**表 14-1**)．

ここで XBee 6 番ピンの RSSI の LED を点灯させてみましょう．Bluetooth モジュール RN-42XVP では，**表 14-1** のとおり GPIO 6 に割り当てられているので，以下の手順で LED が点灯します．

(入力)「$」「$」「$」(Enter 不要)

　　　　　　　　　　…コマンド・モードへ

(応答) CMD

(入力)「S」「@」「,」「4」「0」「4」「0」「⏎」

　　　　　　　　　　…GPIO6 を出力に設定

(応答) AOK

(入力)「S」「&」「,」「4」「0」「4」「0」「⏎」

　　　　　　　　　　…GPIO6 を High 出力へ

(応答) AOK

(入力)「-」「-」「-」「⏎」

　　　　　　　　　　…コマンド・モードの終了

(応答) END

各 GPIO ポートの出力を変更するコマンドを，**表 14-2** に示します．GPIO ポート 0 〜 7 は，入出力可能なポートなので入出力設定「S@」が必要です．一方，GPIO ポート 8 〜 11 は，出力専用ポートなので入出力設定「S@」は不要です．

表 14-1 Bluetooth モジュール RN-42XVP と XBee モジュールとの違い

| ピン | XBee | Bluetooth | ピン | XBee | Bluetooth |
|---|---|---|---|---|---|
| 1 | 3.3V電源 | ← | 20 | Commissioning | − |
| 2 | DOUT/TX(UARTシリアル) | ← | 19 | AD 1/DIO 1 | ADC 1 |
| 3 | DIN /RX(UARTシリアル) | ← | 18 | AD 2/DIO 2 | GPIO 7　Baud |
| 4 | DIO 12 | GPIO 10　Output | 17 | AD 3/DIO 3 | GPIO 3　Pair |
| 5 | RESET | ← | 16 | RTS(CTS Input) | ← |
| 6 | RSSI(LED) | GPIO 6　Connect | 15 | Associate(LED) | GPIO 5(LED) |
| 7 | DIO 11 | GPIO 9　Output | 14 | − | − |
| 8 | − | GPIO 4　Restore | 13 | ON(LED) | GPIO 2(LED) |
| 9 | SLEEP_RQ(スリープ) | GPIO 11 | 12 | CTS(RTS Output) | ← |
| 10 | GND | ← | 11 | DIO 4 | GPIO 8 ※ |

※ コントロール不可

表 14-2 RN-42XVP の GPIO 出力設定方法

| ピン | XBee | Bluetooth | コマンド | | |
| | | | 入出力設定 | Low出力 | High出力 |
|---|---|---|---|---|---|
| 4 | DIO 12 | GPIO 10　Output | − | S*,0400 | S*,0404 |
| 6 | RSSI(LED) | GPIO 6 | S@,4040 | S&,4000 | S&,4040 |
| 7 | DIO 11 | GPIO 9　Output | − | S*,0200 | S*,0202 |
| 17 | AD 3/DIO 3 | GPIO 3 | S@,0808 | S&,0800 | S&,0808 |
| 18 | AD 2/DIO 2 | GPIO 7 | S@,8080 | S&,8000 | S&,8000 |

## 第 4 節　Bluetooth モジュールの GPIO ポートからディジタル値を入力する

今度はディジタル入力の実験です．シリアル端末 cu から以下のように「G&」コマンドを実行すると，GPIO ポートの入力値を得ることができます．

(入力)「$」「$」「$」(Enter 不要)
　　　　　　　　　　…コマンド・モードへ
(応答) CMD
(入力)「G」「&」「↵」　　…GPIO 状態を取得
(応答) 20　　　　　　　…GPIO 状態を応答
(入力)「-」「-」「-」「↵」
　　　　　　　　　　…コマンド・モードの終了
(応答) END

上記の例では，応答値「20」を得ましたが，GPIO ポートの状態によって値が変化します．応答値「20」は，GPIO ポート 5 が High レベルで，その他のポートが Low レベルであることを意味しています．GPIO ポート 5 は，通信状態を示す本 Bluetooth モジュール上の LED に接続されているポートです．現在，高速点滅状態にあり，点灯時に GPIO ポート 5 が 0 に，消灯時に 1 になります．したがって，「G&」コマンドを実行するタイミングによって，「20」が得られたり「00」が得られたりします．

ディジタル入力用として使用できる GPIO ポートは，XBee 17 番ピン(GPIO 3)と XBee 18 番ピン(GPIO 7)です．

Bluetooth モジュールが初期状態のときの応答値の例を，表 14-3 に示します．

なお，XBee ZB モジュールでは，ディジタル入力ポートは内部でプルアップされていましたが，Bluetooth モジュール RN-42XVP では内部でプルダウンされています．このため，入力ポートに何もつながっていないオープンのときは，応答値が 0 となります．

表 14-3 Bluetooth モジュール RN-42XVP による GPIO 入力例

| ピン | XBee | Bluetooth | コマンド | 応答例(LED 点灯時) | | 応答例(LED 消灯時) | |
|---|---|---|---|---|---|---|---|
| | | | | L 入力 | H 入力 | L 入力 | H 入力 |
| 17 | AD 3/DIO 3 | GPIO 3 | G& | 00 | 08 | 20 | 28 |
| 18 | AD 2/DIO 2 | GPIO 7 | G& | 00 | 80 | 20 | A0 |

## 第 5 節　Bluetooth モジュールの ADC ポートからアナログ値を入力する

　XBee 19 番ピンの ADC ポート 1 に入力されたアナログ電圧値を取得するには，「A」コマンドを使用します．ただし，データシートにはアナログ入力機能が将来対応と書かれているだけで，「A」コマンドについては存在すら記載されていません(執筆時点)．したがって，今後，ファームウェアの更新などによって仕様が変わる可能性があります．また，内部インピーダンスが低く，誤動作も多いようです．動作に致命的な問題がある可能性もあるので注意してください．以下はファームウェア Ver 6.15 の実機にて筆者が確認した内容に基づいた使用例です．

　電圧の入力範囲は 0 ～ 1780mV です．ADC の分解能は 8 ビット，約 7mV 間の直線で電圧が得られます．ただし，1780mV を少しでも超過した状態で「A」コマンドを実行すると，モジュールがリブートしてしまいます．入力電圧には十分に注意してください．

　以下に約 1.25V を入力したときのアナログ電圧値の取得例を示します．

> (入力)「$」「$」「$」　…コマンド・モードへ
> (応答) CMD
> (入力)「A」「⏎」　…アナログ入力状態を取得
> (応答) ADC1=4E8, 1256mv
> 　　　　　　　　　　…アナログ入力状態を応答
> (入力)「-」「-」「-」「⏎」
> 　　　　　　　　　　…コマンド・モードの終了
> (応答) END

　応答値には，16 進数と電圧値の両方が含まれます．ここで得られた 16 進数値の「4E8」を 10 進数に変換すると 1256 であり，ちょうど 1 値で 1mV となっていることがわかります．また，他のコマンドと同様，

### Column…14-1　RN-42XVP の 16 進数の引き数について

　コマンド「S@,4040」の「S@,」は，GPIO の入出力を設定する命令です．「40 40」のはじめの 1 バイトはマスク・ビット，続く 1 バイトが設定値です．40 を 2 進数になおすと，01000000 となり，もっとも左の桁のビットが GPIO ポート 7，もっとも右のビットが GPIO ポート 0 を示しています．したがって，4040 は，GPIO ポート 6 のマスクが 1(設定有効)で，GPIO ポート 6 の設定値が 1(GPIO 出力)となります．マスクが 0 のポートに対しては設定値が無効(変化なし)，設定値が 0 のときは GPIO 入力となります．

　コマンド「S&,4040」の「S&,」は，GPIO ポートに出力値を設定する命令です．1 バイト目はマスクで続く 1 バイトが設定値です．GPIO ポート 6 のマスクのみが 1(有効)で，設定値も 1(High レベル出力)です．Low レベル出力にするには以下のように設定ビットを 0 にします．

> (入力)「S」「&」「,」「4」「0」「0」「0」「Enter」
> 　　　　　　　　　　…GPIO6 を Low 出力へ

　なお，本例の GPIO 6 を Slave 機に対してリモート制御すると，Master 機との接続が切断されてしまいます(Bluetooth 通信中に GPIO 6 に High → Low を入力すると通信を終了する)．

表 14-4 Bluetooth モジュール RN-42XVP によるアナログ入力例

| ピン | XBee | Bluetooth | コマンド | 応答例 |
|---|---|---|---|---|
| 19 | AD 1/DIO 1 | ADC 1 | A | ADC1=402, 1026mv |

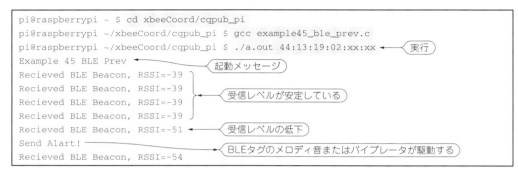

```
pi@raspberrypi ~ $ cd xbeeCoord/cqpub_pi
pi@raspberrypi ~/xbeeCoord/cqpub_pi $ gcc example45_ble_prev.c
pi@raspberrypi ~/xbeeCoord/cqpub_pi $ ./a.out 44:13:19:02:xx:xx    ← 実行
Example 45 BLE Prev    ← 起動メッセージ
Recieved BLE Beacon, RSSI=-39
Recieved BLE Beacon, RSSI=-39
Recieved BLE Beacon, RSSI=-39    ← 受信レベルが安定している
Recieved BLE Beacon, RSSI=-39
Recieved BLE Beacon, RSSI=-51    ← 受信レベルの低下
Send Alart!    ← BLEタグのメロディ音またはバイブレータが駆動する
Recieved BLE Beacon, RSSI=-54
```

図 14-1 Bluetooth モジュール搭載の照度センサの測定結果

Bluetooth モジュール RN-42XVP の UART シリアルからのローカル接続による取得はもちろんのこと，パソコンの Bluetooth USB アダプタからワイヤレス通信を経由したリモート接続による取得も可能です．

そこで，**写真 14-1** のように，**サンプル・プログラム 24** で製作した照度センサの XBee モジュールを Bluetooth モジュール RN-42XVP に置き換えてテストしてみたところ，何らかの値が得られることが確認できました（図 14-1）．

しかし，XBee シリーズに比べて値がかなり不安定になります．したがって，センサの出力にボルテージ・フォロワ回路などを追加して，十分に出力インピーダンスを下げてから，RN-42XVP の A-D 変換器の入力ポートに入力する必要がありそうです．このあたりの不安定な動作が，本コマンドが非公開となっている理由かもしれません．

以上のように Bluetooth モジュール RN-42XVP は，Raspberry Pi と Bluetooth USB アダプタ，シリアル

写真 14-1 Bluetooth モジュール搭載の照度センサ（測定値は不安定）

端末 cu などのターミナル・ソフトがあれば，XBee ZB や XBee Wi-Fi のようなリモート・コマンドを使用しなくても手軽に動作を確認することができます．

## 第 6 節 （技術解説）Bluetooth の Master 機器と Slave 機器

Bluetooth は，ケーブルをワイヤレスにするために規格化された規格です．1 対 1 の接続を基本とした有線接続を，無線化する用途に適した規格です．ワイヤレスの特長を活かすために，簡単なネットワーク機能も備えています．

Bluetooth で構成されたネットワークのことをピコ

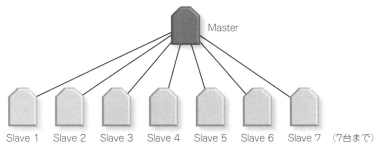

図 14-2　Bluetooth のデバイス・タイプ

ネット（Piconet）と呼び，一つのピコネットには，1台の Master 機器と最大 7 台までの Slave 機器が参加することができます．Master 機器は ZigBee の Coordinator，Slave 機器は End Device のようなものです．親機となる Master 機器は，他のすべての Slave 機器と接続することができます（図 14-2）．

前節までの Raspberry Pi 側の Bluetooth USB アダプタと Bluetooth モジュール RN-42XVP との接続では，通常，Raspberry Pi 側が Master，Bluetooth モジュール側が Slave として動作します．

設定により，Master と Slave を入れ替えることも可能です．しかし，実装上，Master と Slave との間で機能差が存在します．例えば，RN-42XVP の Master 機器はリモート接続コマンド・モードを受け付けない仕様となっています．

したがって，リモート接続コマンド・モードを使って GPIO を制御したりアナログ値を取得したりといったアプリケーションでは，Raspberry Pi 側に Master，Bluetooth モジュール側に Slave を使用することになるでしょう．

## 第 7 節　（参考情報）Bluetooth モジュールのみを使った場合の通信方法

通常であれば，価格，信頼性，汎用性などの観点から，親機 Raspberry Pi 側には大量生産されている Bluetooth USB アダプタを使用します．本節では，それに反して，親機 Raspberry Pi 側に RN-42XVP をローカル接続した場合の通信方法について説明します．RN-42 シリーズを親機 Raspberry Pi 側で Master デバイスとして活用したい人向けの参考情報です．興味のない方は，読み飛ばしてください．

必要な機材は，2 個以上の Bluetooth モジュール RN-42XVP，XBee USB エクスプローラ，そして子機 Slave デバイスの電源を入れておくための回路です．Raspberry Pi に接続した Bluetooth USB アダプタは使用しないので外しておきます．

あらかじめ子機用の Bluetooth モジュール RN-42XVP の設定を，工場出荷状態に戻す「SF,1」コマンドで初期化しておきます．ブレッドボードなどに Bluetooth モジュールを取り付ける場合は，ブレッドボードに実装する前に，XBee USB エクスプローラを使って，以下を設定しておきます．

（入力）「$」「$」「$」　　　　　　…コマンド・モードへ
（応答）CMD
（入力）「S」「F」「,」「1」「↵」
　　　　　　　　　　　…工場出荷時の設定に戻す
（応答）AOK
（入力）「R」「,」「1」「↵」　　　　　　…再起動
（応答）Reboot!

RN-42 のファームウェアのバージョンによって，初期値に若干の違いがあります．バージョンは「V」コマンドで確認することができます．Ver 6.15 04/26/2013 よりも古い RN-42 を使用している場合は，以下の設

表 14-5　複数の Bluetooth モジュールの通信テストに必要な機材の例

| メーカ | 品名・型番 | 数量 | 入手先(例) | 参考価格 |
|---|---|---|---|---|
| Microchip | Bluetoothモジュール RN-42XVP | 2個 | Microchip通販サイト | $19.95 |
| 各社 | XBee USBエクスプローラ | 1個 | 秋月電子通商など | 1280円 |
| | 子機 Slave 用の回路(照度センサ，XBee USB 等) | 1式 | – | – |
| | Windows パソコン(Bluetooth 非内蔵を推奨) | 1～2台 | – | – |

定を行っておきます．

　　（入力）「$」「$」「$」　　…コマンド・モードへ
　　（応答）CMD
　　（入力）「S」「F」「,」「1」「↵」
　　　　　　　　　　　　　…工場出荷時の設定に戻す
　　（応答）AOK
　　（入力）「S」「M」「,」「0」「↵」
　　　　　　　　　　　　　…本機を Slave に設定する
　　（応答）AOK
　　（入力）「S」「T」「,」「2」「5」「5」「↵」
　　　　　　　　　　　　　…モード移行制限の解除
　　（応答）AOK
　　（入力）「R」「,」「1」「↵」　　…再起動
　　（応答）Reboot!

　次に，親機となる Master の設定を行います．親機 Master となる Bluetooth モジュール RN-42XVP を XBee USB エクスプローラ経由で Raspberry Pi に接続し，シリアル端末 cu を使って以下を設定します．

　　（入力）「$」「$」「$」　　…コマンド・モードへ
　　（応答）CMD
　　（入力）「S」「F」「,」「1」「↵」
　　　　　　　　　　　　　…工場出荷時の設定に戻す
　　（応答）AOK
　　（入力）「S」「M」「,」「1」「↵」
　　　　　　　　　　　　　…本機を Master に設定
　　（応答）AOK
　　（入力）「S」「A」「,」「4」「↵」
　　　　　　　　　　　　　…PIN ペアリングに設定
　　（応答）AOK
　　（入力）「R」「,」「1」「↵」　　…再起動
　　（応答）Reboot!

　ここでは，「SM,1」コマンドを用いて本モジュールを親機 Master に設定し，ペアリング方式を Bluetooth 2.0 で規定された従来の PIN ペアリング方式に変更します．ペアリング方式の初期値はパソコンやタブレット端末で使用されている SSP(Simple Secure Pairing) Numeric Comparison 方式ですが，Bluetooth モジュール間のペアリングには従来の PIN コード方式を使用するため，親機となる Master 側に方式を設定しておく必要があります．なお，PIN コードの初期値は「1234」です．実際に使用するときは，変更しておきましょう．同じ PIN コード同士の機器としか接続できないので，より安全に使用することができます．

　設定が完了したら，子機の電源を入れて，親機 Master から子機の探索(Inquiry Scan)を実行します．親機から子機の探索を行うには，「$」を 3 回，押下して親機をコマンド・モードにしてから，探索コマンド「I」を実行します．探索コマンドを実行すると，約 7 秒間，Bluetooth デバイスを探索し，その結果を表示します．

　　（入力）「$」「$」「$」　　…コマンド・モードへ
　　（応答）CMD
　　（入力）「I」「↵」　　…デバイスの探索を実行
　　（応答）Inquiry,T=7,COD=0
　　　　　　Found 1　　　　…子機1台を発見
　　　　　　00066672xxxx,,1F00
　　　　　　　　　　　　　…発見した子機のアドレス
　　　　　　Inquiry Done

上記のように子機 Slave が見つかったら「SR,I」コマンドで見つかった子機のアドレスを親機に保存し，「C」コマンドで子機へ接続します．

　　（入力）「S」「R」「,」「I」「↵」
　　　　　　　　　　　　　…子機のアドレスを保存
　　（応答）AOK

（入力）「C」「⏎」　　　　　…子機へ接続
　　（応答）TRYING

　親機 Master と子機 Slave の Bluetooth モジュールの LED が，点滅から点灯に変われば接続完了です．この状態で，親機 Master から子機 Slave のコマンド・モードに入って，リモート接続によるコマンド実行が可能になります．

　リモート接続コマンド・モードで照度センサのアナログ入力を得る場合は，以下のように入力します．

　　（入力）「$」「$」「$」　　　…リモートコマンド
　　（応答）CMD
　　（入力）「A」「⏎」　…アナログ入力状態を取得
　　（応答）ADC1=14, 20 mv　　　　…結果例
　　（入力）「-」「-」「-」「⏎」
　　　　　　　　　　　　　…コマンド・モードの終了
　　（応答）END

　切断のコマンドは「K,」です．親機から操作する場合は，子機へのリモート接続によるコマンドで実行します．

　　（入力）「$」「$」「$」　　　…リモートコマンド
　　（応答）CMD
　　（入力）「K」「,」「⏎」　　　　…通信の切断
　　（応答）KILL

　親機のローカル・コマンドで切断を行う方法もあります．しかし，この方法は少し複雑になるので，本書では省略します．必要に応じて，参考文献(7)の p.385～387 を参照ください．

　子機 Slave が 2 個以上あり，接続中の Slave から別の Slave に切り替えたい場合は，一度「K,」コマンドで接続中の通信を切断してから，「C」コマンドを使って別の子機へ接続します．接続したい Slave 機器のアドレスを「C」「,」に続いて指定します．

　初期設定では，モジュールの LED の状態でしか接続されたかどうかがわかりません．プログラムなどで，接続完了を検出する必要がある場合は，接続や切断時に応答値を返す「SO,ESC%」コマンドを利用します．「SO,」の後に書かれたテキスト文字と合わせて接続時には「ESC%CONNECT」，切断時には「ESC%DISCONNECT」といった応答値が表示されるようになります．

　Bluetooth モジュール RN-42XVP の使い方に関する説明は以上です．UART シリアル接続方法，GPIO の制御方法，アナログ入力方法などを説明しました．次章ではこれらを使ったプログラミング方法について説明します．

## 第8節　BluetoothモジュールRN-42コマンド・リファレンス

BluetoothモジュールRN-42XVPでよく使用するコマンド例について，表14-6～表14-9にまとめました．

表14-6　基本操作コマンド・リファレンス（BluetoothモジュールRN-42）

| コマンド例 | 内　容 |
|---|---|
| $$$(改行なし) | コマンド・モードへ移行する． |
| --- | コマンド・モードを解除する． |
| R,1 | 再起動を実行する． |
| SF,1 | 工場出荷時の設定に戻す（再起動後にすべての設定が反映される）． |
| D | 基本設定の内容を表示する．本機アドレス，モード，ペアリング方式，PINコード，宛て先など． |
| O | その他の設定内容を表示する．プロファイル名，コマンド・モード移行文字など． |
| Gx | Sx(xはコマンド)で設定した内容を確認する．「SM,1」を設定すると「GM」で確認できる． |

表14-7　GPIO入出力コマンド・リファレンス（BluetoothモジュールRN-42）

| コマンド例 | 内　容 |
|---|---|
| S@,4040 | GPIO 6(XBee 6番ピン RSSI出力)を出力に設定する（表14-2を参照）． |
| S&,4000 | GPIO 6(XBee 6番ピン RSSI出力)からディジタルLowレベルを出力する（表14-2を参照）． |
| S&,4040 | GPIO 6(XBee 6番ピン RSSI出力)からディジタルHighレベルを出力する（表14-2を参照）． |
| S*,0200 | GPIO 9(XBee 7番ピン DIO11)からディジタルLowレベルを出力する（表14-2を参照）． |
| S*,0202 | GPIO 9(XBee 7番ピン DIO11)からディジタルHighレベルを出力する（表14-2を参照）． |
| G& | GPIO 0～7のディジタル入出力値を16進数で表示する（表14-3を参照）． |
| G* | GPIO 8～11の現在の値を16進数で表示する（表14-3を参照）． |
| A | 16進数のアナログ入力値と電圧を表示する．本コマンドは仕様書に記載されていない． |

表14-8　リモート設定用コマンド・リファレンス（BluetoothモジュールRN-42）

| コマンド例 | 内　容 |
|---|---|
| SM,1 | BluetoothのMasterデバイスに設定する（初期値=0, Slave）． |
| S$,# | コマンド・モードへの移行文字「$$$」を「###」に変更する． |
| ST,255 | コマンド・モードへ移行可能な時間制限を解除する（いつでも移行できるようにする）． |
| SA,4 | PINペアリング方式に変更する（初期値=1, SSP Numeric Comparison方式）． |
| SO,ESC% | リモートへの接続時に「ESC%CONNECT」，切断時に「ESC%DISCONNECT」のメッセージを応答． |

表14-9　通信接続コマンド・リファレンス（BluetoothモジュールRN-42）

| コマンド例 | 内　容 |
|---|---|
| I | デバイスの探索を実行する． |
| SR,I | コマンド「I」で発見したデバイスのアドレスをリモート宛て先アドレスとして保存する． |
| SR,000666xxxxxx | モジュールに記載の12桁アドレス000666xxxxxxをリモート宛て先アドレスとして保存する． |
| C | リモート先へ接続する． |
| C,000666xxxxxx | モジュールに記載の12桁アドレス000666xxxxxxへ接続する． |
| K, | コマンド「C」で接続した通信を切断する． |

# [第15章]

# Bluetoothモジュール RN-42 実験用サンプル集

　本章では，Raspberry PiからBluetoothモジュールRN-42XVPを経由してワイヤレス通信を行います．サンプル・プログラムを使って，LEDをワイヤレス制御したり，ボタンの状態や照度センサの値を読み取ってみましょう．

# 第1節　サンプル46　BluetoothモジュールRN-42XVPのLED制御

## SAMPLE 46

| Bluetoothモジュールのペアリングと LED の制御 | | |
|---|---|---|
| 実験用サンプル | 通信方式：Bluetooth | 開発環境：Raspberry Pi |

親機となる Raspberry Pi から子機 Bluetooth モジュールの GPIO を制御して GPIO ポート9と10に接続した LED を点滅します．リモートで使用するための各種設定とペアリングも行います．

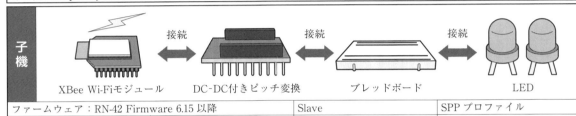

| 親機 | Raspberry Pi ↔ 接続 ↔ Bluetooth USBアダプタ |
|---|---|
| その他：Raspberry Pi に Bluetooth USB アダプタ（Bluetcoth 4.0 対応）を接続． | |

| 子機 | XBee Wi-Fiモジュール ↔ 接続 ↔ DC-DC付きピッチ変換 ↔ 接続 ↔ ブレッドボード ↔ 接続 ↔ LED |
|---|---|

| ファームウェア：RN-42 Firmware 6.15 以降 | | Slave | | SPP プロファイル | |
|---|---|---|---|---|---|
| 電源：乾電池2本 3V | シリアル： | – | GPIO 11(9)： | – | GPIO 6(6)：LED（RS） |
| ADC 1(19)： | – | GPIO 7(18)：（タクト・スイッチ） | GPIO 3(17)：（タクト・スイッチ） | – | |
| – | GPIO 9(7)：LED | | GPIO 10(4)：LED | | Associate(15)：LED（RN42） |
| その他：XBee ZB とはピンの役割などに相違があります． | | | | | |

必要なハードウェア
- Raspberry Pi 2 Model B（本体，AC アダプタ，周辺機器など）　1式
- Bluetooth USB アダプタ Planex BT-Micro4　1個
- Microchip 社 Bluetooth モジュール RN-42XVP　1個
- DC-DC 電源回路付き XBee ピッチ変換基板（MB-X）　1式
- ブレッドボード　1個
- 高輝度 LED 2個，抵抗 1kΩ 4個，セラミック・コンデンサ 0.1μF 1個，（タクト・スイッチ 2個），
2.54mm ピッチピン・ヘッダ（11 ピン）2個
単3×2 直列電池ボックス 1個，単3電池 2個，ブレッドボード・ワイヤ適量，USB ケーブルなど

　Bluetooth によるワイヤレス通信を使用して，親機から子機に GPIO 制御信号を送信し，LED の点灯・消灯をリモート制御するサンプルについて説明します．

　親機の Raspberry Pi 側の構成は，これまでのクラシック Bluetooth や BLE と同様です．本章の**サンプル・プログラム 46** と**サンプル・プログラム 47** で使用する子機は，ブレッドボードを使用して製作します．**表 15-1** に製作する子機に搭載する Bluetooth モジュール RN-42XVP の GPIO ポートの使用方法を示します．表中の「XBee ピン」の番号は，Bluetooth モ

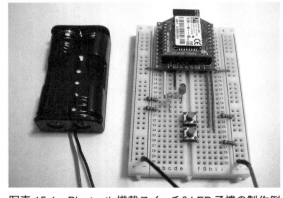

写真 15-1　Bluetooth 搭載スイッチ&LED 子機の製作例

表15-1 サンプル・プログラム46～47で使用する子機のGPIOポート

| XBee ピン | ピッチ変換後 | XBee | Bluetooth | 入出力 | 接続 |
|---|---|---|---|---|---|
| 4 | 5 | DIO 12 | GPIO 10　Output | 出力 | LED 2 |
| 7 | 8 | DIO 11 | GPIO 9　Output | 出力 | LED 1 |
| 17 | 19 | AD 3/DIO 3 | GPIO 3 | 入力 | タクト・スイッチ1 |
| 18 | 20 | AD 2/DIO 2 | GPIO 7 | 入力 | タクト・スイッチ2 |

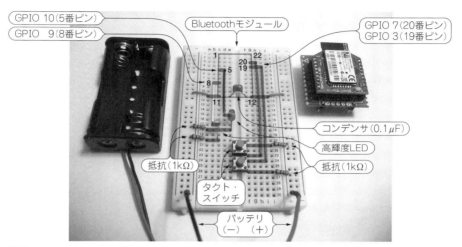

写真15-2　Bluetooth搭載スイッチ&LED子機の実装のようす

ジュールの20ピンの番号です．また，DC-DC電源回路付きXBeeピッチ変換基板のピン番号は，そのすぐ右側の列の「ピッチ変換後」の欄に記されています．これらを混同しないように注意してください．

ここからは，子機のハードウェアの製作方法について説明します．BluetoothモジュールRN-42XVPは，XBee ZBモジュールのように，乾電池を直接接続して駆動することはできません．したがって，ここではXBee Wi-Fiで使用したものと同じストロベリーリナックス製のDC-DC電源付きXBeeピッチ変換基板を使って，Bluetoothモジュールをブレッドボードに接続します（第9章第4節を参照）．

二つの高輝度LEDは，BluetoothモジュールのGPIO 10とGPIO 9で制御します．これらのGPIOポートは，それぞれピッチ変換基板の5番ピンと8番ピンになります．各GPIOからの配線をLEDのアノード（リード線の長いほう）に接続し，反対のカソード側を抵抗へ接続，抵抗の反対側をブレッドボード左側の青の縦線（電源「－」ライン）へ接続します．

また，サンプル・プログラム47で使用するタクト・スイッチもあらかじめ実装しておきましょう．GPIO 3とGPIO 7（それぞれXBeeピッチ変換後の19番ピンと20番ピン）にタクト・スイッチの片側を接続します．スイッチの対角となる反対側の端子を抵抗へ接続し，その抵抗の反対側をブレッドボード右側の赤の縦線（電源「＋」ライン）へ接続します．

コンデンサ$0.1\mu F$をBluetoothモジュールの電源入力（11番ピンと12番ピン）の間に挿入してから，ブレッドボードにXBeeピッチ変換基板とBluetoothモジュールを実装します．ブレッドボード上の1行目c列の位置にXBeeピッチ変換基板の1番ピンが，11行目g列の位置に12番ピンがくるようにします．

ハードウェアが完成したら，サンプル・プログラムを動かしてみましょう．プログラムを実行する前に，

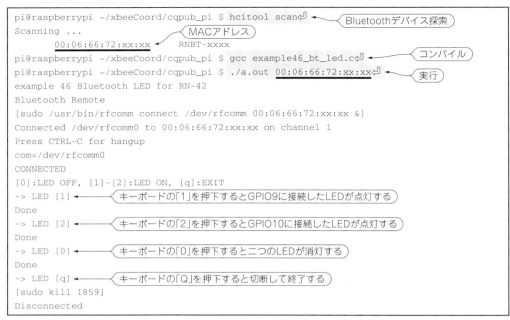

**図 15-1　サンプル・プログラム 46 の実行例**

**表 15-2　Bluetooth モジュール RN-42XVP 制御用ライブラリの関数**

| 関数名 | 引き数 | 戻り値 | 説　明 |
|---|---|---|---|
| bt_init | MACアドレス | なし | 指定したMACアドレスのRN-42へ接続する |
| bt_close | なし | なし | Bluetooth通信を切断する |
| bt_cmd | コマンド | 応答データサイズ | コマンドの送信を行い，結果を受信する |
| bt_cmd_mode | 「$」等 | 0：失敗，1：成功 | 引き数の記号を用いてコマンド・モードに入る |
| bt_repeat_cmd | コマンド，応答 | なし | 応答が得られるまでコマンドを繰り返す |
| bt_rx_clear | なし | なし | シリアルの受信バッファを消去する |
| bt_rx | なし | 受信データサイズ | コマンドの応答などの受信を行う |
| bt_error | メッセージ | なし | 終了処理を行う（エラー発生時用） |

　子機の電源を入れ，Raspberry PiのLXTerminal上で，hcitool scanを実行し，子機のBluetoothモジュールRN-42XVPのMACアドレスを確認します．

　**サンプル・プログラム 46**　example46_bt_led.cをRaspberry PiのLXTerminal上でコンパイルし，引き数にMACアドレスを付与してプログラムを実行します（**図 15-1**）．子機とのBluetooth接続が完了するとキーボードからの入力待ち状態となります．このときに，「1」か「2」のキーを押下すると，子機のLEDが点灯します．「0」キーで消灯し，「Q」キーで終了します．

　それでは，本プログラムの内容について説明します．なお，本プログラムでは別ファイルbt_rn42.cに含まれる，**表 15-2**の関数の一部を使用します．

① RN-42XVPを制御するためのライブラリbt_rn42.cを組み込みます．
② Bluetooth受信したデータを保存するための文字列変数rx_dataを定義します．関数の外で定義した変数はグローバル変数と呼ばれ，すべての関数内で使用することができます．
③ 関数bt_initを使用して，実行時の引き数argv[1]

## サンプル・プログラム46　example46_bt_led.c

```
/******************************************************************
Bluetoothモジュール RN-42XVP の GPIO を制御して GPIO ポート 9 と 10 に接続した LED を点滅します．
リモートで使用するための各種設定とペアリングも行います．
*******************************************************************/
#include "../libs/bt_rn42.c"    ←──────────────① 
#include "../libs/kbhit.c"
char rx_data[RX_MAX];   ←──────────────────② // 受信データの格納用の文字列変数

int main(int argc,char **argv){
    char c;                                         // キー入力用の文字変数 c

    if(argc != 2 || strlen(argv[1]) != 17){
        fprintf(stderr,"usage: %s xx:xx:xx:xx:xx:xx\n",argv[0]);
        return -1;
    }
    printf("example 46 Bluetooth LED for RN-42\n");
    if( bt_init(argv[1]) ) return -1;   ←─────────③ // Bluetooth RN-42 接続の開始
    printf("CONNECTED\n[0]:LED OFF, [1]-[2]:LED ON, [q]:EXIT\n");

    while(1){
        while( !kbhit() );                         // キーボードから入力があるまで待つ
        c=getchar();              ──────────④ // 入力された文字を変数 c へ代入
        printf("-> LED [%c]\n",c);                  // 「LED [数字]」を表示
        if( c=='q' ) break;                         // 「Q」キーが押された場合に終了
        if( bt_cmd_mode('$') ){   ←─────────⑤ // リモートコマンド・モードへの移行
            switch(c){
                case '0':                           // 「0」が入力されたとき
                    bt_cmd("S*,0600");              // GPIO ポート 9 と 10 の出力を Low レベルに
                    break;
                case '1':                           // 「1」が入力されたとき
                    bt_cmd("S*,0202");   ←───⑥ // GPIO ポート 9 の出力を High レベルに
                    break;
                case '2':                           // 「2」が入力されたとき
                    bt_cmd("S*,0404");              // GPIO ポート 10 の出力を High レベルに
                    break;
            }
            bt_cmd("---");        ←─────────⑦ // コマンド・モードの解除
            printf("Done\n");
        }
    }
    bt_close();                   ←─────────⑧ // 切断処理
    return 0;
}
```

に代入されたMACアドレスのBluetoothモジュールRN-42XVPとの接続を行います．

④ キーボードからの入力確認を行います．何も入力されない場合は，whileループで入力確認を行い続けます．キー入力があると，次の行に移り，入力された文字をgetchar関数で取得して文字変数cに代入します．

⑤ 子機Bluetoothモジュール RN-42XVPへ，リモート接続コマンド・モードに移行するためのコマンド「$$$」を送信します．接続に成功すると，次のステップ⑥の処理に移ります．失敗した場合は，ステップ④のキーボード入力確認に戻ります．

⑥ キーの入力値に応じた処理を行います．たとえば，「1」キーが押された場合は，関数bt_cmdを使って，Bluetoothモジュールの GPIO ポート 9 の出力を Hレベルに設定するコマンドを送信します．コマン

ドの内容については第14章第3節の**表14-2**を参照してください．

⑦ リモート接続コマンド・モードを抜けるコマンド「---」を送信します．

⑧ 子機Bluetoothモジュールとの通信を切断します．

以上のとおり，**サンプル・プログラム46**では，プログラムの実行後にBluetoothの接続を行い，プログラムの終了時にBluetooth通信を切断しました．この方法だと，プログラムを実行してから終了するまで，100mW（3V時30mA）くらいの電力を消費し続けます．

キーボードからの入力があったときにだけBluetooth接続を行い，LEDの制御実行後にBluetooth通信を切断して節電する方法もあります．具体的には，プログラム中の③の接続処理と⑧の切断処理を，whileループ内に移します．そのように変更したプログラムは，ファイル名**example46_bt_led2.c**として収録しました．

変更したプログラムをコンパイルして実行すると，すぐにキーボード待ちになります．このときのBluetoothモジュールRN-42XVPの消費電力は，10mW～20mW（3Vで5mA程度）程度です．キーボードから「1」を入力すると，Bluetooth接続を開始し，LEDの点灯制御を行い，その後，すぐにBluetooth通信を切断します．

実際に実行してみると，接続処理に5秒から10秒くらいの時間を要してから，LEDが点灯することがわかります．また，XBee ZBモジュールをZigBee End Deviceとして動作させた場合や，BLEタグなどと比べると待機時の消費電力が大きく，長期間の動作には向きません．RN-42XVPを乾電池で長期間駆動させる場合は，使用時以外は電源を切っておくなどの対策が必要でしょう．なお，電源を切ると，Bluetoothによる待ち受けができなくなるので，通信を開始する直前に何らかの方法で電源を入れなおす必要があります．

このサンプルではLEDを制御しましたが，適切な回路と組み合わせることで，モータを駆動したり，リレーやトライアックを駆動して機器を制御したりといった応用も可能です．

# 第2節　サンプル47　スイッチ状態をBluetoothでリモート取得する

## SAMPLE 47

スイッチ状態をBluetoothでリモート取得する
| 実験用サンプル | 通信方式：Bluetooth | 開発環境：Raspberry Pi |

親機となるRaspberry Piから子機BluetoothモジュールのGPIOポート3と7に接続したスイッチ状態を取得します.

**親機**

Raspberry Pi　　　　Bluetooth USBアダプタ

その他：Raspberry PiにBluetooth USBアダプタ（Bluetooth 4.0対応）を接続.

**子機**

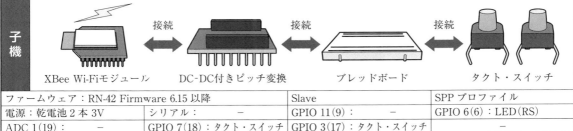

XBee Wi-Fiモジュール　　DC-DC付きピッチ変換　　ブレッドボード　　タクト・スイッチ

| ファームウェア：RN-42 Firmware 6.15以降 | | Slave | | SPPプロファイル | |
|---|---|---|---|---|---|
| 電源：乾電池2本 3V | シリアル： | – | GPIO 11(9)： | – | GPIO 6(6)：LED(RS) |
| ADC 1(19)： | – | GPIO 7(18)：タクト・スイッチ | | GPIO 3(17)：タクト・スイッチ | – |
| – | GPIO 9(7)：LED | | | GPIO 10(4)：LED | Associate(15)：LED(RN42) |
| その他：XBee ZBとはピンの役割などに相違があります. | | | | | |

**必要なハードウェア**
- Raspberry Pi 2 Model B（本体，ACアダプタ，周辺機器など）　1式
- Bluetooth USBアダプタ Planex BT-Micro4　　　　　　　　1個
- Microchip社 BluetoothモジュールRN-42XVP　　　　　　　1個
- DC-DC電源回路付きXBeeピッチ変換基板(MB-X)　　　　　　1式
- ブレッドボード　　　　　　　　　　　　　　　　　　　　1個
- タクト・スイッチ2個，抵抗1kΩ 4個，セラミック・コンデンサ0.1μF 1個，（高輝度LED 2個），
  2.54mmピッチピン・ヘッダ（11ピン）2個
  単3×2直列電池ボックス1個，単3電池2個，ブレッドボード・ワイヤ適量，USBケーブルなど

ここでは，前節で製作したBluetooth搭載スイッチ&LED子機のスイッチ状態を取得する実験を行います．親機Raspberry Piから，BluetoothモジュールRN-42XVPのGPIOポート3とGPIOポート7に接続したタクト・スイッチの状態を定期的に取得します．親機，子機ともに前節と同じハードウェアを使用します．

さっそく，**サンプル・プログラム47** example47_bt_sw.cをコンパイルし，子機のMACアドレスを指定して実行してみてください（実行方法も前サンプルと同じ）．

プログラムを実行すると，親機Raspberry Piは子機との接続を行い，子機のGPIOの状態を読み取り，その結果を表示します．子機のプッシュ・ボタンを放した状態（ディジタルLowレベル）では，取得結果が「0」に，押下した状態（ディジタルHighレベル）でしばらく保持すると，結果が「1」に変化します．終了するときはRaspberry Piのキーボードのキーを押下してください．

それでは**サンプル・プログラム47** example47_bt_sw.cについて説明します．

① 子機Bluetoothモジュールをリモート接続コマン

```
pi@raspberrypi ~/xbeeCoord/cqpub_pi $ gcc example47_bt_sw.c⏎    ← コンパイル
pi@raspberrypi ~/xbeeCoord/cqpub_pi $ ./a.out 00:06:66:72:xx:xx⏎  ← 実行
example 47 Bluetooth SW from RN-42
Bluetooth Remote
[sudo /usr/bin/rfcomm connect /dev/rfcomm 00:06:66:72:xx:xx &]
Connected /dev/rfcomm0 to 00:06:66:72:xx:xx on channel 1
Press CTRL-C for hangup
com=/dev/rfcomm0
CONNECTED
Hit any key to EXIT
IN3=0, IN7=0
IN3=0, IN7=0
IN3=1, IN7=0   ← 子機のタクト・スイッチ(IN3)を押した状態で保持すると値1を得る
[sudo kill 2841]  ← キーボードの「Q」を押下すると切断して終了する
Disconnected
```

**図 15-2　サンプル・プログラム 47 の実行例**

ド・モードに移行します．

② Bluetooth モジュールの GPIO の入出力設定コマンドです．初期状態と同じなので「//」を付与して無効にしてあります．

③ 子機へコマンド「G&」をリモート送信して，GPIO の入力値を取得します．

④ 受信した2桁の16進数文字を変数 in に代入します．変数 i = 0 のときには下位桁を代入し，i = 1 のときは上位桁を代入します．ここで変数 in に代入されるのは数値そのものではなく，数字の文字コードです．

⑤ 1桁の16進数の文字コードを 0 ～ 15 の数値へ変換します．

⑥ 「(in>>3) & 0x01」は変数 in の第3ビット（最下位桁から4ビット目）を読み取る数式です．変数 i = 0 のときに GPIO ポート3，i = 1 のときに GPIO ポート7 の値を得ることができます．

⑦ 受信結果を表示します．

⑧ リモート接続コマンド・モードを解除します．

　ここではタクト・スイッチを使用しましたが，ドアの開閉状態や機器の動作状態を入力して遠隔監視する応用や，前サンプルで制御した結果を取得するといった応用が考えられます．

**サンプル・プログラム 47　example47_bt_sw.c**

```c
/************************************************************************
Bluetoothモジュール RN-42XVP の GPIO ポート3と7に接続したスイッチ状態を取得します.
************************************************************************/
#include "../libs/bt_rn42.c"
#include "../libs/kbhit.h"
char rx_data[RX_MAX];                               // 受信データの格納用の文字列変数

int main(int argc,char **argv){
    int in,i;
    
    if(argc != 2 || strlen(argv[1]) != 17){
        fprintf(stderr,"usage: %s xx:xx:xx:xx:xx:xx\n",argv[0]);
        return -1;
    }
    printf("example 47 Bluetooth SW from RN-42\n");
    if( bt_init(argv[1]) ) return -1;               // Bluetooth RN-42 接続の開始
    printf("CONNECTED\nHit any key to EXIT\n");
    while( bt_cmd_mode('$') ){         ←―――――――①   // リモートコマンド・モードへの移行
    //  bt_cmd("S@,8800");             ←―――――――②   // GPIOポート3と7を入力に設定(初期値)
        bt_cmd("G&");                  ←―――――――③   // GPIOポートの読み取り
        for(i=0;i<2;i++){
            in = rx_data[1-i];         ←―――――――④   // 文字コードを変数 in に代入
       ┌─   if( in >= '0' && in <= '9' ) in -= '0';        // 0～9なら数値へ変換
      ⑤│    else if( in >= 'A' && in <= 'F' ) in -= 'A'-10;// A～Fなら16進数値へ変換
       └─   else in = 0;
            in = (in>>3) & 0x01;       ←―――――――⑥   // 変数 in に入力値を代入. bitRead(in,3)
       ┌─   if(i==0){
       │        printf("IN3=%d, ",in);
      ⑦│    }else{
       │        printf("IN7=%d\n",in);
       └─   }
        }
        bt_cmd("---");                 ←―――――――⑧   // コマンド・モードの解除
        sleep(5);
        if( kbhit() ) break;
    }
    bt_close();                                     // 切断処理
    return 0;
}
```

# 第3節 サンプル48 Bluetooth照度センサの測定値をリモート取得する

**SAMPLE 48** | Bluetooth照度センサの測定値をリモート取得する
| 実験用サンプル | 通信方式：Bluetooth | 開発環境：Raspberry Pi |

BluetoothモジュールRN-42XVP搭載の照度センサを製作して，親機となるRaspberry Piからリモートで照度値を取得します．

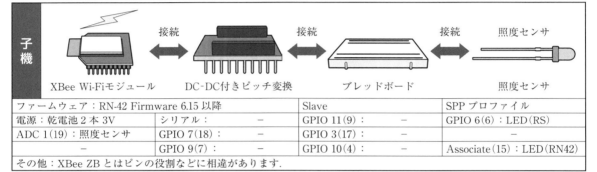

その他：Raspberry PiにBluetooth USBアダプタ（Bluetooth 4.0対応）を接続．

| ファームウェア：RN-42 Firmware 6.15以降 | | Slave | | SPPプロファイル | |
|---|---|---|---|---|---|
| 電源：乾電池2本 3V | シリアル： | – | GPIO 11(9)： | – | GPIO 6(6)：LED(RS) |
| ADC 1(19)：照度センサ | GPIO 7(18)： | – | GPIO 3(17)： | – | – |
| – | GPIO 9(7)： | – | GPIO 10(4)： | – | Associate(15)：LED(RN42) |
| その他：XBee ZBとはピンの役割などに相違があります． | | | | | |

必要なハードウェア
- Raspberry Pi 2 Model B（本体，ACアダプタ，周辺機器など） 1式
- Bluetooth USBアダプタ Planex BT-Micro4 1個
- Microchip社 BluetoothモジュールRN-42XVP 1個
- DC-DC電源回路付きXBeeピッチ変換基板（MB-X） 1式
- ブレッドボード 1個
- 照度センサ NJL7502L 1個，抵抗1kΩ 1個，セラミック・コンデンサ 0.1μF 1個
  電解コンデンサ 47μF 1個，トランジスタ 2SC1815（Yランク）1個
  2.54mmピン・ヘッダ（11ピン）2個，単3×2直列電池ボックス 1個，単3電池 2個，
  ブレッドボード・ワイヤ適量，USBケーブルなど

　ここでは，BluetoothモジュールRN-42XVPを搭載した照度センサを製作し，リモートで照度値を取得します．ただし，第14章第5節に記したように取得に使用するコマンド「A」は，データシートに記載されていないコマンドです．測定結果も安定しないので，実運用する際には十分に検証してください．目的や用途によっては使用できなかったり，回路やソフトの追加や改良が必要となったりする場合があります．
　親機のハードウェアはこれまでの**サンプル・プログラム46**，**サンプル・プログラム47**と同じです．子機となる照度センサのハードウェアについては，ブレッドボード上に製作します．照度センサNJL7502Lの出力を，RN-42XVPのADC 1へ入力して測定します（**表15-3**）．
　前章の**写真14-1**(p.300)の製作例では，照度センサのコレクタ(C)端子にブレッドボード右側の赤の縦線（電源「＋」ライン）から電源を，エミッタ(E)端子とブレッドボード左側の青の縦線（電源「－」ライン）との間に1kΩ以下の負荷抵抗を挿入しました．本サンプルにおいても同じハードウェアを使用することができま

表 15-3　サンプル・プログラム 48 で使用する ADC ポート

| ピン | ピッチ変換後 | XBee | Bluetooth | 入出力 | 接続 |
|---|---|---|---|---|---|
| 19 | 21 | DIO 1 | ADC 1 | 入力 | 照度センサ |

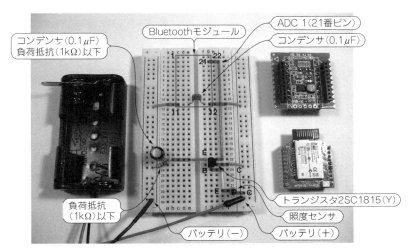

写真 15-3　Bluetooth 搭載スイッチ&LED 子機の実装のようす

す.

あるいは，**写真 15-3** および**図 15-4** の回路のように，トランジスタを使って簡易的なエミッタ・フォロワ回路を構成する方法もあります．照度センサのエミッタをトランジスタ 2SC1815（Y ランク品）のベースへ入力し，トランジスタのコレクタを＋電源へ，エミッタを A-D 変換器と負荷抵抗に接続します．入力インピーダンスを大きくすることができるので，測定結果の変動を安定させることが可能です．ただし，この回路のベース入力には温度補正回路を付与していないので，温度が上がると高めの結果が得られます．

筆者の製作例では，約 13kΩ の負荷抵抗に相当しました．この値は照度センサの代わりに 100kΩ の基準抵抗を挿入し，A-D 変換器で得られた値から換算しました．

なお，どちらの回路であっても A-D 変換器の入力上限値である 1780mV を超えない環境で使用してください．もし，超えるようであれば，トランジスタのランクを下げたり，負荷抵抗の値を低くしたりして，A-D 変換器へ入力する電圧を下げてください．

サンプルの動かし方はこれまでと同様です．測定結果の一例を**図 15-3** に示します．新日本無線の照度センサ NJL7502L は，100lux につき 33μA の電流を流します．13kΩ の負荷抵抗とともに使用したときは，検出電圧を 0.23 倍すると照度を得ることができます．この例では，A-D 変換器の読み取り値に 590mV，約 136 ルクスを得ました．ただし，実際の照度とは一致しない場合もあるので，明るさの目安として使用してください．

$$\begin{aligned} \text{value} &= \text{adc}[\text{mV}] \div 13[\text{k}\Omega] \div 33[\mu\text{A}] \\ &\quad \times 100[\text{lux}] \\ &\simeq \text{adc} \times 0.233[\text{lux}] \end{aligned}$$

以下に**サンプル・プログラム 48** example48_bt_sns.c の動作について説明します．**サンプル・プログラム 46** と**サンプル・プログラム 47** と共通の部分は省略します．

① アナログ入力値を取得するコマンド「A」をリモート先の子機へ送信します．

② 受信結果の 3 桁の 16 進数の値（文字列）を数値に変換し，配列変数 adc に代入します．ここでは 3 回

### サンプル・プログラム48　example48_bt_sns.c

```c
/************************************************************************
Bluetoothモジュール RN-42XVP 搭載の照度センサを製作してリモートで照度値を取得します.
************************************************************************/
#include "../libs/bt_rn42.c"
#include "../libs/kbhit.c"\
char rx_data[RX_MAX];                           // 受信データの格納用の文字列変数

int main(int argc,char **argv){
    int in,i,j;
    int adc[3];                                 // アナログ入力値の保持用

    if(argc != 2 || strlen(argv[1]) != 17){
        fprintf(stderr,"usage: %s xx:xx:xx:xx:xx:xx\n",argv[0]);
        return -1;
    }
    printf("example 48 Bluetooth RN-42 Sensor\n");
    if( bt_init(argv[1]) ) return -1;           // Bluetooth RN-42 接続の開始
    printf("CONNECTED\nHit any key to EXIT\n");
    while( bt_cmd_mode('$') ){                  // リモートコマンド・モードへの移行
        for(j=0;j<3;j++){                       // 3回の読み取りを実行
            adc[j]=0;
            bt_cmd("A");                        ① // ADC1ポートの読み取り
            for(i=5;i<8;i++){
                if( rx_data[i]==',' ) break;    // 16進数値に続くカンマを検出したら終了
                in = (unsigned char)rx_data[i]; // 大きい桁の文字コードを変数 in に代入
                if( in >= '0' && in <= '9' ) in -= '0';        // 0～9なら数値へ変換
             ②  else if( in >= 'A' && in <= 'F' ) in -= 'A'-10;// A～Fなら16進数値へ変換
                else break;
                adc[j] *= 16;                   // これまでの値を16倍する
                adc[j] += in;                   // 読み取った数値を加算
            }
        }
        i=0;
        if(adc[1] <= adc[2]){
            if( adc[0] <= adc[1] ) i = 1;
            if( adc[0] >= adc[2] ) i = 2;
        }else{                                  ③
            if( adc[0] >= adc[1] ) i = 1;
            if( adc[0] <= adc[2] ) i = 2;
        }
        printf("AD1[%d] = %.1f Lux (0x%04X,%dmV)\n",i+1,(float)adc[i]* .23,adc[i] ,adc[i]); ④
        bt_cmd("---");                          // コマンド・モードの解除
        sleep(5);
        if( kbhit() ) break;
    }
    bt_close();                                 // 切断処理
    return 0;
}
```

の受信を行い，それぞれの受信結果をadc[0]，adc[1]，adc[2]へ代入します．

③ 全処理③の受信結果から中央値を求めます．ここでは受信結果が三つしかないので，各組み合わせを比較して求めるようにしました．

④ 求めた中央値を照度に変換して表示します．

```
pi@raspberrypi ~/xbeeCoord/cqpub_pi $ gcc example48_bt_sw.c⏎   ← コンパイル
pi@raspberrypi ~/xbeeCoord/cqpub_pi $ ./a.out 00:06:66:72:xx:xx⏎   ← 実行
example 48 Bluetooth RN-42 Sensor
Bluetooth Remote
[sudo /usr/bin/rfcomm connect /dev/rfcomm 00:06:66:72:xx:xx &]
Connected /dev/rfcomm0 to 00:06:66:72:xx:xx on channel 1
Press CTRL-C for hangup
com=/dev/rfcomm0
CONNECTED
Hit any key to EXIT
AD1[3] = 123.7 Lux (0x0247,583mV)
AD1[3] = 135.7 Lux (0x024E,590mV)   ← 照度136Luxを得る
AD1[2] = 135.7 Lux (0x024E,590mV)
AD1[1] = 135.7 Lux (0x024E,590mV)
```

**図 15-3 サンプル・プログラム 48 の実行例**

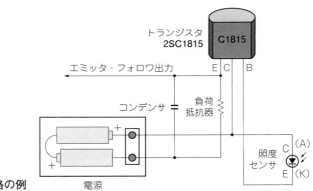

**図 15-4
簡易的なエミッタ・フォロワ回路の例**

# 第4節　サンプル49　Bluetooth HID プロファイル搭載 Keypad 子機

## SAMPLE 49

| Bluetooth HID/SPP プロファイル搭載 Keypad 子機 | | |
|---|---|---|
| 実験用サンプル | 通信方式：Bluetooth | 開発環境：Arduino IDE |

Raspberry Pi の Bluetooth 周辺機器として動作する子機を，Arduino を使って製作します．

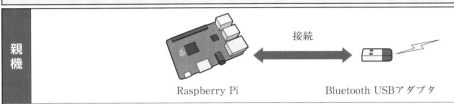

親機：Raspberry Pi ／ Bluetooth USBアダプタ

その他：Raspberry Pi に Bluetooth USB アダプタ（Bluetooth 4.0 対応）を接続．

子機：Arduino UNO ／ Wirelessシールド ／ Bluetoothモジュール ／ 液晶シールド

| ファームウェア：RN-42 Firmware 6.15 以降 | | Slave | | HID プロファイル | |
|---|---|---|---|---|---|
| 電源：USB 5V → 3.3V | シリアル：Arduino | GPIO 11(9)： | －  | GPIO 6(6)： | － |
| ADC 1(19)： － | GPIO 7(18)： － | GPIO 3(17)： | － | | |
| | GPIO 9(7)： － | GPIO 10(4)： | － | Associate(15)：LED(RN42) | |

その他：Arduino マイコン・ボードにスケッチを書き込む際は Wireless SD シールドを取り外します．

必要なハードウェア
- Raspberry Pi 2 Model B（本体，AC アダプタ，周辺機器など）　1式
- Bluetooth USB アダプタ Planex BT-Micro4　1個
- Arduino UNO マイコン・ボード　1台
- Arduino Wireless Proto Shield 他　1個
- キャラクタ液晶シールド（DF ROBOT または Adafruit 製）　1台
- Microchip 社 Bluetooth モジュール RN-42XVP　1個
- Arduino 用 AC アダプタ　1個
- USB ケーブルなど

　Bluetooth ならではの機能を実験してみましょう．Bluetooth の HID（ヒューマン・インターフェース・デバイス）プロファイルを使用して，子機となる Bluetooth 搭載 Arduino のキーパッドから，親機となる Raspberry Pi のキー操作を行います．また，SPP プロファイルに戻して，Raspberry Pi からテキスト文字を Arduino に送信し，Arduino に搭載した液晶に表示することも可能です．Arduino の起動時に，これらのプロファイルを切り替えることが可能です．

　親機 Raspberry Pi のハードウェアはこれまでと同じです．子機は，Arduino UNO マイコン・ボードと，Arduino Wireless シールド（写真 6-6），Bluetooth モジュール RX-42XVP，キャラクタ液晶シールドで構成します．

　Arduino Wireless Proto Sheild の代わりに，参考文献（6）の別売パーツ・セットに含まれる Wireless Shield 基板を使用して Bluetooth モジュールと接続する場合は，Arduino のシリアル電圧の変換回路の追加が必要です．例えば，基板を改造して図 15-5 のような簡易的な電圧変換回路を追加して実験することもできます．なお，Arduino 純正の Wireless Proto Sheild であれば，電圧変換 IC が実装されているので，回路

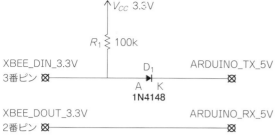

図 15-5 ArduinoのTX出力の簡易電圧変換回路の一例

図 15-6 Arduino UNO をパソコンの USB 端子へ接続する

の追加は不要です．

キャラクタ液晶シールドには，Adafruit 製の i2c 16x2 LCD Shield，もしくは DF ROBOT 製の LCD Keypad Shield を使用します．Adafruit 製の液晶シールドの中には，バックライトの色を制御することが可能な RGB LCD タイプもありますが，このサンプルでは単色のタイプでかまいません．

**サンプル・プログラム 49** は，Arduino 用です．まずは，Arduino UNO にプログラムを書き込む方法について簡単に説明します．書き込みを行うには，パソコン上で動作する Arduino 用のプログラムの統合開発環境 Arduino IDE を使用する必要があります．この Arduino IDE では，スケッチと呼ばれるプログラム（ソース・コード）の入力，編集，コンパイル，Arduino への書き込みなどを行うことができます．

**サンプル・プログラム 49** は ZIP で圧縮されています．それをパソコンのデスクトップなどに展開し，その中に三つのフォルダと README.txt ファイルが入っていることを確認してください．

まずは必要なライブラリを Arduino IDE に組み込みます．Adafruit_RGBLCDShield および LiquidCrystalDFR を，下記の「Arduino」フォルダ内にある「libraries」フォルダへコピーします．

C:¥Users¥(ユーザ名)¥Documents¥Arduino
　　　　　　　　　　　　　　　¥libraries

同フォルダを Windows エクスプローラで見ると，

▼(ユーザ名)▼ マイ ドキュメント ▼ Arduino
　　▼ libraries ▼

と表示されます．コピー先のフォルダの場所がわからない場合は，ダウンロードした ZIP ファイルをデスクトップなどに展開し，Arduino IDE のメニュー「スケッチ」から「ライブラリを使用」→「Add Library」を選択し，コピー元のフォルダを選択すると Arduino IDE が自動的に適切なフォルダへコピーします．コピー後，Arduino IDE を終了させてください．

Arduino UNO をはじめて使用する場合は，Arduino USB Driver（Arduino 用シリアル・ドライバ）をインストールします．USB ケーブルを使って，Arduino UNO マイコン・ボードをパソコンに接続すると，自動的にドライバのインストールが行われます．

インストールが完了すると，「Arduino Uno(COM4) 使用する準備ができました」といったメッセージが表示されます．この括弧内の COM に続く番号が Arduino マイコン・ボードのシリアル COM ポート番号なので，覚えておく必要があります．COM ポート番号がわからなくなった場合は，Arduino マイコン・ボードを接続した状態で，Windows のデバイスマネージャを開き「ポート(COM と LPT)」内の「Arduino Uno」と書かれた場所に COM ポート番号を確認することができます．

ドライバのインストールが完了したら，Arduino IDE を起動し，**図 15-7** のように「ツール」メニュー内の「シリアル・ポート」から Arduino マイコン・ボードを接続した COM ポート番号を選択します．また，同じ「ツール」メニュー内の「マイコン・ボード」で「Arduino UNO」を選択しておきます．

ここからはサンプル・スケッチを Arduino へ書き込む方法について説明します．Bluetooth モジュール

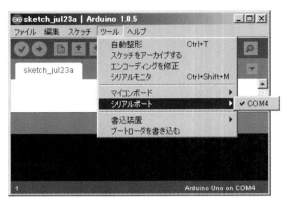

**図 15-7** Arduino のシリアル・ポート選択

RN-42XVP が接続された状態では，スケッチの書き込みが行えません．Arduino Wireless Proto シールドまたは Bluetooth モジュールを取り付けていた場合は，Arduino UNO マイコン・ボードをパソコンから切断して電源を切ってからシールドを取り外し，Arduino UNO マイコン・ボードをパソコンへ再接続します．

サンプル・スケッチは，example49_bt_kb フォルダ内に収録してあります．ZIP 圧縮されたままだと開けないので，デスクトップなどにフォルダごとコピーし，Arduino IDE の「開く」メニューから同フォルダ内の example49_bt_kb.ino を開いてください．他の二つの ino ファイルは，RN-42XVP 用のドライバと，温度測定用です．これらは自動的に読み込まれるので選択しないでください．

DF ROBOT 製の液晶シールドを使用する場合は，スケッチの修正が必要です．冒頭の 4 行は Adafruit 用の設定なので，それらを消し，「/*」で始まる行と「*/」で始まる行を消すと，DF ROBOT 用に修正することができます．

Arduino IDE の左上に操作アイコンがあります．左から 2 番目の「⇒」マークが Arduino への書き込みボタンです．このボタンを押すと，スケッチのコンパイルと書き込みが実行されます．

正しくスケッチが書き込まれたら，パソコンから Arduino UNO マイコン・ボードを外して電源を切ってから，Wireless シールド，Bluetooth モジュール，キャラクタ液晶シールドを接続します．また，Arduino Wireless Proto Shiled の場合は，シリアル・スイッチを「Micro」側に，参考文献(6)の Wireless Shield 基板の場合は，シリアル・スイッチを「I/O」側に切り換えておきます．

ここからは，Arduino 用の AC アダプタなどで電源を供給します．AC アダプタを Arduino に接続すると，書き込んだ**サンプル・プログラム 49** のスケッチが自動的に起動し，動作しはじめます．

スケッチが動作すると，**写真15-5**のようなプロファイル選択画面が表示されます．プロファイル選択画面で，液晶キー・パッド上の右(Right)方向ボタンを押下し，「Key→」を選択すると，HID プロファイルでの動作を開始します．この設定は RN-42XVP に書き込まれます．

なお，HID モードのままだと**サンプル・プログラム 49** 以外の実験が行えなくなるので，本節の実験を終えた後は，設定を SPP モードに戻す必要があります．Arduino の Reset ボタンで初期画面に戻り，液晶キーパッド上の左(Left)ボタンを押すと SPP モードに設定されます．なお，SPP モードでは，本 Arduino が受信した RFCOMM のデータを液晶に表示することができます．

それでは，本節の実験で使用する HID プロファイルを右方向ボタンで選択してください．

いよいよ親機 Raspberry Pi との接続です．Raspbian 上で LXTerminal を起動し，以下の bluetoothctl コマンドを実行してください．また，続けて，scan on 命令で Bluetooth デバイスの探索を開始してください．

```
$ bluetoothctl↵
[bluetooth]# scan on↵
```

Bluetooth モジュール RN-42XVP を発見すると，MAC アドレスと「RNBT-xxxx」の文字列が表示されます．表示されない場合は，子機 Arduino の「Reset」ボタンを押し，キーパッド上の右方向ボタンで HID プロファイルを再設定してください．

接続を行うには以下のように，connect 命令に続け

写真15-4 液晶シールドを接続したようす（左 DF ROBOT 製，右 Adafruit 製）

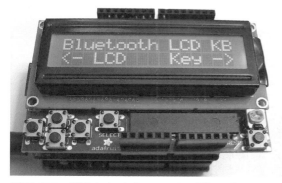

写真15-5 起動およびプロファイル選択の表示

写真15-6 キー・パッド（HID プロファイル）選択時の表示

てMACアドレスを入力します．

```
[bluetooth]# connect F0:65:DD:99:
                              xx:xx⏎
```

その他の bluetoothctl 内の命令は，help で確認することができます．quit を入力するか，「Ctrl」キーを押しながら「D」キーを押下すると bluetoothctl が終了します．

接続ができたら，動作を確認してみましょう．LXTerminal を選択した状態で，Arduino の液晶キーパッドの上（Up）方向キーを押してみてください．キーボードの上矢印が押されたときと同様に，前回，実施したコマンドが表示されたと思います．実行したいコマンドを探し，選択（Select）キーを押すと，「Enter」キーが押下されたのと同様に，コマンドが実行されます．なお，Bluetooth キーボードと同じ仕組

写真15-7 液晶（SPP プロファイル）選択時の表示

みなので，SSH やリモート・デスクトップなどで Raspberry Pi に接続している場合は動作しません．

次に，**サンプル・プログラム 49** のスケッチ

## サンプル・プログラム 49　example49_bt_kb.ino

```
/****************************************************************************
Bluetooth モジュール RN-42XVP 搭載の照度センサを製作してリモートで照度値を取得します.
****************************************************************************/
#include <Wire.h>
#include <Adafruit_MCP23017.h>
#include <Adafruit_RGBLCDShield.h>
Adafruit_RGBLCDShield lcd = Adafruit_RGBLCDShield();

/* DF ROBOT 製液晶を使用する場合は上記を下記に入れ替えてください.
    #include <LiquidCrystalDFR.h>
    LiquidCrystal lcd(8, 9, 4, 5, 6, 7);
*/

#define RX_MAX   17                             // 受信データ最大値
char rx_data[RX_MAX];                           // 受信データの格納用の文字列変数
int button=0;                                   // ボタン入力値
int cursor=0;                                   // 現在のカーソル位置(表示済み文字数)

int bt_mode_hid(){                              ← ①
    lcd_cls(1);
    lcd.print("HID Mode ");
    if( !bt_cmd_mode('$') ){                    // ローカル・コマンド・モードへの移行を実行
        lcd.print("FAILED");
        return(0);
    }
    bt_cmd("SF,1");                             // 工場出荷時の設定に戻す
    bt_cmd("SM,0");                             // Bluetooth の Slave デバイスに設定する
    bt_cmd("S~,6");                             ← ② // HID プロファイルを選択する
    bt_cmd("R,1");                              // 再起動
    lcd.print("DONE");
    delay(1000);                                // 再起動待ち
    return(1);
}

int bt_mode_spp(){                              ← ③
    lcd_cls(1);
    lcd.print("SPP Mode ");
    if( !bt_cmd_mode('$') ){                    // ローカル・コマンド・モードへの移行を実行
        lcd.print("FAILED");
        return(0);
    }
    bt_cmd("SF,1");                             // 工場出荷時の設定に戻す
    bt_cmd("SM,0");                             // Bluetooth の Slave デバイスに設定する
    bt_cmd("S~,0");                             ← ④ // HID プロファイルを選択する
    bt_cmd("R,1");                              // 再起動
    lcd.print("DONE");
    delay(1000);                                // 再起動待ち
    return(1);
}

void setup(){
    lcd.begin(16, 2);
    lcd.print("Bluetooth LCD KB");              // タイトル文字を表示
    Serial.begin(115200);                       // シリアル・ポートの初期化
    lcd.setCursor(0,1);
    lcd.print("<- LCD    Key ->");
    while( button == 0){
        button = lcd.readButtons();
        switch( button ){                       // 押されたボタンに対して
            case BUTTON_LEFT:
                bt_mode_spp();                  // SPP モードに設定
```

```
                break;
            case BUTTON_RIGHT:
                bt_mode_hid();                      ⑤   // HID モードに設定
                break;
            default:
                button=0;
                break;
        }
    }
}
void loop(){
    if( Serial.available() ){                       ⑥   // シリアル受信があったとき
        char c = Serial.read();                     ⑦   // c に受信値を代入
        if( cursor==0 ){
            if( c == 0x1B ){                                // ESC コードだったとき
                int temp = (int)(getTemp()+0.5);            // 温度を取得
                lcd_cls(1);                                 // 液晶の 2 行目の文字を消去
                lcd.print("Room Temp : ");                  // 液晶に「Room Temp : 」を表示
                lcd.print(temp);                            // 温度を表示
                Serial.println(temp);                       // 温度を送信
            }
            lcd_cls(0);                                     // 表示済文字数 0 のときに文字を消去する
        }
        if( cursor < 16){                                   // 表示済みの文字数が 15 文字以内のとき
            lcd.setCursor(cursor,0);                        // 液晶の表示位置にカーソルを移動
            if( isprint(c) ) lcd.print(c);           ⑧     // 表示可能文字の場合は文字を表示
            else lcd.print(' ');                            // 表示不可能な場合は空白を表示
            cursor++;                                       // 表示済み文字数を一つ増やす
        }
        if( c=='\n' || c=='\r') cursor=0;                   // 改行のときに表示済み文字数を 0 に
    }
    button=lcd.readButtons();                        ⑨   // ボタン値を button へ代入
    if(button){
        lcd_cls(1);
        lcd.print("Keyboard: ");
        switch( button ){                                   // 押されたボタンに対して
            case BUTTON_UP:
                lcd.print("UP    ");                        // 上ボタンのときに UP と表示
                Serial.write(14);                    ⑩     // コード 14 をシリアル送信
                break;
            case BUTTON_DOWN:
                lcd.print("DOWN  ");                        // 下ボタンのときに DOWN と表示
                Serial.write(12);                           // コード 12 をシリアル送信
                break;
            case BUTTON_LEFT:
                lcd.print("LEFT  ");                        // 左ボタンのときに LEFT と表示
                Serial.write(11);                           // コード 11 をシリアル送信
                break;
            case BUTTON_RIGHT:
                lcd.print("RIGHT ");                        // 右ボタンのときに RIGHT と表示
                Serial.write(7);                            // コード 7 をシリアル送信
                break;
            case BUTTON_SELECT:
                lcd.print("SELECT");                        // SELECT ボタンのときに SELECT と表示
                Serial.write(13);                           // コード 13 をシリアル送信
                break;
        }
        while(lcd.readButtons()) delay(100);                // ボタンを離すまで待機
    }
}
```

※次章のサンプル 50 で使用する温度測定部です

「example49_bt_kb.ino」の内容について説明します．Arduinoのスケッチは C 言語のプログラムに近いですが，一部，独特の記述があります．それは，setup 関数と loop 関数です．Arduinoを起動したときに setup 関数がかならず実行され，その後は，loop 関数を繰り返し実行します．以下は動作の概略です．

① Arduinoに搭載した BluetoothモジュールRN-42XVP を HID プロファイルに設定する bt_mode_hid 関数を定義します．

② BluetoothモジュールRN-42XVPへコマンド「S~,6」を送信し，HID プロファイルを設定します．

③ RN-42XVP を SPP プロファイルのデバイスに設定する bt_mode_spp 関数を定義します．

④ RN-42 用コマンド「S~,0」を送信し，SPP プロファイルを設定します．

⑤ Arduino の起動後に，液晶シールド上のキー・パッドでプロファイル選択を行う処理部です．左ボタン「BUTTON_LEFT」を押すと，③の bt_mode_spp 関数を，右ボタン「BUTTON_RIGHT」を押すと，①の bt_mode_hid 関数を実行します．

⑥ Serial.available 関数を用いてシリアル受信の有無を確認します．

⑦ シリアル受信時に，Serial.read 関数を用いて，受信結果を変数 c に代入します．

⑧ 変数 c が表示可能な文字の場合に液晶に表示します．

⑨ 液晶シールド上のキーパッドの入力値を，変数 button に代入します．

⑩ 変数 button の内容が BUTTON_UP であったときに，Serial.write 関数を用いて，シリアルにキー・コード（後述）を出力します．

キー・コードとは，キーボード上のキーごとに割り当てられたコードです．文字コード（アスキー・コード）と似ており，例えば文字コード「A」とキー・コード「A」は同じコード番号 65（0x41）です．しかし，カーソル移動のような特殊文字のコードは異なります．また，キーボードのコードなので，アルファベットの小文字が含まれなかったり，数字キーが文字キー用とテンキー用の両方が用意されていたりします．

このサンプルでは，カーソル移動のキー・コードを Raspberry Pi へ送信しましたが，例えば，Arduino に取り付けたセンサで測定した値の数字キーのコードを送信することも可能です．ただし，Arduino が勝手にキーボードから文字を入力しているのと同じです．次々に測定結果をキー・コードとして送信してしまうと，通常の Raspberry Pi の操作ができなくなってしまいます．そこで，一般的には，ユーザの操作の完了後に結果だけを送信するように設計します．例えば，Arduino 側のボタンをユーザが押したときにキー・コードをまとめて送信したり，特定の赤外線リモコンの信号が適切に受信できたときにキー・コードを送信したり，バー・コードや RFID タグの ID の読み取りが完了した時点で送信するなど，何らかの方法でユーザの送信意図を検出してから送信する方法が用いられます．

# 第5節　Bluetoothモジュール RN-42XVP 制御用ライブラリ

　サンプル・プログラム46からサンプル・プログラム48で使用した，RN-42XVP制御用のライブラリについて説明します．サンプル・プログラム49においても似たようなArduino用のライブラリを使用しました．

　この内容を詳しく理解する必要はありません．本書で紹介したモジュール以外を使用する場合のライブラリ作成に役立てていただければと思います．

① RFCOMM接続を行うためのライブラリです．Bluetooth通信を開始し，RFCOMM接続を行うopen_rfcommや，切断するclose_rfcommなどの処理を組み込みます．

② bt_rx_clearは，シリアルの受信バッファを消去する関数です．Bluetoothモジュールが出力する不要なメッセージを消去するときに使用します．もし，受信途中に消去を開始した場合，その後に継続するデータの消し漏れが発生します．そこで，一定の時間(2ms)，受信データが得られないことを確認してから，消去を終了します．

③ bt_rxは，RN-42XVPが出力するコマンド応答などを受信する関数です．read_serial_portで読んだ値をグローバル文字列変数rx_dataに代入します．文字列変数のサイズを超えるデータを受信した場合は，超過分の受信データを読み捨てます．

④ bt_cmdは，BluetoothモジュールRN-42XVPへコマンドを発行するときに用いる関数です．引き数は，コマンド文字列です．コマンドを送信後，その応答をbt_rxで受信します．

⑤ bt_cmd_modeは，BlutoothモジュールRN-42XVPをコマンド・モードに移行するための関数です．引き数の文字変数modeには，「$」などのコマンド・モード移行用の記号(1字)が代入されることを想定しています．そして，同じmode記号を，「$$$」のように，3個続けて文字列変数cmdへ代入してコマンドを作成し，同コマンドを実行し，適切な応答値「CMD」が得られたら成功「1」を戻り値として返します．

⑥ bt_repeat_cmdは，期待の応答が得られるまで永続的にコマンドを発行し続ける関数です．本書では使用しなかったので，詳細は省略します．

⑦ bt_errorは，エラー時に強制終了するための関数です．引き数は終了時のメッセージ文字列です．この関数を実行すると，プログラムが強制終了します．

⑧ bt_init_localは，Raspberry Pi側にRN-42XVPをMasterデバイスとして搭載した場合の接続処理です．本書では使用しないので省略します．

⑨ bt_initは，指定したMACアドレスのBluetoothモジュールRN-42XVPに接続し，SPPプロファイルのRFCOMM通信を開始する関数です．

⑩ bt_closeは，RFCOMM通信を終了し，Bluetooth接続を切断する関数です．

　このライブラリのソースは，libsフォルダの中に入っているbt_rn42.cファイルです．このように別ファイルに分けることで，最上位のアプリケーション・プログラムを簡潔に記述できる利点があります．また，似たような多くのアプリケーションを作成したときに，さまざまな条件でライブラリ部の評価が行えるため，ソフトウェアの不具合を効率的に減らすことができます．

　ここで説明したBluetoothモジュール用のbt_rn42.cの場合，XBee管理用ライブラリに比べると，少ない階層構造になっています．他のOSやハードウェアに移植する際は，変更点が多くなります．しかし，シリアル信号の送受信の動きが関数内で理解できる点がわかりやすいので，他のモジュールに対応する際の変更が容易です．

　将来的にさまざまなプラットフォームに展開するような場合は，プラットフォーム依存部分用の関数と，非依存の関数を分離しておくべきです．一方，さまざまなモジュールに対応したい場合は，全容のわかりやすさのほうが重要です．このように，移植性や展開方

## プログラム 15-1　bt_rn42.c

```c
/****************************************************************************
Bluetooth モジュール RN-42XVP 用の通信ドライバ
****************************************************************************/

#include "../libs/15term.c"          ──①    // RFCOMM 接続を行うライブラリの組み込み
#define RX_MAX   64                          // 受信データの最大サイズ
extern char rx_data[RX_MAX];                 // 受信データの格納用の文字列変数

/* シリアルの受信バッファを消去する関数 */  ──②
void bt_rx_clear(){
    while( read_serial_port() ){             // 受信データが残っている場合
        usleep(2000);                        // 受信中を考慮し，2ms 待ち時間を付与
    }
}

/* コマンドの受信を行う関数 */  ──③
int bt_rx(void){
    int i,loop=50;                           // 変数 i は受信したデータのサイズ

    for(i=0;i<(RX_MAX-1);i++) rx_data[i]='\0';  // 変数の初期化 memset(rx_data,0,RX_MAX)
    i=0;                                     // 受信済データの数の初期化
    while(loop>0){                           // 50 回，くりかえす．
        loop--;
        rx_data[0] = read_serial_port();     // 受信データを読取り，変数 rx_data[0] へ
        if( rx_data[0] ){                    // 何らかの受信データ(応答)があった場合
            for(i=1;i<(RX_MAX-2);i++){       // 受信データの変数の数だけ繰り返す
                rx_data[i]=read_serial_port();  // 受信データを保存する
                if( rx_data[i]==0 ) break;   // 受信データなしのときに for ループを抜ける
                usleep(2000);                // 待ち時間を付与
            }
            bt_rx_clear();                   // シリアルの受信バッファを消去する
            loop=0;                          // while ループを抜けるために loop 値を 0 に
        }else usleep(10000);                 // 応答待ち
    }
    return(i);                               // 受信したデータの大きさを戻り値にする
}

/* コマンド(cmd)の送受信を行う関数 */  ──④
int bt_cmd(char *cmd){
    bt_rx_clear();                           // シリアルの受信バッファを消去する
    write(ComFd, cmd, strlen(cmd) );         // 文字列変数 cmd のデータを送信する
    if(strcmp(cmd,"$$$")) write(ComFd,"\n",1);  // $$$ 以外のときは改行コードを付与する
    return(bt_rx());                         // 送信後の RN-42 の応答値(結果)を受信する
}
```

法を考えながら，ソフトウェア・モジュールの構成を設計しておくと良いでしょう．

　これまで XBee ZB，XBee Wi-Fi，IchigoJam 用の通信ライブラリなどの使い方を紹介しました．通信ソフトウェアの中でライブラリの重要性やライブラリの機能の違い，そして本章ではライブラリの作り方のようすを感じてもらえたと思います．

　ワイヤレス通信モジュールを使ったサンプル・プログラムの紹介と解説は以上です．引き続き，次章では IoT 機器がインターネットと連携する方法について説明します．

```c
/* コマンド・モード(mode)に入るための送受信を行う関数 */   ←———⑤
int bt_cmd_mode(char mode){
    int i;
    char cmd[4];
    (一部省略)
    bt_rx_clear();                                    // シリアルの受信バッファを消去する
    for(i=0;i<3;i++) cmd[i]=mode;                     // コマンド・モードに入る命令「$$$」を作成
    cmd[3]='\0';                                      // 文字列の終端(念のための代入)
    write(ComFd, cmd, 3 );                            // コマンド・モードに入る命令を実行
    i = bt_rx();                                      // 結果を受信(正常なら「CMD」が返る)
    if( i>=5 ){                                       // 何らかの応答があった場合
        if( rx_data[i-5]=='C' && rx_data[i-4]=='M' && rx_data[i-3]=='D'){
            return(1);                                // 成功(CMD の応答があったとき)
        } }
    return(0);                                        // 失敗(CMD の応答がなかったとき)
}

/* コマンド(cmd)を期待の応答(res)が得られるまで永続的に発行し続ける関数 */   ←———⑥
void bt_repeat_cmd(char *cmd, char *res, int SizeOfRes){
 (未使用につき省略)
}

/* エラー表示用の関数 */   ←———⑦
void bt_error(char *err){
 (省略)
}

/* ローカル Master 機の設定月 */   ←———⑧
void bt_init_local(void){
 (未使用につき省略)
}

/* リモート Slave 機との接続 */   ←———⑨
int bt_init(char *mac){
    printf("Bluetooth Remote\n");                     // タイトル文字を表示
    if(open_rfcomm(mac) < 0){                         // Bluetooth SPP RFCOMM 接続の開始
        bt_error("Bluetooth Open ERROR");             // エラー表示後に異常終了
        return -1;                                    // 異常終了
    }
    return 0;                                         // 正常終了
}

/* RFCOMM 通信の切断処理 */   ←———⑩
void bt_close(void){
    close_rfcomm();                                   // Bluetooth SPP RFCOMM 通信の切断処理
}
```

# [第16章]

# IoT機器の
# インターネット連携方法

　本章では，Raspberry Piをインターネットと連携し，IoT機器として使用する際の基本的な連携方法を紹介します．Raspberry Piが，センサ・ネットワークとIPネットワークとのゲートウェイとなり，各センサ機器をIoT機器として扱うことができるようになります．

## 第1節　インターネット上のデータを curl や wget で取得する

curl は，インターネット上のデータを取得するためのコマンドです．ここではインターネットからファイルを取得する方法について説明します．まずは，Raspberry Pi の Raspbian を使用し，LXTerminal から以下のように curl コマンドを実行してみてください．

```
$ curl -s www.geocities.jp/
        bokunimowakaru/cq/pi.txt
```

図 16-1 のように，指定した URL のテキスト・ファイルをインターネットから取得し，情報が表示されます．この情報は本書のサポート・ページの更新情報です．更新頻度は，数カ月に1回程度か，場合によってはもっと長期間になるかもしれません．

オプションの「-s」は，取得時の進捗状況やエラーなどを表示させないためのオプションです．その次のURL は取得するファイルのインターネット・アドレスです．ここでは「http://」を省略しましたが，明示することでプロトコルを指定することも可能です．もちろん，ウェブ・ページなどの HTML ファイルを取得することも可能です．

今度は，時刻を取得してみましょう．下記を実行すると，（独立行政法人）情報通信研究機構が配信する時刻情報を取得することができます．

```
$ curl -s ntp-a1.nict.go.jp/
                    cgi-bin/time
```

ただし，こういったサービスは，配信する団体等の都合で終了する可能性もあります．何のデータも得られなかった場合や，HTML で書かれたエラーが表示された場合は，ご容赦ください．またサービスによっては，販売や運用目的で利用する場合にサービス提供者との契約やサービス利用料の支払いが必要になります（以降で紹介するサービスも同様）．

次に，類似のコマンド wget を使ってみましょう．以下のように入力してみてください．

```
$ wget -q -O /dev/
       stdin www.geocities.jp/
       bokunimowakaru/cq/pi.txt
```

この wget コマンドの第1引き数の「-q」は，curl コマンドの「-s」に相当し，取得時の状況表示やエラー表示を無効にします．第2引き数の「-O /dev/stdin」は，標準入力に取得内容を出力するためのオプションです．このオプションを省略すると，現在のフォルダにファイルとして保存されます．

このように，curl コマンドを使っても wget コマンドを使っても同じようなことを実現することができます．どちらかと言えば，curl コマンドはインターネット上のデータにアクセスする際に使われ，wget コマンドはインターネット上のコンテンツのダウンロードに使われることが多いです．本書では curl コマンドを用いることにします．

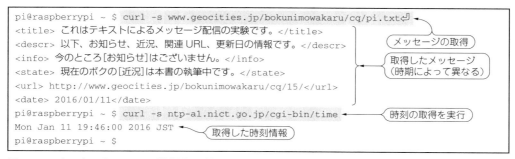

図 16-1　インターネットから情報を取得したときのようす

## 第2節　取得したメッセージや天気情報を解析する

　インターネットから取得可能なデータの形式には，HTML，XML，JSON などがあります．それぞれの形式で構文が異なりますが，どの形式もテキストで書かれているので，前節の curl コマンドで取得することが可能です．

　取得したデータを利用するには，そのデータの中から必要な文字列を抜き出す必要があります．構文を解析してデータを取り出す処理のことをパース処理と呼び，パース処理を行うプログラムを Perser(パーサ)と言います．一般的には，Perser ライブラリを使用するか，自作の Perser で解析処理を行います．本書では，grep や cut，awk などを使って，簡易的な方法で取り出す方法について説明します．まずは，**図 16-2** の①のように以下のコマンドを入力してみてください．

```
$ curl -s www.geocities.jp/
        bokunimowakaru/cq/
        pi.txt|grep '<info>'
```

　このように，末尾に「|grep "<info>"」を追加すると，「<info>」を含む行だけを表示することができます．この「|」は第2章第8節で説明したパイプ記号です．ここでは，curl コマンドの出力を grep コマンドに入力します．

　さらに，**図 16-2** の②のコマンドを入力してみてください．コマンド文字の途中までは前節と同じ内容なので，history 機能を使って入力すると効率的です．

```
$ curl -s www.geocities.jp/
        bokunimowakaru/cq/pi.txt|grep
        '<info>'|cut -f2|cut -d'<' -f1
```

「<」や「>」で区切られたタグ「<info>」や「</info>」が消え，メッセージだけが表示されたと思います．ここで使用した cut コマンドは1行を複数のフィールドに区切って，指定した一部のフィールドだけを切り出す処理を行います．1回目の cut のオプションの「-f2」は，文字列をタブで区切ったときの2番目のフィールド(文字列)を示します．指定されたフィールドのみを切り出し，パイプで次の cut 命令に渡します．2回目の cut のオプション「-d'<'」は，区切り文字を「<」に設定し，「-f1」は区切った1番目のフィールドを示します．これら二つの cut により，タブ文字よりも後ろでかつ，その次に来る「<」までの文字列を出力します．

　スペース文字やタブで区切られたデータについては，**図 16-2** の③の「|awk '{print $2}'」のように，awk コマンドを使って取り出します．「$2」は2番目のフィールドを示します．ただし，この例では後ろ側のタグ「</info>」が残ったままになるので，④のよ

```
pi@raspberrypi $ curl -s www.geocities.jp/bokunimowakaru/cq/pi.txt|grep '<info>'
<info> 今のところ[お知らせ]はございません。</info>   ←（①<info>を含む行を抽出）

pi@raspberrypi ~ $ curl -s www.geocities.jp/bokunimowakaru/cq/pi.txt|grep '<info>'|cut -f2|cut -d'<' -f1
今のところ[お知らせ]はございません。   ←（②区切り文字で区切られたフィールドの文字列を抽出）

pi@raspberrypi ~ $ curl -s www.geocities.jp/bokunimowakaru/cq/pi.txt|grep '<info>'|awk '{print $2}'
今のところ[お知らせ]はございません。</info>   ←（③スペースやタブで区切られたフィールドを抽出）

pi@raspberrypi ~ $ curl -s www.geocities.jp/bokunimowakaru/cq/pi.txt|grep '<info>'|tr '<' ' '|awk '{print $2}'
今のところ[お知らせ]はございません。   ←（④「>」をスペース文字に置換してから③を実行）
```

**図 16-2　簡易的なデータ抽出方法**

うな文字の置換を行う tr コマンドを使用します．ここでは，「>」をスペース文字「␣」に置き換えてから，awk コマンドに渡します．

```
$ curl␣-s␣www.geocities.jp/
    bokunimowakaru/cq/pi.txt|grep␣
        '<info>'|tr␣'<␣'␣'|awk␣
            '{print $2}'⏎
```

次は，もう少し実用的なデータを取り出してみましょう．下記を実行すると，Yahoo! 天気・災害サービスから取得した，大阪の天気情報を表示します．

```
$ curl␣-s␣rss.weather.yahoo.co.jp/
    rss/days/6200.xml|cut␣-d'<␣'
        -f17|cut␣-d'>'␣-f2⏎
```

得られた XML 書式の情報を，一つ目の cut コマンドへ入力し，区切り文字を「<」とした17番目のフィールドを二つ目の cut コマンドへ入力，そして区切り文字を「>」とした2番目のフィールドを出力します．

こういった bash で扱うコマンドをファイルとして作成し，スクリプトとして動かすことも可能です．実行形式のファイルにするには，「chmod a+x」を実行します．サンプルのスクリプト・ファイル practice10.sh を準備しました．内容の説明は重複するので省略します．

```
$ cd␣~/xbeeCoord/cqpub_pi⏎
$ chmod␣a+x␣practice10.sh⏎
$ ./practice10.sh⏎
```

## 第3節　SSH サーバにファイルを転送する

ここではインターネットへファイルを転送する方法について説明します．しかし，実際のインターネットへ送信する場合は，ファイル・サービス等に加入しなければなりません．そこで，ここでは同じ LAN 内の別の Raspberry Pi へファイルを送信することにします．

ファイルを送信する方法の一つに，SSH を用いる方法があります．送信先となるサーバ用の Raspberry Pi に，本書第1章第6節で説明した方法で SSH を「enable」に設定してください．

ここでは2台の Raspberry Pi を区別するために，それぞれ，サーバ用，クライアント用と呼ぶことにします．クライアント用 Raspberry Pi からサーバ用 Raspberry Pi へファイルを送信するには，例えば，以下のように入力します．

```
$ curl␣-u␣pi:password␣-k␣
    -T␣filename␣sftp://192.168.0.31/
        home/pi/⏎
```

これはサーバ側の Raspberry Pi のユーザ名(アカウント名)が「pi」，パスワードが「password」，転送したいファイル名が「filename」，IPアドレスが「192.168.0.31」，転送先のフォルダ名が「/home/pi」であった場合の例です．それぞれ適切な内容に変更して実験してください．

このように，curl 命令に「sftp:」を明示することで，SSH によるファイル転送を行うことができます．

## 第4節　FTPS/FTP サーバにファイルを転送する

次にインターネットや NAS[35] 上の FTP[36] サーバへ，ファイルを転送する方法について説明します．前節と同様，インターネット上の FTP サーバを利用するには，FTP サービス事業者への利用登録を行い，アカウント(ユーザ ID とパスワード)を発行してもらいます．NAS 上の FTP サーバを利用するには，当該

---

[35] NAS(Network Attached Storage)：ネットワーク接続された HDD などの記憶装置．
[36] FTP(File Transfer Protocol)：ファイル転送プロトコル．

NASにおいてFTPサーバ機能を有効にし，アクセスするためのアカウントを作成します．

例えば，FTPサーバのユーザIDがusername，パスワードがpasswordで，転送したいファイル名がfilename，FTPサーバのURLがftp.xxx.ne.jp，保存先フォルダ名がdirであった場合，以下のように入力します．転送先がNASの場合は，URLの部分にIPアドレスを入力します．

```
$ curl -u username:password -T
      filename ftp.xxx.ne.jp/dir/
```

しかし，これだけでは転送に失敗する場合があります．一般的に，FTPサーバには，認証方法や暗号化，転送モードなど，さまざまな設定が必要です．それらを設定するにはcurl命令にオプションを付与します．例えば，SSLを用いたFTPSサーバであれば，「--ssl」を付与します．FTPSはFTPをベースに暗号化に対応した方式です．前節のSSH上でファイル転送を実行するSFTPとは異なる方式です．

FTPサーバの仕様が非公開となっている場合も多いです．そういった場合，色々と試すしかありませんが，そのときに手助けとなるのが，「-v」オプションです．「-v」オプションを付与すると，FTPサーバとのやりとりが表示されるので，エラーの内容などから不具合要因を探ることができます．「>」がFTPサーバへ送信したコマンドで，「<」が受信したメッセージです．

例えば，EPSVコマンドの送信後に応答が途絶えた場合，サーバ側でEPSVの処理に失敗した可能性が高いです．その場合，オプション「--disable-epsv」を付与することで，EPSV以外の方法で接続を試みることができます．

オプションの一覧マニュアルは，「man curl」と入力することで，表示することができます．マニュアルのページ送りはスペースキー，終了は「Q」キーです．

## 第5節　Raspberry Pi上でHTTPサーバを動作させる

ネットワーク上に情報を公開する方法の一つに，Raspberry PiにHTTPサーバを実装する方法があります．HTTPサーバとは，ウェブ・ページを配信するサーバです．ここでは，家庭内のLANや無線LANへウェブ・ページを共有します．例えば，家庭内のネットワークに接続されたパソコンやテレビ，スマートフォンなどから，同じ家庭内のRaspberry Piにアクセスして，ウェブ・ページを閲覧します．

HTTPサーバ用のソフトウェアには，Apache HTTP Serverを使用します．本ソフトは，商用インターネットが開始された当時から現在にかけて，多くのWebサーバで使用されてきました．そのような歴史と実績のあるApache HTTP Serverそのものが，Raspberry Piで動くのも，Linuxのおかげです．

LXTerminalから次のコマンドを入力してインストールと実行を行います．次回からはRaspbianの起動時に自動起動します．

```
$ sudo apt-get install apache2
```

```
$ sudo /etc/init.d/apache2 start
```

Raspberry Piのアドレスが192.168.0.31だった場合のURLは，http://192.168.0.31になります．パソコンのIEなどから，当該URLへアクセスすると図16-3のような画面が表示されます．

Raspberry Pi内の，/var/www/htmlフォルダにHTML形式のファイルやテキスト・ファイルを保存すれば，情報を共有することができます．ただし，保存を行うにはroot権限が必要です．また，トップ・ページのコンテンツを書き換えたい場合は，index．

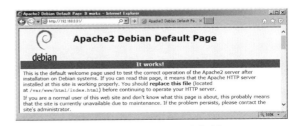

図16-3　Apache HTTPサーバの実行例

htmlを書き換えます．

```
$ sudo leafpad /var/www/html/
                       index.html↵
```

この index.html をプログラム等から自由に書きかえられるようにするには，以下のコマンドを入力します．この作業は次節のサンプルを実行するのに必要です．

```
$ sudo chown pi.pi /var/www/html/
                       index.html↵
```

ところで，このページを外出先から閲覧したいと思うかもしれません．しかし，ホーム・ゲートウェイを通してインターネットからRaspberry Piにアクセスするには，その方法よりもむしろ，セキュリティに関する十分な知識が必要です．

通常，インターネット側から家庭内のネットワークへの接続はできないように設定されています．それでも特殊な方法を使って，それをかい潜って侵入されることがあります．そうなると，Raspberry Piだけでなく，パソコン等にも侵入されてしまいます．そういった砦を自ら崩すのは，とても危険な行為です．

比較的に安全な方法として，IPsecなどを使ったVPN接続を利用する方法があります．多機能なホーム・ゲートウェイであればVPNサーバ機能が標準装備されており，また多くのパソコンやスマホのOSにVPNクライアント機能が搭載されています．ホーム・ゲートウェイ内のVPNサーバであれば，認証を通過したユーザだけが家庭内にアクセスできるように設定することができます．誰にでもアクセスすることができる方法に比べると安全です．

# 第6節　サンプル50　インターネット連携による気温・室温表示付き時計

## SAMPLE 50

インターネット連携による予想気温・室温表示付き時計の製作

| 実験用サンプル | 通信方式：Bluetooth | 開発環境：Raspberry Pi |

インターネットや Arduino から温度を取得し，Arduino や LAN 上の他の端末から情報を閲覧します．

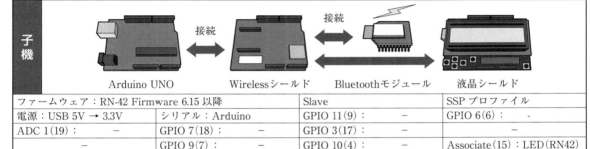

その他：Raspberry Pi に Bluetooth USB アダプタとインターネット接続が必要です．

| ファームウェア：RN-42 Firmware 6.15 以降 | | Slave | SSP プロファイル |
|---|---|---|---|
| 電源：USB 5V → 3.3V | シリアル：Arduino | GPIO 11(9)： － | GPIO 6(6)： － |
| ADC 1(19)： － | GPIO 7(18)： － | GPIO 3(17)： － | － |
| － | GPIO 9(7)： － | GPIO 10(4)： － | Associate(15)：LED(RN42) |

その他：Arduino マイコン・ボードにスケッチを書き込む際は Wireless SD シールドを取り外します．

必要なハードウェア
- Raspberry Pi 2 Model B（本体，AC アダプタ，周辺機器など）　1式
- Bluetooth USB アダプタ Planex BT-Micro4　1個
- Arduino UNO マイコン・ボード　1台
- Arduino Wireless Proto Shield 他　1個
- キャラクタ液晶シールド（DF ROBOT または Adafruit 製）　1台
- Microchip 社 Bluetooth モジュール RN-42XVP　1個
- Arduino 用 AC アダプタ　1個
- USB ケーブルなど

　最後の**サンプル・プログラム 50** では，親機となる Raspberry Pi が，インターネットから気象予報情報を，Arduino から室温情報を取得し，Arduino の液晶に各温度情報を表示しつつ，家庭内の LAN 上のスマートフォンやパソコンなどからも情報を閲覧できるように配信します．

　インターネットからの情報については，Yahoo! 天気・災害(http://weather.yahoo.co.jp/)で配信されている気象予報情報を，本章第2節で説明したcURL を用いて取得します．取得した情報は Bluetooth の SPP モードで Arduino に送信します．

　Arduino の温度情報については，Arduino UNO 用のマイコンに内蔵された温度センサの値を取得し，Bluetooth で Raspberry Pi に応答します．ただし，マイコン・ボード等の温度上昇が加算されるほか，マイコンのロットによっては値が不安定な場合があります．

　収集した情報は，第5節で説明した HTTP サーバを使って LAN 内に共有します．同じ LAN 内の無線 LAN に接続したスマートフォンやパソコンのブラウザ機能を使って閲覧することができます．

　さらに Arduino を時計としても利用できるように，

```
pi@raspberrypi ~/xbeeCoord/cqpub_pi $ gcc example50_temp⏎     ← コンパイル
pi@raspberrypi ~/xbeeCoord/cqpub_pi $ ./a.out 00:06:66:72:xx:xx⏎  ← 実行
example 50 Temperature for Arduino + RN-42
Bluetooth Remote
[sudo /usr/bin/rfcomm connect /dev/rfcomm 00:06:66:72:xx:xx &]
Connected /dev/rfcomm0 to 00:06:66:72:xx:xx on channel 1
Press CTRL-C for hangup
com=/dev/rfcomm0
CONNECTED                     最高気温  最低気温  Arduinoの温度
Press [Q] to Quit.
2016/01/24 22:28:32 Temp.Hi=3 / Lo=-1 Room=15   インターネットと
2016/01/24 22:32:34 Temp.Hi=3 / Lo=-1 Room=15   Arduinoから得られた情報
```

**図 16-4　サンプル・プログラム 50 の実行例**

時刻も表示します．Raspberry Pi の時計は，NTP と呼ばれるプロトコルを使ってインターネットから時刻を取得しているので正確です．その正確な時刻を 1 分ごとに Arduino に送信します．プログラムには現れませんが，これも，ちょっとしたインターネット連携の効果です．

機器の構成は，**サンプル・プログラム 49** と同じです．Raspberry Pi については，家庭内の LAN 経由でインターネットに接続されている必要があります．

子機となる Arduino UNO のソフトウェアには，**サンプル・プログラム 49** のスケッチを使用します．また，親機となる Raspberry Pi 側では，**サンプル・プログラム 50** example50_temp.c を使用します．

子機 Arduino を起動後，プロファイル選択画面にて，左（Left）方向キーを押し，SPP モードを選択してください．子機の液晶に「DONE」の文字が表示されたら，親機側で**サンプル・プログラム 50** を実行します．実行コマンドを入力するときは，**サンプル・プログラム 49** と同様に，Bluetooth モジュール RN-42XVP の MAC アドレスを付与する必要があります（**図 16-4**）．

実行すると，親機 Raspberry Pi は時刻情報を子機 Arduino へ送信します．その後，Raspberry Pi はインターネットから気象予報情報（その日の予想最高気温と予想最低気温）を取得します．また，1 分ごとに時刻情報と気象情報を Arduino へ送信し，液晶シールドの表示を更新します．

1 分ごとに Arduino へ送信を行うのは，時刻表示を

**写真 16-1　時刻，最高気温，最低気温，室温を表示**

更新するためです．Raspberry Pi がインターネットの気象予報情報へアクセスするタイミングは，起動時と 1 時間おきです．

最新の気象予報情報をインターネットから取得したい場合は，液晶キーパッドのキーを押下する，または Raspberry Pi に接続したキーボードの「Q」以外のキーを押下します．プログラムを終了させるには「Q」キーを押下します．なお，親機 Raspberry Pi のプログラムを終了すると，子機 Arduino 側の液晶に表示されている時刻は更新されずに同じ時刻を表示し続けます．

それではプログラムの主要な動作について確認してみましょう．

① 整数型の配列変数 temp を定義します．ここでは

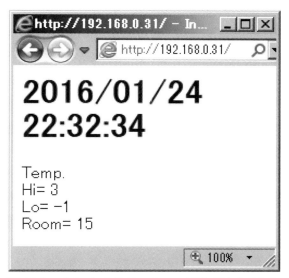

図16-5 パソコンから Raspberry Pi にアクセスしたようす

数値変数 temp[0] と，temp[1]，temp[2] のそれぞれに -99 を代入します．

② Linux コマンドのパイプ処理やファイル出力を行うためのファイル・ポインタを定義します．このサンプルでは，同じポインタをパイプ処理とファイル処理に用います．popen (または fopen) の後に，かならず pclose (または fclose) を行ってから，次の open 処理を行います．

③ 文字列用のポインタ p の定義を行います．文字列の定義を行う char s[255] との違いは，文字列を保存するメモリを確保しない点です．ポインタ s と同じように使用することができますが，定義済みのメモリ領域を用いなければなりません．ここでは，文字列変数 s の一部のメモリ領域を示すために使用します．内容がわからなくても大丈夫です．使い方だけ，流用しましょう．

④ 毎分ごと，および変数 trig が 0 のときに Arduino から温度を取得し，時刻情報を送信する処理部です．

⑤ ここでは，Linux コマンドの結果を当プログラムにデータとして入力するために，popen 命令を使ってパイプ処理を開きます．また戻り値をデータ入力用のファイル・ポインタ fp に代入します．第 1 引き数には curl コマンドを含む Linux (シェル) コマンドが書かれています．インターネット上の気象予報情報を取得し，その中から今日の気象予報情報を切り出します．第 2 引き数の「r」は入力を示します．実行したコマンドの結果をパイプ処理で本プログラムに入力します．

⑥ 前記コマンドの結果データを文字列変数 s に代入します．データの取得は行毎です．この気象予報データは 2 行の文字列です．1 行目には XML 書式であることを示すデータ，2 行目がコンテンツです．1 行目は cut コマンドで消えてしまっており，改行だけが出力されます．そして 2 行目にデータ切り出された気象データが入っています．ここでは while ループを用いて，最終行となる 2 行目のデータを文字列変数 s に代入します．

⑦ パイプ処理を終了します．以降，ファイル・ポインタ fp を，他の用途に使用することができるようになります．

⑧ strchr は，文字検索を行う命令です．第 1 引き数の文字列 s に対して，第 2 引き数の文字「-」を前方から検索し，「-」文字が見つかったメモリのアドレスを戻り値として応答します．ここでは戻り値をポインタ変数 p に代入しています．つまり，実際のデータは文字列変数 s に保存されていますが，その中の「-」文字の位置がポインタ変数 p に代入されます．したがって，p[0] には「-」が，p[1] には，文字列 s の中の「-」に続く次の 1 文字が代入されます．

⑨ ここでは最高気温を切り出します．ポインタ変数 p を文字列として見たときに，1 文字以上の文字が代入されていれば，atoi 命令を使って文字列型の数値データを整数型に変換して変数 temp[1] に代入します．

⑩ 同様に「/」に続く文字列から最低気温を切り出して，temp[2] に代入します．

以上で得られた最高気温 temp[1] と最低気温

## サンプル・プログラム50　example50_temp.c

```
/*****************************************************************************
Bluetooth モジュール RN-42XVP を搭載した Arduino 子機に室温と外気温を表示します．
*****************************************************************************/
#include "../libs/bt_rn42.c"
#include "../libs/kbhit.c"
#include <time.h>                                      // time, localtime 用
#define FORCE_INTERVAL   3600                          // データ要求間隔(秒)
char rx_data[RX_MAX];                                  // 受信データの格納用の文字列変数

int main(int argc,char **argv){
    int temp[3]={-99,-99,-99};         ←————————① // temp[0]室内, [1]最高, [2]最低
    time_t timer;                                      // タイマ変数の定義
    time_t trig=0;                                     // 取得タイミング保持用
    struct tm *time_st;                                // タイマによる時刻格納用の構造体
    char s[256];                                       // HTTP 受信データ等の文字列保持用
    FILE *fp;                          ←————————② // パイプ処理受信用・ファイル書込用
    int len;                                           // 文字長さ
    char c;                                            // 文字変数 c
    char *p;                           ←————————③ // 文字用ポインタ

    if(argc != 2 || strlen(argv[1]) != 17){
        fprintf(stderr,"usage: %s xx:xx:xx:xx:xx:xx\n",argv[0]);
        return -1;
    }
    printf("example 50 Temperature for Arduino + RN-42\n");
    bt_init(argv[1]);                                  // Bluetooth RN-42 接続の開始
    printf("CONNECTED\nPress [Q] to Quit.\n");
    while(1){
        time(&timer);                                  // 現在の時刻を変数 timer に取得する
        time_st = localtime(&timer);                   // timer 値を時刻に変換して time_st へ
   ┌   if( timer%60 == 0 || trig ==0 ){                // 60秒毎，または Trig が 0 のとき
   │       len = bt_cmd("\n\x1b");                     // Arduino へ室温を問い合わせる
④─┤       if(len) temp[0]=atoi(rx_data);              // 受信した室温を temp[0] に保持する
   │       strftime(s,17,"%H:%M",time_st);             // 文字列変数 s に時刻を代入
   └       sprintf(s,"%s %d / %d",s,temp[1],temp[2]);  // 文字列変数 s に温度を追加
```

temp[2]は，1分ごとに処理が行われるステップ④の処理において，bt_cmd 命令を使って Arduino に送信されます．

```
                bt_cmd(s);                                    // Arduinoへ送信
            }
        if( timer >= trig ){                                  // 変数 trig まで時刻が進んだとき
⑤ ───→      fp=popen("curl -s rss.weather.yahoo.co.jp/rss/days/6200.xml|cut -d'<' -f17|cut -d'>'
                                                                                        -f2","r");
            if(fp){                                           // 気象予報情報が得られたとき
                while( !feof(fp) ) fgets(s,256,fp);  ←⑥      // 気象予報情報を s に代入する
                pclose(fp);  ←────────────────────────── ⑦    // パイプ入力を終了する
                p=strchr(s,'-');  ←───────────────────── ⑧    // 文字「-」を前方から検索する
                if(strlen(p)>0) temp[1]=atoi(&p[1]); ←⑨      // 検索結果があれば数値を取得
                p=strchr(s,'/');                              // 文字「/」を前方から検索する
                if(strlen(p)>0) temp[2]=atoi(&p[1]);          // 検索結果があれば数値を取得
                                                              ⑩
            }
            strftime(s,255,"%Y/%m/%d %H:%M:%S",time_st);      // 時刻を代入
            printf("%s Temp.Hi=%d / Lo=%d Room=%d\n",s,temp[1],temp[2],temp[0]);
            fp=fopen("/var/www/html/index.html","w");         // 書き込み用ファイルを開く
            if(fp){
                fprintf(fp,"<HTML>\n<meta http-equiv=\"refresh\" content=10>\n<h1>%s</h1>Temp.<br>
                                                                                        \n",s);
                fprintf(fp,"Hi= %d<br>Lo= %d<br>Room= %d<br>\n</HTML>\n",temp[1],temp[2],temp[0]);
                fclose(fp);                                   // 書き込みファイルを閉じる
            }
            trig = timer + FORCE_INTERVAL;                    // 次回の時刻を変数 trig を設定
        }
        if( kbhit() ){                                        // キーボードから入力があるまで待つ
            c=getchar();                                      // 入力された文字を変数 c へ代入
            if( c=='q' ) break;                               // 「Q」キーが押された場合に終了
            trig=0;                                           // 情報取得の実行
        }
        if( bt_rx() ) trig=0;                                 // Arduinoからキー受信時に情報取得
    }
    bt_close();                                               // 切断処理
    return 0;
}
```

### Column…16-1 クラウド・サーバ用のソフトには C 言語を使わない

C言語で書かれたアプリケーション・プログラムを，クラウド・サーバ上で利用する機会は減ってきています．C言語では，ポインタをはじめとするメモリの管理を，プログラムが行うため，あらゆる入力に対して不具合なく動くプログラムを作成するのに熟練が要るからです．

言語に関わらず，本プログラムの⑨～⑩のように，入力データのチェックや入力データの型を絞ることはセキュリティ対策として有効です．しかし，このプログラムの当該箇所にはポインタが使われています．もし，ここに不具合があると，致命的な問題を引き起こす恐れがあります．一般的には，クラウド・サーバでC言語を使用するのは避けたほうが良いでしょう．

## 第7節　さまざまなセンサを接続してみよう

プログラムの作成方法が理解できるようになったら，今後はさまざまなハードウェアを接続してみたくなるでしょう．ここでは，各種のセンサについて簡単に説明します．こういったセンサを活用したIoT機器が自分で作れそうと感じていただければと思います．

これまでに本書では，タクト・スイッチや可変抵抗器，照度センサ，測距センサの出力をマイコンやワイヤレス通信モジュールに接続する例を紹介しました．このうちタクト・スイッチはディジタル入力へ，照度センサや距離センサはアナログ入力へ接続しました．これらを含む代表的なセンサの一例を，**表16-1**に示します．

ONかOFFといった2値の情報しか存在しないセンサの場合は，ディジタル入力を行います．フォト・インタラプタのようにONやOFFの回数や長さで量を表すことが可能なものもありますが，ここでは単純な2値と考えます．

Raspberry Pi 2 Model Bであれば，GPIO 17，GPIO 18，GPIO23～GPIO25などを，XBee ZBやXBee Wi-FiであればDIOポート1～DIOポート3などを，RN-42XVPであればGPIO 3やGPIO 7を，IchigoJamであればIN1，IN4などを使用することができます．

しかし，スイッチの接続方法は，ディジタル入力端子の内部抵抗の状態によって異なります．**表16-2**に各デバイスのディジタル入力時の内部抵抗状態を示します．ただし，設定により状態を変更することも可能です．したがって，かならずしも本表のとおりになっているとは限りません．

内部抵抗状態には，プルアップ，プルダウン，オープンの3種類があります．**図16-6(a)** のように，内部でプルアップされているデバイスにタクト・スイッチを接続する場合は，スイッチの反対側の端子をGNDへ接続します．この場合，押下時にLレベル「0」が得られます．（b）のようにプルダウンの場合は電源へ接続します．この場合，押下時にHレベル「1」が得られます．

オープンは，内部のプルアップやプルダウン抵抗がない状態です．したがって，外部にプルアップもしくはプルダウン抵抗を追加する必要があります．およそ10kΩから100kΩくらいの抵抗器を使用します．抵抗が高いほどわずかな電流で信号を伝えることができますが，高すぎると誤作動の原因になります．信号の配線長が長い場合や，信号の速度が速い場合には低めの抵抗を使用します．

**表16-1　代表的なアナログ・センサの一例**

| センサ | 出力例 | | 説　明 |
|---|---|---|---|
| タクト・スイッチ | ディジタル | ON/OFF | 押しボタン・スイッチ |
| リード・スイッチ | ディジタル | ON/OFF | 磁石が近づくとスイッチ状態が変化 |
| チルト・スイッチ | ディジタル | ON/OFF | 傾けるとスイッチ状態が変化 |
| フォト・インタラプタ | ディジタル | 電流 | 回転速度に応じてパルス（電流）を出力 |
| 人感センサ | ディジタル | 電流 | 検出結果に応じてパルス（電流）を出力 |
| 可変抵抗器 | アナログ | 抵抗 | 回転位置に応じて抵抗値が変化 |
| ポテンショ・メータ | アナログ | 抵抗 | 高精度に角度などを出力する可変抵抗器 |
| 照度センサ | アナログ | 電流 | 照度に応じて出力電流が変化 |
| 温度センサ | アナログ | 電流/電圧 | 温度に応じて出力電圧が変化 |
| 電流センサ | アナログ | 電流 | 電流に応じて出力電流が変化 |
| 測距センサ | アナログ | 電流/電圧 | 障害物との距離に応じて出力電圧が変化 |
| 圧力センサ | アナログ | 抵抗 | 圧力に応じて抵抗値が変化 |
| ガス・センサ | アナログ | 抵抗 | 検出ガスの濃度に応じて抵抗値が変化 |

表 16-2 本書で紹介した各機器のディジタル入力ポート

| デバイス | ポート(例) | 内部抵抗状態(例) |
|---|---|---|
| Raspberry Pi 2 | GPIO 17, 18, 23, 24, 25 | プルダウン |
| XBee ZB/Wi-Fi | DIO1, DIO2, DIO3 | プルアップ |
| RN-42XVP | GPIO 3, GPIO7 | プルダウン |
| IchigoJam | IN1, IN4 | プルアップ |

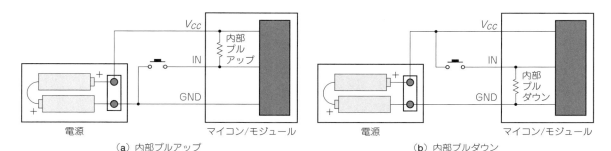

(a) 内部プルアップ　　　(b) 内部プルダウン

図 16-6 タクト・スイッチの接続方法(内部状態によって異なる)

表 16-3 本書で紹介した各機器のアナログ入力ポート

| デバイス | ポート(例) | 内部抵抗状態(例) | 入力範囲 |
|---|---|---|---|
| Raspberry Pi 2 | なし | − | − |
| XBee ZB | DIO1, DIO2, DIO3 | プルアップ | 0〜1.2V |
| XBee Wi-Fi | DIO1, DIO2, DIO3 | プルアップ | 0〜2.5V |
| RN-42XVP | ADC1 | プルダウン | 0〜1.78V |
| IchigoJam | IN2 | オープン | 0〜VCC |

また，オープン・ドレイン出力，オープン・コレクタ出力となっているセンサについても，プルアップ抵抗が必要です．詳しくはセンサのデータシートなどを確認してください．

次に，アナログ入力についても触れておきます．表16-3に示すように，Raspberry Piにはアナログ入力がありません．ワイヤレス機器を自在に操れるようになった今や，親機として動作するRaspberry Piにセンサが必要かどうかを考えると，あまり必要ではないかもしれません．

センサ側の出力は抵抗値もしくは電流値であることが多いです．抵抗分圧や，負荷抵抗による電圧変換などを行ってからアナログ入力端子に接続します．

アナログ・センサを接続する際には，入力可能な電圧範囲に留意しなければなりません．入力電圧の上限値が電源電圧よりも低くなっているものが多いからです．これは，A-D変換を行う際の基準電圧を内部で生成していることに起因しています．基準電圧を内部で保持することで，電源電圧が変化した場合の変換誤差の増大を抑えることができるからです．なお，IchigoJamやArduinoのように電源電圧まで入力することができるアナログ入力もあります．この場合，ディジタル入力と共用しやすくなります．

センサの出力は，センサの電源電圧とは無関係に出力が得られることが多いです．本書で使用した照度センサの場合，分圧しているように見えるかもしれません．しかし，実際には照度に応じた電流を出力するデバイスなので，電源電圧が変動しても負荷抵抗に流れる電流や出力電圧に影響しにくい構成となっています．また，温度センサに関しても同様の設計となって

いる場合が多いです．

　一方，出力が抵抗値のセンサの場合は，入力範囲の最大値が電源電圧となっているA-D変換器のほうが，簡単です．抵抗値を電圧に変換するには，電源を既知の抵抗で分圧します．この出力電圧は電源電圧によって変化しますが，A-D変換器の入力範囲も電源電圧によって変動するので，それらが相殺されるからです．

　センサの出力インピーダンスと，入力側デバイスの入力インピーダンスにも注意が必要です．入力インピーダンスが出力インピーダンスに対して十分に高い場合は問題ありませんが，その差が小さいと相互に影響し適切な値が得られなくなります．入力インピーダンスを高くするには，OPアンプやトランジスタ等を用いてインピーダンス変換を行います．ただし，ノイズの影響を受けやすくなるので，配線長が長い場合や高速信号を入力する場合は，バッファ・アンプを使ってインピーダンス整合を行います．

　アナログ出力のセンサには，メーカから詳しいデータシートが発行されています．仕様や使用例を良く読んで接続すれば，問題は起こりにくいでしょう．ただし，データシートには製品設計者向けに過剰なリスク回避対策が書かれている場合もあります．実験用に省略可能かどうかを見極めるのも，一つのノウハウでしょう．

# Appendix クラウド・サービス Ambient にセンサ情報を送信する

ここではセンサ情報を，IoT ラボの「IoT 用シンプルサービス Ambient（以下 Ambient）」へアップロードし，パソコンやスマートフォンから閲覧する方法について説明します．この IoT の実験に必要な機器は，Raspberry Pi とインターネット回線だけなので手軽に実験することができるでしょう．

Ambient は，IoT ラボ（運営者＝下島健彦さん）による IoT 用のクラウド・サービスです．以下のページにアクセスし，「ユーザ登録」のボタンをクリックし，メール・アドレスと Ambient へのログイン用パスワードを設定すると，案内メールが届きます．その案内メール内に書かれた登録用 URL リンクにアクセスすると，登録が完了します．

```
http://ambidata.io/
```

登録後，ログインすると図 A-2 のような「My チャネル」画面が開きます．この画面で重要な項目は，「チャネル ID」と書かれた数字と「ライト・キー」です．チャネル ID はセンサ機器 1 台ごとに割り当てられた番号です．ライト・キーはセンサからクラウド・サービスにアップロードするときに使用するパスワードのようなものです．登録時に設定したウェブ・サイトへのログイン用パスワードとは異なります．

プログラム temperature.sh は Raspberry Pi 内蔵の温度センサの情報を Ambient へ送信する Bash スクリプトです．取得したチャネル ID を手順①の部分に，ライト・キーを手順②の部分に記述し，上書き保存してください．温度測定と送信を開始するには，下記のコマンドを入力します．

```
$ cd  ~/RaspberryPi/network/
                            ambient/
```

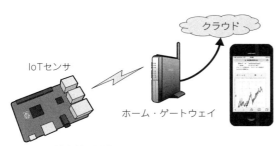

Raspberry Pi 3 Model B

図 A-1　クラウドへセンサ情報を送信する

図 A-2　Ambient にログインしたときの My チャネルの表示画面

**プログラム A-1　Raspberry Pi の温度データを送信する temperature.sh**

```
$ ./temperature.sh⏎
```

以下に本プログラムの内容について説明します．

① Ambient から割り当てられたチャネル ID を変数 AmbientChannelId へ代入します．「100」と記載された部分を，ユーザ登録時に取得したチャネル ID に書き換えてください．

② Ambient から割り当てられたライト・キーを変数 AmbientWriteKey へ代入します．ユーザ登録時に取得したライト・キーに書き換えてください．

③ Raspberry Pi の CPU の発熱による温度上昇値を変数 TEMP_OFFSET へ代入します．動作確認後に，Raspberry Pi で適切な温度が得られるように値を調整してください．

④「while」は繰り返し命令です．「do」〜「done」までを繰り返し実行します．

⑤ Raspberry Pi の CPU の温度を取得し，変数 TEMP へ代入します．

⑥ 取得した温度データ temp を単位［℃］に変換します．Bash スクリプトでは，おもに整数値を扱います．ここでは，温度の 10 倍値を求め，後に整数部と小数第 1 桁目を，それぞれ変数 DEC と変数 FRAC に代入します．小数値を扱うことが可能な bc コマンドを用いる方法もあります．その場合は，bc コマンドのインストール（sudo apt-get install bc と入力）してからから，スクリプトの手順⑥と⑦を以下のように書き換えてください．

**手順⑥の変更：**

```
TEMP=`echo "scale=1; (255-$TEMP)*
                    40/255"|bc`
```

**手順⑦の変更：**

```
JSON="{¥"writeKey¥":
    ¥"${AmbientWriteKey}¥",${DATA}}"
```

⑦ Ambient へ送信する文字列データを変数 JSON に代入します．ここでは，ライト・キー，温度値の整数値，小数点のピリオド文字，小数部を代入します．

⑧ 手順⑦で作成したデータを Ambient へ送信します．

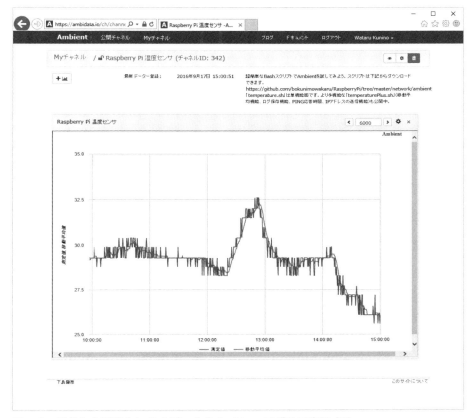

**図 A-3　受信した温度センサのデータを Ambient でグラフ表示する**

⑨ 変数 INTERVAL の秒数の待ち時間処理を行います．ここでは 30 秒としました．Ambient の仕様上，1 日当たり 3000 件のデータを超過すると，保持できなくなるためです．

⑩ 手順④による繰り返しの区間の末尾を示します．手順⑨の待ち時間処理が終了すると，手順④の次の処理（手順⑤）に戻ります．手順④〜⑩を繰り返し実行することで，最新のデータを Ambient へ送信し続けます．

クラウド・サーバ Ambient へログインし，図 A-2 の「My チャネル」のチャネル名をクリックすると，図 A-3 のようなグラフが表示されます．グラフの縦軸の項目を設定する場合は，ウィンドウの右上の「チャネル設定」をクリックしてください．

グラフが更新されない場合は，Raspberry Pi がインターネットに接続しているかどうかを確認してください．また，インターネット・ブラウザのキャッシュが影響している場合もあります．ブラウザの「インターネット・オプション」メニュー内の「閲覧の履歴」項目にある「設定」ボタンを押して，「Web サイトを表示するたびに確認する」を選択するとキャッシュによる影響を防ぐことができます．

Ambient 上の設定メニューの「公開チャネル」にチェック・マークを入れ，ニックネームを登録することで，作成したグラフを一般公開することも可能です．下記にアクセスすると，筆者が Ambient へ公開中のチャネルを閲覧することができます．

```
https://ambidata.io/ch/channel.
                     html?id=342
```

# 付属CD-ROMの使い方

本書付属CD-ROMには，書籍で解説したサンプル・プログラム等が収録されています．
Raspberry Piにコピーして使用します．

## ■ CD-ROM内容一覧

- **RaspberryPi.zip**

本書の第3章1節に記載の「練習用プログラムのダウンロード」で使用するファイル一式です．

> **RaspberryPi/practice/**
> 　練習プログラムが含まれているフォルダ
> **RaspberryPi/gpio/**
> 　GPIOを制御するためのプログラム集
> **RaspberryPi/network/**
> 　クラウドに接続するためのスクリプト集
> **RaspberryPi/libs/**
> 　I$^2$C等を制御するためのドライバ・ソフト
> **RaspberryPi/shortcuts.txt**
> 　コマンドのテキスト・ファイル
> **RaspberryPi/startxbee.sh**
> 　xbeeCoordをダウンロードするスクリプト

- **xbeeCoord.zip**

本書の第6章7節に記載の「XBee 管理ライブラリ一式のダウンロード」で使用するファイル一式です．
Bluetooth，BLE等のプログラムもcqpub_piフォルダに収録しました．

> **xbeeCoord/cqpub_pi/**
> 　各種の通信プログラムが含まれているフォルダ
> **xbeeCoord/tools/**
> 　おもにXBee用ツール
> **xbeeCoord/libs/**
> 　おもにXBee管理ライブラリ

## ■ パソコンとUSBメモリを使ってコピーする方法

本CD-ROMのファイルを使用するには，下記の二つの圧縮ファイルを【展開せず】に，USBメモリにコピーします．

> RaspberryPi.zip
> xbeeCoord.zip

コピー後，適切な方法でUSBメモリを取り出し，Raspberry PiのUSB端子に接続してください．正しくUSBメモリが認識されたら，［リムーバブル・メディアの挿入］画面が自動的に開きます．［ファイル・マネージャで開く］を選択し，［OK］をクリックし，これら二つのファイルを［pi］フォルダ /home/pi へコピーしてください．コピーが完了したら，LXTerminalを起動し，下記のコマンドを入力してください．

```
$ unzip RaspberryPi.zip
$ unzip xbeeCoord.zip
```

以降のインストール方法については，本書の第3章および第6章を参照してください．

### ■ パソコンとSDメモリ・カードなどを使う方法

　Raspberry Piにはmicro SDメモリ・カード用スロットがありますが，このスロットを使用してファイルを転送するのは容易ではありません．USB接続が可能なメモリ・カードのリーダ＆ライタを使用してください．

　CD-ROMの内容を保存したメモリ・カードをリーダ＆ライタへ装着し，そのリーダ＆ライタをRaspberry PiのUSB端子に接続してください．上記のUSBメモリの場合と同じ方法でZIPファイルを展開してください．

### ■ その他の方法（ダウンロード）

　各機器やOS，フォーマットなどの相性で適切にコピーできない場合があります．その場合は，インターネットに接続したRaspberry Piを使ってダウンロードしてください．

　以下の方法で，最新版をダウンロードをすることが可能です（「$」に続く文字と[Enter]をLXTerminalへ入力する）．

```
$ cd
$ git clone https://github.com/bokunimowakaru/RaspberryPi.git
$ git clone -b raspi https://github.com/bokunimowakaru/xbeeCoord.git
```

### ■ ソフトウェアのバージョンアップについて

　プログラムの不具合修正などのためにソフトの修正を行う場合があります．最新のバージョンへ更新するには，既存のフォルダ名を変更してからダウンロードしてください．以下のコマンドで，バージョンアップが行えます．

```
$ cd
$ mv RaspberryPi RaspberryPi_old
$ mv xbeeCoord xbeeCoord_old
$ git clone https://github.com/bokunimowakaru/RaspberryPi.git
$ git clone -b raspi https://github.com/bokunimowakaru/xbeeCoord.git
```

　なお，git命令を使ってダウンロードした場合は，最新版との差分だけを更新することができます．自分で作成したファイルとのマージが行えるので便利です．

```
$ cd ~/RaspberryPi
$ git pull
$ cd ~/xbeeCoord
$ git pull
```

# 索　引

## 【A】
Ambient ― 343
APIモード(XBee) ― 74
Arduino ― 216
arp(Linux) ― 27, 220
ATAC(ATコマンド) ― 116
ATCB(ATコマンド) ― 96, 158
ATCN(ATコマンド) ― 116
ATDx(ATコマンド) ― 107, 108
ATIS(ATコマンド) ― 134
ATNJ(ATコマンド) ― 76, 96
atoi(C言語) ― 52
ATOP(ATコマンド) ― 76, 77
ATPx(ATコマンド) ― 103, 107, 108
ATSC(ATコマンド) ― 75
ATコマンド(XBee) ― 74
ATモード(XBee) ― 74
awk(Linux) ― 331

## 【B】
BLE(Bluetooth Low Energy) ― 280
break(C言語) ― 59

## 【C】
cat(Linux) ― 55
cd(Linux) ― 35
Coordinator(ZigBee) ― 72, 75
cu(Linux) ― 252
curl(Linux) ― 330
cut(Linux) ― 331

## 【D】
DHCP ― 17
do(C言語) ― 53

## 【E】
End Device(ZigBee) ― 72, 77
ERROR ― 62

## 【F】
feof(C言語) ― 56
fgets(C言語) ― 53
FILE(C言語) ― 54
fclose(C言語) ― 55
float(C言語) ― 49
fopen(C言語) ― 55
for(C言語) ― 56
fprintf(C言語) ― 55
fputs(C言語) ― 53

## 【G】
gatttool(コマンド) ― 286
gcc(Linux) ― 46, 203

git(Linux) ― 46
GPIO ― 57, 82
grep(Linux) ― 331

## 【H】
hcidump(コマンド) ― 281
hcitool(コマンド) ― 280
HDMI ― 14

## 【I】
IchigoJam ― 255
ifconfig(Linux) ― 25, 27, 225
int(C言語) ― 51

## 【L】
Leaf Pad ― 36
LED ― 102, 105, 228, 263, 289, 306
LibreOffice ― 23
Linux ― 12
ls(Linux) ― 34

## 【M】
make(Linux) ― 47, 104
man(Linux) ― 40
Master(Bluetooth) ― 300
micro SDカード ― 14

## 【N】
NOOBS ― 15
NTSC ― 19

## 【O】
OpenOffice ― 23

## 【P】
PAN(ZigBee) ― 73
pclose(C言語) ― 60
pidof(Linux) ― 286
ping(Linux) ― 27, 220
popen(C言語) ― 59
printf(C言語) ― 42
ps(Linux) ― 41
pwd(Linux) ― 35

## 【R】
Raspbian ― 17
return(C言語) ― 48
RN-42XVP ― 250
RN-42コマンド ― 304
Router(ZigBee) ― 72, 76

## 【S】
Samba ― 30

| | |
|---|---|
| SD カード | 14 |
| Slave（Bluetooth） | 300 |
| sprintf（C 言語） | 59 |
| SSH | 20, 29 |
| strncmp（C 言語） | 270, 284 |
| sudo（Linux） | 36 |
| system（C 言語） | 60 |

【T】
| | |
|---|---|
| Tera Term | 29 |
| tr（Linux） | 332 |
| ttyAMA（Linux） | 96, 103, 158, 252 |
| ttyUSB（Linux） | 95, 103, 158, 180, 252, 296 |

【U】
| | |
|---|---|
| UART シリアル | 157, 165, 244 |
| UNIX | 12 |
| USB エクスプローラ | 80 |

【V】
| | |
|---|---|
| vi（Linux） | 36 |

【W】
| | |
|---|---|
| wget（Linux） | 330 |
| while（C 言語） | 53 |

【X】
| | |
|---|---|
| XBee PRO | 70 |
| XBee Sensor | 183 |
| XBee Smart Plug | 186 |
| XBee USB エクスプローラ | 80 |
| XBee Wall Router | 178 |
| XBee Wi-Fi | 218 |
| XBee ZB | 69 |
| XBee ZB S2 | 65 |
| XBee ZB S2C | 89 |
| XBee ピッチ変換基板 | 90 |
| XBee ファームウェア | 86 |
| xbee_adc（xbeeCoord） | 128 |
| xbee_at（xbeeCoord） | 103 |
| xbee_at_term（コマンド） | 98 |
| xbee_atee_off（xbeeCoord） | 170 |
| xbee_atee_on（xbeeCoord） | 170 |
| xbee_atnj（xbeeCoord） | 107 |
| xbee_batt_force（xbeeCoord） | 136 |
| xbee_com（コマンド） | 98 |
| xbee_end_device（xbeeCoord） | 184 |
| xbee_force（xbeeCoord） | 126, 134 |
| xbee_from（xbeeCoord） | 141 |
| xbee_gpi（xbeeCoord） | 117, 119 |
| xbee_gpio_config（xbeeCoord） | 126 |
| xbee_gpio_init（xbeeCoord） | 122, 144 |
| xbee_gpo（xbeeCoord） | 110 |
| xbee_init（xbeeCoord） | 103, 112 |
| xbee_ping（xbeeCoord） | 184, 206 |
| xbee_rat（xbeeCoord） | 105 |
| xbee_ratd_myaddress（xbeeCoord） | 164, 246 |
| xbee_ratnj（xbeeCoord） | 140 |
| xbee_result（xbeeCoord） | 122 |
| xbee_result.ADCIN[x]（xbeeCoord） | 133, 134 |
| xbee_result.FROM（xbeeCoord） | 149, 150 |
| xbee_result.GPI.BYTE[x]（xbeeCoord） | 123, 134 |
| xbee_result.GPI.PORT.Dx（xbeeCoord） | 122, 134 |
| xbee_result.MODE（xbeeCoord） | 122 |
| xbee_rx_call（xbeeCoord） | 122, 126 |
| xbee_sensor_result（xbeeCoord） | 182 |
| xbee_test（コマンド） | 94 |
| xbee_uart（xbeeCoord） | 161 |
| xbeeCoord（ライブラリ） | 94 |
| XCTU | 85 |

【Z】
| | |
|---|---|
| ZigBee | 68 |
| ZNet 2.5 | 70 |

【あ・ア行】
| | |
|---|---|
| アソシエート | 96 |
| アップデート | 28 |
| 暗号化 | 168 |
| エラー | 62 |

【か・カ行】
| | |
|---|---|
| 技適（技術基準適合証明） | 64 |
| 更新 | 32 |
| コミッショニング・ボタン | 96 |
| コンパイル gcc | 46 |
| コンパイル・オプション Wall | 203 |
| コンポジット出力 | 19 |

【さ・サ行】
| | |
|---|---|
| 取得指示 | 125, 132, 147, 154, 237 |
| ジョイン | 96 |
| 照度センサ | 178, 189, 240, 314 |
| スイッチ | 117, 311 |
| セキュリティ更新 | 28 |

【た・タ行】
| | |
|---|---|
| ディレクトリ | 25 |
| 電源の入切 | 23 |
| 電子ブザー | 208 |
| 同期取得 | 117, 128, 151 |

【な・ナ行】
| | |
|---|---|
| 認証（工事設計認証） | 64 |
| ネットワーク接続 | 25 |

【は・ハ行】
| | |
|---|---|
| パス（Linux） | 36 |
| ビデオ入力 | 19 |
| ファイル共有 | 32 |
| フォルダ | 25 |
| ブレッドボード | 90 |
| プロファイル（GATT） | 286 |
| プロファイル（HID） | 318 |
| プロファイル（SPP） | 251, 318 |
| 変化通知 | 121, 143, 233 |

【ら・ラ行】
| | |
|---|---|
| リモート AT コマンド（XBee） | 74, 105 |
| リモートデスクトップ接続 | 27 |
| ローカル AT コマンド（XBee） | 74, 105 |

## ◆ 参考文献 ◆

　本書の作成にあたり，下記の文献を参考にいたしました．本書と合わせてお読みいただければ理解が深まると思います．

(1) Raspberry Pi 公式ホームページ，https://www.raspberrypi.org/
(2) Raspbian 公式ホームページ，https://www.raspbian.org/
(3) こどもパソコン IchigoJam，http://ichigojam.net/
(4) イチゴジャム レシピ /BASIC(GitHub)，http://github.com/fu-sen/IchigoJam-BASIC
(5) IchigoJam-FAN(Facebook)，http://www.facebook.com/groups/ichigojam/
(6) 国野 亘；1行リターンですぐ動く！ BASIC I/O コンピュータ IchigoJam 入門，CQ 出版社
(7) 国野 亘；ZigBee/Wi-Fi/Bluetooth 無線用 Arduino プログラム全集，CQ 出版社
(8) 国野 亘；超お手軽無線モジュール XBee，CQ 出版社
(9) XBee ZB RF Modules 90000976_M（データシート），Digi International Inc.
(10) XBee Wi-Fi RF Module 90002124_F，Digi International Inc.
(11) Bluetooth Data Module User's Guide，Roving Networks
(12) RN42XV Bluetooth Module RN4142XV-DS，Roving Networks

# おわりに

　本書では，通信方式 ZigBee, Wi-Fi, Bluetooth のそれぞれに対応した XBee ZB モジュール，XBee Wi-Fi モジュール，RN-42XVP モジュール等を使ったアプリケーション例を，サンプル・プログラムとともに説明しました．これらのサンプル・プログラムを通してさまざまな通信プログラミング手法を疑似的に経験していただけたと思います．今後は，これらを応用したソフトウェアの製作に活用していただきたいと思っています．

　例えば，ZigBee 方式であれば，研究開発用に各種センサで得られた測定値を収集するようなシステムを構築したり，家庭用のホーム・オートメーションへの応用，さらに家庭内のさまざまな部屋や場所に仕掛けたセンサを一元管理したり，あるいは各機器が連携した動作を行ったりするようなアプリケーションが考えられます．

　センサ数が少ない場合は通信方式に Wi-Fi を用いることで，IP ネットワークから個々の機器に直接アクセスすることができるようになります．例えば，パソコンやタブレット端末などとの連携性を高めることができます．

　有線シリアル通信の置き換えであれば Bluetooth を用いることで，シリアル通信上のプロトコルをほとんど変更することなくワイヤレス化を図ることができます．これは ZigBee や Wi-Fi でも可能ですが，そのためのネットワーク設定の機能追加や本来機能を考慮すると Bluetooth がもっともシリアル通信の置き換えに適しています．

　さらに，今後は BLE を使ったセンサやデバイスが登場し，より手軽にワイヤレス通信を行えるようになると思います．

　これら各種の通信プロトコル・スタック搭載の通信モジュールを使用し，アプリケーション・ソフトウェア用の通信ソフトウェアライブラリと組み合わせることで，ディジタルのワイヤレス通信が簡単に行え，さまざまな分野で魅力的なものとなることでしょう．

　本書専用のサポート・ページも用意しました．不明点などがありました際はご活用ください．

| 本書専用サポート・ページ | |
|---|---|
| http://www.geocities.jp/bokunimowakaru/cq/raspi/ |  |

　本書がワイヤレス通信を活用するために役立ち，新たなワイヤレス通信の可能性が広がることを願っています．

2017 年 1 月　国野　亘

---

### ■ 商標および免責事項について

Raspberry Pi は，英国 Raspberry Pi 財団の登録商標です．ZigBee は，Zigbee アライアンスの登録商標です．Bluetooth は，米国 Bluetooth SIG, Inc. の登録商標です．Wi-Fi のロゴマークは Wi-Fi アライアンスの登録商標です．XBee および XCTU は，米 Digi International 社の登録商標です．Linux は，Linus Torvalds 氏の日本およびその他の国における登録商標または商標です．Windows および Microsoft Office, Windows Update は，米国 Microsoft Corporation の米国およびその他の国における登録商標です．IchigoJam は，株式会社 jig.jp の登録商標です．

本書で紹介した内容のご利用は自己責任でお願いします．出版社および筆者は，一切の責任を負いません．

| 著 | 者 | 略 | 歴 |

国野 亘（くにの　わたる）

ボクにもわかる地上ディジタル　管理人
http://www.geocities.jp/bokunimowakaru/

関西生まれ．言葉の異なる関東や欧米などさまざまな地域で暮らすも，近年は住みよい関西圏に生息し続けている哺乳類・サル目・ヒト属・関西人．おもにホビー向けのワイヤレス応用システムの研究開発を行い，その成果を書籍やウェブサイトで公開している．

- ●**本書記載の社名，製品名について** ── 本書に記載されている社名および製品名は，一般に開発メーカーの登録商標または商標です．なお，本文中では ™，®，© の各表示を明記していません．
- ●**本書掲載記事の利用についてのご注意** ── 本書掲載記事は著作権法により保護され，また産業財産権が確立されている場合があります．したがって，記事として掲載された技術情報をもとに製品化をするには，著作権者および産業財産権者の許可が必要です．また，掲載された技術情報を利用することにより発生した損害などに関して，CQ出版社および著作権者ならびに産業財産権者は責任を負いかねますのでご了承ください．
- ●**本書付属のCD-ROMについてのご注意** ── 本書付属のCD-ROMに収録したプログラムやデータなどは著作権法により保護されています．したがって，特別の表記がない限り，本書付属のCD-ROMの貸与または改変，個人で使用する場合を除いて複写複製（コピー）はできません．また，本書付属のCD-ROMに収録したプログラムやデータなどを利用することにより発生した損害などに関して，CQ出版社および著作権者は責任を負いかねますのでご了承ください．
- ●**本書に関するご質問について** ── 文章，数式などの記述上の不明点についてのご質問は，必ず往復はがきか返信用封筒を同封した封書でお願いいたします．ご質問は著者に回送し直接回答していただきますので，多少時間がかかります．また，本書の記載範囲を越えるご質問には応じられませんので，ご了承ください．
- ●**本書の複製等について** ── 本書のコピー，スキャン，デジタル化等の無断複製は著作権法上での例外を除き禁じられています．本書を代行業者等の第三者に依頼してスキャンやデジタル化することは，たとえ個人や家庭内の利用でも認められておりません．

[JCOPY]〈（社）出版者著作権管理機構委託出版物〉
本書の全部または一部を無断で複写複製（コピー）することは，著作権法上での例外を除き，禁じられています．本書からの複製を希望される場合は，（社）出版者著作権管理機構（TEL：03-3513-6969）にご連絡ください．

## Wi-Fi/Bluetooth/ZigBee無線用Raspberry Piプログラム全集　CD-ROM付き

2017年 2月15日　初版発行　　　　　　　　　　　　　　　　　　© 国野 亘 2017
2018年 5月 1日　第2版発行　　　　　　　　　　　　　　　（無断転載を禁じます）

　　　　　　　　　　　　　　　　　　　　　　　著　者　　国　野　　　亘
　　　　　　　　　　　　　　　　　　　　　　　発行人　　寺　前　裕　司
　　　　　　　　　　　　　　　　　　　　　　　発行所　　CQ出版株式会社
　　　　　　　　　　　　　　　　　　　　　〒112-8619　東京都文京区千石4-29-14
　　　　　　　　　　　　　　　　　　　　　　　　　　電話　編集　03-5395-2123
ISBN978-4-7898-4223-5　　　　　　　　　　　　　　　　　　　　販売　03-5395-2141
定価はカバーに表示してあります

乱丁・落丁本はお取り替えします
　　　　　　　　　　　　　　　　　　　　　　　　　　　　編集担当者　今　一義
　　　　　　　　　　　　　　　　　　　　　　　　　　　　DTP　西澤　賢一郎
　　　　　　　　　　　　　　　　　　　　　　　　　　印刷・製本　三晃印刷株式会社
　　　　　　　　　　　　　　　　　　　　　　　カバー・表紙デザイン　千村　勝紀
　　　　　　　　　　　　　　　　　　　　　　　　　　　　　　　Printed in Japan